普通高等教育教材

New Energy Technology
新能源技术
第四版

翟秀静　刘奎仁　韩 庆　符 岩　编著

化学工业出版社
·北京·

内容简介

《新能源技术》系统地介绍了太阳能、氢能、核能、化学电源、生物质能、风能、地热能、海洋能和储能技术等新能源的开发与应用技术，包括技术原理、工艺流程、设备和发展趋势等。"太阳能"一章主要介绍太阳能-热能利用技术、太阳能-光电转换技术和太阳能-化学能转化技术。"氢能"一章主要介绍氢的制取、氢的储存与输运和氢的应用。"核能"一章主要介绍核裂变、核聚变、核电技术、核供热、核废物处理与核安全等。"化学电源"一章主要介绍动力电池中的镍氢电池、锂离子二次电池、燃料电池和铝电池等。"生物质能"一章主要介绍生物质能转化技术和生物质利用新技术。"风能"一章主要介绍风力发电，包括海上风力发电、高空风力发电和陆地风力发电。"地热能"一章主要介绍地热发电技术、地源热泵技术和干热岩资源的开发。"海洋能"一章主要介绍潮流能、潮汐能、波浪能及温差能等海洋能的发电技术，同时介绍可燃冰知识。"储能技术"一章介绍目前应用的几种储能技术，包括抽水蓄能、飞轮储能、压缩空气储能、超导储能及储能电池等。

《新能源技术》可以作为高等学校能源、冶金、化学、化工、材料、环境和生化等相关专业的本科生、研究生教材，也可供相关学科的研究人员参考。

图书在版编目（CIP）数据

新能源技术 / 翟秀静等编著. —4 版. —北京：化学工业出版社，2024.4
普通高等教育教材
ISBN 978-7-122-44793-7

I. ①新… Ⅱ. ①翟… Ⅲ. ①新能源-技术-高等学校-教材
Ⅳ. ①TK01

中国国家版本馆 CIP 数据核字（2024）第 057403 号

责任编辑：窦 臻 林 媛　　　　文字编辑：丁海蓉
责任校对：李雨函　　　　　　　　装帧设计：王晓宇

出版发行：化学工业出版社
　　　　　（北京市东城区青年湖南街 13 号　邮政编码 100011）
印　　装：高教社（天津）印务有限公司
787mm×1092mm　1/16　印张 20½　字数 459 千字
2024 年 8 月北京第 4 版第 1 次印刷

购书咨询：010-64518888　　　　售后服务：010-64518899
网　　址：http://www.cip.com.cn
凡购买本书，如有缺损质量问题，本社销售中心负责调换。

定　　价：59.00 元　　　　　　　　　版权所有　违者必究

前言

能源、材料与信息技术构成了新科技革命的三大支柱，新能源技术是未来人类能源的基石。新能源技术的开发利用打破了以石油和煤炭为主体的传统能源观念，开创了能源的新时代。

2015年巴黎气候大会通过的全球气候变化新协定，为控制全球气温和温室气体排放设定一系列目标。这些目标推动了世界转向使用更为清洁的新能源。目前，全球超过130个国家实施了新能源扶持政策。新能源产业已经成为全球化产业，其多元化的发展格局正在逐步深化，未来新能源在全球能源格局中将占据更加重要的地位。

2020年9月，我国在第75届联合国大会上正式提出中国力争2030年前实现"碳达峰"，2060年前努力争取实现"碳中和"。我国政府高度重视发展新能源产业。开发和利用以光伏为代表的新能源，通过利用新能源培育壮大新能源汽车行业，不仅是面对全球气候变暖追求"碳中和"的必然要求，也是我国当前经济结构调整升级、逐步淘汰落后产能而追求新兴行业发展的必然选择。光伏新能源产业的发展，不仅能够提高我国产业发展中的科技含量，也能够通过其庞大的产业链条和网络生态为经济增长提供持久的动力引擎。

《新能源技术》教材自2005年第一版发行以来，受到了广大读者的欢迎与好评。2014年，本教材被辽宁省教育厅选入"辽宁省第二批'十二五'普通高等教育本科生省级规划教材"。

《新能源技术》于2010年再版，2016年出版了第三版。两次修订均根据新能源技术领域深刻变化作了更新和完善。自2020年提出"碳中和"和"碳达峰"的"双碳"目标，我国在新能源领域发生了革命性的变化。同时，世界新能源领域也在迅猛发展。太阳能、氢能、核能、化学电池、生物质能、风能、地热能和海洋能等领域不断涌现新产品、新技术及新工艺。《新能源技术》第四版主要就以下内容进行了更新：

在"太阳能"一章，增加了塔式、槽式和碟式太阳能热发电的新变化，补充了光伏一体化、太阳能海水淡化技术和太阳能制冷技术，更新了太阳能电池在基础研究、工艺流程和新品种等领域的内容。

在"氢能"一章，完善了制氢的工艺技术，给出了"灰氢"、"蓝氢"和"绿氢"的不同制备工艺。

在"核能"一章，介绍了近几年核裂变和核聚变技术的新进展，重点介绍了我国熔盐反应堆的技术。

在"化学电源"一章，更新了镍氢电池、锂离子电池和燃料电池的最新研究成果。

在"生物质能"一章，详细介绍了垃圾发电技术和沼气发电技术，指出海洋的生物质能亟待开发。

风能利用是高速发展的新能源技术。在"风能"一章，主要介绍了风力发电技术的最新进展，包括海上风电、荒漠风电和陆地风电。

本次修订将地热能与海洋能分离，单独设了"地热能"一章。"地热能"一章完善了地热的应用，充实了干热岩的内容。

"海洋能"一章介绍了海洋能发电的新发展，补充了海浪能、盐差能等内容。

本次修订增设了"储能技术"一章。新能源中的太阳能、风能及海洋能等需要储能设施配合才能合理有效利用。目前储能技术已经是新能源发展的重要方面。"储能技术"一章介绍了目前应用的几种技术，包括抽水蓄能、飞轮储能、压缩空气储能、超导储能及电池储能等。

笔者感谢化学工业出版社的支持，感谢给予本书启示及参考的有关文献的作者。

由于笔者水平有限，不当之处恳请读者批评指正。

编著者

2023 年 8 月

第一版前言

能源、材料、信息和生物技术是现代文明的四大支柱，能源是人类生存及发展的物质基础，也是人类从事各种经济活动的原动力。新能源包括太阳能、氢能、核能、生物质能、化学能源、风能、海洋能和地热能等。

太阳能是取之不尽、用之不竭的可再生清洁能源，人类通过光热转换技术、光电转换技术和光化转化技术实现了热发电、蓄热、光伏发电和光化学发电等利用形式。目前太阳能的开发还存在转换效率、成本和使用寿命等一系列问题。

氢能以质量轻、传热高、清洁和来源广等特点展示着诱人的开发前景。氢能的制备、储存和利用目前是世界各国的研究热点，氢能的制备和贮存距离大规模利用还有一定距离。

核能是清洁能源之一，和平利用核能为全球所关注。核能包括核裂变和核聚变。人类已实现对核裂变的控制和利用，但尚未实现可控的核聚变反应。

化学电源是人们生活中应用广泛的方便能源，也是高新技术和现代移动通讯的新型能源。性能优越的金属氢化物-镍电池、锂离子电池和燃料电池是 21 世纪的绿色能源。化学电源的电化学原理、制造技术和发展趋势是新能源开发的重要组成部分。

生物质能是绿色能源，科学家们预计将成为未来可持续新能源系统的重要组成部分。生物质气化技术、生物质液化技术、生物质固化技术和生物质发电技术等的开发和应用是世界各国的研究热点。

风能是太阳热辐射引起的大气流动的动能，是可再生的清洁能源，风力发电是风能利用的主要领域；海洋能、地热能和可燃冰都是巨大的能源。积极开发科学研究，提供开发技术，是实现可持续发展的需要。

人类生活的地球面临着不可回避的压力：人口迅速增长和人类生活质量不断提高；能源需求的大幅增加与化石能源的日益减少；各种能源形式的开发应用和生态环境的门槛提升。时代呼吁新能源技术的高速发展，太阳能、氢能、核能、生物质能、化学能、风能、海洋能和地热能的能量转化、能量储存和能量传输的理论与技术是 21 世纪能源与工程的前沿性课题。

新能源技术与物理、化学、材料、生物、环境、机械、矿物和工程技术等诸多学科相互交叉，节能技术与新能源技术相互渗透。

新能源技术直接对接新能源的开发、应用和商品化进程。作者在总结国内外最新的能源技术的基础上，结合自己的科研成果与积累，编著了《新能源技术》一书。全书共 7 章，翟秀静撰写了第 1 章、第 2 章、第 5 章，刘奎仁撰写了第 4 章、第 6 章，韩庆撰写了第 3 章和第 7 章。

作者感谢化学工业出版社的支持，感谢给予本书启示及参考的有关文献作者。

由于时间仓促，加上作者水平有限，不当之处恳请读者批评指正。

作者

2005 年 6 月

第二版前言

2005年9月，《新能源技术》（第一版）在东北大学和化学工业出版社的支持下出版发行，随着新能源技术在全球迅速发展，该书也受到了广大读者的欢迎与好评。

目前，能源问题已经关系到我国经济社会可持续发展的全局。太阳能、风能、生物质能、水能、地热能和海洋能等可再生能源，具有资源分布广、利用潜力大、环境污染小和可持续利用等特点，发展新能源有利于人与自然的和谐发展。从战略高度看，开发环境友好的可再生能源，并使其在保障能源供应中扮演重要角色，已经成为我国可持续能源战略的必然选择。

近年来，我国对新能源技术非常重视，发改委在2008年制定的《"十一五"时期可再生能源发展规划》中提出，到2010年可再生能源在能源消费中的比重达到10%，其中，风电总装机容量达到1000万千瓦，生物质发电总装机容量达到550万千瓦，太阳能发电总容量达到30万千瓦，太阳能热水器总集热面积达到1.5亿平方米。

全球金融危机给可再生能源产业带来了跨越式发展的机遇，而全球气候变暖所导致的灾难性后果更为可再生能源的发展提供了动力，由危机导致的经济转型正在不断引发能源产业的深刻变革，世界各国都把支持可再生能源发展作为恢复经济实现经济可持续发展的重要手段。美欧等国纷纷出台的政府投资计划，普遍加大了对可再生能源技术开发和应用的投入，相当数量的政府资金被用于支持对可再生能源技术的超前研究和技术成果的快速转化。

《新能源技术》（第二版）总结了4年来在太阳能、氢能、核能、生物质能、化学能源、风能、海洋能和地热能等领域的新进展，同时在太阳能一章中补充了多晶硅太阳能电池及多晶硅材料制备、聚合物太阳能电池、染料敏化太阳能电池、屋顶计划和并网发电技术；氢能一章更新了适合我国国情的煤气化重整制氢和焦炉气重整制氢技术；核能一章重点介绍了第四代核能技术、高温气冷堆技术和核聚变堆技术；生物质能一章重点介绍了我国目前加大沼气工程的建设，已形成年产沼气数十亿立方米的能力；化学能源章节中增加了钒电池、微生物燃料电池及有机聚合物锂离子电池等内容；"风能"则单列为一章，同时补充了风机大型化技术。此外，为方便读者的阅读和学习，在每章后均附有思考题。

本书第一版得到了读者给予的大力支持及充分肯定，自2005年出版以来重印多次，几位作者分别收到读者的电话、邮件和短信，讨论与《新能源技术》相关的话题，作者在此表示衷心的感谢。

作者感谢化学工业出版社的支持，感谢给予本书启示及参考的有关文献作者。

由于作者水平有限，不当之处恳请读者批评指正。

编著者

2009 年 11 月

第三版前言

新能源技术是高技术的支柱。新能源技术包括太阳能技术、氢能技术、核能技术、化学电源技术、生物质能技术、风能技术及地热能技术、海洋能技术等。新能源技术的开发利用，打破了以石油、煤炭为主体的传统能源观念，开创了能源的新时代。

截至 2015 年，全球超过 130 个国家实施了新能源扶持政策。新能源产业已经成为全球化产业，其多元化的发展格局正在逐步深化和发展，未来新能源在全球能源格局中将占据更加重要的地位。

我国政府高度重视发展新能源产业。2015 年巴黎气候大会通过的全球气候变化新协定为控制全球气温和温室气体排放设定一系列目标。这些目标将推动世界转向使用更为清洁的新能源。全球掀起了新能源发展的高潮，我国能源结构也发生着深刻调整。截至 2015 年，我国风电装机容量连续 4 年位居世界第一，光伏装机容量首次超过德国跃居世界第一，风电和太阳能发电累计装机容量 1.7 亿千瓦，占全球的 1/4 以上。我国计划到 2030 年，新能源的比重将由目前的 11.4%达到 20%左右。

《新能源技术》教材自 2005 年出版以来，受到了广大读者的欢迎与好评。2014 年，本教材被辽宁省教育厅选入"辽宁省第二批'十二五'普通高等教育本科生省级规划教材"。

《新能源技术》(第二版)自 2010 年出版以来，新能源技术领域发生了许多深刻变化，在太阳能、氢能、核能、化学电池、生物质能、风能、地热能和海洋能等领域均涌现大量的新产品、新技术和新工艺。鉴于此，作者根据能源技术的新发展，在第二版的基础上修订完成了本教材的第三版。《新能源技术》(第三版)主要就以下内容进行了更新和完善。

在太阳能技术一章，第三版增加了线性菲涅耳式太阳能发电技术，列出了塔式、槽式和碟式太阳能热发电系统分析比较，补充了太阳能海水淡化技术和太阳能汽车技术；增加了石墨烯-硅太阳能电池、钙钛矿太阳能电池和光伏并网发电系统。

在核能技术一章，第三版介绍了近几年核裂变和核聚变技术的进展，重点介绍了我国高温气冷堆和快中子反应堆的技术，介绍了钠快堆和铅快堆技术；同时对核供热、核废处理及核安全的内容做了补充和调整。

化学电源涉及航天领域的发展，也关系到城市的环保问题，近几年备受重视。镍氢电池和锂离子电池在推动电动汽车发展上取得了长足进步，燃料电池和各种储能电池技术发展快速。第三版在化学电源部分增加了橄榄石结构的 $LiFePO_4$ 的锂离子电池正极材料和超级电容器技术；介绍了近几年快速发展的固体聚合物电解质碱性燃料电池；同时更新了微生物燃料电池和储能电池技术的内容。

生物质能是人类最早直接应用的能源，面对秸秆焚烧的困扰和垃圾围城的困局，生物质能技术亟待发展和应用。第三版在生物质能部分增加了垃圾发电技术，补充和完善了生物柴油、沼气的制取技术。

在氢能技术、风能技术及地热、海洋能等章节，第三版重点介绍了近几年的发展，补充了新的内容，例如波浪能发电装置、海洋温差能-太阳能联合热发电的方式、地热发电、地源热泵和干热岩地热资源的开发等。

作者感谢化学工业出版社的支持，感谢给予本书启示及参考的有关文献作者。由于作者水平有限，不当之处恳请读者批评指正。

编著者

2016 年 10 月

第 3 章　氢能　　　　　　　　　057

第 4 章　核能　　100

第 5 章　化学电源　　138

第 6 章　生物质能　　　　　　　　　　191

第7章　风能　　　　235

第1章 绪论

能源是推动社会发展和经济进步的主要物质基础，能源技术的每次进步都带动了人类社会的发展。随着煤炭、石油和天然气等化石燃料资源面临不可再生的消耗及生态环境保护的需要，新能源的开发将促进世界能源结构的转变，新能源技术的日臻成熟将带来产业领域的革命性变化。

1.1 能源

能源有多种分类方法。按形成方式可分为一次能源（如煤、石油、天然气和太阳能等）和二次能源（电、煤气和蒸汽等）；按循环方式可分为不可再生能源（如化石燃料）和可再生能源（如生物质能、氢能和化学能源）；按使用性质可分为含能体能源（如煤炭、石油等）和过程能源（如太阳能、电能等）；按环境保护的要求可分为清洁能源（又称绿色能源，如太阳能、氢能、风能和潮汐能等，也包括垃圾处理、沼气发电等）和非清洁能源；按现阶段的成熟程度可分为常规能源和新能源。一次能源包括三大类：①来自地球以外天体的能量，主要是太阳能（风能也是太阳能的转化形式）；②地球本身蕴藏的能量，包括海水中的燃料（氘、氚、铀等）、海底储藏的燃料（可燃冰、石油及天然气）和陆地内储藏的燃料（煤炭、石油及天然气），以及地球自身蕴藏的热能，包括地热、热干石等；③地球与天体相互作用产生的能量，如潮汐能。

1.2 新能源

新能源是一个相对的概念。随着时代的发展和科技的进步，新能源的内涵在不断变化和更新。目前，新能源主要包括太阳能、氢能、核能、化学能、生物质能、风能、地热能和海洋能等。新能源的开发和利用是解决能源危机与生态保护的金钥匙。

（1）太阳能

太阳能是最主要的可再生能源。太阳每年输出的能量约为 $1.73 \times 10^{11} MW$，到达地球的能量大约是总能量的 22 亿分之一，其中辐射到地球陆地上的能量大约为 $8.5 \times 10^{10} MW$。这个数量远大于人类目前消耗的能量的总和，相当于 $1.7 \times 10^{18} t$ 标准煤。

（2）氢能

氢能被认为是理想的二次能源。氢以化合物的形式（H_2O）储存于地球上最广泛的物质——水中。如果把海水中的氢全部提取出来，其总热量相当于地球上现有化石燃料的9000 倍。

（3）核能

核能是原子核结构发生变化时放出的能量。核能释放包括核裂变和核聚变。1g 铀核裂变就可释放相当于 30t 煤的能量。氘的核聚变仅用 560t 就可以为全世界提供一年消耗的能量。海洋中氘的总储量可供人类使用几十亿年。

（4）生物质能

生物质能目前占世界能源消耗量的 14%。估计地球每年植物光合作用固定的碳达到 $2 \times 10^{11}t$，含能量 $3 \times 10^{21}J$。地球上的植物每年产生的能量是目前人类消耗矿物能的 20 倍。

（5）化学能

化学电源是直接将化学能转变为低压直流电能的装置，也称为电池。化学能是国民经济领域、科学研究领域和国防事业中不可缺少的组成部分。化学能源分为两部分，即动力能源和储存能源。

（6）风能

风能是大气流动产生的动能，它是来源于太阳能的可再生能源。估计全球风能储量为 $10^{14}MW$，如果风能的千万分之一被人类所利用，就有 10^7MW 的能量，这是目前全球电能的总需求量，也是水利资源可利用量的 10 倍。

（7）地热能

地热能是地球上产生和储存的能量。全世界地热资源总量大约 $1.45 \times 10^{26}J$，相当于全球煤热能的 1.7 亿倍，是分布广、洁净、热流密度大和使用方便的新能源。

（8）海洋能

海洋能是依附在海水中的可再生能源。海洋通过物理过程接收、储存和散发多种能量，包括潮汐能、潮流能、海流能、波浪能、海水温差能和海水盐差能等。估计全球海洋能的理论量为 $7.6 \times 10^{13}W$，相当于目前人类每年对电能的总需求量。

（9）可燃冰

可燃冰是天然气的水合物，主要成分为甲烷。可燃冰在海底的分布范围占海洋总面积的 10%，相当于 4000 万平方千米，它的储量够人类使用 1000 年。

1.3 新能源技术

新能源以分布广、储量大和清洁环保的优势为人类提供发展的动力。实现新能源的利用需要高新技术支撑，新能源技术是人类开发新能源的基础和保障。

（1）太阳能利用技术

太阳能利用技术主要包括：太阳能-热能转换技术，即通过转换装置将太阳辐射能转换为热能，包括太阳能光-热发电技术、太阳能采暖技术、太阳能制冷技术、太阳能热水系统、太阳能干燥系统和太阳能海水淡化技术等；太阳能-光电转换技术，即太阳能光伏发电技术、太阳能电池和光化学电池的制备技术；太阳能-化学能转化技术，包括光化学作用、光合作用和光电转换等技术。

（2）氢能利用技术

氢能利用技术包括制氢技术、氢提纯技术和氢储存与输运技术。制氢技术包括化石燃料制氢、电解水制氢、生物质制氢、热化学分解水制氢、甲醇重整制氢、利用新能源发电实现绿色制氢技术及从工业含氢气体中回收氢等技术。氢的储存是氢能利用的重要保障，包括液化储氢、压缩氢气储存、金属氢化物储氢、配位氢化物储氢、物理吸附储氢和有机物储氢等。氢的应用技术主要包括氢燃料电池、燃气轮机（蒸汽轮机）发电、MH/Ni 电池、内燃机和火箭发动机等。

（3）核能技术

核能技术包括核裂变与核聚变的利用技术。自 20 世纪 50 年代第一座核电站诞生以来，全球核裂变发电迅速发展，核电技术不断完善，各种类型的反应堆相继出现，包括压水堆、沸水堆、重水堆、石墨堆、气冷堆和快中子堆等。采用磁约束和惯性约束力开展核聚变研究在有序进行中。核能技术还包括核安全和核废料处理技术。

（4）化学电能技术

化学电能技术即电池制备技术。目前全世界有 1000 多种电池，新的电池不断涌现。目前相对成熟并在应用的电池有金属氢化物-镍电池、锂离子二次电池、燃料电池（包括碱性燃料电池，简称 AFC；质子交换膜燃料电池，简称 PEMFC；磷酸燃料电池，简称 PAFC；熔融碳酸盐燃料电池，简称 MCFC；固体氧化物燃料电池，简称 SOFC）、微生物燃料电池和铝电池、钠电池等。

（5）生物质能应用技术

生物质能是由植物固定下来的太阳辐射能，是可再生的绿色能源。生物质自身可以作为燃料，也可以通过转化制备沼气和乙醇加以利用。扩大生物质能的利用是减排 CO_2 的重要途径。生物质能技术包括生物质气化技术、生物质固化技术、生物质热解技术和生物质液化技术等，具体应用技术有生物柴油制备、沼气技术、生物质能制氢和生物质能发电等。

（6）风能应用技术

风能的利用主要集中于风力发电技术。风力发电是涉及空气动力学、自动控制、机械传动、电机学、力学和材料学等多学科的综合性高技术系统工程。目前，全球风力发电快速发展，海上风电、高空风电和陆地风电已形成规模。在风能发电领域，研究重点集中在风电机组大型化、风力发电机组的控制和优化技术等方面。

（7）地热能应用技术

地热能包括水热、干热岩和岩浆热能。水热能利用相对成熟，包括地热发电、地热能采暖和地源热泵技术；干热岩资源的开发技术处于起步阶段；岩浆热能仅开始研究。

（8）海洋能应用技术

海洋能是蕴藏在海洋中的可再生能源。海洋能的能量主要来自潮汐、涌流和波涛的冲击力、海水的温度差及海水的化学成分。海洋能的利用主要是发电。目前，潮汐能发电、海流能发电和波浪能发电技术相对成熟，温差能、盐差能等发电技术处于研发阶段。

（9）储能技术

本书介绍的储能技术主要是电力储能技术。电力储能技术与新能源相结合，是实现充分利用新能源资源的重要途径。目前储能技术主要包括抽水蓄能、飞轮储能、压缩空气储能、超导储能和电池储能等。

第2章 太阳能

太阳是离地球最近的恒星，日地间的距离大约为 1.5×10^8km。从地球上望去，太阳的张角为 0.0093 弧度（32°），乘以日地距离，便得太阳的直径为 1.4×10^6km，约为地球直径的 109 倍。就体积而论，太阳的体积是地球的 130 多万倍。根据万有引力定律，在已知地球质量的情况下，推算出太阳的质量为 1.99×10^{30}kg，即为地球质量的 33 万倍。太阳的平均密度是 1.4×10^3kg/m³，是地球平均密度的 1/4。

2.1 引言

2.1.1 太阳和太阳辐射能

太阳的结构分内部和大气两大部分。自里向外，内部又分为内核、中介层和对流层三个层次；大气可分为光球、色球和日冕三个层次。

设太阳内部部分的半径为 R，在 $(0 \sim 0.23)R$ 的区域内是太阳的核心。核心内的温度高达 4×10^7K，中心处压力达 3×10^{14}kPa，密度是水的 100 倍，质量占整个太阳质量的 40%。由于这里温度极高，压力极大，物质离子化并呈等离子态。不同的原子核在这里相互碰撞，引起一系列热核反应，释放出巨大的能量。这部分产生的能量占太阳产生总能量的 90%，并以对流和辐射的方式向外传递。核反应中产生的射线，在通过其他几个较冷区域时，消耗能量，增加波长，变成 X 射线、紫外线和可见光。

中介层在 $(0.23 \sim 0.7)R$ 区域，这部分也称为辐射输能区。这里温度下降到 1.3×10^5K，密度下降到 79kg/m³。$(0.7 \sim 1)R$ 之间的区域称为对流层，对流层的温度下降到 6000K，密度为 1kg/m³。

太阳大气的最内层是光球层，这是人们看到的太阳表面，这里的温度为 6000K，密度为 10^{-3}kg/m³，厚约 500km。光球层由强烈电离的气体组成，并能吸收和发射连续的辐射光谱，太阳能的绝大部分能量都由此辐射到太空。

光球层外面是色球层，厚约 $1 \times 10^4 \sim 5 \times 10^4$km，大部分由氢和氦组成。这里的温度为5000K，密度只有 10^{-5}kg/m³。色球层有时出现极猛烈喷射的日焰，此时太阳的辐射量最大。有些太阳上的电子流到太空，形成太阳风，打击到地球大气层上缘，产生磁暴和极光。

色球层外是伸入太空的银白色的日冕，那里的温度达一百多万开，高度有时可达几十个太阳半径。

由此看来，太阳本身不是恒温黑体，它是多层结构的辐射体，各层温度不同。但在应用太阳能系统时，通常把它看成是温度为 6000K 的黑色辐射体。

太阳的物质组成，就质量说，氢占 78.4%，氦占 19.8%，至于种类繁多的金属和其他元素，总计只占 1.8%。太阳的能源主要来自两种热核反应：一个是质子与质子的循环；另一个是碳与氮的循环。

质子-质子循环过程，可写成如下的核反应方程式：

$$\mathrm{^1_1H + ^1_1H \longrightarrow {}^2_1D + e^+ + \nu^- + h\nu}$$

$$\mathrm{^2_1D + ^1_1H \longrightarrow {}^3_2He + Y}$$

$$\mathrm{^3_2He + ^3_2He \longrightarrow {}^4_2He + 2^1_1H}$$

式中，$\mathrm{^2_1D}$ 是氘；e^+ 是正电子；ν^- 是中微子；$h\nu$ 是光子。

碳与氮的循环过程由 6 个步骤组成，它们的核反应方程式如下：

$$\mathrm{^1_1H + ^{12}_6C \longrightarrow {}^{13}_7N + \nu}$$

$$\mathrm{^{14}_7N + ^1_1H \longrightarrow {}^{15}_8O + \nu}$$

$$\mathrm{^{13}_7N \longrightarrow {}^{13}_6C + e^+}$$

$$\mathrm{^{15}_8O \longrightarrow {}^{15}_7N + e^+}$$

$$\mathrm{^{13}_6C + ^1_1H \longrightarrow {}^{14}_7N + \nu}$$

$$\mathrm{^{15}_7N + ^1_1H \longrightarrow {}^{12}_6C + ^4_2He}$$

这个核反应中，参与反应的碳、氮总量不变。

两种热核反应都是使 4 个氢原子核合成 1 个氦原子核（α粒子）。在合成的过程中，质量亏损 0.7%。根据爱因斯坦定律 $E=mc^2$，1kg 质量可转化为 9×10^{16}J 的能量，在消耗 1kg 氢时转化的能量为：

$$9\times10^{16}\times0.7\%=6.3\times10^{14}(\mathrm{J})$$

太阳的辐射功率为 3.8×10^{26}W，每秒钟要消耗 6×10^{11}kg 氢核燃料，实际质量损失为 4.2×10^9kg。太阳氢的储量极为丰富，按目前的辐射水平，太阳的寿命可达几十亿年。

太阳的能量以电磁波的形式向外辐射，它的辐射波长范围从 0.1nm 以下的宇宙射线直至无线电波的绝大部分，人眼所能感觉到的可见光（波长 400～780nm）只占整个电磁辐射的很小一部分。

2.1.2　到达地球的太阳辐射能

地球是太阳系的一颗行星，只接收到太阳总辐射量的 22 亿分之一，即有 1.73×10^{17}W 到达地球大气层上缘。由于穿越大气层时的衰减，最后约有一半的能量即 8.5×10^{16}W 到达地球表面。这个数量相当于目前全世界总发电量的几十万倍。

地球在绕太阳运行过程中，与太阳间的距离变化不大，到达地球大气层上界的太阳辐射强度几乎是一个常量，用太阳常数 I_{sc} 来表示。太阳常数的数值是指在平均日地距离时，地球大气层上界垂直太阳光线的单位面积表面、单位时间内所接收到的太阳能。近年来测得的太阳常数值 $I_{sc}=1.35\times10^3\mathrm{W/m^2}$，日地距离的变化造成的影响不超过±3.4%。

太阳辐射穿过地球大气层时，不仅受大气层中的空气分子、水汽及灰尘所散射，而且受到大气中氧、臭氧、水和二氧化碳的吸收。具体地讲，太阳光谱中的 X 射线及其他波长更短的辐射，因在电离层被氮、氧及其他大气分子强烈吸收而不能穿越大气到达地表，大部分紫外线被臭氧吸收；可见光能量减弱，主要是地球大气强烈散射引起的；红外光谱能量减弱，主要是水汽对太阳辐射选择性吸收的结果；波长超过 2500μm 的辐射，在大气上界本来能量就很低，加上二氧化碳和水对它的强烈吸收，能到达地面的能量就更小。因此，到达地面的太阳能，只考虑 290～2500μm 的辐射就行了。这部分太阳辐射透过大气层时，由于大气的散射和吸收，能量同样衰减。

讨论太阳辐射到达地面的衰减情况也很困难，其中影响最大的是云产生的散射和吸收。在整个天空被厚云层覆盖时，到达地表的太阳辐射量还不及入射量的 1/10；而在积云散开时，从云侧面向地面的反射量强，有时局部地区得到的太阳辐射比无云时还强。可见，云效应的表现方式非常复杂，变化量也很大。另外，大气的压强、温度、湿度及灰尘微粒的含量，对太阳辐射的散射和吸收的影响也不小，变化也很复杂，这就使计算到达地表的太阳辐射强度格外困难。目前，人们根据实际测量和一些经验公式，将世界部分地区的太阳辐射日总量、月总量和年总量制成表格，以便查找。

从测量结果看，中国大部分地区的太阳辐射量都比较大，最高的地区在青藏高原，辐射总量达 9×10^9 J/（$m^2 \cdot a$）。如此丰富的太阳能资源，为开发利用太阳能提供了良好的条件。

我国蕴藏着丰富的太阳能资源，太阳能利用前景非常广阔。我国地处北半球亚欧大陆的东部，主要处于温带和亚热带。在我国广阔富饶的 960 万平方千米的土地上，有着非常丰富的太阳能资源（见表 2-1）。

表 2-1　中国太阳能资源类型和地区

类别	全年日照时间/h	年总量/（10^4kJ/m^2）	地区	地区比较
一类	3200～3300	670～837	宁夏和甘肃北部，新疆南部，山西北部，青海和西藏西部，河北西北部，内蒙古	印度，巴基斯坦北部
二类	3000～3200	586～796	宁夏南部，甘肃中部，青海东部，西藏东南部	雅加达
三类	2200～3000	502～670	山东，河南，河北中南部，山西南部，新疆北部，吉林，辽宁，云南，陕西北部，甘肃东南部，广东南部，福建南部，江苏北部，安徽北部，海南，台湾西南部	华盛顿
四类	1400～2200	419～502	湖南，湖北，广西，江西，浙江，福建北部，广东北部，陕西南部，江苏南部，安徽南部，黑龙江	米兰
五类	1000～1400	335～410	四川，贵阳	巴黎，莫斯科

据估算，我国陆地每年接收的太阳能辐射量约为 5.02×10^{22}J，相当于 1.7×10^{12}t 标准煤。全国各地年辐照总量达 3340～8360MJ/m^2，中值为 5852MJ/m^2，年日照时数超过 2200h。

2.1.3　太阳能的利用

太阳能是一种洁净的自然再生能源，取之不尽，用之不竭，而且太阳能是所有国家和个人都能够得以分享的能源。为了能够经济有效地利用这一能源，人们从科学技术上着手研究太阳能的收集、转换、储存及输送，已经取得显著进展，这无疑对人类的文明具有重大意义。

太阳能有直接太阳能和广义太阳能之分。所谓直接太阳能,就是指太阳直接辐射能量。而广义太阳能,即由太阳辐射能所产生的其他自然能,例如水力、风能、波浪能、海洋温差能和生物质能等。它们的利用方式有很大的区别。

这里的太阳能利用主要介绍直接太阳能利用。直接太阳能利用又分为热利用和光利用两个方面。

2.1.3.1　太阳能的光-热利用

太阳能热利用系统根据温区不同又分为低温太阳能利用系统(80℃以下)、中温太阳能利用系统(80～350℃)、高温太阳能利用系统(350℃以上)。

(1) 低温太阳能利用系统

低温太阳能利用系统的利用主要包括热水器、被动式太阳房、太阳能干燥及太阳能制冷等。近年来,低温太阳能利用系统的主要研究任务是降低太阳能集热器的制造成本,提高运行效率和可靠性,简化设备安装的方法。

低温太阳能利用系统中,决定成本和效率的关键部件是平板集热器。目前的平板集热器全部采用铝挤压件,这使得制造工艺简化,而且为装配玻璃板和集热板提供了良好的支架。另外,密封技术取得了很大进展,吸热涂料的性能大为提高。这些成果标志着低温太阳能利用技术日趋成熟。

(2) 中温太阳能利用系统

中温太阳能利用主要给工业生产提供中温用热,例如木材的干燥、纺织品的漂白印染、塑料制品的热压成型和化工的蒸馏等。中温太阳能利用系统的集热器都要有一定程度的聚光作用。近几年来,聚光集热器的研制有了很大的进展,开始由实验室走向市场。但聚光集热器的成本远高于平板集热器,而且中温系统的蓄热比低温系统困难得多,这些问题的解决还有待进一步研究。

(3) 高温太阳能利用系统

高温太阳能利用系统主要用于大型光-热发电,它的集热系统需建造大型的旋转物面聚光集热器和定日镜场。这两者(特别是定日镜)的投资耗费很大,但目前已经建立起光-热发电场。

2.1.3.2　太阳能的光-电利用

太阳能光-电利用包括两个方面:一是制备太阳能电池;二是利用太阳能发电。

(1) 太阳能电池

太阳能电池具有方便、不需燃料和无污染等优点,近几年发展迅速。太阳能电池将成为未来社会能源结构中的主要成员。太阳能电池种类繁多,主要分为三类,即晶体硅太阳能电池、薄膜太阳能电池和新概念太阳能电池。

(2) 太阳能发电技术

太阳能发电包括太阳能电厂和分布式发电。太阳能发电应用于多种多样的场合,包括荒漠、海面、农业、渔业及公共设施等处的太阳能发电。这些复合和跨界模式既实现了清洁发电,也同时兼顾了经济发展和生态保护。

2.2 太阳能-热能利用技术

通过转换装置将太阳辐射能转换为热能称为太阳能-热能转换技术，也称为太阳能光-热利用技术。太阳能光-热利用主要包括：太阳能热发电技术、太阳能供暖技术、太阳能制冷与空调技术、太阳能热水系统、太阳能干燥系统和太阳能海水淡化技术等。

2.2.1 太阳能热发电技术

太阳能热发电是利用大规模阵列抛物或碟形镜面收集太阳热能，通过换热装置提供蒸汽，结合传统汽轮发电机的工艺实现发电的目的。太阳能热发电系统包括集热系统、热传输系统、蓄热系统、热交换系统及汽轮机发电系统。它的功能是把太阳光反射、集中并能变成热能，再把热能储存和转变成高温水蒸气，实现蓄热和热交换。

2.2.1.1 太阳能热发电原理

太阳能热发电的原理是通过反射镜将太阳光汇聚到太阳能收集装置，利用太阳能加热收集装置内的传热介质（液体或气体），经过加热水形成蒸汽去驱动发电机发电。太阳能热发电的过程是利用集热器将太阳辐射能转换为热能后向蒸发器供热，工质（通常是水）在蒸发器（或锅炉）中蒸发为蒸汽并过热，进入涡轮，通过喷管加速后驱动叶轮旋转，带动发电机实现发电。离开涡轮的工质成为饱和蒸汽，进入冷凝器后向冷却介质（水或空气）释放潜热，凝结为液体工质并重新回到蒸发器中循环使用。

2.2.1.2 太阳能热发电的类型和特点

（1）太阳能热发电的类型

① 太阳能热动力发电　利用反射镜或集热器将阳光聚集起来，加热水或其他介质，产生蒸汽或热气流以推动涡轮发电机发电。

② 利用热电直接转换为电能　用聚集的太阳光和热直接发电。例如温差发电、热离子发电和磁流体发电等。

目前，太阳能热发电技术主要为热动力发电系统。

（2）太阳能热发电的特点

太阳能热发电的特点是太阳辐射能很容易以极高的效率转换为热能，但把热能转变为功则受到限制。热力学第二定律和卡诺定律阐述了热转换为功的条件及最大转换效率，提高热机效率的主要途径是提高热源温度。太阳能是一种能流密度很低的能源，若要提高经济效益，就必须提高热机效率和规模大型化。

太阳能热发电还需考虑太阳能的间歇性等不利因素。为保证正常供电和发电系统正常运转，理论上有三种选择：①配置蓄电装置，把多余的电能储存起来以供需要；②在太阳能集热器与热机之间设置储热装置，把电负荷较低时多余的热能储存起来，使发电机在用电高峰时能以更大的功率发电；③把太阳能发电系统和电网并联（图2-1）。

2.2.1.3 太阳能热发电系统类型

太阳能热发电系统目前主要有三种类型，即塔式、碟式和槽式。表2-2列出了这3种光热发电技术的比较。

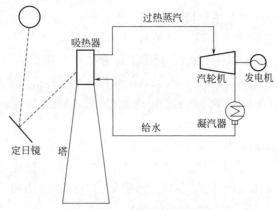

图 2-1 水/蒸汽塔式太阳能热发电系统原理

表 2-2 三种太阳能热发电方式的比较

项目	碟式系统	塔式系统	槽式系统
规模	5～25kW	10～200MW	30～300MW
年均效率	0.12～0.25	0.08～0.21	0.11～0.16
跟踪方式	两轴跟踪	两轴跟踪	单轴跟踪
太阳聚光倍数	200～3000	600～1000	8～80
峰值效率	>0.25	0.23	0.20
年容量因子	0.24	0.20～076	0.23～0.49
运行温度/℃	500～1500	500～1000	260～400
技术开发风险	高	中等	低
能量储存	电池	可以，比如熔盐	有限制
多燃料设计	可以	可以	可以
应用	分散发电	并网发电	并网发电

（1）塔式太阳能发电站

塔式太阳能系统的聚光比在200～1000之间，系统最高运行温度达到1000～1500℃，装机容量为30～400MW。塔式太阳能发电聚光温度高，是可以获得较高热电转化效率的发电技术（相比于其他几种太阳能热发电技术），所以塔式太阳能发电站适合大容量发电的装置。

塔式太阳能发电站由聚光子系统、集热子系统、发电子系统、蓄热子系统和辅助能源子系统5个部分组成。其中，接收器属于集热子系统，是实现光热转换的核心部件。

① 塔式电站的工作原理 塔式太阳能发电系统是采用由大量平面反射镜组合而成的聚光装置（称为定日镜），将太阳辐射能反射到位于定日镜群中央的高塔上的吸热器；加热工质产生高温高压蒸汽或气体，驱动发电机组发电将太阳能转换为电能，从而实现"光→热→电"的转换。

② 塔式电站的优势与不足 塔式电站的优点是聚光倍数高，容易达到较高的工作温度；能量集中过程由反射光一次完成，方法简捷有效；吸收器、散热器面积相对较小，光热转换效率高。塔式电站的不足是建设费用高，其中反射镜的费用占50%以上。塔式太阳能发电站的总体效率可以达到20%。

③ 塔式电站的三种形式介绍　塔式太阳能热发电系统如果按照工作介质的不同,可以分为水/蒸汽、熔盐/蒸汽和空气/蒸汽三种形式。

a. 水/蒸汽-塔式太阳能热发电系统。它的工作介质是水和蒸汽。水/蒸汽-塔式太阳能热发电系统的优点是水的热导率较高、无腐蚀、无毒和易于输运等。水/蒸汽-塔式太阳能热发电系统的缺点是水/蒸汽-塔式太阳能热发电中过热阶段蒸汽的热容很小,蒸汽段管路易发生过热烧蚀。

b. 空气/蒸汽-塔式太阳能热发电系统。它的工作介质是空气。空气/蒸汽-塔式太阳能热发电系统的优点是使用空气作为介质,具有从环境中直接获取的优点,对环境没有污染;允许较高的工作温度,不仅启动快,而且无需附加的冷启动加热和保温系统,有利于运行和维护。空气/蒸汽-塔式太阳能热发电系统的缺点是始终存在局部过热与失效及流动不均匀问题,应用也受到局限。

c. 熔盐/蒸汽-塔式太阳能热发电系统。它的工作介质是熔盐。熔盐在吸热器内被加热后,熔盐/蒸汽发生器产生蒸汽推动汽轮机发电;乏汽经凝汽器冷凝后,返回蒸汽发生器循环使用。熔盐介质系统在操作运行时,不考虑压力,从而提高了其安全性。

熔盐的传热性能及储热性能皆优于空气和水蒸气,适用于各种类型的结构,目前使用最广泛的是腔式管状接收器。图 2-2 是圆锥形腔熔盐接收器示意图。

熔盐的延展性和导热性好,工质间温差小,导致对外界温度的变化不敏感,可减小由温度骤变产生的热应力,与空气相比更适用于直接照射式接收器。但是熔盐的耐高温性能不好,温度高于 600℃时会分解,影响其性能,因此熔盐接收器的工作温度不能超过 600℃。图 2-3 是我国甘肃敦煌的熔盐塔式光热发电站。

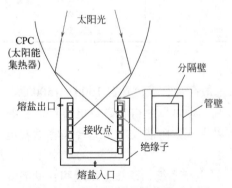

图 2-2　圆锥形腔熔盐接收器示意图

图 2-3　甘肃敦煌的熔盐塔式光热发电站

甘肃敦煌的熔盐塔式发电站的装机发电功率是 100W,每年可以产生 3.9×10^8kW·h 的电量。我国西北地区有很多日照充足、荒无人烟的空地,合理开发这些光照资源,电力供应体系向该地区延伸的成本将大大降低,对于发展经济和解决周边居民基本用电需求有积极作用。

德令哈的 50MW 塔式光热发电站位于青海省海西州德令哈市的戈壁滩上,占地 3.3km²,装机容量 50MW,配置 7h 熔盐储能系统,镜场采光面积 54.27 万平方米,设计年发电量 1.46 $\times 10^8$kW·h。电站于 2017 年 3 月 15 日正式开工建设,并于 2018 年 12 月 30 日并网发电。

（2）碟式太阳能发电站

相比于槽式电站和塔式电站，碟式电站的发电效率最高，其聚光比达到 3000 以上。碟式电站可以实行模块化生产，可快速部署于任何太阳能丰富的地方，如屋顶、地面、海岛及冰原荒野等场合。

碟式光热发电装置占地面积小、发电效率高，更适合开发用于个体用户或小型企业的发电装置。目前，碟式光热发电技术最具发展潜力。

① 碟式电站的工作原理　利用抛物面反射镜将太阳光聚焦到位于抛物面反射盘焦点的吸热器上，吸热器吸收由反射镜汇聚的太阳光辐射能并将其转化成热能，驱动蒸汽发动机，进而带动发电机进行发电。

吸热器通过撑杆连接到抛物面反射盘上，基座上装有转向系统，太阳跟踪探测器探测到太阳的位置，通过地面传感器将信息传递给电控装置，进而驱动基座进行旋转。系统需配置蓄电池存储电能，以在夜间或雨雪天气时提供电能。

② 碟式电站的结构　碟式电站主要由抛物面反射镜、集热器、撑杆、中心支撑、电控装置、基座、塔架、热机箱、太阳跟踪探测器、地面传感器及蓄电池箱组成，结构如图 2-4 所示。斯特林机由于高效率和外燃机特性，成为碟式太阳能热发电的首选热机，其发电系统称为碟式斯特林太阳能光热发电系统。

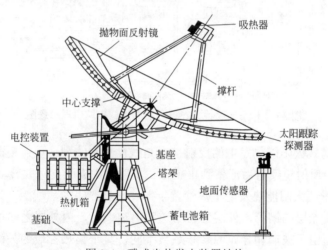

图 2-4　碟式光热发电装置结构

2012 年以来，我国分别在上海张江高科技园区、内蒙古鄂尔多斯市和陕西铜川等地成功完成碟式太阳能发电站的建设。图 2-5 为运行中的碟式太阳能发电站。

（3）槽式太阳能发电站

在太阳能热发电的三种形式中，槽式太阳能热发电技术已经基本发展至成熟阶段，装机容量占到所有太阳能热发电装机容量的 80% 以上。一般的槽式太阳能热发电站均配置了 7~8h 的熔盐间接蓄热系统。槽式太阳能集热技术还可以用于与传统能源互补发电、工业供热、家庭和公共场所采暖、制冷与空调、海水淡化和太阳能热化学等众多领域。

① 槽式电站的工作原理　槽式电站的发电聚光镜由反射镜和支架组成。图 2-6 为槽形抛物镜集热器分散布置式电站原理示意图。

图 2-5　运行中的碟式太阳能发电站

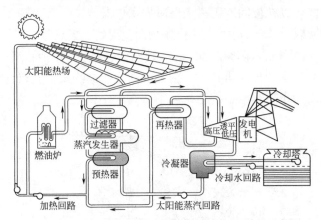

图 2-6　槽形抛物镜集热器分散布置式电站原理示意图

　　a. 反射镜。槽式太阳能热发电的反射镜面是线性抛物线型，反射镜截面为抛物面，平行入射的太阳光经反射镜反射后汇聚到集热管。反射镜由支架支撑并转动跟踪太阳。

　　b. 集热管。槽式太阳能热发电集热管置于抛物面聚光镜的焦线上，为双层结构。内层为涂有选择性吸收涂层的钢管，外层为有增透膜的玻璃管，内外层之间抽真空，集热管两端具有膨胀节，而由于玻璃和金属的膨胀系数不同，整个集热管最为关键的技术是玻璃与金属之间连接处的密封。

　　c. 跟踪技术。太阳能热发电的跟踪方式可分为单轴跟踪和双轴跟踪。与塔式太阳能热发电不同的是，槽式太阳能热发电的聚光镜跟踪一般采用单轴跟踪技术，所以较塔式技术简单。双轴跟踪效率远高于单轴跟踪，但由于成本高和可靠性低等问题，故发展缓慢。

　　d. 工作介质。太阳能热发电中的工作介质分为吸热介质、蓄热介质和做功介质。做功介质一般是水蒸气。吸热介质目前主要有导热油、水和熔盐。蓄热材料主要分为显热蓄热材料、相变蓄热材料、热化学（可逆化学反应）蓄热材料和吸附（脱附）蓄热材料等。

　　② 槽式电站的优势与不足　槽式电站是中温太阳能热发电系统。随着技术的不断成熟与效率的不断提升，槽式太阳能热发电的 LCOE（平准化电力成本）将不断下降，从而能够与传统的火电进行竞争。槽式电站的不足是其跟踪精度低，导致控制代价小，同时采用管

状吸收器，工作介质受热流动同时集中能量。

③ 我国槽式电站的发展　我国的瓦槽式电站已实现连续发电。例如位于巴彦淖尔市乌拉特中旗境内的 100MW 槽式电站，占地面积约 7300 亩（1 亩 $\approx$ 666.7m^2），配置 10h 熔盐储热系统。项目集发电与储能于一身，是可代替化石能源电站作基础负荷和调峰负荷的绿色电源。

（4）线性菲涅耳式太阳能电站介绍

线性菲涅耳式太阳能热发电系统是通过跟踪太阳运动的条形反射镜将太阳辐射聚集到吸热管上，加热传热流体，并通过热力循环进行发电的系统。系统主要由线性菲涅耳聚光集热器、发电机组、凝汽器等组成。线性菲涅耳式系统可视为简化的槽式太阳能热发电系统。

2.2.1.4　太阳能热电站的相关科学问题

太阳能热发电技术涉及光学、热物理、材料、力学及自动控制等学科，是一门综合性的技术，也是太阳能研究领域的难题。当前，太阳能发电技术的新方案有以下几种。

（1）以熔盐为传热介质的腔体式直接吸收接收器（DAR）

在 DAR 中有一块隔热良好的吸热板，它倾斜放置。来自定日镜场的高强度太阳辐射经腔体内壁反射到吸热板上，吸热板又传给板顶端熔融的碳酸盐。目前开展的研究是：对熔盐掺杂，提高熔盐对太阳辐射的直接吸收能力；研究吸热板与熔盐液膜之间强化传热的途径；研究熔盐在高温下的热物性参数（包括热导率、比热容、黏度和热辐射）。

（2）勃莱敦循环

勃莱敦循环方案是以微粒和惰性气体组成的固-气两相流为工作介质，当工作介质通过接收器时，强烈地吸收射入接收器窗口的高强度太阳辐射，并在极短时间内达到高温状态。受热的工质可直接推动燃气轮机工作。

（3）两级聚光

从热力学角度考虑应尽可能提高工作介质的温度，设备又不能复杂。科学家们完成的一种新的两级光学的槽型抛物镜式集热器，使太阳热电站的转换效率大为提高而且成本降低。这种设计能使主级的聚光比增大 2～2.5 倍，并且主级聚光镜的张角可保持 90° 甚至 120°。作为第二级的复合抛物镜可置于真空接收器之内，可使热损大为降低，工作温度由 400℃增至 500℃，可满足常规火电厂所需的蒸汽参数。

（4）SEGS 单回路系统

SEGS 原来均采用双回路系统，必须装备一系列换热器。采用最新的单回路系统就不再以合成油为传热介质，而使水直接通过真空集热管。为实现这种新方案，必须深入地研究集热管中的两相流传热和高温（420℃）高压（10000～12000kPa）下的流动状态、温度、压力、汽击及振动等控制问题，以及日照变化时工况的适应问题。

（5）新一代反光镜

传统的玻璃/金属反光镜价格高、反射率低，目前一种在聚合物上镀银的紧绷式反光镜具有重量轻、成本低、反射率高并抗老化等优点，使用两年后的反射率仍在 90%以上。

（6）新型接收器

新型接收器包括复合型接收器和粒子接收器，其中粒子接收器有四种产品：幕墙式粒子接收器、阻塞式粒子接收器、回旋式粒子接收器和间接照射式粒子接收器。发展新的接收器类型和改进现有接收器的缺陷，目的是获得更为符合实际需要的接收器类型。

2.2.1.5 太阳能热电站的发展

1950 年，苏联的研究人员第一次搭建了塔式太阳能热发电模拟实验装置，这意味着光热发电技术的诞生。全球太阳能产业蓬勃发展。国际可再生能源署（IRENA）和光热发电网（CSPPLAZA）研究中心公布，到 2022 年 12 月，世界范围内成功运行的光热电站容量超过 5GW。

① 太阳能光热发电的优势　清洁环保，减少 CO_2 的排放；光热电站的出电量稳定、可控，光热发电在晚上和阴雨天照常稳定发电；光热电站的发电量大。

② 太阳能光热发电的劣势　建造成本高，投资大；维护成本高，炉体和管道都需要高温保护；镜面需要保持清洁，否则阳光会因散射而流失；建造环境要求高，既要有充足的日照，还要有丰富的水资源。

2.2.2 太阳能供暖技术

太阳能采暖技术是直接利用太阳辐射能供暖的建筑，也称太阳房。太阳房的定义是：利用建筑结构上的合理布局，经过巧妙安排和精心设计，使房屋增加少量投资即可取得较好的太阳能热效果，达到冬暖夏凉效果的房屋。冬季利用太阳能采暖的可称为"太阳暖房"，夏季利用太阳能降温和制冷的可称作"太阳冷房"，二者可统称为太阳房。太阳房类型多种多样，分类方法也不同。

现代技术不断扩展和完善太阳房的功能，新式太阳房具有太阳能收集器、热储存器、辅助能源系统和室内暖房风扇系统，可以节能 75%～90%。图 2-7 为传统的太阳房。

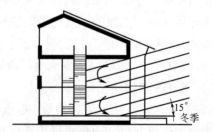

图 2-7　传统的太阳房　　　　图 2-8　利用温室效应的被动式太阳房的结构示意图

当代世界太阳能科技发展有两大基本趋势：一是光电与光热的结合；二是太阳能与建筑的结合。用太阳能代替常规能源提供建筑物的功能，包括供暖、空调和照明等，即为太阳能建筑。太阳能建筑的发展大体可分为以下三个阶段。

① 被动式太阳房　这是一种完全通过建筑朝向和周围环境的合理布置，内部空间和外部形体的巧妙处理，恰当选择材料，具有集取、蓄存和分配太阳热能功能的建筑。

② 主动式太阳房　以太阳集热器、管道、风机或泵、散热器和贮热装置等组成的太阳

能采暖系统或由吸收式制冷机组成的太阳能供暖和空调的建筑。

③ 利用光伏发电的建筑　通过光电转换设备提供建筑所需的全部能源，完全用太阳能满足建筑供暖、空调、照明和用电等一系列功能要求，即"零能房屋"。

2.2.2.1　被动式太阳房

不用任何机械动力，仅靠太阳能自然供暖的建筑称为被动式太阳房。被动式太阳房的结构见图 2-8。被动式太阳房不需辅助能源，主要靠太阳能采暖。

（1）利用温室效应的被动式太阳房

图 2-8 所示的太阳房在向阳面利用温室效应建成集热墙，在集热墙的上部和下部向室内分别开排气孔和通风孔。选择这两种通孔时要考虑合适的位置，当太阳照射到集热墙时，墙内的空气在被加热后会由于冷热空气密度不同而产生对流。

由于热的空气上升，会源源不断进入室内，而室内底层的冷空气则被集热墙吸收，形成循环对流后，室内的温度慢慢升高。当没有阳光时，关闭集热墙的通风孔，房屋的四壁和顶棚的保温性得到保障，室温可以保持。当天气炎热时，将集热墙上部通向室内的通风孔关闭，再打开顶部的排气孔，如有地下室还可引入冷空气。这种集热墙将起抽风作用，使室内的空气加速运动，达到降温的目的。

（2）自然式被动太阳房

图 2-9 是另一种结构的被动式太阳房，称为自然式被动太阳房。这种太阳房南面墙采用大面积的落地窗，背面则是较封闭的实墙。冬天阳光通过落地窗直接进入宅内，提供热能。这种太阳房的阳台根据太阳高度角设计，夏天阳光仅照到阳台而不进室内，并且室内空气流通。

2.2.2.2　主动式太阳房

主动式太阳房不是自然接受太阳能取暖，而是安装了一套系统来实现热循环供暖。它通常在建筑物上装设一套集热、蓄热装置与辅助能源系统，实现人类主动地利用太阳能。主动式太阳房本身就是一个集热器，通过建筑设计把隔热材料、遮光材料和储能材料有机地用于建筑物，实现房屋吸收和储存太阳能。

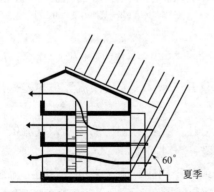

图 2-9　自然式被动太阳房的结构示意图

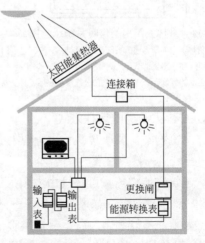

图 2-10　能源过剩式太阳房的结构示意图

（1）能源过剩式太阳房

图 2-10 是一种能源过剩式太阳房的结构示意图，被称为 PV（photovoltaic）系统。利用 PV 系统能把太阳能转化为电能和热能，除用于建筑物自身能耗外，还含有过剩能源，因此被称为能源过剩住宅。

PV 系统是 20 世纪 90 年代发展起来的一种新型的太阳能系统，它的原理是利用特殊的太阳能集热模块，把太阳能转化为电能，同时保留传统太阳能系统的供热和供暖功能。

随着科学技术的发展，PV 系统不断完善。Helitrope 式 PV 系统将房子设计成自身可以绕中轴随太阳旋转 360°，冬天可以使起居室、卧室主要朝南以获得更多的阳光，夏天则使其背向阳光以减少照射。在住宅顶部装有随太阳转动的集热板，以保障最大的集热面积，获得较多的太阳能；在住宅外墙设置真空式集热器作辅助能源，得到的过剩能源可输出公用。

这种 PV 系统如果安装 54m² 的集热板，即可获得 120kW 的电能，自身仅消耗 20kW，这远低于自身的要求，是典型的能源过剩住宅。

（2）低能耗式太阳房

图 2-11 所示为采用空气工作流来作为供暖系统的太阳房，称为丹佛太阳房。丹佛太阳房利用空气加热器、卵石床蓄热器及辅助热源天然气炉供暖。集热器有两组，总面积为 55.7m²，集热器相对于屋顶的倾角为 45°；卵石蓄热介质为 10640kg，卵石的平均直径为 2.5～3.8cm，比热容为 0.75kJ/(kg·℃)；鼓风机、炉子、风闸及冷风热风调节器为辅件。

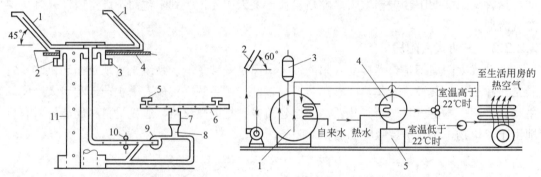

图 2-11　丹佛太阳房的供暖系统示意图

1—太阳集热器顶部压力通风系统；2—风挡；3—冷气回流口；
4—屋顶；5—热风调节器；6—调节风闸；7—炉子；
8—电机带动的风闸；9—鼓风机；10—热水预热器；11—蓄热器

图 2-12　热水器供暖式太阳房的系统示意图

1—太阳蓄热水箱（59.4m³）；2—太阳集热器；3—膨胀水箱；
4—辅助水箱；5—烧油的热水加热器

① 丹佛太阳房的运行方式

a. 建筑物不需要取暖并且太阳辐射强劲时，仅开风闸，气流依次流经集热器→热水预热器→鼓风机→蓄热装置→集热器。

b. 建筑物所需热量可直接由太阳提供时，打开或关闭部分相应的风闸，气流依次流经集热器→热水预热器→鼓风机→炉子→热风调节器→冷风回流器→集热器。

c. 太阳能不能利用，需蓄热器供暖，需打开或关闭相应风闸，来自室内的气流经冷气回流器→蓄热器→鼓风机→炉子→热风调节器到室内。

　　d. 太阳能完全不能利用，只能全部利用辅助能源时，需要点燃炉子，来自室内的气流经冷气回流器→蓄热器→鼓风机→炉子→热风调节器到室内。

　　丹佛太阳房可采用现成的常规控制设备，但它需要较大容量的蓄热器，鼓风费用高。低能耗式太阳房也可以采用热水供暖系统供暖。图 2-12 是热水器供暖式太阳房的系统示意图。

　　热水器供暖系统包括热水箱、集热器、膨胀水箱和热水加热器。集热器面积为 59.5m²，倾角 60°，吸热面用涂黑的铝板，蓄热器水箱的容积为 5670kg，水温为 60℃。

　　② 热水器供暖式太阳房运行方式　热水供暖系统与空气供暖系统的运行方式不完全相同，与丹佛太阳房的运行方式比较，b 种运行方式不能进行。如果太阳辐射强度足够大，就可以按 a 方式运行；室内需要热量而蓄热箱可以供热时，按工作方式 c 和 d 进行。热水供暖系统可以避免蓄热器在热量进出过程中的损失，蓄热器容积小，耗能少，但水作介质容易导致天冷时集热器结冰。

　　图 2-13 为各式太阳房住宅的图片。其中图 2-13（c）为能源过剩住宅，命名为 Helitrope，原意是"跟着太阳转"，生动地描绘了这幢住宅的最大特点是房子自身可以绕中轴随太阳旋转 360°。

(a)

(b)

(c)

(d)

图 2-13　各式太阳房

　　采用 PV 系统的住宅就像一部精密的机器，房子能自转，这样冬天可使起居室、卧室等主要用房朝南以获得尽量多的阳光；夏天外界气温高时，则可使主要用房背阳，避免过多的阳光进入室内。在住宅顶部有一块 54m² 的集热板，亦可同住宅一起跟着太阳转，并且可在上、下、左、右四个方向转动，使之与水平面的夹角可随着太阳高度角的变化而变化，以保证最大的集热面积，获得最多的太阳能。除了顶部的集热板外，在住宅外墙还设有真空管式集热管作为辅助的集热器，增大集热功能。

2.2.2.3　太阳房的发展

太阳房的开发起源于欧洲和美国，目前法国、德国、澳大利亚、日本及英国等国家也拥有相当先进的太阳能建筑应用技术。中国太阳房开发利用自 20 世纪 80 年代初开始，经过多年经营，全国已经建起各种类型的太阳房，主要分布在山东、河北、辽宁、内蒙古、甘肃、青海和西藏的农村地区。图 2-14 是近年来我国的太阳房模型及实物图。这些新的太阳房技术和设备可以很好地与建筑相结合。

图 2-14　近年来我国太阳房模型及实物图

（1）太阳能的优势与不足

太阳能的优势是无污染、取之不尽用之不竭；缺点就是不连续及不稳定。太阳房往往需要配备一定的常规辅助能源，才能达到适宜居住的条件，这也就是主动式太阳房。太阳房在设计时，需要考虑太阳能的保证率，还需要考虑必要的换气以及南北屋的温度调节和控制。

（2）中国太阳房的发展主要存在的问题

① 目前，对太阳房的设计和建造与建筑没有真正结合起来，太阳房的用途还仅仅局限在采暖保温方面，而利用太阳房去湿降温的还很少。

② 建筑师的设计思想和概念没有纳入建筑规范与标准，一定程度上影响太阳房的快速发展和实现商业化。

③ 相关的透光隔热材料、带涂层的控光玻璃和节能窗等没有实现商业化，使太阳房的水平受到限制。

2.2.3　光伏建筑一体化

2.2.3.1　概述

能源的消耗主要包括三大项，即工业能耗、建筑能耗和交通能耗，其中建筑能耗约占总能耗量的 20%～30%。如果将太阳能利用与建筑相结合，满足建筑中多种用能需求，可有效降低传统能源消耗并有利于生态环境。光伏建筑一体化是减少建筑能耗的重要途径。

（1）光伏系统的基本工作原理

太阳光驱使光伏电池组件产生电能后，通过控制器给蓄电池充电或者在满足负载需求的情况下直接给负载供电；在日照不足或在夜间，由蓄电池在控制器的控制下给直流负载供电；对于含有交流负载的光伏系统，需要增加逆变器将直流电转换成交流电。

光伏系统的应用形式多种多样，其基本原理大同小异。根据实际的需要，光伏系统仅在控制机理和系统部件方面做适当调整。

（2）光伏系统的组成

光伏系统由以下几部分组成：①太阳电池组件；②充、放电控制器；③逆变器；④测试仪表和计算机监控等电力电子设备；⑤蓄电池或其他蓄能和辅助发电设备。

（3）光伏系统的特点

① 没有转动部件，不产生噪声；

② 没有空气污染，不排放废水；

③ 没有燃烧过程，不需要燃料；

④ 维修保养简单，维护费用低；

⑤ 运行可靠性，稳定性好；

⑥ 作为关键部件的太阳电池使用寿命长，晶体硅太阳电池寿命可达到 25 年以上；

⑦ 根据需要可以扩大发电规模。

（4）光伏建筑一体化的优势

光伏建筑一体化可实现建筑、节能、技术、经济和环保的有效结合，归纳共有以下六项优势。

① 有效利用围护结构表面（屋顶和墙面），无需额外用地或加建其他设施；

② 实现原地发电、原地使用并节省电站和电网的投资；

③ 安装在屋顶和墙面上的光伏阵列可直接吸收太阳能，避免墙面温度和屋顶温度过高，有效改善室内环境；

④ 采用大尺度新型彩色光伏模块，节约外装饰材料的同时实现建筑外观装饰；

⑤ 除保证自身建筑内用电外，还可以向电网供电；

⑥ 建筑物外墙作为幕墙，可减少整体造价。

（5）光伏建筑一体化的类型

根据光伏方阵与建筑结合的方式不同，光伏建筑一体化可分为以下两大类。

① 光伏方阵与建筑的结合（building integrated photovoltaic，BIPV），主要包括屋顶光伏电站和墙面光伏电站；

② 光伏方阵与建筑的集成（building attached photovoltaic，BAPV），主要为光电瓦屋顶、光电幕墙和光电采光顶等。

表 2-3 给出了 BAPV 与 BIPV 的区别。

表 2-3　BAPV 与 BIPV 的区别

一体化类型	应用形式	适用组件
光伏组件与建筑结合（BAPV）	房屋斜角	无特殊要求，性价比优先，普通型光伏组件
	房屋平铺	
	墙体贴附安装	

续表

一体化类型	应用形式	适用组件
光伏建筑一体化（BIPV）	光伏屋顶	建材型光伏组件
	光伏幕墙	
	光伏遮阳	
	光伏温室	

2.2.3.2　光伏方阵与建筑的结合（BIPV）

BIPV 是光伏方阵与建筑集成的高级形式。它对光伏组件的要求较高，光伏组件不仅要满足光伏发电的功能要求，同时还要兼顾建筑的基本功能要求。BIPV 建筑物与光伏发电的集成化，在建筑物的外围护结构表面上铺设光伏阵列产生电力。BIPV 系统可以划分为两种形式，即光伏屋顶和光伏幕墙。

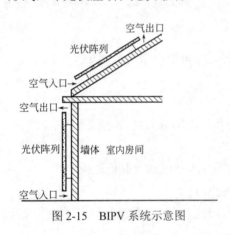

图 2-15　BIPV 系统示意图

（1）光伏屋顶

光伏屋顶就是在房屋顶部装设太阳能发电装置，利用太阳能光电技术在城乡建筑领域进行发电，以达到节能减排目标。BIPV 系统一般由光伏阵列（电池板）、墙面（屋顶）和冷却空气流道、支架等组成，如图 2-15 所示。

① 光伏阵列（电池板）　光伏阵列是太阳能光伏系统的核心部件，由太阳电池组件（光伏电池组件）按照系统需求串/并联而成，实现将太阳能转换成电能输出。光伏阵列（电池板）包括蓄电池、控制器和逆变器。

蓄电池是太阳能光伏系统的储能部件，其将太阳电池组件产生的电能储存起来，当光照不足（包括晚上或者负载需求大于太阳电池组件所发的电量）时，将储存的电能释放，以满足负载的能量需求。目前太阳能光伏系统常用的是铅酸蓄电池，对于有较高要求的系统通常采用深放电阀控式密封铅酸蓄电池。

控制器是整个系统的核心控制部分，对蓄电池的充/放电条件加以规定和控制，并按照负载的电源需求控制太阳电池组件和蓄电池对负载的电能输出。目前，将传统的控制部分、逆变器及监测系统进行集成，正在形成趋势。

逆变器是将太阳电池组件产生的直流电（或蓄电池释放的直流电）转化为负载需要的交流电的装置。在太阳能光伏供电系统中，如果含有交流负载就需要逆变器设备。

② 屋顶和冷却空气流道、支架等　这些是光伏阵列的基础设施。屋顶包括几种类型，其中以坡屋顶、平屋顶和彩钢屋顶较常见。屋顶的安装条件要确定利用面积、遮挡、防水和承重等。首先判断屋顶有多少可利用面积，这直接决定了光伏系统的装机容量；其次是屋顶的朝向，如果屋顶朝南则接受太阳辐射多，发电量便会提高；要考虑周围是否有高大建筑物和屋顶的防水等问题，高大建筑的遮挡会对采光造成影响，而防水系统好可能延长电站生命周期。

③ 几种安装方式

a. 坡屋顶安装方式。光伏组件主要采用顺坡架空安装方式，同时组件与屋面之间的垂直距离满足安装和通风散热间隙的要求。光伏阵列相对于屋顶平行铺设，支架采用钢制预埋件点阵式固定横梁。图 2-16 是坡屋顶安装方式的实物图。

b. 平屋顶安装方式。平屋顶的结构选型，可根据屋顶完成面的实际情况选择相应的支架系统；要考虑当地年发电总量最大值选择支架的安装倾角；平屋顶的光伏系统的防水层至关重要。图 2-17 是平屋顶安装方式的实物图。

图 2-16　坡屋顶安装方式的实物图　　　　图 2-17　平屋顶安装方式的实物图

c. 彩钢屋顶安装方式。彩钢瓦通常用于大型工业厂房，它的支座安装方式与前两者不同。如果在屋顶的结构承载力满足的情况下，可以把倾角翘起来，加大安装角度。图 2-18 是彩钢屋顶安装方式的实物图。

（2）光伏幕墙

光伏幕墙是在传统幕墙的基础上，有机结合太阳能电池光伏组件，将太阳光能直接转化为电能。光伏幕墙把太阳能纳入现代建筑的总体设计中，相互间有机完美地结合，进而形成了集建筑、技术和美学于一体的新型建筑。

① 光伏幕墙结构的特点

a. 可原地发电、原地使用，减少电流运输过程的费用和能耗；

b. 避免了放置光电阵板额外占用的建筑空间，省去了单独为光电设备提供的支撑结构；

c. 安装在屋面和墙面上的光伏阵列直接吸收太阳能，可避免墙面温度和屋顶温度过高，有利于改善室内环境，同时有利于环保。

图 2-19 是光伏幕墙安装方式的实物图。

图 2-18　彩钢屋顶安装方式的实物图　　　　图 2-19　光伏幕墙安装方式的实物图

② 光伏幕墙结构的安装　光伏幕墙是用特殊的树脂将光伏电池粘贴在玻璃上,镶嵌于两片玻璃之间,将光伏电池与建筑围护结构或建筑材料相结合形成光伏组件,通过电池将光能转化为电能。通过逆变器转换提供建筑物用电或并入电网。

2.2.3.3　光伏方阵与建筑的集成（BAPV）

图 2-20　BAPV 分布式光伏系统的实物图

光伏方阵与建筑的集成（building attached photovoltaic,BAPV）是后置式的光伏方阵与建筑结合,它是安装在建筑物上的太阳能光伏发电系统,也被叫作"安装型"太阳能光伏建筑。BAPV 的主要作用是发电,不与建筑物功能发生冲突,也不会削弱和破坏原有建筑的作用。BAPV 可采用分布式光伏系统安装在大楼顶部,瓦片与电池板分离。图 2-20 是 BAPV 分布式光伏系统的实物图。

2.2.3.4　建筑光伏中 BIPV 与 BAPV 的区别

① BIPV 是建筑物的组成部分,起到建筑材料的作用;而 BAPV 建筑中的组件附在建筑上是通过简单的支架结构实现的,光伏系统不会影响建筑功能,BAPV 对建筑更多的是光伏化的改造。

② BIPV 中光伏组件具有透光、遮挡风雨和隔热的特点,将光伏方阵与建筑融合在一起,做到真正的一体化,要是把光伏组件去除,这些功能也将失去。BAPV 是安装在建筑物上面的,一般是屋子建好后安装的光伏系统,BAPV 会增加建筑负载,影响建筑的整体效果,因此对它的安装、安全性、支架系统都需要考虑全面。实际上,大多数 BAPV 在建筑设计上不会考虑增加光伏系统,后期存在重复施工,也起不到节约建筑材料的作用。

③ 光伏组件在建筑物上一般可安装于屋顶、阳台、外立面、遮阳棚和墙面等地方。目前市场上的建筑一体化,BAPV 占比更多一些。但随着技术的发展,BIPV 智能化程度较高,成本更有优势,将具有较大的市场空间。

2.2.3.5　光伏建筑一体化的发展

我国高度重视光伏建筑一体化产业发展,目前通过纲领性文件、指导性文件、规划发展目标与任务等构筑起光伏建筑一体化发展政策金字塔,予以全产业链、全方位的指导。

2021 年 10 月,国务院发布《2030 年前碳达峰行动方案》,要求大力发展装配式建筑,推广钢结构住宅。《中共中央国务院关于完整准确全面贯彻新发展理念做好碳达峰碳中和工作的意见》要求,大力发展节能低碳建筑。持续提高新建建筑节能标准,加快推进超低能耗、近零能耗、低碳建筑规模化发展。

2.2.4　太阳能热水系统

太阳能热水系统就是将太阳光的能量转化为热能的系统。太阳能热水器是目前太阳能热利用技术领域商业化程度高且推广应用很普遍的技术。本章主要讨论太阳能热水器(见图 2-21)。

图 2-21 太阳能热水器

太阳能热水器是利用太阳的能量将水从低温度加热到高温度的装置。太阳能热水器由集热器、储水箱、支架及相关附件组成，其中集热器是将太阳能转换成热能的装置，目前主要采用玻璃真空集热管。集热管受阳光照射面温度高，集热管背阳面温度低，而管内水便产生温差反应，利用热水上浮冷水下沉的原理，使水产生微循环从而获得所需温度的热水。

2.2.4.1 太阳能热水器的系统组成

太阳能热水器主要元件由集热器、蓄热器（储能装置，即保温水箱）、循环系统（连接管道）、控制系统和其他外部设备（如循环泵、电磁阀及伴热带等）组成。按流体的流动方式可分为循环式、直流式和闷晒式系统；按照形成水循环的动力，循环式又分为自然循环式和强制循环式。

（1）集热器

集热器是系统中的集热元件，其功能相当于电热水器中的电热管。太阳能集热器利用的是太阳的辐射热量，故而加热时间只能在有太阳照射的白昼。集热器主要是真空集热管，其结构分为外管和内管，在内管外壁镀有选择性吸收涂层。全玻璃太阳能集热真空管多采用高硼硅玻璃制造，选择性吸热膜采用真空溅射选择性镀膜工艺。

（2）保温水箱

保温水箱是储存热水的容器。通常太阳能热水器只能白天工作，必须通过保温水箱把集热器在白天产出的热水储存起来。

（3）连接管道

连接管道就是通道，它将热水从集热器输送到保温水箱，同时也将冷水从保温水箱输送到集热器，使整套系统形成一个闭合的环路。设计合理、连接正确的循环管道对太阳能系统是否能达到最佳工作状态至关重要。热水管道必须做保温处理。

（4）控制系统

控制系统负责整个系统的监控、运行和调节等功能，各种信号传感器就是系统的神经。太阳能热水器的控制技术已经可以通过互联网实现远程控制。

（5）外部设备

外部设备主要包括循环泵、增压泵、供水泵和电磁阀等。外部设备的选择要根据热水器的综合因素确定。

2.2.4.2　太阳能热水器的循环系统

（1）普通太阳能热水器的循环系统

普通太阳能热水器的循环方式分为自然循环式和强制循环式两种。

① 自然循环式太阳能热水系统　普通太阳能热水器的基本构件是平板型集热器和蓄水箱，将二者连接起来可供应负荷，附件包括控制装置和辅助电源。图 2-22 是自然循环式太阳能热水系统示意图。由图可见，水箱位于集热器的上部，当集热器内的水吸收了太阳能并形成密度差时，水通过自然对流进行循环。目前，此类太阳能热水器基本退出市场。

② 强制循环式太阳能热水系统　系统中水箱不必置于集热器的上方，而是采用泵实现循环。当上联箱中的水温高于水箱底的水温时，差动控制器就启动泵工作。为了防止集热器在夜间损失热量，通常设置止回阀。图 2-23 是强制循环式太阳能热水系统。

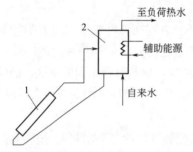
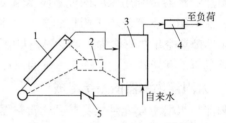

图 2-22　自然循环式太阳能热水系统　　　　图 2-23　强制循环式太阳能热水系统
1—集热器；2—水箱　　　　　　　1—集热器；2—控制器；3—水箱；4—辅助加热器；5—止回阀

（2）高效新型太阳能热水器的循环系统

太阳能热水器的发展经由低效到高效的过程，它由热效率和保温性能较差、受环境温度影响较大的闷晒式、平板式到集热效率较高的全玻璃真空管式、金属玻璃真空管式和热管真空管式热水器循环系统，形成系列高效新型太阳能热水器。

① 真空管式太阳能热水器循环系统　真空管式太阳能热水器由圆筒形玻璃管吸收太阳热，可进行 360°集热。用带压水管连接方式供水，其原理与保温瓶相同，所以冬天保温性能也很好。

a. 真空热管式太阳能热水器的结构。集热元件为真空热管，它包括热管、玻璃管、金属盖和消气剂等。热管是高效传热元件，通常采用铜-水重力热管；吸热板表层是高温选择性吸收涂层，采用磁控溅射技术制备；玻璃管采用硼硅玻璃，具有高透过率和高强度的特点；金属盖与玻璃管的连接采用热压工艺封接。真空管内抽成真空，用消气剂长期保持真空度。

b. 真空热管式太阳能热水器工作过程。当太阳光穿过玻璃管投射到吸热板上时，吸热板吸收太阳辐射能并转换为热能；通过热管中工质的蒸发与凝结，热能被传送到热管的冷凝端；冷凝端插入储热水箱，水被加热。

c. 真空热管式太阳能热水器的性能。真空热管式太阳能热水器热损失系数很低，仅有 $1.7 \sim 2.2 W/(m^2 \cdot ℃)$；集热效率高（工作温度高达 70～120℃，最高温度可达 250℃）；实现了把低密度散射光转换为热能；热管热容量小，受热后立即启动，提高了集热器的输出能量；阴天可供热水和耐冻。

真空热管式太阳能热水器是一种全年可运行的高性能全天候太阳能热水器，它是继闷晒式、平板式太阳能热水器之后的新一代产品。它不但供给洗澡用热水，还可用于开水器和工业加热。

② 全塑式-水管直连式太阳能热水器循环系统　全塑式-水管直连式太阳能热水器循环系统由太阳集热器和一个中密度抗紫外线的聚乙烯储热水箱组成，结构相当简单。水管直连式是自然循环方式。储热水箱是独立双层结构（在高密度聚乙烯罐内装入可与水管直接连接的不锈钢水箱，外侧聚乙烯罐内是被集热的水，是间接升温结构），储热水箱可与所有形式的供热水器连接。双层不锈钢罐的水采用间接加热方式，不会产生水垢等污染物，可确保卫生。由于采用不散失热量的保温设计和防冻结构，全塑式-水管直连式太阳能热水器循环系统是一种高效和全年运行的全天候太阳能热水器。

2.2.4.3　太阳能热水器的优势与不足

（1）太阳能热水器的优势

太阳能热水器的优势是低碳、环保、可靠；热水产量很大，传热性能较好，使用方便安全。在社会意义上有积极的作用。

（2）太阳能热水器的不足

由于太阳能热水器的体积比较大，安装有一定的局限性；太阳能热水器的组成元件复杂，维护比较麻烦；太阳能是依靠太阳光进行工作，在阴天或冬天，太阳能热水器的工作效率就会大大降低。这些不足在某种程度上限制了太阳能热水器的应用。

2.2.5　太阳能制冷技术

太阳能光热制冷，即利用太阳能转化成的热能来驱动制冷机组进行制冷。太阳能制冷可以通过多种技术途径来实现，其中有两种主要的商用太阳能制冷方式：

① 光热制冷　由太阳能集热器收集热量驱动的制冷机。

② 光电制冷　光伏（PV）驱动的蒸汽压缩制冷机。

两者的系统效率值相差不大。本章主要介绍光热制冷技术。

太阳能光热制冷可根据工作原理的不同，分为太阳能吸收式制冷、太阳能吸附式制冷、太阳能喷射式制冷等。

2.2.5.1　太阳能吸收式制冷系统

太阳能吸收式制冷是利用太阳能集热器为吸收式制冷机提供其发生器所需要的热能，利用相同压强下沸点不同的两种物质组成的二元溶液为工质，其中，高沸点的组分为吸收剂，低沸点的组分为制冷剂。常用吸收剂-制冷剂组合有两种：一种是 H_2O-LiBr，适用于温度高于 $0℃$ 的应用；另一种是 NH_3-H_2O，适用于制冷温度低于 $0℃$ 的应用。图 2-24 是太阳能制冷循环系统的示意图。

（1）太阳能 H_2O-LiBr 吸收式制冷系统

太阳能 H_2O-LiBr 吸收式制冷系统的研究比较全面。太阳能制冷系统的性能参数与太阳能集热器的效率直接相关。在设计太阳能制冷系统时，必须考虑太阳能集热器的选择和匹配。图 2-25 是太阳能 H_2O-LiBr 吸收式制冷系统的示意图。

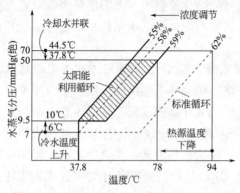
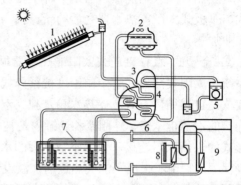

图 2-24　太阳能制冷循环系统的示意图　　　图 2-25　太阳能 H_2O-LiBr 吸收式制冷系统示意图
（1mmHg=133.322Pa）

1—集热器；2—冷却塔；3—高压发生器；4—低压发生器；
5—辅助锅炉；6—吸收式制冷机；7—热槽；8—空调机；9—房间

H_2O-LiBr 吸收式制冷机可以利用气泡溶液的作用，再将溶液从再生器送入吸收器。这里依靠气泡泵循环吸收溶液，而靠重力循环冷工质。因此冷工质和溶液的循环不是用机械泵，而是用冷水泵和冷却水泵，这适合于利用太阳能。目前，太阳能 H_2O-LiBr 吸收式制冷机主要应用在大型空调系统中。

（2）太阳能 NH_3-H_2O 吸收式制冷系统

NH_3-H_2O 吸收式制冷系统用氨作为冷工质，系统为正压。优势是设备和工艺比较简单，容易实现风冷，溶液不结晶。缺点是系统复杂，需要分馏，性能系数低，热源温度要求高。

① 工作过程　打开闸门 A，关闭 B 和 C，集热器接收太阳能，氨水受热蒸发→氨蒸气经上升管到空气冷凝器→冷凝成氨液→储存在水冷凝器和蒸发器中。如果没有太阳能辐射，可以关闭 A，将集热器全部暴露于大气中充分散热；打开 B 门，溶液温度下降，整个系统的压力逐渐下降，蒸发器内的氨液吸收水箱热量成为气态，实现系统冷却。

太阳能 NH_3-H_2O 吸收式制冷系统的制冷能力与各设备的传热面积、蒸发温度、冷却温度和氨液温度有关。图 2-26 为间歇式太阳能 NH_3-H_2O 吸收式制冷装置示意图。

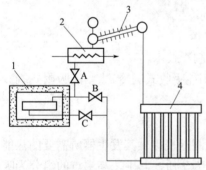

图 2-26　间歇式太阳能 NH_3-H_2O 吸收式
制冷装置示意图

1—平板式集热器；2—空气冷凝器；3—水冷凝器；
4—蒸发器；A、B、C—闸阀

② 系统特性　太阳能 NH_3-H_2O 吸收式制冷系统要求热源温度高于 120℃，因此要求采用聚光集热器时（集热区的工作温区分为：平板集热器 80℃左右；真空管集热器 80～120℃；聚光集热器在 120℃以上），需要增加设备投资。

2.2.5.2　太阳能吸附式制冷系统

太阳能吸附式制冷实际上是利用物质的物态变化来达到制冷的目的。用于吸附式制冷系统的吸附剂，即制冷剂组合可以有不同的选择，包括沸石-H_2O、硅胶-H_2O 及 $CaCl$-NH_3 等。

（1）太阳能固体吸附式制冷系统的结构

太阳能吸附式制冷系统主要由太阳能吸附集热器、冷凝器、蒸发储液器、风机盘管和水泵等组成。

（2）太阳能吸附式制冷系统的工作过程

吸附床中吸附剂与吸附质形成的混合物在太阳能的作用下解吸→释放出高温高压的制冷剂气体进入冷凝器→制冷剂由节流阀进入蒸发器→制冷剂蒸发吸收热量产生制冷效果；蒸发出来的制冷剂气体进入吸附床→重新形成混合气体，完成一个循环过程。

这是一个间歇式过程，循环周期长，能源转换效率之比（COP）较低。采用切换吸附床的工作方式及相应的外部加热和冷却装置可以实现循环连续工作。

（3）太阳能吸附式制冷系统的特点

吸附床为平板式吸附集热器结构，吸附器与集热器的功能合二为一。太阳能吸附制冷系统多适合在真空状态下工作。吸附式制冷系统构件简单，一次投资少，运行费用低，使用寿命长，无噪声，无环境污染，同时吸附式制冷系统不存在结晶和分馏问题，并可用于振动、倾斜或旋转的场所。

2.2.5.3　太阳能喷射式制冷系统

太阳能喷射式制冷系统是利用太阳能集热器将工作流体加热后实现制冷的系统。

（1）太阳能喷射式制冷系统的工作过程

太阳能集热器加热工作流体→转变为高压蒸气→经喷射器转变为高速蒸气射流→造成低压并将蒸发器中的冷工质蒸气吸入→冷工质与工作流体在喷射器的混合管中混合→混合物在增压器中增压→冷工质进入冷凝器凝结→经膨胀阀膨胀降压成液体→进入蒸发器重新蒸发、吸热、冷却→经循环泵送入太阳能集热器回路中的蓄热式热交换器中加热，至此完成一个制冷循环过程。

（2）太阳能喷射式制冷系统的工作介质

太阳能喷射式制冷系统往往采用相同介质（例如 R-113 或 R-11）作为工作流体和冷工质。

（3）太阳能喷射式制冷系统的特性

太阳能喷射式制冷系统的制冷性能参数 COP 与吸收式制冷系统基本相同。循环泵是唯一运动的部件，结构简单，造价低廉，具有发展潜力。性能参数低是太阳能喷射式制冷系统的主要缺点。

2.2.5.4　太阳能驱动压缩式制冷系统

太阳能驱动压缩式制冷系统实质上是用太阳能热机去驱动普通制冷系统的压缩机和膨胀机进行制冷，与传统的制冷系统没有原则上的区别。就太阳能利用来讲，可以分为单工质双回路和双工质双回路两种类型。

① 单工质双回路系统在循环时采用同一种工质，可以兼用冷凝器，同时简化了轴封结构。缺点是单一工质对于动力循环和制冷循环的参数难以匹配。

② 双工质双回路循环系统可以根据动力循环和制冷循环各自需要来选择合适的工质，使整个系统运行合理。缺点是需要分开冷、热循环回路，各自专设冷凝器，导致回路复杂。

用于驱动压缩机系统的太阳能热机，需要采用高温旋转抛物面聚光镜，技术要求较高，许多工作处于开发之中。

2.2.5.5 太阳能制冷技术的发展

目前,制冷技术被广泛应用于物品冷冻与冷藏、室内空气调节和化工制造等传统领域,并逐渐被应用于生物工程等诸多新兴领域。

国际能源署(International Energy Agency,IEA)预测,未来30年全球空间制冷消耗的能源将增长3倍,到2050年,满足空间制冷所需的全球电能预计将从2016年的850 GW增加到2050年的3350GW。

2.2.6 太阳能海水淡化技术

2.2.6.1 概述

（1）淡水资源

水资源是全球经济发展的基石。地球表面约70%的面积被水所覆盖,但其中的淡水资源占比不到0.75%。缺水问题困扰许多国家的经济发展。我国同样面临着淡水资源严重短缺的问题。

我国淡水资源的总量可以占到全球总量的6%,但我国目前人口总数超过14亿,人均淡水量是世界人均水平的1/4。我国已经成为世界上人均淡水资源最短缺的国家之一,我国淡水资源的特点是区域分布极为不均。

（2）海水淡化技术

海水淡化技术可以有效利用地球上丰富的海水资源,是解决淡水资源短缺的有效方法。目前,世界上已有150多个国家拥有海水淡化技术,而且用于海水淡化工程的投资每年以20%~30%的速度在增长。

目前,市场上从海水中提取淡水的方法主要包括以反渗透为代表的膜法技术和以多级闪蒸、多效蒸馏为代表的热法技术。尽管这些技术已经比较成熟,但它们的发展瓶颈在于:一是投资成本较高,需要大量基础设施支撑和大型装备集中式安装;二是能源消耗大,主要是化石能源的消耗,这不仅加剧了能源短缺的问题,而且会造成严重的环境污染。因此,当前海水淡化技术面临的挑战已经从"海水如何淡化"转变为"如何降低海水淡化成本的同时实现节能减排"。

目前,太阳能海水淡化已经占领了海水淡化市场的1/4,太阳能利用率也从最初的不到10%发展到接近50%,产水量也得到了大幅度提升。本节主要介绍太阳能海水淡化技术的分类、工作原理及发展趋势等。

2.2.6.2 太阳能光-热转换海水淡化技术

太阳能海水淡化技术也是太阳能光-热转换利用的一种形式。与传统的海水淡化技术相比,太阳能海水淡化技术能够利用清洁可再生的太阳能生产淡水,无需任何化石能源的消耗。同时,太阳能海水淡化技术通常规模较小,所需的投资和运营成本都较低。在我国海岛地区、贫困山区以及内陆太阳能和苦咸水丰富地区,太阳能海水淡化技术可以作为理想的淡水补充方式。

（1）被动式太阳能海水淡化系统

被动式太阳能海水淡化系统即传统的太阳能海水淡化系统。被动式海水淡化系统不依靠外部附加部件，仅依靠太阳能光照时产生的热量进行海水淡化。其特点是结构简单、成本低廉且运行稳定，目前在广泛应用。

　　被动式太阳能海水淡化系统包括传统太阳能蒸馏器（单级和多级）、倾斜式太阳能蒸馏器（倾斜盘式和幕芯式）和新型太阳能蒸馏器（回热式、球面聚光式以及降膜式）。图 2-27 为被动式太阳能海水淡化系统的分类。

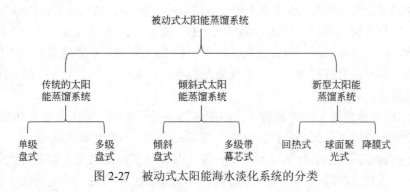

图 2-27　被动式太阳能海水淡化系统的分类

　　将太阳能与海水淡化技术结合是可再生能源与海水淡化技术结合的主要方向之一。

（2）太阳能海水淡化系统新技术

　　经过长期发展，太阳能海水淡化已衍生出了多种技术方法。图 2-28 给出了海水淡化分类示意图。

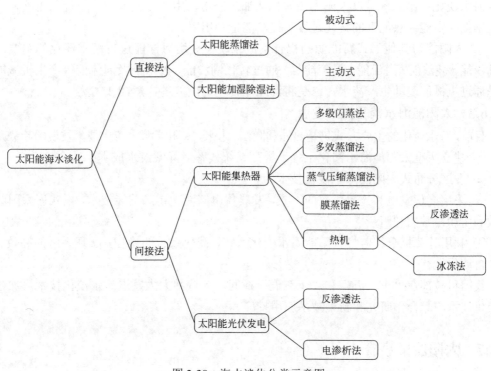

图 2-28　海水淡化分类示意图

太阳能海水淡化分类显示，淡化技术有光热法和光伏法。本章重点介绍光热法新技术。

① 太阳能增湿-除湿海水淡化系统　此系统包括 4 个主要过程：太阳能集热过程→海水加热过程→淡水析出过程→空气循环过程。太阳能供热方式分为 3 类，即加热海水型、加热空气型和混合型。其中，加热海水型是目前多数系统采用的主要方式，具体操作为：进料海水经冷凝器进入太阳能集热系统，吸收太阳能加热后蒸发汽化，蒸汽被送入加湿器，经喷淋形成加湿空气，浓盐水从后端排出（加湿除湿过程中，空气在密闭腔体内循环）；在冷凝器中，空气冷凝去湿产生淡水收集到淡水箱，然后空气再进入加湿器中增湿，加热后返回冷气器，进入循环过程。与传统的蒸馏方法相比，太阳能增湿-除湿技术不仅太阳能集热利用率高，同时具有装置投资少、汽化过程温和、设备结垢小、常压操作、温度在 70～90℃和产水品质高等优点。

② 太阳能膜蒸馏海水淡化系统　太阳能膜蒸馏系统主要包括太阳能集热器、膜组件、冷凝器和其他辅助设备，间接加热型系统还需要海水加热器和中间换热介质。

太阳能膜蒸馏系统主要分为 2 种形式：第一种是直接加热系统，即通过太阳能直接加热海水，再送入膜蒸馏组件中进行汽液分离，将通过膜组件的蒸汽冷凝为淡水收集起来；第二种是间接加热型系统，即先用太阳能加热中间换热介质，再将换热介质与进料海水换热，加热后的海水再进行海水淡化。

③ 太阳能-风能耦合的海水淡化系统　太阳能与风能耦合集成可弥补太阳能夜间无法获取的弊端，目前风能与太阳能耦合用于海水淡化的主要方式有 2 种：第一种是风能与太阳能互补发电，充分利用风电与光伏的发电优势，弥补两者的不足，通过电能驱动反渗透进行海水淡化；第二种是以太阳为热源供热加热海水，用风能发电为系统提供电能，节省"太阳能—电能—热能"的转化过程，提高能量利用率。

④ 太阳能与其他形式新能源的耦合集成系统　利用海洋能进行海水淡化的主要形式有潮汐能、波浪能、海流能、温差能等。通过转化潮汐能、波浪能及海流能等产生机械能，一是通过机械能驱动生产淡水，二是将温差能转化为热能进行蒸馏或闪蒸。

2.2.6.3　太阳能海水淡化技术发展

目前，海水淡化的主要方式仍是热法和膜法。未来，太阳能海水淡化技术发展的趋势是：

① 建立大型太阳能海水淡化工程，提高系统效率，降低淡水成本；

② 发展分布式太阳能海水淡化技术；

③ 采用光伏发电和光热供热的方式，发展蓄电储能和蓄热储能技术，以实现太阳能的高效利用和设备的利用；

④ 利用计算机全程监控太阳能海水淡化系统，简化系统的操控，实现系统的高效、精准、自动化运行。

我国科技部在"十二五"和"十三五"期间，支持并大力发展海水淡化技术，加强海水淡化技术国际合作研究和新型技术应用推广。

2.2.7　太阳能集热器

太阳能集热器是吸收太阳辐射再将热能传递到传热介质的装置。太阳能集热器吸收太阳辐射后产生热能，再将热能传递到传热介质。太阳能集热器是组成各种太阳能热利用系统的关键部件。它应用于太阳能热发电、太阳能工业加热、太阳能热水器、主动式太阳房、太阳能温室及太阳能干燥等领域。太阳能集热器是太阳能热发电系统的动力或核心部件。

2.2.7.1　太阳能集热器的分类

集热器由收集装置和吸收装置组成。根据光学原理和要求设计不同类型的集热器：①根据进入采光口的太阳辐射是否改变方向分为聚光型集热器和非聚光型集热器；②根据集热器是否跟踪太阳分为跟踪型集热器和非跟踪型集热器；③根据集热器是否采用真空技术分为平板型集热器和真空管型集热器。

非聚光型太阳能集热器的代表是平板太阳能集热器。平板太阳能集热器一般用于太阳能热水器等。聚光型太阳能集热器可使阳光聚焦获得高温，用于太阳能电站（例如抛物面镜和定日镜）、太阳房和太阳能制冷及太阳炉等，平面反射镜用于太阳能塔式发电（需要有跟踪设备，并与抛物镜联合使用）。

（1）非聚光型太阳能集热器——平板型集热器

平板型太阳能集热器是太阳能低温热利用的基本部件，也是太阳能市场的主导产品。平板型集热器广泛用于生活用水加热、游泳池加热、工业用水加热、建筑物采暖与空调等诸多领域。

① 平板型太阳能集热器的工作原理　当阳光透过透明盖板照射到表面涂有吸收层的吸热体上时，大部分太阳辐射能会被吸收体所吸收，转变为热能后传向流体通道中的工质；加热后的热工质从集热器的上端出口蓄入贮水箱中待用；由于吸热体温度升高，会有热量向环境中散失。

② 平板型太阳能集热器的效率方程　平板型太阳能集热器的效率方程如下式：

$$q_j = A_c H_T (A - B t_{fi} - t_a) / H_T$$

式中　A_c——太阳能集热器的面积，m^2；

　　　A，B——与太阳能集热器类型和型号有关的常数；

　　　t_{fi}——太阳能集热器入口流体温度，℃；

　　　t_a——周围环境温度，℃；

　　　q_j——热量；

　　　H_T——热焓。

由上式可以看出，太阳能集热器的集热量一是来自太阳辐射，二是来自与周围环境交换的热量；集热量与太阳辐射强度成正比，与外界空气温度成反比。若想提高太阳能集热器的集热效率，太阳能集热器必须能接收到较强的太阳辐射光，同时对太阳能集热器采取一定的保温措施。

③ 平板型集热器的组成　平板型集热器主要由透明盖板、吸热体、保温材料和壳体组成。透明盖板安放在吸热板的上方，它的作用是让太阳光辐射透过，减少热损失和减少环境对吸热体的破坏。吸热体是把太阳的辐射能转换为热能，同时把热能传递给传热工质的器件。吸热体由吸热板和载热流体管路组成。吸热板往往被设计成尽可能多地吸收太阳辐射，同时把吸收到的太阳能尽量多地传递到传热工质，尽量减少热损失。

平板型集热器吸收太阳辐射能的面积与其采光窗口的面积基本相等，外形像一个平板。平板型集热器的特点是结构简单、固定安装、成本低、不需要跟踪太阳，可采集太阳的直接辐射和漫射辐射。

（2）聚光型太阳能集热器

聚光型太阳能集热器是利用反射器、透镜或其他光学器件，将进入采光口的太阳光改变方向后聚集到接收器上的装置。聚光型集热器相当于在平板型集热器中附加了一个辐射聚集器，提高了辐射热的吸收。图 2-29 是抛物柱面式聚光型集热器示意图。

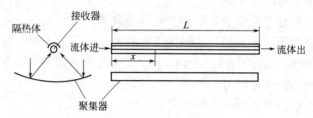

图 2-29　抛物柱面式聚光型集热器示意图

① 聚光型太阳能集热器的工作原理　聚光型太阳能集热器通过单轴或双轴跟踪获得更高的能流密度，从而使单位面积上的热流量增加，可提高工质的温度和集热器的热效率。

② 聚光型太阳能集热器的特点　聚光镜只能聚焦直射光，所以聚光型集热器通常设置跟踪装置，目的是保持聚光镜的采光面与太阳直射相垂直。聚光比和接收角是聚光镜的两个主要参数。聚光比是聚光镜的采光面积与接收器的面积之比，接收角指进入聚光镜开口的太阳辐射经聚光镜反射后都被聚集到接收器上的角度范围。

提高聚光型集热器的热效率，必须使接收器具有高吸收率和低发射率，解决的办法是在接收器表面制备选择性吸收涂层。目前选择性吸收涂层主要有干涉滤波型涂层、半导体吸收涂层和选择性透射黑体。

这种聚光型太阳能集热器主要用于太阳能热发电、太阳能制氢、太阳炉和双效 LiBr-H_2O 吸收式制冷系统等，属于中高温集热器的范畴。

2.2.7.2　两种太阳能集热器

集热器的功能是有效地吸收太阳能而又不向外扩散。集热器有多种，本节主要介绍真空管吸收器和腔体式吸收器。

（1）真空管吸收器

真空管吸收器的结构见图 2-30。真空管吸收器为一置于同心玻璃管内的金属圆管，其外表面涂有光谱选择性涂层，夹层抽真空以减少对流热损。真空管吸收器主要与短焦抛物镜相配，可以增大吸收表面，降低光照处的热流密度，从而降低热损。真空管吸收器也可配用长焦抛物镜。

真空管吸收器的优点：金属管与玻璃管之间不存在对流热损，玻璃管外径较小且透明，从而既减少了对阳光的遮影，也通过增大热阻降低了外表面的对流热损；有选择性涂层的金属管壁对阳光的吸收率很高，但发射率却非常低。

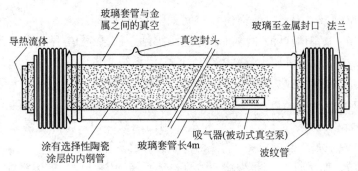

图 2-30　真空管吸收器的结构

真空管吸收器的缺点：由于玻璃和金属的热膨胀系数不同，玻璃管与金属管之间存在温差，导致中温（略低于350℃）时真空封口处的玻璃容易脆裂，从而难以在室外环境下长期维持真空度；在中温时光学选择性涂层容易老化和脱落，难以长期维持大规模光学选择性吸收表面的热稳定性；较大的流通断面导致工作流体的雷诺数较低，热损将增大。

（2）腔体式吸收器

腔体式吸收器的结构为一柱形腔体，外表面覆隔热材料，腔体的黑体效应使其能充分吸收聚焦后的阳光。腔体式吸收器主要适用于长焦聚光器。图2-31为腔体式吸收器剖面图。

腔体式吸收器的优点是吸热过程不是发生在最强聚焦区，而是在聚焦过后和发射时，并以较大的内表面积向工作流体传热，因此和真空管吸收器相比具有较低的投射辐射能流密度；腔体壁温较均匀，可减小与流体之间的温差，使开口的有效温度降低，从而最终使热损降低。

经优化设计的腔体式吸收器，热性能比真空管吸收器更稳定。在同样的情况下，工作介质平均温度大于230℃时，腔体式吸收器既不需要抽真空，也不需要涂光学选择性涂层，仅采用传统的材料和制造工艺。

腔体式吸收器的集热效率大于真空管吸收器，同时具有成本低和便于维护的特性。腔体式吸收器已经用于太阳能热电站作为集热器，其发展受到重视。

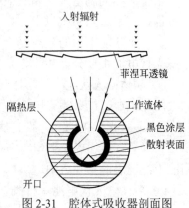

图 2-31　腔体式吸收器剖面图

2.3　太阳能-光电转换技术

2.3.1　概述

太阳能-光电转换技术简称太阳能电池。太阳能电池是利用某些材料受到太阳光照时产生的光伏效应，将太阳辐射能转换成电能的一种器件。

（1）太阳能电池的应用

太阳能电池最初是人造卫星、宇宙飞船和军事通信等尖端领域的电源，随着技术进步和发展，太阳能电池的应用范围遍及众多领域。

① 航天航空领域　卫星、航天器和空间太阳能电站等。

② 通信领域　太阳能微波中继站、光缆维护站、广播/通信/寻呼电源系统、农村载波电话光伏系统、小型通信机和士兵 GPS（全球定位系统）供电等。

③ 光伏电站　光伏电站、风光互补电站、各种大型停车场充电站、太阳能制氢系统和海水淡化设备供电等。

④ 石油/海洋/气象领域　石油管道和水库闸门阴极保护太阳能电源系统、石油钻井平台生活及应急电源、海洋检测设备、气象/水文观测设备等。

⑤ 交通领域　航标灯、交通/铁路信号灯、交通警示/标志灯、宇翔路灯、高空障碍灯、太阳能汽车/电动车、电池充电设备、汽车空调、换气扇及冷饮箱等。

⑥ 民用太阳能电源　高原、海岛、牧区和边防哨所的军民生活用电（如照明、电视、收录机）等；家庭屋顶发电系统；解决无电地区的饮水、灌溉的光伏水泵。

⑦ 太阳能建筑　光伏-建筑一体化、光伏+建筑及太阳房。

⑧ 各类灯具电源　庭院灯、路灯、手提灯、野营灯、登山灯、垂钓灯、黑光灯、割胶灯及节能灯等。

（2）太阳能电池的效率

随着新技术和新材料与光伏行业的结合，各种太阳能电池的光电转换效率不断被刷新。但不可忽视的成本问题影响新型太阳能电池的产业化进程。

由于成熟的制造工艺和低廉的成本，晶体硅太阳能电池在光伏领域一直处于前卫，目前市场占有率达到90%以上。

（3）太阳能电池的分类

光伏电池主要分为晶体硅光伏电池、薄膜光伏电池和新概念光伏电池三大类。

① 晶体硅光伏电池　晶体硅光伏电池包括多晶硅电池和单晶硅电池两类，是目前主流的太阳能电池，以单晶硅电池为主。

② 薄膜光伏电池　薄膜光伏电池包括硅基类（含非晶硅、微晶硅及低温多晶硅等）、化合物类（含碲化镉、铜铟镓硒、Ⅲ-Ⅳ组和钙钛矿等）和有机质类等。薄膜光伏电池是太阳能电池发展的重要方向。

③ 新概念光伏电池　新概念光伏电池包括多带隙光伏电池、热载流子光伏电池、量子点及叠层光伏电池等，目前大多处于实验室研发阶段。

本章重点介绍晶体硅光伏电池和薄膜光伏电池，简单介绍新概念光伏电池。

2.3.2　晶体硅太阳能电池

晶体硅太阳能电池包括单晶硅太阳能电池和多晶硅太阳能电池。

2.3.2.1　硅太阳能电池的工作原理

硅基太阳能电池的主体结构是一个 PN 结，如图 2-32 所示为单晶硅太阳能电池的结构示意图。在 P 型硅衬底上制作 N 型区形成 PN 结，当太阳光照射到电池表面时，光子在电池内部激发出大量的电子空穴对，在内建电场的作用下，电子和空穴分别向 P 区和 N 区移动。在电池的前表面和背面分别有金属栅线和背场作为电极用来收集电荷，当在外部加上负载时，与太阳电池的正负极相连就构成了完整的导电回路。

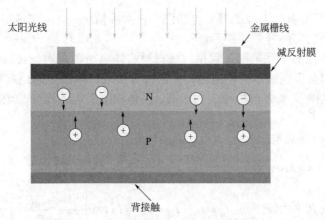

图 2-32 单晶硅太阳能电池结构示意图

（1）太阳能电池的等效电路图

① 理想状态下太阳能电池的等效电路图 图 2-33 为太阳能电池在理想状态下工作时的等效电路图，恒流源、二极管、电阻并联放置，其中恒流源代表产生电流的太阳能电池，电阻代表外接负载。

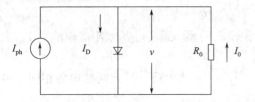

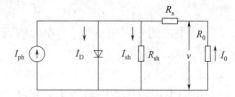

图 2-33 理想状态下太阳能电池的等效电路图 图 2-34 实际状态下太阳能电池的等效电路图

二极管上的电流 I_D 代表着通过 PN 结的漏电流，即暗电流。如果光照为 0 时，在外电压的作用下流过 PN 结的暗电流与光生电流的方向相反，所以会抵消一部分光生电流。I_D 的表达式为：

$$I_D = I\left[\exp\left(\frac{qV}{nkT}\right) - 1\right]$$

式中 I——反向饱和电流，它等于黑暗中通过 PN 结的少数载流子的空穴电流和电子电流的代数和；

q——电子电荷；

V——电压；

n——常数，是二极管的曲线因子，通常取值为 1～2 之间；

k——玻尔兹曼常数；

T——温度。

由上式可以得出，通过负载 R_0 的电流 I_0 为：

$$I_0 = I_D - I_{ph} = I\left[\exp\left(\frac{qV}{nkT}\right) - 1\right] - I_{ph}$$

式中，I_{ph} 为电池内部的光生电流。

② 实际状态下太阳能电池的等效电路图 在实际情况下，太阳能电池本身有电阻，图 2-34 为太阳能电池的实际等效电路示意图。

R_s 为太阳能电池的串联电阻，包括衬底材料的体电阻、金属与衬底之间的接触电阻、扩散层横向电阻和金属电极本身的电阻，共四部分组成，串联电阻通常小于 1 Ω。

R_{sh} 是并联电阻，主要来自电池表面污染、晶体缺陷引起的边缘漏电或耗尽区内的复合电流，一般达到上千欧姆。

并联电阻 R_{sh} 两端的电压为：$$V_{sh}=V-I_0R_s$$

并联电阻 R_{sh} 上的电流为：$$I_{sh}=\frac{V-I_0R_s}{R_{sh}}$$

此时流过负载 R_0 的电流为：$$I_0=I_D+I_{sh}-I_{ph}=I\left\{\exp\left[\frac{q(V-I_0R_s)}{nkT}\right]-1\right\}+\frac{V-I_0R_s}{R_{sh}}-I_{ph}$$

在现实生产中，太阳能电池的串联电阻越小，则并联电阻越大，太阳能电池的性能越好。

（2）太阳能电池的基本参数

太阳能电池的基本参数包括开路电压 V_{oc}、短路电流 I_{sc}。

① 开路电压 V_{oc} 外电路处于断路情况下，V 就是开路电压：

$$V_{oc}=\frac{nkT}{q}\ln\left(\frac{I_{ph}}{I}+1\right)\approx\frac{nkT}{q}\ln\left(\frac{I_{ph}}{I}\right)$$

太阳能电池的开路电压 V_{oc} 与电池的表面积没有关系，通常硅基太阳能电池的 V_{oc} 大约均在 500～700mV 之间。

② 短路电流 I_{sc} 当负载电阻 $R_0=0$ 时，太阳能电池被短路，导致两端电势相同，电压为 0，输出的电流叫作短路电流 I_{sc}，即 $I_{sc}=I=I_{ph}$。

I_{sc} 的大小与下列因素有关：入射光的强度越大则短路电流越大；在同一光照强度下，电池的表面积越大则短路电流越大。随着电池技术以及衬底加工技术的不断发展，电池尺寸逐渐增大，单纯比较短路电流对电池的性能没有说服力，引入单位面积的短路电流-短路电流密度 J_{sc} 表示电池输出。

③ 填充因子 FF 填充因子（FF）是太阳能电池所输出的最大功率与短路电流和开路电压的乘积之比，表达式为：

$$FF=\frac{I_mV_m}{I_{sc}V_{oc}}$$

短路电流和开路电压的乘积被称为电池的极限功率，以开路电压和短路电流分别作为横轴和纵轴建立坐系，将各个输出功率连接起来构成电池的伏安特性曲线。当填充因子越高时，伏安特性曲线与坐标轴围起来的面积越接近规则的长方形。晶体硅太阳能电池的填充因子一般在 0.8 左右，越接近 1，说明电池的性能越好，开路电压对 FF 的影响较为明显。

④ 转化效率 η η 代表电池能将入射光的功率转化为电能的最大值，它是最能直观反映太阳能电池性能优劣的参数，表达式如下：

$$\eta=\frac{P_m}{P_{in}A}\times100\%=\frac{FF\times V_{oc}\times J_{sc}}{P_{in}}\times100\%$$

式中 P_{in}——单位面积入射光的功率；

A——太阳能电池的面积。

开路电压（V_{oc}）、短路电流（I_{sc}）、短路电流密度（J_{sc}）、填充因子（FF）、效率（η）、串联电阻（R_s）和并联电阻（R_{sh}）等电池参数在太阳能电池生产中有指导作用。

2.3.2.2 硅太阳能电池的制备技术

硅太阳能电池的制备已经形成一个完整且宏大的产业链，图 2-35 是示意图。产业链分上、中和下三部分，分别为晶体硅的制备、电池组片的制备和光伏产业的形成。

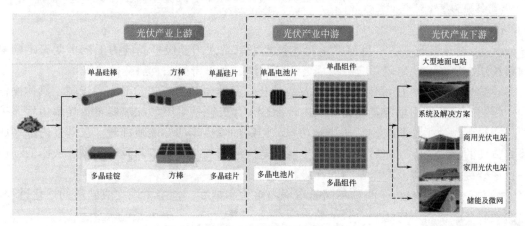

图 2-35　硅太阳能电池的产业链示意图

（1）晶体硅的制备

晶体硅太阳能电池的发展是基于高纯度的硅基材料，在两种不同工艺的作用下，最终分成多晶硅和单晶硅。

硅基材料经直拉工艺，成为单晶硅棒，然后切片，成为单晶硅片。硅基材料经铸锭工艺，成为多晶硅锭，然后切片，成为多晶硅片。图 2-36 是目前生产晶体硅至硅片的路线示意图。

① 单晶硅棒的制备　单晶硅是半金属元素晶体，制备单晶硅晶体需要实现硅原子从随机排列转变为有序排列，单晶硅晶体的生成过程经历了固态多晶硅→熔融态硅→单晶硅晶体的过程。硅原子的有序排列需要通过熔融态硅凝固为固体硅的固液界面实现，通过固液界面的移动逐渐完成单晶硅晶体的生成。目前，单晶硅的制备技术（图 2-37）有如下几种。

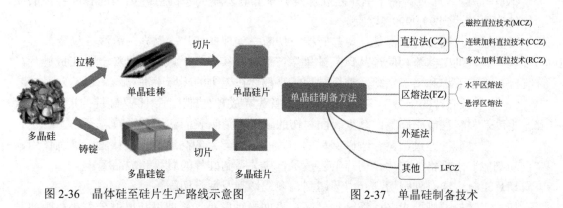

图 2-36　晶体硅至硅片生产路线示意图　　　　图 2-37　单晶硅制备技术

a. 直拉法。直拉法又称 CZ 法，它的生长过程是：硅熔融在石英坩埚中，利用旋转籽晶对单晶硅逐渐提拉，制备出棒状单晶硅。直拉法具有操作简单、生产成本相对低和适合批量生产的优点，是目前的主流工艺。随着技术的进步，直拉法派生出磁控直拉技术、连续加料直拉技术和多次加料直拉技术等。

b. 区熔法。区熔法是将硅棒局部利用线圈进行熔化，在熔区处设置磁托使熔区可以始终处在悬浮状态，将熔硅利用旋转籽晶进行拉制，在熔区下方制备单晶硅。区熔法是传统的提纯金属的技术。

c. 外延法。

d. 其他方法。

② 多晶硅锭的制备　目前基于铸造技术来制备太阳能级多晶硅的工艺主要有定向凝固系统法、浇铸法、电磁感应冷坩埚连续拉晶法、布里奇曼法及热交换法等。

a. 定向凝固工艺过程包括硅料加热、熔化、晶体生长、冷却及退火等步骤，具体操作为：将装有硅料的坩埚放置在铸锭炉内，闭合炉体外壳抽真空，加热器发热功率由程序控制；待进入晶体生长阶段控制加热器功率，铸锭炉隔热笼部件逐渐打开，在硅锭内部形成竖直方向的温度梯度，随后进行退火步骤。定向凝固工艺具有工艺简单、生产成本低、产品方形硅锭尺寸较大及产出量大的优势。

b. 浇铸法是硅材料在两种不同的坩埚内熔化和结晶。预熔坩埚完成硅料的熔化过程，然后液硅在凝固坩埚内逐渐冷凝结晶。

c. 布里奇曼法。炉内有三个区域，即高温区、梯度区和冷却区，硅材料在高温区熔化，并随着坩埚的下移进入冷却区，在进入冷却区之前的一段时间，坩埚要先在梯度区运动一段时间，避免温度变化过快，影响晶体的生长。

d. 电磁铸造法。其是通过电磁感应加热硅料熔化来制备多晶硅的一种技术。

（2）硅片的制备

硅片有两种类型，按衬底类型可将电池片分为 P 型电池片和 N 型电池片两类。

在晶体生长过程中，掺入微量Ⅲ族元素（如硼、镓等）可制得空穴导电的 P（positive）型硅单晶，P 型硅单晶制备 P 型电池片。

在晶体生长过程中，掺入微量Ⅴ族元素（如磷、砷等）可制得电子导电的 N（negative）型硅单晶，N 型硅单晶制备 N 型电池片。

① 单晶硅硅片的制备　单晶硅硅片是一种具有基本完整的点阵结构的各向异性的晶体。纯度要求达到 99.9999%以上。

单晶硅硅片制备的流程是：单晶硅棒→切断→处理→切片→抛光→清洗→包装。

制作硅片的工艺流程应该从单晶炉里生产的单晶棒开始，从单晶硅棒到加工成硅片，需要经过很多流程和清洗步骤，整个过程几乎都要在无尘的环境中进行。

② 多晶硅硅片的制备　多晶硅硅片制备首先完成预处理工序：多晶硅锭的尺寸、形状和平整度等材料性能的修整；减少表面损伤的数量，消除表面沾污和颗粒。

切片就是硅锭通过镶铸金刚砂磨料的刀片（或钢丝）的高速旋转、接触、磨削作用，定向切割成要求规格的硅片。切片工艺技术直接关系到硅片的质量和成品率。

切片工艺主要有外圆切割、内圆切割、多线切割及激光切割等。

切片工艺的原则要求是：切割精度高、表面平行度高、翘曲度和厚度公差小；断面完整性好，消除拉丝、刀痕和微裂纹；提高成品率，缩小刀（钢丝）切缝，降低原材料损耗；提高切割速度，实现自动化切割。

（3）硅太阳能电池片

太阳能电池片的生产工艺流程为硅片检测→表面制绒及酸洗→扩散制结→去磷硅玻璃→等离子刻蚀及酸洗→镀减反射膜→丝网印刷→快速烧结等。具体步骤：首先要在硅片上掺杂和扩散，一般掺杂物为微量的硼、磷、锑等；扩散是在石英管制成的高温扩散炉中进行；硅片上形成 PN 结后，采用丝网印刷，再将配好的银浆印在硅片上做成栅线；烧结同时制成背电极；在有栅线的面上涂覆减反射源（防止大量的光子被光滑的硅片表面反射掉）。

当熔融的单质硅凝固时，硅原子以金刚石晶格排列成许多晶核，如果这些晶核长成晶面取向相同的晶粒，则形成单晶硅；如果这些晶核长成晶面取向不同的晶粒，则形成多晶硅。单晶硅电池片与多晶硅电池片在外观上有区别，见图 2-38，但性能差别不大。

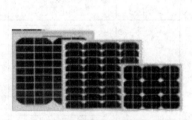

(a) 单晶硅电池片　　　　(b) 多晶硅电池片

图 2-38　硅太阳能电池片

（4）太阳能电池组件

太阳能电池组件是太阳能电池基本元件。把光伏玻璃、电池片用 EVA（乙烯-醋酸乙烯酯共聚物）胶膜粘在一起，形成一个叠层；用层压机把叠层压成一个整体，用硅胶/胶带把叠层装进铝制边框，再装一个接线盒；等硅胶固化后，就做成了一个光伏组件。图 2-39 是太阳能电池组件结构示意图。

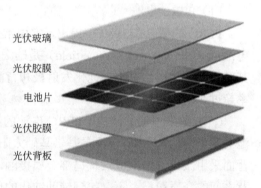

光伏玻璃
光伏胶膜
电池片
光伏胶膜
光伏背板

图 2-39　太阳能电池组件结构示意图

2.3.2.3　几种硅晶太阳能电池

由于技术成熟和原材料丰富，晶体硅太阳能电池在商业化市场中占据绝对优势地位，在未来还会有广阔的发展空间。目前，主要的晶体硅太阳能电池见表 2-4。

表 2-4　主要的晶体硅太阳能电池

晶型	电池	
P 型单晶	PERC	P 型单晶电池
N 型单晶	TOPCon	单晶电池
	HJT	电池
	IBC	电池
P 型多晶	PERC	P 型多晶黑硅电池
	PERC	P 型铸锭多晶电池
	BSF	P 型多晶黑硅电池

由表 2-4 可见，多晶体硅太阳能电池均为 P 型电池，而单晶体硅太阳能电池分 P 型电池和 N 型电池。

晶体硅掺杂基于光电转换的原理始终是太阳能电池的核心，关键在于半导体 P-N 结。P-N 结可以通过多种工艺实现。图 2-40 显示在一种掺杂的晶体硅衬底上外延生长另一种掺杂的硅晶体。

掺杂完成后，在 N 型区会聚集大量的电子，而在 P 型区会聚集大量的空穴，两侧分别成为 P 型区和 N 型区。由于载流子存在浓度差，N 型区的电子会向 P 型区扩散，P 型区的空穴会向 N 型区扩散，随着迁移留下的区域内产生了与迁移离子电荷符号相反、数量相等的离子。于是，这些荷电性质相反的离子分布在 P-N 结两侧，自然形成了电场，称为 P-N 结的内建电场（见图 2-41），其方向是 N 型区指向 P 型区。

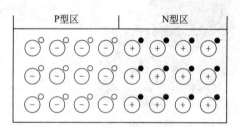

图 2-40　硼掺杂 P 型硅与磷掺杂 N 型硅

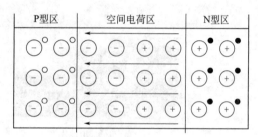

图 2-41　P-N 结的形成

（1）PERC 电池

PERC 的概念在 1989 年提出，它由常规全铝背场电池（Al-BSF）衍生而来。全铝背场电池 Al-BSF（al back surface field）是硅太阳能电池的早期产品，效率不到 20%。PERC 是其转型升级的产品，称为钝化发射极和背面电池（passivated emitter and rear cell），转换效率超过 22.5%。

① PERC 电池的结构　PERC 电池的结构如图 2-42 所示。图 2-43 是晶体硅太阳能电池的基本结构。PERC 电池是基于基础太阳能电池结构，在其背表面覆盖介质钝化膜，同时背面采用激光开槽形成点状局部金属接触，于是降低了背表面的载流子复合。硅衬底与铝背之间的介质膜层，不仅起到辅助钝化的作用，还能将穿过电池的光子再次反射，提升背面的光反射率，从而提高了电池效率。

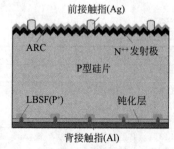

图 2-42　PERC 电池的结构示意图

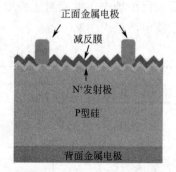

图 2-43　晶体硅太阳能电池的基本结构示意图

②　PERC 电池的核心工艺　PERC 电池的核心工艺包括：清洗制绒→扩散制结→刻蚀抛光→去表面磷硅玻璃层→热氧钝化膜沉积→背面原子层沉积→表面减反膜沉积→激光开窗→丝网印刷→高温烧结。

③　PERC 电池的特点　P 型 PERC 电池制备工艺简单，是目前可量产化高效晶硅电池的主要产品，预计未来很长一段时间仍然是光伏电池的主流产品。P 型 PERC 电池有多晶硅和单晶硅产品，目前 P 型 PERC 单晶硅电池发展迅速。

（2）HIT 电池

HIT 电池是一种异质结电池，由非晶硅薄膜与单晶硅组成，它还称为 HJT 或 SHJ 电池（silicon heterojunction solar cell）。常规的晶体硅太阳能电池都是在同一种硅材料上通过掺杂的方法形成两种不同带电类型 P-N 结，这种类型的电池称为同质结（homojunction）电池；如果将两种不同的材料形成 P-N 结，则称之为异质结（heterojunction）

①　HIT 太阳能电池的结构　它以双面抛光的 P 型单晶硅为衬底，分别在两面制备 5nm 左右的本征氢化非晶硅薄膜，再在上表面制备一层重掺杂的 N 型氢化非晶硅薄膜。同时，为了减少载流子的复合和背部发电的需要，同样地在背部采用重掺杂方式制备一层 P 型氢化非晶硅薄膜，形成背表面场（BSF）。在掺杂层的两侧，再各制备一层 TCO（transparent conducting oxide）薄膜，起减反射层和汇集电流的作用，组成了 P 型单晶硅为衬底的 TCO/N-α-Si:H/I-α-Si:H/P-c-S/I-α-Si:H/P$^+$-α-Si：H/TCO 结构。HIT 结构如图 2-44 所示。

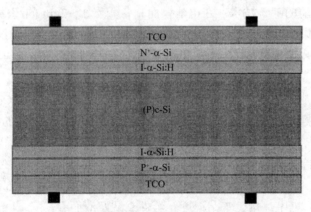

图 2-44　HIT 双面太阳能电池的结构示意图

HIT 太阳能电池的核心部分是：在 P 型 a-Si:H 层与 N 型α-Si:H 层之间加一层本征氢化非晶硅薄膜。由于α-Si 的禁带宽度为 1.7eV，远大于 Si 的禁带宽度（1.1eV），使 HIT 电池具有较高的开路电压 V_{oc}。据报道，HIT 电池的最高转换效率为 25.6%。

②　HIT 太阳能电池的核心工艺　HIT 太阳能电池的所有工艺均在 200℃以下完成；应用丝网印刷技术制作金属集电极，其电极间距为 2mm，比传统电池电极间距窄，其目的是弥补 TCO 较差的方块电阻；背面电极做成指状以便获得对称的 HIT 电池，可以减小器件的热应力和机械应力；采用薄膜的制备方式，极大地减小了电池的厚度。

③　HIT 太阳能电池的特点　HIT 太阳能电池的优势是对于硅原料质量要求不高、无热缺陷和无光致衰减等。HIT 太阳能电池的劣势是工序复杂、原料成本和设备要求高，目前

在性价比上不具备优势。

（3）TOPCon电池

TOPCon电池被称为隧穿氧化层钝化接触太阳能电池。TOPCon电池的出现与PERC电池的两个弱点相关。PERC电池的弱点是在金属接触处的损失和背面电流二维传输损耗，这导致PERC电池的效率难以提升。为了解决PERC电池的两个问题，2013年隧穿氧化层钝化接触太阳能电池被研发成功。

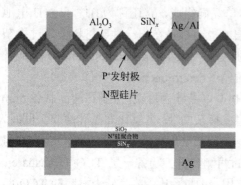

图2-45 TOPCon电池结构示意图

① TOPCon电池的结构 TOPCon电池结构如图2-45所示。首先在电池背面制备一层1～2nm的超薄氧化硅，然后再沉积一层磷掺杂多晶硅，由于N^+多晶硅与N型体硅功函数的不同，重掺杂的N^+多晶硅层在体硅表面形成了一个累积层，这个累积层（或者能带的弯曲）有三个功能：a.为空穴到达隧穿氧化物形成了屏障；b.电子可以轻易移动到氧化物与体硅的界面；c.隧穿氧化物提供了第二级的载流子选择性传输（其对空穴提供的势垒大于对电子提供的势垒）。超薄氧化硅与N^+多晶硅共同构成了背面钝化结构。

② TOPCon电池的制备技术 在电池背面制备一层1～2nm的超薄氧化硅，采用硝酸热氧化法、等离子体氧化法和低压热氧化法（LPCVD）；再沉积一层磷掺杂多晶硅，采用等离子体增强化学气相沉积法（PECVD）和离子注入法等；超薄氧化硅与N^+多晶硅共同构成了背面钝化结构。

③ TOPCon电池的特点 TOPCon电池起源于PERC电池，TOPCon电池与PERC电池的生产线兼容性好，有利于相关企业转型和升级。TOPCon电池的实验室效率已达到25.7%。

（4）三种太阳能电池的比较

表2-5是三种太阳能电池（PERC电池、HIT太阳能电池和TOPCon电池）的比较，分别列出了转换效率、工序数量、工艺温度、组件衰减及双面率。

表2-5 三种太阳能电池的比较

项目	PERC	TOPCon	HIT
硅片类型	P型	N型	N型
转换效率	量产22%～22.2% 最高23%	量产22.5%～23.5% 最高23.5%～24%	量产平均约23% 未来有望达到28%+
工序数量	9步	9步	4步
工艺温度	高温工艺	高温工艺	低温工艺 （<250℃）
组件衰减	首年衰减2%～5% 十年后剩余80%	首年衰减1.5% 十年后剩余90%	首年衰减1.5% 十年后剩余90%
双面率	>75%	>85%	>90%

对于光伏电池的质量来说，产业最关注的主要是转换效率、成本和稳定性三个指标。

2.3.3　薄膜太阳能电池

薄膜电池主要介绍非晶硅电池、钙钛矿（perovskite）电池、碲化镉（CdTe）电池、铜铟硒（CuInSe$_2$）电池、铜铟镓硒（CuInGaSe）电池和砷化镓（GaAs）电池。

2.3.3.1　非晶硅太阳能电池

非晶硅对太阳光的吸收系数大，因此非晶硅太阳能电池可以做得很薄。膜厚度通常为 $1\sim2\mu m$，仅为单晶硅和多晶硅电池厚度的 1/500。非晶硅中原子排列缺少结晶硅中的规则性，往往在单纯的非晶硅 PN 结构中存在缺陷，隧道电流占主导地位，无法制备太阳能电池。因此要在 P 层和 N 层中间加入本征层 I，形成 PIN 结，改善了稳定性和提高了效率，同时遏制了隧道电流。

如果制成 PIN/PIN/PIN 的多层结构便形成叠层结构，在提高非晶硅太阳能电池的转换效率和可靠性方面，叠层太阳能电池是一个重要的发展方向。非晶硅太阳能电池的研究集中在提高转换效率、提高可靠性和开发批量生产技术。

（1）非晶硅太阳能电池的工作原理

非晶硅太阳能电池的工作原理与单晶硅太阳能电池类似，均是利用半导体的光伏效应。非晶硅太阳能电池与单晶硅太阳能电池的不同之处是在非晶硅太阳能电池中，光生载流子只有漂移运动而无扩散运动。

为了使光生载流子能有效地收集，就要求在非晶硅太阳能电池中，光注入整个范围内并尽量布满电场。因此，电池设计成 PIN 型（P 层为入射光面，I 层为本征吸收层，处在 P 和 N 产生的内建电场中）。非晶硅太阳能电池的转换效率表示为：

$$\eta = \frac{J_m U_m}{P_i} = \frac{FF J_{sc} U_{oc}}{P_i}$$

式中　J_m，U_m——电池在最大输出功率下工作的电流密度和电压；

　　　　P_i——光入射到电池上的总功率密度；

　　　　J_{sc}——短路电流密度；

　　　　FF——电池的填充因子。

由上式可见，$FF = J_m U_m/(J_{sc} U_{oc})$。电池效率的高低由 FF、$U_{oc}$ 和 J_{sc} 决定。非晶硅太阳能电池为 NIP 型时，N 层为入射光面。实验表明，PIN 型电池的特性好于 NIP 型，实际的电池都做成 PIN 型。

（2）非晶硅太阳能电池的结构

非晶硅太阳能电池是以玻璃、不锈钢及特种塑料为衬底的薄膜太阳能电池，结构如图 2-46 所示。

电池各层厚度的设计要求是：保证入射光尽量多地进入 I 层，最大限度地被吸收并最有效地转换成电能。以玻璃衬底 PIN 型电池为例，入射光要通过玻璃、TCO 膜、P 层后才到达 I 吸收层。因此，对 TCO 膜和 P 层厚度的要求是：在保证电特性的条件下要尽量薄，以减少光损失。

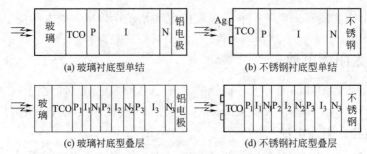

图 2-46 非晶硅太阳能电池的结构

一般 TCO 膜厚约 80nm，P 层厚约 10nm，要求 I 层厚度既要保证最大限度地吸收入射光，又要保证光生载流子最大限度地输运到外电路。计算机模拟结果显示，非晶硅太阳能电池中收集光生载流子所需的最小电场强度应大于 10^5V/m。综合以上两方面考虑，I 层厚度约 500nm，N 层约 30nm。

为使在第 I 个异结构的半导体结中有能量增益，叠层电池的各子电池 I 层光伏材料的选择应保证以下条件：

① 相邻子电池 I 层光伏材料的光吸收系数满足 $\alpha_{i-1}(\lambda) < \alpha_i(\lambda) < \alpha_{i+1}(\lambda)$。

② 光学带隙应满足 $E_{\mathrm{opt},\,i-1}(\lambda) > E_{\mathrm{opt},\,i}(\lambda) > E_{\mathrm{opt},\,i+1}(\lambda)$。

（3）非晶硅太阳能电池的制备工艺

根据离解和沉积的方法不同，气相沉积法分为辉光放电分解法（GD）、溅射法（SP）、真空蒸发法、光化学气相沉积法（Photo-CVD）和热丝法（HW）等。气体的辉光放电分解技术在非晶硅基半导体材料和器件制备中占有重要地位。

① PIN 集成型非晶硅太阳能电池的制备工艺　制备 PIN 集成型非晶硅太阳能电池的工艺流程见图 2-47。

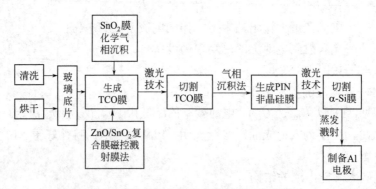

图 2-47　非晶硅太阳能电池制备工艺流程

② 叠层型非晶硅太阳能电池制备工艺　目前常规的叠层电池结构为 α-Si/α-SiGe、α-Si/α-Si/α-SiGe、α-Si/α-SiGe/α-SiGe、α-SiC/α-Si/α-SiGe 等。制备叠层电池，在生长本征 α-Si：H 材料时，在 SiH₄ 中分别混入甲烷（CH₄）或锗烷（GeH₄），就可制备出宽带隙的本征 α-SiC：H 和窄带隙的本征 α-SiGe：H。调节 CH₄ 和 GeH₄ 对 SiH₄ 的流量比可连续改变带隙 E_g。

α-Si:H 膜的质量与沉积条件（如衬底温度、反应气体压力、辉光功率等）有关。一般在衬底温度约 200℃、反应气体压力 60～90Pa、辉光功率密度约 200～500W/m² 时，可制备出性能优良的非晶硅基材料。

（4）非晶硅太阳能电池的材料

同晶体材料相比，非晶硅的基本特征是组成原子的长程无序性，仅在几个晶格常数范围内具有短程有序性。原子之间的键合十分类似晶体硅，形成一种共价无规网络结构。

在非晶硅半导体中可以实现连续的物性控制，例如当连续改变非晶硅中掺杂元素和掺杂量时，可连续改变电导率、禁带宽度等。目前已应用于太阳能电池的掺硼（B）的 P 型 α-Si 材料和掺磷（P）的 N 型 α-Si 材料，它们的电导率可以由本征 α-Si 的约 10^{-9}S/m 提高到 10^{-2}S/m。本征 α-Si 材料的带隙 E_g 约 1.7eV，通过掺 C 可获得 $E_g>2.0$eV 的宽带隙 α-SiC 材料，通过掺入不同量的 Ge 可获得 1.4～1.7eV 的窄带隙 α-SiGe 材料。通常把这些不同带隙的掺杂非晶硅的材料称为非晶硅基合金。

非晶硅基合金半导体材料的电学、光学性质及其他参数依赖于制备条件，因此性能重复性较差，结构也十分复杂。大量的实验证实，实际的非晶硅基半导体材料的结构既不像理想的无规网络模型，也不像理想的微晶模型，它含有一定量的结构缺陷，如悬挂键、断键和空洞等。这些缺陷有很强的补偿作用，使 α-Si 材料没有杂质敏感效应，因此尽管对 α-Si 的研究早在 20 世纪 60 年代即已开始，但很长时间未付诸应用。

2.3.3.2　CuInSe₂（铜铟硒）薄膜太阳能电池

CuInSe₂（简称 CIS）是三元 I -Ⅳ-Ⅵ族化合物半导体材料，是重要的多元化合物半导体光伏材料。

（1）CIS 薄膜太阳能电池的充放电机理

CuInSe₂ 是直接带隙半导体材料，77K 时的带隙为 1.04eV，300K 时为 1.02eV，带隙对温度的变化不敏感。CuInSe₂ 的电子亲和势为 4.58eV，与 CdS（4.50eV）相差很小，这使它们形成的异质结没有导带尖峰，降低了光生载流子的势垒。

CuInSe₂ 具有一个 0.95～1.04eV 的允许直接本征吸收限和一个 1.27eV 的禁戒直接吸收限，以及由 DOW Redfiled 效应而引起的在低吸收区（长波段）的附加吸收。

CuInSe₂ 具有高达 6×10^5cm^{-1} 的吸收系数，是半导体材料中吸收系数较大的材料，这有利于对太阳能电池基区光子的吸收和对少数载流子的收集。

（2）CIS 薄膜太阳能电池的结构

CIS 太阳能电池是在玻璃或其他廉价衬底上分别沉积多层薄膜构成的光伏器件，其结构为：光/金属栅状电极/减反射膜/窗口层（ZnO）/过渡层（CdS）/光吸收层（CIS）/金属背电极（Mo）/衬底。改变窗口材料，CIS 太阳能电池有不同结构。在 300～350℃ 之间，将 In 扩散入 CdS 中，把本征 CdS 变成 N-CdS，用于作 CIS 太阳能电池的窗口层，近年来窗口层改用 ZnO，其带宽可达到 3.3eV。为了增加光的入射率，在电池表面做一层减反膜 MgF₂，有益于电池效率的提高。

（3）CIS 薄膜太阳能电池的性能

CIS 薄膜太阳能电池具有生产成本低、污染小、不衰退、弱光性能好等显著特点，光电转换效率居各种薄膜太阳能电池之首，接近于晶体硅太阳能电池，而成本只是它的1/3，被称为下一代非常有前途的新型薄膜太阳能电池。CIS 薄膜太阳能电池具有柔和、均匀的黑色外观，是对于外观有较高要求场所的理想选择。

（4）CIS 薄膜生长工艺

$CuInSe_2$ 薄膜的生长方法主要有真空蒸发法、Cu-In 合金膜的硒化处理法（包括电沉积法和化学热还原法）、封闭空间的气相输运法（CsCVT）、喷涂热解法和射频溅射法等。

2.3.3.3　GaAs 太阳能电池

GaAs 是一种理想的太阳能电池。GaAs 太阳能电池的优势是与太阳光谱的匹配较适合、禁带宽度适中、耐辐射和高温性能强（与硅太阳能电池相比）。在 250℃的条件下，GaAs 太阳能电池仍保持很好的光电转换性能，最高光电转换效率约 30%，因而特别适合于作高温聚光太阳能电池。GaAs 太阳能电池目前主要用在航天器上。

（1）GaAs 太阳能电池的工作原理

能量（$h\nu$）大于 GaAs 禁带宽（E_g）的太阳入射光子进入 PN 结，GaAs 将在其体内把价带的电子激发到导带从而产生光生电子-空穴对。当这些光生载流子扩散到 PN 结时，将被 PN 结的内建电场分开，从而产生光生电动势。若在 PN 结的两个端面上分别制作电极，便构成了一个半导体太阳能电池。

（2）GaAs 太阳能电池的性能

GaAs 太阳能电池具有较好的抗辐照性能，经过 1MeV 高能电子辐照，GaAs 系电池的能量转换效率仍保持原值的 75%以上，而同样的辐照条件下，硅电池的转换效率只能保持其原值的 66%。当被高能质子辐照时，两者同样有差异。以商业发射为例，对于 BOL（太阳能电池使用的初期）效率分别为 18%和 13.8%的 GaAs 电池和 Si 电池，经低地球轨道运行的质子辐照后，EOL（太阳能电池使用终期）效率分别为 14.9%和 10.0%，即 GaAs 电池的 EOL 效率为 Si 电池的 1.5 倍。

GaAs 太阳能电池的效率随温度升高而下降。主要原因是电池的开路电压随温度升高而下降，电池的短路电流则对温度不敏感，随温度升高还略有上升。在较宽的温度范围内，电池效率与温度的变化近似于线性关系。

GaAs 电池效率的温度系数约为–0.23%/℃，Si 电池的温度系数约为–0.48%/℃。GaAs 电池的效率随温度升高有比较缓慢的下降，可以在比较宽的温度范围内使用。GaAs 太阳能电池的结构如图 2-48 所示。

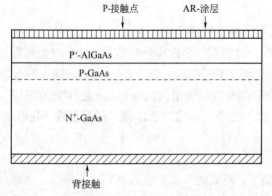

图 2-48　GaAs 太阳能电池的结构示意图

（3）GaAs 太阳能电池的制备工艺

以 P^+-$Al_xGa_{1-x}As$ 层为例，将抛光和清洗好的 N^+-GaAs 基片竖插于生长室中，这是水平推挤式的、三室分离的、多片外延生长的石墨舟中间，生长室的前室内有按设计要求配制好的溶液。石墨舟置于石英管内，待外延炉温升到设定值后恒温，将外延溶液推挤至生长室内与 N-GaAs 基片全接触。降温至预定温度后，将生长溶液放入后室，即可生长出合乎要求的 P-$Al_xGa_{1-x}As$ 层。

（4）GaAs 太阳能电池的制备技术

GaAs 太阳能电池的制备有晶体生长法、直接拉制法、气相生长法和液相外延法等。

2.3.3.4　InP 系列太阳能电池

InP 也是直接带隙半导体材料，对太阳光谱最强的可见光和近红外光波段也有很大的光吸收系数。InP 电池的有源层厚度只需 3μm 左右，InP 的带隙宽度为 1.35eV（300K），也处在匹配于太阳光谱的最佳能隙范围。电池的理论能量转换效率和温度系数介于 GaAs 电池与 Si 电池之间。InP 的室温电子迁移率高达 4600cm^2/（V·s），也介于 GaAs 与 Si 之间。所以 InP 电池有潜力达到较高的能量转换效率。

InP 太阳能电池更引人注目的特点是它的抗辐照能力强，远优于 Si 电池和 GaAs 电池。在一些高辐照剂量的空间发射中，例如需穿越 Van Allen 强辐射带时，Si 电池和 GaAs 电池的 EOL 效率都很低，只有 InP 电池能胜任这种环境下的空间能源任务。

2.3.3.5　CdTe 系薄膜太阳能电池

CdTe 系薄膜太阳能电池曾是发展较快的一种化合物半导体薄膜太阳能电池。CdTe 太阳能电池的转换效率在 7.7%～16.0% 之间，CdS 和 CdTe 薄膜电池的光谱响应与太阳光谱十分吻合。CdTe 系薄膜具有性能稳定、光吸收系数大、效率较高（理论效率可达 30%）及适合大规模生产等优势。

Cd 的剧毒性会对环境造成严重的污染，导致 CdTe 系薄膜的应用受到限制，它不是晶体硅太阳能电池最理想的替代产品。

2.3.4　新概念太阳能电池

新概念光伏电池被称为第三代太阳能电池。其物理目标是在保持第二代半导体薄膜电池低成本的基础上，采用新技术和新概念来提高电池效率，使其超过第一代和第二代太阳能电池，同时电池原料来源丰富并性能稳定可靠。

（1）纳米结构太阳能电池

随着纳米技术的不断发展，第三代电池的这一宏伟目标很有可能借助纳米新结构、纳米新材料的特性而实现，达到高效率性、结构可调性、高稳定性、低成本与低耗材性等多方面的改进。

纳米结构所特有的物理和化学性能可以给太阳能电池带来很多创新型的进步，通过选择典型的带隙可调性、高光吸收性、减反特性、多重激子效应及柔性器件应用性等纳米结构，为太阳能电池带来独有的性质。

（2）量子阱太阳能电池

量子阱太阳能电池也叫超晶格太阳能电池。在超净环境下，由现代精细的原子级别沉积物理工艺周期性地生长两种乃至多种半导体材料。量子阱电池中起到吸收作用的是窄带隙材料，可以通过改变半导体材料和调节势阱宽度等方式来改变带隙。P-I-N 结构的 GaAlAs/GaAs 体系是量子阱电池的实例。

（3）敏化太阳能电池

从电池效率来看，敏化太阳能电池并没有传统意义上独立的光吸收层，光电转换的功能由敏化剂实现。染料敏化电池的敏化剂是染料分子，量子点敏化电池的敏化剂是量子点。

目前设计了共敏化的电池。

（4）量子点敏化电池

通过基体元素的比例，用于改善量子点的吸收谱和晶体结构。例如，$Cu_{0.23}In_{0.36}Te_{0.19}Se_{0.2}$ 的粒径分布均匀，外量子效率谱在 400nm 到 700nm 波段都有超过 60% 的效率，其电池指标为短路电流 17.4mA/cm^2，开路电压 0.40V，填充因子 0.44，转换效率 3.1%。

（5）叠层电池

在传统的第一代和第二代固定带隙的太阳能电池中，入射太阳光的能量除去反射损失外，主要有两方面的损失：a.能量高出带隙能量很多的光子能量以声子弛豫的形式浪费在半导体晶格的热振动中；b.能量不到带隙能量的光子能量被浪费在透射过程中。叠层电池的出现解决了部分这类问题。

通过自上而下生长带隙从大到小的薄膜材料，分别吸收不同波段的光子，叠层电池的效率在几年内能达到三结结构），不过这种方式会导致制备过程的复杂和成本的急剧上涨。

2.3.5　钙钛矿太阳能电池

钙钛矿太阳能电池是以钙钛矿型（ABX3 型）晶体为吸光层的新一代薄膜太阳能电池。钙钛矿型太阳能电池的核心部分主要由光活性材料、空穴传输材料和电子传输材料组成。

（1）钙钛矿型太阳能电池的结构

钙钛矿型太阳能电池的结构主要是从染料敏化太阳能电池结构演化过渡而来，目前主流的结构可以划分为传统 N-I-P 型结构和 P-I-N 型结构，这两种结构还可分别再细分为介孔结构和平面结构。

① N-I-P 型结构　传统正置的 N-I-P 型结构是钙钛矿型太阳能电池的早期结构，至今仍被广泛用于制备高效率的钙钛矿太阳能电池器件。N-I-P 型结构如图 2-49 所示。包括：基底 FTO 玻璃→电子传输层（厚度约 50nm，通常用致密 TiO$_2$）→介孔层（厚度在 150~300nm 的金属氧化物，例如 mp-TiO$_2$ 或 mp-Al$_2$O$_3$）→封盖层（厚度在 100~300nm 的钙钛矿）→空穴传输层（厚度在 150~200nm 的 spiro-MeOTAD）→金属电极（Ag 或 Au，厚度约 100nm）。

② P-I-N 平面型结构　P-I-N 平面型结构与正置结构的本质区别是，P-I-N 平面型结构的空穴传输层与电子传输层的相对位置刚好和正置结构相反（图 2-50）。

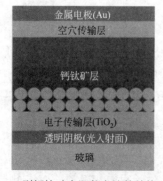

图 2-49　N-I-P 型钙钛矿太阳能电池的结构示意图　图 2-50　P-I-N 平面型钙钛矿太阳能电池的结构示意图

空穴传输层紧靠 FTO 玻璃，而电子传输层则覆盖在钙钛矿上面与金属电极相接触。结构层为：P 型导电高分子（PEDOT：PSS，厚度约 50nm）→ITO 或 FTO（覆盖在基底上）→钙钛矿层（厚度 300～500nm）→电子传输层（一般为富勒烯衍生物 PCBM）→镀上金属电极（Ag 或 Al）。

（2）钙钛矿型太阳能电池的制备方法

① 一步溶液沉积法　一步溶液法的工艺包括旋涂工艺、喷涂工艺、刮涂工艺和喷墨印刷工艺。将前驱体溶液平铺至基底，通过旋涂工艺制备出钙钛矿的薄膜；在加热板上升温到 100～150℃，退火除去钙钛矿薄膜上剩余的溶剂，同时形成固态的钙钛矿晶体薄膜。

② 两步溶液沉积法。

③ 蒸汽辅助溶液沉积法。

④ 双源共蒸法。

（3）钙钛矿型太阳能电池的优势与不足

① 钙钛矿型太阳能电池的优势明显　光吸收系数高、材料成本低、结构简单、制造工艺流程短，同时生产能耗低；钙钛矿型太阳能电池以轻便、柔性等优点备受研究者和市场的关注。

② 钙钛矿型太阳能电池的短板　钙钛矿型太阳能电池普遍存在迟滞效应、电池制备成本高和电池长久稳定性等问题。

2.3.6　太阳能电池的发展

随着 PERC 太阳能电池的效率逐步接近天花板，HIT 和 TOPCon 电池的开发如火如荼地进行。随着光电转换效率持续提升，钙钛矿型太阳能电池吸引了众多的资金和人力的投入。

对于光伏电池技术而言，产业最关注的主要是转换效率、成本和稳定性三个指标。目前，主流的 PERC 电池的理论极限转换效率在 29% 左右，但产业化的转换效率往往只有 21% 左右；根据中国光伏行业协会（CPIA）统计，2021 年 PERC 电池市场占有率已经达到 91.2%，其预测 2022～2025 年 PERC 电池仍是主流。

2.4　太阳能发电技术

太阳能发电是将光能直接转变为电能的技术。

2.4.1　太阳能发电的基础知识

（1）太阳能发电装置的组成

光伏发电系统由光伏组件、蓄电池组、充放电控制器、逆变器、交流配电柜和太阳跟踪控制系统等设备组成。

① 光伏组件　光伏组件是能量转换的器件。光照条件下电池吸收光能，在光生伏特效应的作用下，太阳能电池的两端产生电动势，将光能转换成电能。晶体硅太阳能电池包括

单晶硅太阳能电池、多晶硅太阳能电池和非晶硅太阳能电池三种。

② 蓄电池组　蓄电池组的作用是贮存电能并可随时向负载供电。对蓄电池组的基本要求是：自放电率低；使用寿命长；深放电能力强；充电效率高；少维护或免维护；工作温度范围宽；价格低廉。

③ 控制器　控制器是实现自动防止蓄电池过充电和过放电的设备。蓄电池的循环充放电次数及放电深度决定了蓄电池的使用寿命，因此需要控制蓄电池组过充电或过放电。

④ 逆变器　逆变器是将直流电转换成交流电的设备。如果太阳能电池和蓄电池是直流电源，而负载是交流负载时，逆变器必不可少。逆变器按运行方式可分为独立运行逆变器和并网逆变器。

⑤ 跟踪系统　跟踪系统就是保证太阳能电池板正对太阳使发电效率达到最佳状态的一套系统。相对于某一个固定地点的太阳能光伏发电系统，太阳的光照角度时时刻刻都在变化。

（2）太阳能发电装置的安装

太阳能电池经过串联后→封装保护→形成大面积的太阳能电池组件→配合上功率控制器等部件→形成光伏发电装置。

（3）太阳能发电转化率

对于大规模太阳能发电装置，其发电转化率与其基本构成材料息息相关。

① 单晶硅的转化率在 19.8%～21%，多数在 17.5%。

② 多晶硅的转化率在 18%～18.5%，多数在 16%。

③ 砷化镓的转化率约 23%，但是砷化镓价格昂贵，多用于航空航天领域。

④ 非晶硅薄膜的转化率在 9%左右。薄膜光伏电池具有轻薄、质轻及柔性好的优势，适合用在光伏建筑一体化之中。

（4）效率衰减

晶硅光伏组件安装后，暴晒 50～100 天，效率衰减约 2%～3%；此后衰减幅度减缓并稳定，每年衰减约 0.5%～0.8%，20 年衰减约 20%。单晶组件衰减约少于多晶组件。非晶硅组件的衰减约低于晶硅组件。

2.4.2　全世界太阳能发电的发展

发展可再生能源已经成为全球的共识，各国新能源市场进一步发展。太阳能发电是其中重要组成。统计表明，2021 年全球光伏新增装机量 170GW，我国光伏新增装机量 54.88GW，同比增长 13.9%；欧盟新增装机量 25.9GW，同比增长近 34%；美国新增装机量约 23.6GW，同比增长约 22.9%。

2022 年，美国光伏新增装机量是 74GW；欧盟太阳能装机容量新增装机量是 41.4GW；我国光伏发电新增并网容量 87.4GW，其中集中式光伏电站 36.29GW，分布式光伏 51.11GW（户用分布式 25.26GW）。

截至 2022 年底，全国光伏发电累计并网容量 392.04GW，其中集中式光伏电站 234.42GW，分布式光伏 157.62GW。

2.4.3　我国太阳能发电的发展

我国属太阳能资源丰富的国家之一，全国总面积 2/3 以上地区年日照时数大于 2000h，年辐射量在 5000MJ/m² 以上。据统计资料分析，中国陆地面积每年接收的太阳辐射总量为 $3.3×10^3 ～ 8.4×10^3$ MJ/m²，相当于 $2.4×10^4$ 亿吨标准煤的储量。

从全国太阳年辐射总量的分布来看，西藏、青海、新疆、内蒙古南部、山西、陕西北部、河北、山东、辽宁、吉林西部、云南中部和西南部、广东东南部、福建东南部、海南岛东部和西部以及台湾省的西南部等广大地区的太阳辐射总量很大。尤其是青藏高原地区最大，那里平均海拔高度在 4000m，大气层薄而清洁，透明度好，纬度低，日照时间长。

光伏太阳能发电技术不仅体现在太阳能电厂和分布式屋顶光伏，光伏发电也可应用于多种多样的场景，包括农业、渔业、公共设施及景观建设等。这些复合和跨界模式既实现了清洁发电，又同时兼顾了经济发展和生态保护。

（1）荒漠上的太阳能发电

荒漠上安装太阳能电池板，实现供电的同时，可以减少地面受到的日照辐射和水分蒸发量；清洗电池板时喷洒的水分，可以提高土壤表层的含水量，促进植被的生长和恢复。同时，荒漠上的太阳能电站还能促进土壤的碳固定、蓄水保土、阻风固沙、调节气候和改善生态环境等。

我国内蒙古、山西、青海和宁夏等地都有"光伏+土地生态修复"的项目。

（2）海上光伏

在海面上建立的光伏电站是光伏发电的一种新型利用方式。它与陆上光伏最大的不同就在于它不占用农业用地，只利用现有的海面建立发电站。海上光伏主要可以分为桩基固定式和漂浮式两大类。

我国江苏、浙江、辽宁和广东在积极规划海上光伏项目。东部沿海地区经济发达、人口稠密，用电需求量大，建设海上光伏发电具有重要意义。

我国光伏发电的市场将会由独立发电系统转向并网发电系统，包括沙漠电站和城市屋顶发电系统。我国太阳能光伏发电发展潜力巨大，配合积极稳定的政策扶持，到 2030 年光伏装机容量将达 1 亿千瓦，年发电量可达 1.3 亿兆瓦时，相当于少建 30 多个大型煤电厂。我国太阳能光伏发电将迎来新一轮的快速增长。

思考题

1. 叙述太阳的结构。
2. 太阳的能源主要来自哪些反应？
3. 太阳能光-热利用主要包括哪几种？
4. 简述塔式太阳能光-热发电系统的原理、设备和目前状况。
5. 叙述太阳能光-热发电的优势与不足。
6. 太阳房有几种？谈谈太阳房的发展前景。
7. 谈谈光伏一体化的优势与发展前景。

8. 简述太阳能海水淡化技术的现状与发展。

9. 举例介绍太阳能电池共有几类。

10. 晶体硅太阳能电池的发电原理是什么？作图叙述。

11. 叙述晶体硅太阳能电池的产业链。

12. 几种晶体硅太阳能电池各自的特点是什么？

13. 你认为钙钛矿太阳能电池的发展前景如何？

14. 比较化合物半导体太阳能电池与硅系列太阳能电池各自的优势和特点。

15. 阐述染料敏化纳米晶太阳能电池的发电原理，并预测它的发展趋势。

16. 阐述你对光伏产业的认识和预测。

17. 叙述硅片、电池片和电池组件的制备。

18. 太阳能-化学能转化的关键技术是什么？

19. 我国政府对太阳能的利用目前有哪些政策？

20. 谈谈我国目前太阳能利用的新成就。

参考文献

[1] 葛永乐. 实用节能技术[M]. 上海: 上海科学技术出版社, 1993.

[2] 胡成春. 新能源[M]. 上海: 上海科学技术出版社, 1994.

[3] 蔡兆麟, 刘华堂, 何国庆. 能源与动力装置基础[M]. 北京: 中国电力出版社, 2004.

[4] 梁彤祥, 等. 清洁能源材料导论[M]. 哈尔滨: 哈尔滨工业大学出版社, 2003.

[5] 雷永泉, 万群, 石永康. 新能源材料[M]. 天津: 天津大学出版社, 2002.

[6] 沈建国. 可再生能源与环境[M]. 北京: 中国环境科学出版社, 1985.

[7] 崔金泰. 各显神通的新能源[M]. 北京: 北京工业大学出版社, 1993.

[8] Faggi Oli E, Rena P, Danel V, et al. Supercapacitors for the energy management if electric vehicles[J]. Power Source, 1999, 84: 261-269.

[9] Sunz W, Dengcx Tsai L C. Performance of mixed rulbemum and tantalum oxide packaged ultra-capacitors/1995. Electrochemical Capacitor II[J]. Proceedings of the symposium on Electrochemical Capacitor, 1997: 43-52.

[10] Niucm, Sichel E D, Hoch R, et al. High power electrochemical capacitors based on carbon nanotube electrodes[J]. Appl Phys Cell, 1997, 70(11): 1480-1482.

[11] Hashimoto N. Global SOFC activities and evaluation programs. Power Source, 1994, 49: 103-114.

[12] Epstein K, Tran N, Jeffery F, et al. Surface photovoltage measurement of lighter instability of amorphous silicon films[J]. ApplPhys Lett, 1986, 49: 173-175.

[13] Moore A. Diffusion length in undoped amorphous silicon[J]. J Appl Phys, 1987, 61: 4816-4819.

[14] Hegedus S, Lin Hongsheng, Moore A. Light-introduced degradation of lifetime versus space-charge effcts[J]. J Appl Phys, 1988, 64: 1215-1219.

[15] 王炳忠. 太阳能辐射资源太阳能应用[M]. 北京: 人民教育出版社, 1995.

[16] Paul Maycock. The world PV market-production increases 36%[J]. Renewable Energy World, 2002: 147-161.

[17] Wolfgang Palz. PV for the new century-status and prospects for PV in Europe[J]. Rene wable Energy World, 2000, 3 (2): 24-37.

[18] The National Renewable Energy Lab. Photovoltaic energy for the new millennium: The US national

photovoltaics program plan[J]. Sun World, 2000, 24(1): 4-10.

[19] Bruton T M, Luthardt G, Dorrity I A, et al. A study of the manufacture at 6500 MWp p. a of Crystalline silicon photovoltaic Modules[M]. Barcelona: 14th European PV Solar Energy Confence, 1997: 11-16.

[20] 丁生平. 碟式太阳能热发电系统性能研究[D]. 济南: 山东大学, 2015.

[21] 郭超. 多功能太阳能光伏光热集热器的理论和实验研究[D]. 合肥: 中国科学技术大学, 2015.

[22] 刘大鹏. 光伏并网发电与电能质量调节统一控制研究[D]. 秦皇岛: 燕山大学, 2015.

[23] Castilla M, Miret J, Sosa J, et al. Grid fault control scheme for three-phase photovoltaic inverters with adjustable power quality characteristics[J]. IEEE Transactions on Power Electronics, 2010, 25(12): 2930-2940.

[24] 陈林, 张鹏. 太阳能光伏与光热发电对比简析[J]. 黑龙江科学, 2015, 6(1): 32-35.

[25] Soteris A, Kalogirou. Design and construction of a one axissun tracking system[J]. Solar Energy, 1996, 57(6): 465-469.

[26] 钱银, 沈孝龙, 任涛. 基于太阳能发电的小用户智能调配系统的方案设计[J]. 科技和产业, 2014(4): 19-22.

[27] 赵广斌. 太阳能海水淡化系统经济性对比研究[D]. 大连: 大连理工大学, 2013.

[28] Braun J E, Mitchell J C. Solar geometry for fixed and tracking surface[J]. Solar Energy, 1993, 31(5): 439-444.

[29] Ara moto T, Kumazawa S, Higuchi H, et al. 16. 0% efficient thin film CdS/CdTe solar cells[J]. J Appl Phys, 1997, 36(10): 6304-6305.

[30] Tyan Y S, Perez-Albuerne E A. Efficient thin-film CdS/Cd Te solar cells[J]. Conf Rec, 16th IEEE PVSC, San Diago. CA: New York, USA, IEEE, 1982: 794-800.

[31] Pallares J, Schropp R E I. Role of the buffer layer in the active junction in amorphous-crystalline silicon heterojunction solar cells[J]. J Appl Phys, 2000, 88(1): 293-299.

[32] 林鸿生. PIN 型非晶硅太阳能电池中的空间电荷效应-太阳能电池光致性能衰退的计算机模拟[J]. 太阳能学报, 1994, 15(2): 167-175.

[33] Wang F, Duarte J, Hendrix M. Pliant active and reactive power control for grid interactive converters under unbalanced voltage dips[J]. IEEE Transactions on Power Electronics, 2011, 26(5): 1511-1521.

[34] Moore A, Lin Hongsheng. Improvement in the surface photovoltage method of determining diffusion length in thin films of hydrogenated amorphous silicon[J]. J Appl Phys, 1987, 61(10): 4816-4819.

[35] 赵挺洁, 赵巍岩, 白耀东. 太阳能干燥器的性能测试与研究[J]. 环境与发展, 2015, 27(1): 82-85.

[36] 耿新华, 孙云, 王宗畔, 等. 薄膜电池的研究进展[J]. 物理, 1999, 28(2): 96-102.

[37] 李秉厚, 王万录. 多晶薄膜与薄膜太阳电池[J]. 太阳能学报, 1999(特刊): 102-114.

[38] 刘长志. 沿海地区太阳池热泵技术的应用研究[D]. 大连: 大连理工大学, 2008.

[39] 梁春华. 太阳能热水系统与建筑屋顶一体化结构的设计[C]. 广州: 广东工业大学, 2015.

[40] McElheny P J, Arch J K, Lin Hongsheng, et al. Range of validity of surface-photovoltage diffusion length measurement : A computer simulation[J]. J Appl Phys, 1988, 64: 1254.

[41] 苑金生. 国外节能建筑对太阳能的利用[J]. 节能, 1996(5): 26-32.

[42] 黄飞, 陶进庆. 太阳能利用大有可为[J]. 太阳能利用, 2001(4): 35-36.

[43] 赵亚文. 21 世纪我国太阳能利用发展趋势[J]. 中国电力, 2000, 3(9): 74-77.

[44] 张涛, 唐宇, 魏静, 等. 从专利看我国真空管太阳能热水器的技术创新能力[J]. 企业技术开发, 2015, 34(1): 4-7.

[45] 张升黎, 旷立辉, 于立强. 太阳能利用中的蓄热技术[J]. 青岛建筑工程学院学报, 2000, 21(4): 93-97.

[46] 旷立辉, 王如竹, 于立强. 太阳能热泵供热系统的实验研究[J]. 太阳能学报, 2002, 23(4): 409-413.

[47] Inalli M, Unsal M, Tanyildziv. A computational model of a domestic solar heating system with undcrground splurical thermal storage[J]. Energy, 1997, 22(12): 1163-1172.

[48] Kaygusua K, Aghan T. Experimental and theoretical investigation of combined solar heat pump system for residential heating[J]. Energy Conversion and Management, 1999, 40(13): 1377-1396.

[49] Esen, MeHmell. Thermal performance of a solar-aided latent heat store used for space heating by heat pump[J]. Solar energy, 2000, 69(1): 15-25.

[50] 杨世杰, 陈瑜. 建筑的节能改造和太阳能利用[J]. 建筑科学, 2000, 16(4): 10-11.

[51] 剑乔力, 葛新民. 太阳能热发电技术[J]. 自然杂志, 2003, 18(6): 346-349.

[52] 葛新民. 太阳能工程——原理和应用[M]. 北京: 学术期刊出版社, 1988.

[53] 张建峰, 杨永亮, 肖波, 等. 太阳能盐卤发电技术现状及展望[J]. 可再生能源, 2003, 107(1): 5-7.

[54] 于志. 多种太阳能新技术在示范建筑中的应用研究[D]. 合肥: 中国科学技术大学, 2014.

[55] Krisst R J K. Energy Transter system[J]. Alternative Sources of Energy, 1983, 63(8): 8-10.

[56] 曹丰. 太阳和太阳能的利用[J]. 武汉教育学院学报, 1996, 15(6): 56-59.

[57] 杨维菊. 美国太阳能热利用考察及思考[J]. 世界建筑, 2003(8): 83-85.

[58] 李梦柏, 古国, 谷云骊, 等. 太阳能催化反应动力学研究[J]. 环境科学学报, 2000, 20(3): 304-307.

[59] Hoffman M R. Environmental applications of semiconductor photocatalysis[J]. Chemical Reviews, 1995, 95(1): 69-96.

[60] Rodriguez S M, Richter C, Galvez J B, et al. Photocatalytic degradation of industrial residual waters[J]. Solar Energy, 1996, 78: 401-410.

[61] 王怡中, 符雁. 多相催化反应中太阳能导电效率的研究[J]. 太阳能学报, 1998, 19(1): 36-40.

[62] Yin Zhang, Crittenden J C, Hud D W, et al. Fixed-bed photocatalysis for solar decontamination of water[J]. Environ scitechnol, 1994, 28: 535-442.

[63] Hsu M, Jih R, Lin P, et al. Oxygen doping in closed spaced sublimed CdTe thin films for photovoltaic cells[J]. J Appl Phys, 1986, 59(7): 3607-3609.

[64] Kesselring P, Selvage C S. The IEA/SSPS solar thermal power plants: vol 2: distributed collector system(DCS)[M]. Berlin: Springer-Verlag, 1986.

[65] Chu T L, Chu S S, Firszi F, et al. Deposition and characterization of p-type cadmium telluride films[J]. J Appl Phys, 1985, 58(3): 1349-1355.

[66] Hsu M, Jih R, Lin P, et al. Oxygen doping in closed spaced sublimed CdTe thin films for photovoltaic cells[J]. J Appl Phys, 1986, 59(7): 3607-3609.

[67] Rose D H, Levi D H, Matson R J, et al. The role of oxygen in CdS/CdTe solar cells deposited by closed-spaced sublimation[M]. Conf Rec 25th IEEE PVSC, Washington, DC, New York, USA, IEEE, 1996: 777-780.

[68] Hawlader M N A, Chou S K, Ullah M Z. The performance of a solar assisted heat pump water heating system[J]. Applied Thermal Engineering, 2000, 24(10): 1049-1065.

[69] Yumrutas R, Unsal M. Analysis of solar aided heat pump systems with seasonal thermal energy storage in surface tanks[J]. Energy, 2000, 25(12): 1243-1324.

[70] Esen, Me Hmet. Thermal performance of a solar-aided latent heat store used for space heating by heat pump[J]. Solar energy, 2000, 69(1): 15-25.

[71] Gundula Helsch. Adherent anti-reflection coatings on borosilicate glass for solar collectors[J]. European Journal of GlassScience and Technology, 2006, 47(10): 153-156.

[72] 陶靓. 半导体纳米结构太阳电池的研究[D]. 上海: 上海交通大学, 2014.

[73] 赵雨, 李惠, 关雷雷. 钙钛矿太阳能电池技术发展历史与现状[J]. 材料导报, 2015, 29(6): 18-22.

[74] Goetzberger A, HeblingC. Photovoltaiematerials, past, present, future[J]. Solar Energe. Materials and Solar Cells, 2000, 62: 1-19.

[75] Goetzberger A, Hebling C, Sehoek H-W. Photovoltaieoaterials, history, statusand. outlook[J]. Materials Seienee and Engineering R, 2003, 40: 1-46.

[76] 蒋荣华, 肖顺珍. 国内外多晶硅发展现状[J]. 半导体技术, 2001, 26(11): 7-10.

[77]　杨玉安. 多晶硅产业化技术研究发展建议[C]. 多晶硅材料"十一五"科技发展战略研讨会论文集, 2005: 4-55.

[78]　张超, 陈学康, 郭磊, 等. 石墨烯太阳能电池透明电极的可行性分析[J]. 真空与低温, 2012, 18(3): 160-166.

[79]　李德元, 赵文珍, 董晓强. 等离子技术在材料加工中的应用[M]. 北京: 机械工业出版社, 2005.

[80]　Alemany C, Trassy C, Pateyron B, et al. Refining of metallurgiea[J]. Induetive Plasma, 2002, 72: 41-48.

[81]　张锐. 薄膜太阳能电池的研究现状与应用介绍[J]. 广州建筑, 2007(2): 7-10.

[82]　刘玉萍, 陈枫, 郭爱波. 薄膜太阳能电池的发展动态[J]. 节能环保, 2006(11): 21-23.

[83]　郭丰. 化合物半导体光伏产品发展趋势探讨[J]. 电子与封装, 2008, 6(11): 36-39.

[84]　Dunsky C. Lasers in the solar energy revolution[J]. Industrial Laser Solutions, 2007, 22(8): 24-28.

[85]　Resch R. No question of solar momentum in US[J]. Semiconductor International, 2008, (7): 116-125.

[86]　Jie W J, Zheng F G, Hao J H. Graphene/gallium arsenide-based Schottky junction solar cell[J]. Appl Phys Lett, 2013, 103(23).

[87]　Dunsky C, Colville F. Solid state laser applications in photovoltaic manufacturing[J]. Proc SPIE, 2008, 68(7): 1-5.

[88]　刘宏芳, 郑碧娟. 微生物燃料电池[J]. 化学进展, 2009, 21(6): 1349-1355.

[89]　高峰, 成晓玲, 胡社军, 等. 染料敏化纳米晶 TiO_2 太阳能电池研究进展[J]. 广州化工, 2006, 34(1): 8-11.

[90]　田研. 染料敏化纳米晶太阳能电池电极制备与优化[D]. 武汉: 华中科技大学, 2007.

[91]　郑冰, 牛海军, 白续铎. 有机染料敏化纳米晶太阳能电池[J]. 化学进展, 2008, 20(6): 828-840.

[92]　韩新建. 光伏并网发电系统的研究与设计[D]. 无锡: 江南大学, 2008.

[93]　陈洪, 邹朴, 杨贤铺. 叶绿素敏化纳米晶太阳能电池性能的研究[J]. 湖北工业大学学报, 2008, 23(1): 65-68.

[94]　王长贵, 郑瑞澄. 新能源在建筑中的应用[M]. 北京: 中国电力出版社, 2003.

[95]　闫士职, 尹梅, 李庆, 等. 太阳能光伏发电并网系统相关技术研究[J]. 技术前沿, 2009, 11(1): 73-76.

[96]　杨玲. 太阳能在建筑中应用浅析[J]. 甘肃冶金, 2009, 31(1): 103-106.

[97]　马胜红, 陆虎俞. 独立光伏系统与并网光伏系统[J]. 大众用电, 2006(11): 42-43.

[98]　易桦. 新型 PV-Trombe 墙系统的理论与实验研究[D]. 合肥: 中国科学技术大学, 2007.

[99]　周楷, 余志勇, 李心. 槽式太阳能热发电技术发展现状与趋势[J]. 能源研究与管理, 2014(4): 17-22.

[100]　蒋金. 碟式光热发电装置反射盘加工设备的设计[D]. 北京: 华北电力大学, 2014.

[101]　张文妍. 两段式塔式太阳能电站系统及腔式吸热器设计[D]. 北京: 华北电力大学, 2014.

[102]　唐海涛, 周兵, 向树民. 中国太阳能热发电产业的发展现状及前景[J]. 能源与节能, 2014, 111(12): 84-86.

[103]　潘甲龙, 吕丹, 于腾. 浅谈太阳能热发电的集热形式[J]. 能源与节能, 2015, 119(8): 66-68.

[104]　段洋, 廖文俊, 张艳梅, 等. 太阳能集热技术及其在海水淡化中的应用[J]. 装备机械, 2015(1): 21-25.

[105]　邢晓阳. 太阳能膜蒸馏海水淡化过程的研究[D]. 上海: 华东理工大学, 2015.

[106]　汪建文. 可再生能源[M]. 北京: 机械工业出版社, 2011.

[107]　杨天鑫, 李强. 世界上利用太阳灶烹饪最具潜力的 25 个国家[J]. 太阳能, 2015(2): 74-75.

[108]　Martin L, Zarzalejo J F, Polo J, et al. Prediction of globalsolar irradiance based on time series analysis: Application to solarhermal power plants energy production planning[J]. Solar Energy, 2010, 84(10): 1772-1781.

[109]　张宁. 太阳能光伏发电项目风险管理研究[D]. 北京: 华北电力大学, 2014.

[110]　孙庆. 分布式光伏并网发电系统的协同控制[D]. 上海: 华东理工大学, 2015.

[111]　赵争鸣, 刘建政, 孙晓瑛, 等. 太阳能光伏发电及其应用[M]. 北京: 科学出版社, 2005.

[112]　程炜东. 建筑光伏发电并网技术的研究[D]. 北京: 华北电力大学, 2014.

[113]　刘春娜. 太阳电池近期研究进展[J]. 电源技术, 2015, 139(6): 1141-1142.

[114] 童君. 铜铟镓硒薄膜太阳能电池的研究[D]. 杭州: 浙江大学, 2014.

[115] 贾树明, 魏大鹏, 焦天鹏, 等. 石墨烯/CdTe 肖特基结柔性薄膜太阳能电池研究[J]. 电子元件与材料, 2015, 34(6): 19-23.

[116] 曹东宏. 常规塔式太阳能光热电站动态特性研究[D]. 北京: 华北电力大学, 2020.

[117] 刘敏. 光热电站吸热塔风致振动及其控制措施研究[D]. 长沙: 湖南大学, 2021.

[118] 姚良炎, 刘顺刚, 孙文东. 槽式光热电站集热器基础施工技术分析[J]. 中国电力企业管理, 2019(6): 94-95.

[119] 吕松. 高效太阳能热电发电系统设计及热电转换性能研究[D]. 合肥: 中国科学技术大学, 2019.

[120] 刘易飞. 超临界 CO_2 布雷顿循环太阳能热发电系统设计及性能分析[D]. 武汉: 华中科技大学, 2021, 5.

[121] 王渊静. 基于梯级集热的槽式太阳能热发电系统设计及性能分析[D]. 武汉: 华中科技大学, 2021, 5.

[122] 黄佳钦. 太阳能热水器空气动力特性研究[D]. 广州: 广州大学, 2022.

[123] 邢蕾, 王莹. 二次换热式太阳能热水器应用分析[J]. 价值工程, 2022(6): 141-143.

[124] 李清, 朱永健, 马令勇, 等. 严寒地区农宅附加太阳房采暖能耗及节能分析[J]. 节能技术, 2015, 37(3): 206-212.

[125] 孟学林, 尹丽, 李俊. 吸收式太阳能制冷技术的开发应用[J]. 广西农业机械化, 2020(4): 50-51.

[126] Renato Lazzarin. 太阳能制冷的应用现状[J]. 制冷技术, 2021, 41(2): 1-10.

[127] Lazzarin R M. Heat pumps and solar energy: A review with some insights in the future[J]. International Journal of Refrigeration, 2020, 116: 146-160.

[128] 徐辉. 太阳能辅助增湿除湿海水淡化增效机理与实验研究[D]. 上海: 上海交通大学, 2020.

[129] 崔静恩, 李锐, 范磊, 等. 太阳能光伏与建筑屋顶一体化构造深化研究[J]. 建筑设计, 2021(2): 47-52.

[130] 罗多, 班广生. 光伏建筑设计与实践[M]. 北京: 中国建筑工业出版社, 2016.

[131] 邓近远. 清洁. 海水淡化与资源化应用研究[D]. 上海: 上海师范大学, 2021.

[132] 谢玉荣, 詹天津, 廖强明. 可再生能源[J]. 2022(11): 17-20.

[133] 詹天津, 谢玉荣. 国内分布式光伏发展形势分析及思考[J]. 2021, 43(12): 60-65.

[134] 王涛. 硅太阳能电池研究[D]. 长沙: 国防科学技术大学, 2006.

[135] 张永旭. 单晶硅太阳电池表面陷光结构的研究[D]. 无锡: 江南大学, 2021.

[136] 王明明. 超薄单晶硅太阳电池的制备与性能研究[D]. 南京: 南京航空航天大学, 2019.

[137] 王竞争. 单晶硅 PERC 电池工艺分析与研究[D]. 苏州: 苏州大学, 2019.

[138] 侯晨阳. PERC 太阳能电池仿真设计及 LBSF 性能研究[D]. 武汉: 华中科技大学, 2021.

[139] 丁东. 晶硅 TOPCon 与 IBC 太阳电池设计、制备与性能[D]. 上海: 上海交通大学, 2021.

[140] 陈群威. HIT 异质结太阳能电池的制备及性能研究[D]. 北京: 华北电力大学, 2021.

[141] 刘洋. 钙钛矿太阳能电池的相关物理过程研究[D]. 长春: 吉林大学, 2019.

[142] 张梦宇, 李太, 杜汕霖, 等. 直拉法单晶硅制备过程控氧技术研究进展[J]. 硅酸盐通报, 2022, 41(9): 3260-3278.

[143] 陈自彬. 单晶硅切片加工裂纹损伤与工艺参数研究[D]. 济南: 山东大学, 2021.

第3章 氢能

氢能是氢在物理与化学变化过程中释放的能量。氢能是氢的化学能。氢构成了宇宙质量的 75%。氢能被视为 21 世纪最具发展潜力的清洁能源。氢能源的需求和应用领域在不断扩展。

3.1 引言

（1）氢能的特性

氢位于元素周期表之首，原子序数为 1。氢在常温常压下为气态，在超低温高压下成为液态。氢在所有元素中质量最轻。在标准状态下，氢的密度为 0.0899g/L；在−252.7℃时，氢成为液体；将压力增大到数万千帕后，液氢转变为固体氢。

在所有气体中，氢气的导热性最好，比大多数气体的热导率高出 10 倍。在能源工业中氢是很好的传热载体。

氢的发热值为 142351kJ/kg，是所有化石燃料、化工燃料和生物燃料中发热值最高的燃料（除核燃料外）。

氢燃烧性能好，燃点高，燃烧速度快。氢与空气混合有广泛的可燃范围。

氢自身无毒，燃烧产物为水。燃烧生成的水还可继续制氢，循环使用。

氢可以气态、液态或固态氢化物的形态存在，适应贮运和各种应用环境。

（2）氢能的储量

氢是自然界存在最普遍的元素，它构成了宇宙 75%的质量。氢主要以化合物的形态贮存于水中，水是地球上最广泛的物质。据估计，如果把海水中的氢全部提取出来，它所产生的总热量比地球上所有化石燃料放出的热量还大 9000 倍。

（3）氢能的用途

氢能用途广泛。氢能既可以通过燃烧产生热能，在热力发动机中产生机械功，又可以作为能源材料用于燃料电池，或转换成固态氢用作结构材料。用氢代替煤和石油，不需对现有的技术装备做重大的改造，利用现有的内燃机稍加改装即可使用。

（4）氢能的种类

在能源领域，根据生产过程的不同，将氢能分为三类，即灰氢、蓝氢和绿氢。

① 灰氢　灰氢是通过化石燃料（例如石油、天然气、煤炭等）燃烧产生的氢气，在生产过程中会伴有二氧化碳等排放。目前制备的氢气大多数是灰氢，约占全球氢气产量的 95%。

② 蓝氢　蓝氢是在灰氢的基础上获得的。将灰氢的副产品二氧化碳捕获、利用和封存（CCUS）后，即获得蓝氢。蓝氢是灰氢过渡到绿氢的重要阶段。蓝氢可以减少约 90%的碳

排放，但需要解决二氧化碳的封存问题。

③ 绿氢　绿氢是通过使用再生能源（例如太阳能、风能及核能等）制造的氢气，例如，再生能源发电，再进行电解水制氢，这种完全没有碳排放的制氢过程产生的氢气是绿氢。绿氢的产量现在仅在 1%左右，但代表着发展方向。

（5）氢的制备技术

氢能源产业链的上游是制氢。目前我国主要的制氢方法是化石燃料制氢。我国煤炭资源丰富同时相对廉价，用煤制氢目前已具有规模化，但它不是理想的制氢方法。其他制氢方法在不断成熟和发展中。

氢的制备技术有多种，图 3-1 给出了主要的氢的制备技术。制氢方法以氢源命名。氢源的选择要素：a.适用性，即氢气供应与需求在数量和质量上的匹配；b.经济性，即成本低是现实的考虑因素；c.环境效益，即考虑全生命周期的污染物和二氧化碳的排放量；d.能源效率，即能源的投入/产出效率。

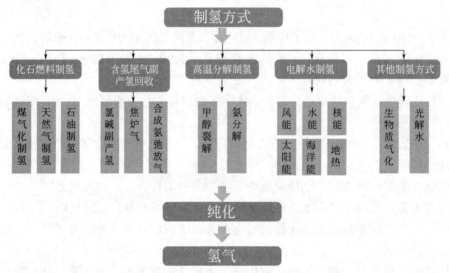

图 3-1　主要的氢的制备技术

由图 3-1 可见，氢的制备技术主要分为以下五类。

① 化石燃料制氢　化石原料目前主要包括天然气、石油和煤，还有页岩气和可燃冰等。化石原料制氢采用重整和气化两种技术。煤和石油经过气化产生的合成气含氢气与二氧化碳，合成气经过处理和分离，可获得氢气。甲醇重整制氢是目前采用最多的制氢技术。

② 工业尾气制氢　工业尾气制氢包括从焦炉煤气、氨生产尾气、氯碱厂副产物和石油炼油厂富氢气体等多种场合，采用不同技术回收副产物中的氢。

③ 电解水制氢　电解水制氢是在电解质水溶液中通入电流，水电解后在阴极产生氢气，在阳极产生氧气。电解水制氢有多种技术，主要有碱性水溶液电解、质子交换膜制氢和固体氧化物电解质制氢等。风能、太阳能和核能等新能源发电后，再用于电解水制氢是发展方向。

④ 含氢化合物高温热分解制氢　含氢化合物高温热分解制氢，包括甲醇裂解制氢和氨

分解制氢等。

⑤ 其他制氢方法　其他制氢方法包括生物质制氢、光化学制氢和热化学制氢等技术。

3.2　制氢技术

3.2.1　化石原料制氢

目前，化石原料主要包括煤、天然气、石油、页岩气和可燃冰等，其中天然气、页岩气和可燃冰的主要成分是甲烷。煤和石油经过气化产生的合成气含氢气和一氧化碳，合成气经过处理和分离，可获得氢气。图 3-2 给出了我国不同制氢方式的产氢占比。

本章关于化石原料制氢重点介绍煤制氢和天然气制氢。煤制氢和天然气制氢目前技术成熟，产能占 90% 以上，我国占 95% 以上。

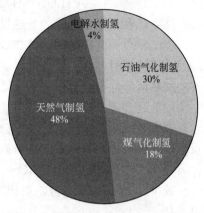

图 3-2　我国不同制氢方式产氢量占比

3.2.1.1　煤制氢技术

煤制氢过程分为催化重整制氢和煤气化制氢。煤催化重整制氢分为烃类重整和醇类重整，烃类重整是在煤热解制备焦炭时产生的副产品中提取氢气，醇类重整是将煤制备成甲醇后再重整制氢；煤气化制氢是将煤气化，产生的煤气经过脱硫净化后提纯得到氢气。煤制氢技术的分类见表 3-1。

表 3-1　煤制氢技术的分类

煤制氢技术	细分方法	大致流程
催化重整制氢	烃类重整	煤经过干燥、预热、软化等过程被炼制成焦炭，副产品的焦炉煤气中含有氢气
	醇类重整	煤转化为甲醇，再由甲醇重整制氢
煤气化制氢		将煤炭气化后得到以氢气与 CO 为主要成分的气态产品，经过净化后使得 CO 变换和分离，最后提纯获得产品氢。主要分为三个步骤：①造气反应；②水煤气变换反应；③氢的纯化与压缩

3.2.1.1.1　甲醇重整制氢技术

甲醇制氢主要是指甲醇水蒸气重整制氢，这是甲醇合成的逆过程。在 200～300℃ 温度下，采用铜系催化剂，甲醇和水蒸气转化为 H_2、CO_2 及少量 CO、CH_4 的混合气，经冷却分离后采用变压吸附法（PSA）将氢气分离提纯。甲醇制氢工艺条件相对温和、产物简单。装置规模可在 50～60000m^3/h 之间灵活调整。甲醇重整制氢可分为热解（或催化裂解）、甲醇蒸汽重整、部分氧化和联合蒸汽重整。

（1）热解（或催化裂解）

热解（或催化裂解）是最简单的转化方法，具体反应为：

$$CH_3OH \longrightarrow 2H_2 + CO \qquad \Delta H = 90.7 \text{kcal/mol}（1\text{cal} \approx 4.18\text{J}） \qquad (3\text{-}1)$$

产物气体中 H_2 的最高含量为 67%，其余为 CO。甲醇热解（或催化裂解）制氢技术的缺点是生成的 CO 可导致催化剂中毒，因而不适用于燃料电池，还存在耗热量大的缺点。

（2）甲醇蒸汽重整

甲醇蒸汽重整具有产物气中氢含量高（可达 75%）及可避免形成 CO 的优点，此技术曾受到关注，但存在需外部供热及反应速率慢的缺点。

$$CH_3OH + H_2O \longrightarrow 3H_2 + CO_2 \qquad \Delta H = 49.5\text{kcal/mol} \qquad (3\text{-}2)$$

注意，存在部分氧化的放热反应：

$$CH_3OH + 1/2O_2 \longrightarrow 2H_2 + CO_2 \qquad \Delta H = -192.3\text{kcal/mol} \qquad (3\text{-}3)$$

使用纯氧时，产物气中氢含量可达 67%。部分氧化放出的热量可能在反应器壁上造成某些"热区"，会导致催化剂失活。

（3）联合蒸汽重整

联合蒸汽重整系统的性能取决于 H_2O/O_2 值，具体反应见式（3-4）。在绝热条件下进行反应时，也被称为氧化蒸汽重整或自热重整。

$$CH_3OH + (1\text{-}p)\,H_2O + p/2\,O_2 \longrightarrow CO_2 + (3\text{-}p)\,H_2 \qquad \Delta H = 49.5\text{-}241.8p \qquad (3\text{-}4)$$

式中，p 为 H_2O/O_2 值，系统的化学计量因子。$p=0$ 则该过程为蒸汽重整；$p=1$ 则为部分氧化。

提高 O_2/H_2O 值可以增大反应放出的热量，但合成气中氢含量会下降。目前此系统运行时，水蒸气常过量 20%~30%，目的是通过水气转化反应降低 CO 含量，并可提高含氢量。

甲醇重整技术中使用的催化剂主要为铜基合金（CuZn、CuCr 及 CuZr 等）。基体一般采用片状陶瓷材料，表面覆盖 Al_2O_3 以增大比表面积。

3.2.1.1.2 煤气化制氢技术

煤气化反应是一个吸热反应，反应所需热量由碳的氧化反应提供。煤气化制氢主要包括三个过程，即造气反应、水煤气转化反应[见反应式（3-2）]及氢的纯化与压缩。造气反应方程式为：

$$C(s) + H_2O(g) \longrightarrow CO(g) + H_2(g) \qquad \Delta H = -131.2\text{kJ/mol} \qquad (3\text{-}5)$$

煤的气化是煤在气化剂作用下，在一定的温度和压力条件下发生化学反应从而转化为煤气的工艺过程。图 3-3 为煤气化制氢技术工艺流程。

图 3-3　煤气化制氢技术工艺流程

煤气化技术又分为地面气化技术和地下气化技术。

（1）煤地面气化技术

① 地面气化技术的分类　地面气化技术主要按接触方式、块煤粒度、气化剂的种类和排渣类型进行分类，还有新工艺不断出现。

a. 按煤与气化剂在气化炉内流动过程中的接触方式不同分类，分别为固定床气化、流化床气化、气流床气化和熔融床气化。图 3-4 为几种典型煤气化炉的结构简图。

b. 按煤进入气化炉时的粒度不同分类，分别为块煤（13~100mm）气化、碎煤（0.5~6mm）气化及煤粉（<0.1mm）气化等。

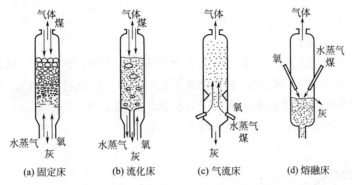

图 3-4　几种典型煤气化炉的结构简图

c. 按气化过程所用气化剂的种类不同分类，分别为空气气化、空气/蒸汽气化、富氧空气/蒸汽气化和 O_2/蒸汽气化等。

d. 按煤气化后产生灰渣排出气化炉时的形态不同分类，分别为固态排渣气化、灰团聚气化及液态排渣气化等。

e. 煤气化的新工艺包括利用煤气化的电导膜制氢新工艺和煤的热裂解制氢工艺等。

② 煤气化实例——褐煤气化　褐煤粉碎后加入循环水形成水煤浆，水煤浆经加压后与高压氧一道通过气化炉顶部的气化喷嘴进入燃烧室，水煤浆与氧在约 6.5MPa 和 1400℃温度下主要发生如下反应：

$$C+O_2 \longrightarrow CO_2+Q$$

$$C+H_2O \longrightarrow CO+H_2-Q$$

$$CO+H_2O \longrightarrow H_2+CO_2$$

$$CO+3H_2 \longrightarrow CH_4+H_2O$$

褐煤气化工艺流程见图 3-5。

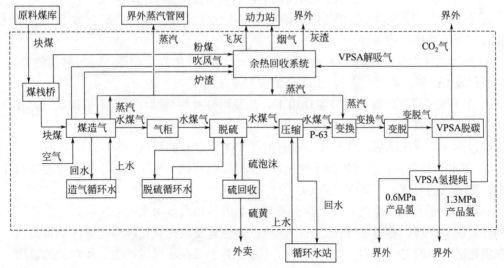

图 3-5　褐煤气化工艺流程

VPSA—真空变压吸附法

图 3-6 是褐煤气化设备结构示意图。

（2）煤地下气化技术

煤炭地下气化就是将地下处于自然状态下的煤进行有控制的燃烧，通过对煤的热作用及化学作用产生可燃气体。煤的地下气化技术是实现大规模制氢的候选技术之一。

地下煤气化同样用气化炉来实现。气化炉的气化通道有三个反应区，即氧化区、还原区和干馏干燥区。煤炭地下气化原理如图 3-7 所示。

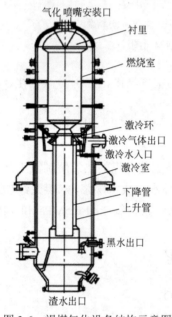

图 3-6　褐煤气化设备结构示意图

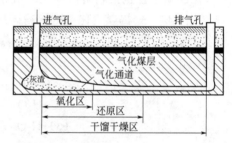

图 3-7　煤炭地下气化原理

① 3 个反应区域　由进气孔鼓入气化剂，其有效成分是 O_2 和蒸汽。

a. 在氧化区主要是 O_2 与煤层中的碳发生多相化学反应，产生大量的热，使气化炉达到气化反应所必需的温度条件。

b. 在还原区主要反应是 CO_2 和 H_2O（气态）与炽热的煤层相遇，在足够高的温度下，CO_2 还原成 CO 和 H_2O（气态），H_2O 分解成 H_2。

c. 在干馏干燥区，煤层在高温作用下，挥发组分被热分解，而析出干馏煤气，在出气孔侧，过量的水蒸气和 CO 发生变换反应。

经过这 3 个反应区后，就形成了含有 H_2、CO 和 CH_4 的煤气。

② 氢产生过程　根据煤炭地下气化产气原理，煤炭地下气化过程中氢气主要来自 3 个方面，即蒸汽的分解、干馏煤气和 CO 的变换反应。

a. 蒸汽分解反应。蒸汽分解反应主要是高温碳与蒸汽作用生成 CO 和 H_2，其反应方程式和焦炭制氢一样。在地下气化过程中，蒸汽的分解反应在氧化区和还原区均可发生。由于在氧化区产生的 CO 和 H_2 又遇氧燃烧，因此 H_2 主要在还原区产生。还原区的温度一般在 600～1000℃之间，其长度为氧化区的 1.5～2 倍，压力在 0.01～0.2MPa 之间。因此，还原区有利于氢气浓度的提高。

b. 热解作用。煤的热解包括以下四个步骤：低温脱除羟基，某些氢化芳香结构的脱氢反应，在次甲基桥处分子断裂和脂环断裂。这几步反应受多种因素的影响，包括温度、加热速率、压力和颗粒粒度等，其中温度是主要影响因素，一是对煤热解的影响，二是对挥发组分二次反应的影响。

c. CO 变换反应。生成的 CO 再与水蒸气作用，进一步生成 H_2。反应在 400℃ 以上即可发生，在 900℃ 时与蒸汽分解反应的速率相当，高于 1480℃ 时，其速度很快。分析认为 CO 变换反应能达到热力学平衡状态，但是实际达到平衡的程度与温度、蒸汽分解率和气化通道的长度有一定的关系，还与气化煤层的反应性及催化活性等有关。

地下气化通道长和煤与地下气化系统中许多无机盐的存在对于提高氢气量起到重要作用。

③ 煤炭地下气化的工业试验　煤炭地下气化实现了"$H_2O \rightarrow H_2$"过程，其生产条件比地面气化更为优越。强化制氢过程的长通道、大断面、两阶段煤炭地下气化新工艺在进行了实验室模型试验以后，在徐州新河二号井进行了半工业性试验和在唐山刘庄煤矿进行了工业性试验。该工艺是一种循环供给空气和蒸汽的地下气化新方法。

半工业性试验中 H_2 含量均在 45.00% 以上，最高为 60.40%；工业性试验中 H_2 含量在 55.00% 以上，最高可达 72.36%。该煤气在地面进行进一步加工处理，就可以得到较为纯净的 H_2。

地下气化可以利用老旧矿井在报废煤层中建立地下气化炉，可充分利用老矿井原有的巷道、提运系统、水电设施和器材设备，无须前期勘探调查，这样初期投资少且成本较低。在生产过程中，通道加大断面就可形成充填床，实现反应表面积大、煤的燃烧量大、产生的热能多及热惯性大，不仅为稳定产气创造了有利的条件，同时降低了气化炉的流体压力损失。煤炭地下气化制氢的成本远低于其他制氢方法。地下气化煤气很容易集中净化、加工处理，可消除其中的硫、焦油和 CO_2，并可回收利用。

3.2.1.1.3　煤的多联产技术

煤多联产技术的基本思想是以煤气化为龙头，所得的合成气一是用以制氢供燃料电池汽车用，二是通过高温固体氧化物燃料电池（SOFC）和燃气轮机组成的联合循环转换成电能。多联产系统的能源利用效率可达 50%～60%。

多联产系统是从整体最优角度和跨越行业界限出发，提出的一种高度灵活的资源-能源-环境的一体化系统。其基本思路可用图 3-8 表达。

（1）合成气的制备

以煤或石油焦或高硫重渣油为原料（后者可以和石化企业结合），用纯氧或富氧气化后生成的合成气（主要成分为 $CO + H_2$），通过高温净化可得到纯净元素硫。

（2）合成气的直接应用

合成气直接应用包括：①城市煤气；②分布式热、电、冷联产；③大型发电（燃料电池或燃气轮机/蒸汽轮机联合循环）；④一步法生产甲醇；⑤一步法生产液体燃料（F-T 液体燃料、二甲醚）；⑥其他化工产品（合成氨、尿素、烯烃）。

（3）合成气转化后的应用

合成气经过水-气转化反应后，还可通过气体分离把 H_2 和 CO_2 分开。a. H_2 可用于质子交换膜燃料电池（PEMFC），主要用于城市交通的车辆，可以达到零排放，从根本上解决大城市汽车尾气污染问题；b.长远来看 H_2 作为载能体，可作为分布式热-电-冷联供的燃料，实现当地零排放。

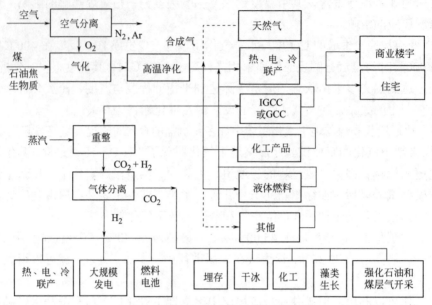

图 3-8 资源-能源-环境一体化系统

IGCC—整体煤气化联合循环发电系统；GCC—煤气化联合循环发电系统

多联产系统的核心是所列举的产品（电、热、冷、化工产品），它们的生产过程在多联产系统中不是简单的叠加，而是有机的耦合和集成，从而比各自单独生产可以简化工艺流程，减少基本投资和运行费用，降低各个产品的价格，调节多个产品（尤其是发电）之间的"峰-谷"差，使得各流程优化运行，减少污染。

3.2.1.2 天然气制氢技术

天然气的主要成分是烷烃，其中甲烷占绝大多数，含有少量的乙烷、丙烷和丁烷，同时伴有硫化氢、二氧化碳、氮、水汽、少量一氧化碳及微量稀有气体。进入管网的天然气一般含 75%～85%甲烷、低碳饱和烃和 CO_2 等。

天然气制氢技术一般为天然气重整制氢。天然气的重整包括几个独立的过程或联合的过程：甲烷重整；绝热预重整；部分氧化；自热重整。

（1）甲烷蒸汽重整

甲烷蒸汽重整过程的主要反应：

① 甲烷蒸汽重整

$$CH_4 + H_2O \longrightarrow CO + 3H_2 \qquad \Delta H = 49\text{kcal/mol} \qquad (3\text{-}6)$$

② 水-气转化反应

$$CO + H_2O \longrightarrow CO_2 + H_2 \qquad \Delta H = -10\text{kcal/mol} \qquad (3\text{-}7)$$

天然气、液化气（LPG）或液烃中的高级烃的反应途径与甲烷相同：

$$C_nH_m + nH_2O \longrightarrow nCO + (n + m/2)\,H_2 \qquad (3\text{-}8)$$

随着反应的进行，蒸汽有可能被 CO_2 取代，因此会发生下面的反应：

$$CH_4 + CO_2 \longrightarrow 2CO + 2H_2 \qquad \Delta H = 59kcal/mol \qquad (3-9)$$

此反应的发生将为很多合成反应提供更合理的 H_2/CO 比例。上述四个反应均需要催化剂，常用的催化剂是金属镍。在重整温度下，甲烷重整反应式（3-6）与水-气转化反应式（3-7）为可逆反应；而反应式（3-8）不可逆，直至高级烃转化完全。

反应式（3-9）与反应式（3-6）、反应式（3-7）不同，根据 Le Chtelier 理论，反应温度更高时，平衡状态下甲烷含量下降，CO 含量增多，且甲烷含量随压力增大而增大，随 H_2O/C 比值增大而下降，见图 3-9。

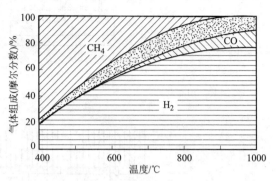

图 3-9　甲烷蒸汽重整中的平衡气（干气体）组成
（压力-3MPa，H_2O/C=4.0）

① 甲烷蒸汽重整装置　图 3-10 为 Topsøe 重整炉结构示意图。

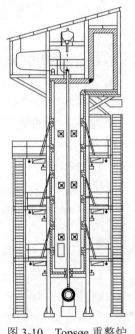

图 3-10　Topsøe 重整炉
结构示意图

填充催化剂的圆管排列成一行，在炉墙上安装 4～6 个烧嘴，便于控制输入圆管的热量，在各种操作条件下均可保持最佳的温度分布。热气体经过耐火通道离开辐射室，气体余热可加以利用。原料气通过丝状进口（又称"猪尾管"），由分布头进入管道，猪尾管连接在重整炉管壁上，允许使用较高的预热温度。

重整炉的出口有两种设计（见图 3-11）。图 3-11（a）是产物气通过炉外的接口进入耐火材料制成的集气管中；图 3-11（b）是出口采用猪尾管设计，同时使用集热器。

② 热平衡及管道设计　重整炉所需热量（即重整炉负载）为出口处与进口处气体热焓值的差，可以从热焓表中很容易地计算出来。重整炉负载包括反应所需热量和提高出口处温度所需热量。对于常见的管式重整炉，燃烧产生的热量中约 50%通过管壁被反应气吸收。其余热量主要含于烟气中并在重整炉的废热区加以回收，用于预热气体和制取蒸汽，总体热效率可达95%。

重整炉管壁传入热量与重整反应消耗热量之间的平衡是蒸汽重整的核心部分。管道所承受的应力与管壁的最高温度和最大热通量密切相关。如果操作温度稍微超过管壁允许的最高温度，就会严重影响其使用寿命。随着冶金（合金钢）技术的发展，目前设计中出口气的温度可超过 950℃，管壁温度可达到 1050℃。采用 HT 或 HU 铸钢代替 HK 钢（特别是在这些钢中加入 W、Co 等高合金材料），性能更加优越。

管道的外形尺寸对重整炉设计有复杂的影响。提高管道长度比增加数量在经济上更合理，原因是更多的管道意味着更复杂的进、出口系统设计。但管长是有限的，过长则有弯曲的危险。另外，催化剂层间的压力降也是制约因素。

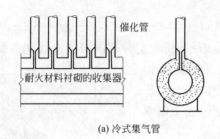

(a) 冷式集气管

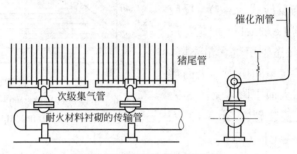

(b) 热式次级集气管和冷式传输管

图 3-11　重整炉出口系统设计

对于特定管长、原料气流量和重整炉载荷，管的数量取决于管径(d_1)、平均热通量(q_{av})和空速（SV），三者之间的关系式为：

$$q_{av} \approx d_1 SV \tag{3-10}$$

上式的三个参数中仅有两个可自由选择，若 q_{av} 恒定，则随着 d_1 的增大，管的数量减少，则入口和出口管的数量同样减少。

③ 管壁温度及热通量分布　管式重整炉有多种管道和燃烧器的配置方式，图 3-12 为典型设计。

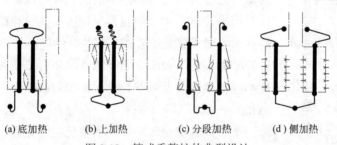

(a) 底加热　　(b) 上加热　　(c) 分段加热　　(d) 侧加热

图 3-12　管式重整炉的典型设计

底加热式沿管长方向的热通量几乎恒定，炉子设计采用对流方式，可以使出口处达到很高的温度；上加热式的特点是在重整炉上部管壁温度有一个峰值，且其热通量最大；分段加热式是底加热式的改进，可降低管壁温度；侧加热式可实现对管壁温度的控制，管道出口处温度最高，但最大热通量却位于相对低一些的温区，因而此种加热方式为设计和操作提供了更多便利，同时使平均热通量更高，操作条件可以更苛刻。

图 3-13 为顶加热和侧加热式重整炉在运行初始阶段时管壁温度和热通量的分布曲线。

由图 3-13 可见，顶部加热时最高温度位于 1/3 长处，而侧加热则可以随着管道长度的变化，以一定的速率升温，使出口处温度最高。在管壁温度最高处附近，顶加热式重整炉中的热通量也存在最大值；对于侧加热式来说，该曲线却平坦得多，且最大热通量远低于顶加热式，尽管其平均热通量更大。

④ 气体组成　产物气的组成强烈依赖于反应条件，变量与蒸汽重整炉有关，还有四个变量：原料的物性；入口处 H_2O/C 比值；出口处温度；出口处压力。

原料气可为任何烃类物质（包括富氢废气、天然气和重石脑油等），某些情况下可通入 CO_2 以节省原料气并降低产物中 H_2/CO 比值。传统上为避免生成 C 而使用较高的 H_2O/C 比值。对于天然气重整来说，通常 H_2O/C=2.5～3。天然气重整需大量水蒸气，二者比值约为 10～12t H_2O/t H_2。

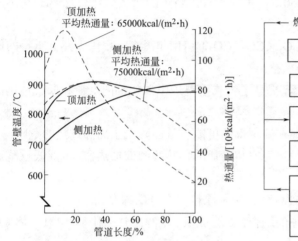

图 3-13　顶加热和侧加热式重整炉的管壁
温度和管道中热通量分布曲线（1kcal=4.18kJ）

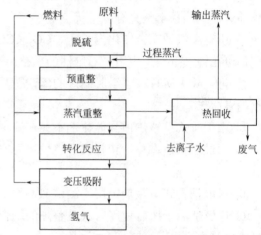

图 3-14　蒸汽重整制氢流程

⑤ 蒸汽重整流程　图 3-14 为 Lurgi 公司制氢厂的蒸汽重整制氢流程。

原料（天然气等）首先经过脱硫工序。采用 Co-Mo 或 Ni-Mo 作加氢催化剂，在 360℃ 的温度下，使有机硫转化为 H_2S；用 ZnO 除去 H_2S；蒸汽重整温度为 800～900℃、催化剂为 Ni，重整气经过转化反应后，合成气中 CO 体积分数不超过 3%；经过变压吸附（PSA）提纯后，氢气产量（标准状况）为 1000m³/h。相关工艺参数为：原料+燃料 400m³/h；锅炉供水 1.15t/h；冷却水 3.0m³/h；电能消耗量 17kW；输出蒸汽 0.63t/h。

（2）绝热预重整

如果原料是天然气和重石脑油等物质（沸点高于 200℃、芳香烃含量高于 30% 的烃类物质）的重整反应，在预重整反应器中，高级烃完全转化为 CH_4、CO_x、H_2 和蒸汽。

如果原料为天然气，整个过程为吸热反应，会导致温度下降；若采用石脑油等高级烃，则整个过程放热或呈热中性。预重整催化反应温度较低，通过 Ni 基催化剂表面的化学吸附过程，可在脱硫区从原料气中硫除，实现原料气的无硫化。图 3-15 为绝热预重整流程示意图。

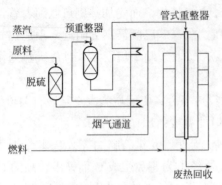

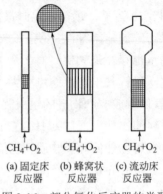

图 3-15　绝热预重整流程示意图　　　　图 3-16　部分氧化反应器的类型

通过将预重整炉中的馏分加热至 650℃，可使管式重整炉的热负荷降低 25%。在蒸汽重整前进行绝热预重整具有以下优点。

① 所有高级烃完全转化为 CH_4、CO_x（CO、CO_2）、H_2 和蒸汽，用于天然气重整的催化剂仍可在管式重整炉中用于石脑油的重整。

② 可以除去所有产生于脱硫区的硫，提高了管式重整炉中催化剂的寿命和低温转化催化剂的寿命。

③ 由于管式重整炉顶部催化剂不存在硫中毒的可能，故而降低了局部过热的危险。

④ 通过在预热重整炉和管式重整炉之间安装附加的预热线圈或加热器，可降低重整炉负载从而提高产能。

⑤ 可取消管式重整炉中用于测试 H_2O/C 比例及原料气组分的探测器。

⑥ 广泛适用于所有使用管式重整炉的场合，如合成氨、甲醇重整、制氢、含氧气体/CO 和城市气等生产中。

（3）部分氧化

部分氧化是一个轻放热反应，且反应速率比重整反应快 1～2 个数量级。生成物 CO/H_2 的比值为 1/2，这是费托过程制甲醇和高级醇的理想 CO/H_2 配比。同时过程为自热反应，无需外供热源，可避免使用耐高温的合金钢管反应器，采用廉价的耐火材料反应器，降低设备成本。图 3-16 为部分氧化反应器的类型。

① 固定床反应器　目前部分氧化的研究主要集中在常压下，利用固定床石英反应管。反应温度为 1070～1270，压力为 1atm（1atm=101325Pa），催化剂为 Ni/Al_2O_3。这种反应器的结构使得其不仅可以在绝热条件下工作，而且可以周期性地逆流工作，因此可以达到较高温度。甲烷刚与催化剂接触时，一部分 CH_4 充分燃烧，此时温度可达 1220K，再深入催化剂内部，未反应的 CH_4 与 H_2O 和 CO_2 重整，最后生成合成气。甲烷转化率可达 85%以上，H_2 和 CO 的选择性分别为 75%～85% 和 75%～95%，接触时间为 0.25s。

② 蜂窝状反应器　蜂窝状反应器是指反应器内的催化剂结构为多孔状或蜂窝状。当 $H_2O/CH_4 \leqslant 0.4$ 时，催化剂出口处的温度为 1143～1313K，空速为 20000～500000h^{-1}，反应无积炭。原料气的进口温度要求不能低于混合气体自燃温度（一般 561～866K）93K。蜂窝状催化剂的表面积与体积比大约为 20～40cm^2/cm^3。

③ 流动床反应器　流动床反应器与固定床反应器相比有着明显的优点。在流动床内反应，混合气体在翻腾的催化剂里可以充分与催化剂接触，不仅可以使热量及时传递，而且反应更加完全。流动床内的压降比同尺寸同空速固定床内的压降低。由于反应过程是放热过程，需要谨慎操作，避免甲烷与氧气的混合比例达到爆炸极限。

（4）自热重整

自热重整是在氧气内部燃烧的反应器内进行，可实现完成全部烃类物质转化反应的过程。自热重整综合了前面介绍的方法的优点，既可以限制反应器内的最高温度，又可以降低能耗。

自热重整反应形成一个新的热力学平衡，此热力学平衡对反应温度起决定性作用。通过控制原料气中 O_2/CH_4 和 H_2O/CH_4 的合适比值，可以得到最多的 H_2，最少的 CO 和炭沉积量。图 3-17 为自热重整流程。图中展示了原料预热区、反应器、热回收区及气体分离单元。与传统的蒸汽重整相比，该流程所需设备数量大大减少。

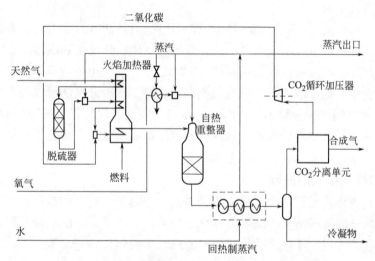

图 3-17　自热重整生产合成气（$H_2/CO=2.0$）流程

如果原料为低硫含量的天然气则无需脱硫。该自热重整流程可用于生产 $H_2/CO=2.0$ 的合成气。

3.2.2　工业尾气制氢

在我国炼油、化工和焦化等主要工业行业中，其副产气中大多含有 H_2，其中不乏副产气 H_2 含量较高的行业。表 3-2 给出了我国主要工业副产气的典型组成和氢气量。

表 3-2　主要工业副产气的典型组成和氢气量

序号	排放气类别	产量 /($10^8 m^3/a$)	典型组成（体积分数）/%	氢气量 /($10^8 m^3/a$)
1	焦炉煤气	约 1114	H_2: 57；CH_4: 25.5；CO: 6.5；C_nH_m: 2.5；CO_2: 2；N_2: 4	约 635
2	炼厂气	约 1193	H_2: 14～90；CH_4: 3～25；C_{2+}: 15～30	约 620
3	合成氨尾气	约 124	H_2: 20～70；CH_4: 7～18；Ar: 3～8；N_2: 7～25	约 86

续表

序号	排放气类别	产量 /(10⁸m³/a)	典型组成（体积分数）/%	氢气量 /(10⁸m³/a)
4	甲醇弛放气	约 239	H_2: 60～75; CH_4: 5～11; CO: 5～7; CO_2: 2～13; N_2: 0.5～20	约 161
5	兰炭尾气	约 290	H_2: 26～30; CO: 12～16; CH_4: 7～8.5; CO_2: 6～9; N_2: 35～39	约 81.2
6	氯酸钠副产气	约 5.7	H_2: 约 95; O_2: 2.5; 其他	约 5
7	聚氯乙烯 (PVC) 尾气	约 12.86	H_2: 50～70; C_2H_2: 5～15; C_2H_3Cl: 8～25; N_2: 10～15	约 6
8	烧碱尾气	约 99.17	H_2: 约 98.5; N_2: 约 0.5; O_2: 约 1; 其他	约 97.7
9	丙烷脱氢 (PDH) 尾气	约 3.8	H_2: 80～92; C_2H_6: 1～2; C_3H_8: 0.5～1; N_2: 1～2	约 3.1

工业副产气制氢与化石燃料制氢相比，具有流程短、能耗低的特点，同时副产气制氢与工业生产结合紧密、配套设施齐全、下游 H_2 利用和储运设施较为完善。工业副产气是目前较为理想的氢气来源。

工业副产气回收氢通常采用三种技术，即变压吸附法（PSA）、膜分离法和深冷分离法。变压吸附法要求原料中氢气浓度较高，一般要求氢气体积分数在 60% 以上，有利于获得纯度最高的氢气产品，产品氢气纯度可高达 99.9%。膜分离法可以处理原料氢气浓度较低副产品，具有投资少、运行成本低和氢气收率高的优势。深冷分离法可以处理氢气浓度很低的原料气（一般氢气体积分数小于 20%），但深冷分离法不仅装置复杂，而且投资费用高。

本章介绍焦炉煤气中氢的回收、氯碱厂回收副产氢制氢及合成氨生产尾气制氢，重点介绍变压吸附技术（PSA）和膜分离技术。

3.2.2.1 焦炉煤气中氢的回收

焦炉煤气是煤炼焦过程的副产品。煤经过高温干馏后，有机物裂解生成粗煤气。粗煤气经过冷凝鼓风→脱硫→洗氨→洗苯等净化工序后，回收了其中的焦油、硫、氨和苯等副产品，即得到焦炉煤气。净化后的焦炉煤气组成（体积分数）见表 3-3。

表 3-3 焦炉煤气组成（体积分数）

成分	H_2	O_2	CO	CO_2	CH_4	C_2～C_5
体积分数（φ）/%	55	0.44	8.5	6.0	24	3.6
成分	苯	焦油	萘	H_2S	有机硫	
质量体积浓度/(mg/m³)	0.5	550	600	3000～4500	180	

（1）焦炉煤气的用途

焦炉煤气用途广泛：①本身就是燃料气源，净化处理后可用于发电；②H_2 含量较高，是制氢原料；③作为气源用于合成甲醇；④CH_4 含量较高，可直接提纯制天然气。

我国每年生产大约 $4.7×10^8$t 焦炭，焦炉煤气量达 $2000×10^8$m³，折合天然气量约为 $1000×10^8$m³。焦炉煤气是重要的资源。

（2）焦炉煤气吸附（PSA）提氢

焦炉煤气经除焦油、苯、萘、氨、有机硫和无机硫等后，煤气送至净化煤气压缩机继续增压，再进入变压吸附（PSA）提氢。

① 吸附（PSA）提氢原理　焦炉煤气提氢采用选择气体吸附技术（pressure-swing-adsorption，简称 PSA 技术）。PSA 技术提取纯氢的原理：变压吸附氢提纯是利用吸附剂在物理吸附中的两个性质，一是对不同组分的吸附能力不同，二是吸附物质在吸附剂上的吸附容量随吸附质的分压上升而增加，随吸附温度的上升而下降。利用这些性质，可实现吸附剂在低温高压下吸附，而在高温低压下解吸再生，实现了焦炉煤气经过循环吸附-解吸，达到分离提氢的目的。

② 吸附（PSA）提氢工艺　变压吸附分离采用固定床吸附，连续改变体系平衡的热力学参数，经过压缩→预处理→再压缩→气体吸附→脱氧→干燥等工序，得到氢气。图 3-18 是焦炉煤气制 H_2 工艺流程简图。

③ 吸附分离过程　吸附分离是利用吸附剂对特定气体吸附和解吸能力上的差异

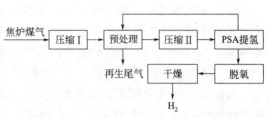

图 3-18　焦炉煤气制 H_2 工艺流程简图

进行气体分离，通常采用两种循环过程，即变温吸附和变压吸附，吸附剂主要有变压吸附硅胶、活性氧化铝、高效 Cu 系吸附剂及锂基吸附剂等。

固体吸附剂进行选择性气体吸附。随着气压的下降，气体在吸附剂中的吸附特性会降低。气体混合物的完全分离和吸附的恢复是通过真空与非氢过程来实现的，氢还原速率很高。

整个过程分几步：a.除去所有气体杂质；b.增加气体压力去除杂质；c.脱硫；d.PSA 过程，即利用吸附技术得到纯度高的氢气产品。氢气生产需求的技术参数：压力＞ 1.6MPa；温度＜50℃。氢气纯度 99.9%～99.999%，各杂质含量见表 3-4。

表 3-4　制得氢气中各杂质含量

杂质	O_2	CO	CO_2	H_2O	S
含量/10^{-6}	≤30	≤0.1	≤10	≤50	≤0.1

3.2.2.2　氯碱工业的副产提取氢

氯碱工业采用氯化钠溶液为原料，在电解槽中电解生产氢氧化钠（烧碱）、氯气和氢气。理论上每生产 1t 烧碱，同时产生富氢气体 280m³（其中氢气含量＞92%，其余为氯气、一氧化碳、二氧化碳、烃类、氧气和氮气等杂质）。

副产氢气主要用于 HCl 合成，但最终用于 PVC 生产。2020 年，我国烧碱产量 3673 万吨，PVC 产量 2074 万吨，按氢气消耗量折算可副产氢气 $59.7×10^8$m³（吨 PVC 耗 HCl 按 0.62t 计）。PVC 尾气中含有氢气、氯乙烯、氯化氢等气体，其提氢工艺流程如图 3-19 所示。

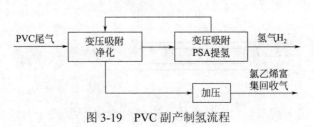

图 3-19　PVC 副产制氢流程

由于 PVC 尾气中含有氯乙烯（VCM）和乙炔等，直接排放将造成严重的资源浪费和环境污染，故采用净化+两段 PSA 法，实现了氯乙烯、乙炔、氢气的回收利用和尾气的达标排放，可实现精度高、消耗低和整体低成本运行。

氯碱工业的副产提取氢主要采用 PSA 法，净化+提氢两段均采用 PSA 技术。经过提纯可得纯度很高的氢气。

3.2.2.3　氨合成弛放气中氢回收

氨合成弛放气是在氨的合成过程中排放的循环合成气。在合成氨的反应过程中，为保持成循环气中惰性气的含量在一定的范围内，需要从体系内排出一定数量的循环合成气，称为弛放气。弛放气中含有一定量的氢气，需要回收利用。

（1）氨合成弛放气的组成

氨合成弛放气中氢的含量与弛放气排放点相关。表 3-5 给出了液氨排放罐（107-F）、氨受槽（109-F）和组合式氨冷器（120-C）三个排放点的氢含量。氢气含量在 36%～65% 之间。

表 3-5　合成氨生产中弛放气的成分

项目		液氨排放罐（107-F）低压弛放气	氨受槽（109-F）低压弛放气	组合式氨冷器（120-C）高压弛放气
组分含量/%	氢气	50.63	36.20	65.47
	氮气	20.11	16.91	21.73
	甲烷	16.17	26.24	7.94
	氩气	3.31	3.48	2.62
	氨	9.76	17.15	2.23
流量/（kg/h）		97	23	3545

（2）氨合成弛放气分离氢的技术

膜法气体分离效率与膜材料及制备工艺的选取有关。膜法气体分离装置示意图见图 3-20。

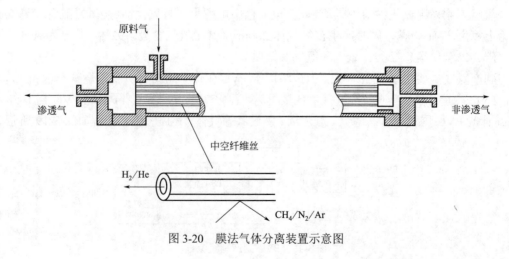

图 3-20　膜法气体分离装置示意图

合成弛放气压力为 11.7MPa，温度为 10℃；进入氢回收区后，首先进入高压洗氨塔，水洗除去气体中的氨；经洗氨后的原料气携带部分雾沫，通过洗氨塔出口设置的气液分离器去除夹带的液沫后，进入蒸汽加热器；将原料气加热至 50℃，除掉气液分离器中的饱和水；加热后的气体进入膜分离器组，得到氢气（含量≥90%）产品，而尾气经减压至 0.1MPa，返回燃料气系统进一步回收。

3.2.2.4　碳减排的优势比较

煤制氢工艺每生产 1m³ 氢气，CO_2 的排放量为 23～2.71kg；天然气制氢工艺每生产 1m³ 氢气，CO_2 的排放量为 0.79～1.33kg；甲醇制氢工艺每生产 1m³ 氢气，CO_2 的排放量为 0.73～1.72kg；电解水制氢过程取决于发电过程的排放，每生产 1m³ 氢气的 CO_2 排放量为 0～4.8kg；工业副产气制氢一般每生产 1m³ 氢气，CO_2 的排放量为 0.16～0.45kg。

综合计算七类制氢工艺的 CO_2 排放量得到的数据显示，传统的煤制氢、天然气制氢、甲醇制氢、电解水制氢等工艺的 CO_2 排放量均高于工业副产气制氢工艺的 CO_2 排放量，说明工业副产气制氢的低碳排放具有较强的竞争力。

根据上海环境能源交易所发布的全国碳排放权交易数据，2021 年 7 月 16 日碳排放交易系统开市，截至 7 月 30 日，全国碳市场碳排放配额（CEA）总成交量 5951937t，总成交额 299585388.30 元。按此数据计算，每吨碳排放均价为 50 元。

在双碳背景下，CO_2 排放是刚性指标，制氢成本需综合考虑碳排放交易的成本。考虑碳排放成本的不同制氢方式的氢气综合成本如表 3-6 所列。

表 3-6　不同制氢方式生产 1m³ 氢气的综合成本

制氢方式	原料计价基础	成本/元	CO_2 排放量/kg	碳排放费用/元	综合价格/元
煤制氢	煤约 500 元/t	0.904	2.480	0.124	1.028
天然气制氢	天然气约 2.5 元/m³	1.478	0.890	0.045	1.522
甲醇制氢	甲醇约 2600 元/t	1.942	1.225	0.061	2.003
电解水制氢	电约 0.6 元/(kW·h)	3.426	2.400	0.120	3.546
焦炉煤气制氢	焦炉煤气约 0.6 元/m³	0.935	0.180	0.009	0.944
炼厂气制氢	炼厂气约 0.35 元/m³	0.810	0.100	0.005	0.815
氯碱尾气制氢	氯碱尾气约 0.4 元/m³	0.568	0.100	0.005	0.573

由表 3-6 可知，综合考虑碳排放和碳交易成本因素后，工业副产气制氢的成本更具竞争力。

受资源分布、地域限制、氢气大规模储存和长距离运输的制约，可再生能源直接或间接制氢技术现阶段无法实现大规模工业应用。工业副产气制氢应是现阶段实现氢能规模化应用较经济有效的方式，通过提升工业副产氢在化工、能源及冶金等领域的应用比例，将逐步降低相关行业的二氧化碳排放，提升工业副产氢气的经济价值。表 3-7 给出了不同原料制氢的成本分析，明确显示工业副产气制氢在成本上的优势。

表 3-7　不同原料制氢的成本分析

项目	成本/（元/m³）						
	原料	辅助材料	燃料动力消耗	直接工资	制造费用	财务及管理费用	合计
煤制氢	0.375	0.253	0.069	0.012	0.135	0.060	0.904
天然气制氢	0.990	0.031	0.232	0.007	0.138	0.080	1.478
甲醇制氢	1.300	0.160	0.395	0.012	0.055	0.020	1.942
电解水制氢	0.012	0.100	3.000	0.038	0.235	0.041	3.426
焦炉煤气制氢	0.600	0.006	0.216	0.007	0.078	0.028	0.935
炼厂气制氢	0.684	0.020	0.016	0.006	0.051	0.033	0.810
氯碱尾气制氢	0.440	0.020	0.020	0.006	0.062	0.020	0.568

目前，全球有约 92%的氢气采用煤和天然气等化石原料生产，我国约有 32%的氢气来自工业副产气。2020 年，我国工业领域制氢产量约 3343 万吨，其中约 1070 万吨氢气来自工业副产气（折合 $1198 \times 10^8 m^3$）。

3.2.3　电解水制氢

根据电解质的不同，电解水制氢技术可分为四类，分别是碱性水溶液（AWE）电解水制氢、质子交换膜（PEM）电解水制氢、阴离子交换膜（AEM）电解水制氢和固体聚合物电解质（SOEC）电解水制氢。

碱性水溶液电解水技术在市场化方面最为成熟，已经实现工业化。国内已有多家具有碱性电解水技术的公司。质子交换膜（PEM）电解水制氢被认为是极具发展前景的水电解制氢技术。阴离子交换膜（AEM）电解水制氢和固体聚合物电解质（SOEC）电解水制氢处于发展阶段。

3.2.3.1　碱性水溶液电解水制氢

电化学反应遵循法拉第（Faraday）定律：电解过程中电极上析出物质的量与通过的电量之间存在一定关系。向电极施加一定的直流电压，这个电压必须大于水的理论分解电压，以克服电流流过电解池时产生的各种电阻电压降和电极极化过电位。水电解的工作电压用下式表示：

$$E = E_{H_2O} + IR + \eta_{H_2} + \eta_{O_2}$$

式中　E——电解池的工作电压；

　E_{H_2O}——水的理论分解电压，25℃和 0.1MPa 时为 1.23V；

　IR——电解池中的电压降，主要包括电解液欧姆降和隔膜电压降；

　η_{H_2}——阴极析氢过电位；

　η_{O_2}——阳极析氧过电位。

理想状态（水的理论分解电压为 1.23V）下制氢时的电能消耗为 32.9kW·h/kg。但由于极化及电阻电压降的存在，通常电解槽压降需达到 1.7～2.0V。对商用电解槽来说，若电解电流密度为 1A/cm²，则电解槽实际电压降为 1.75V。此时的电能消耗为 46.8kW·h/kg，能量效率仅为 70%。

① 电解槽分类 根据电解槽结构、电气连接方式加以分类。按电气连接方式分类，可分为单极性和双极性电解槽；按结构特点分类，可分为箱式和压滤式电解槽。单极性电解槽通常是箱式，双极性电解槽箱式和压滤式均可。箱式电解槽一般在常压下运行，压滤式电解槽可以在常压也可以在加压下运行。加压电解的工作温度比常压高，通常选择的压力范围为 1～3MPa，可降低能耗 15%～20%。

② 电解槽的组成 电解水制氢的电解槽由若干电解小室组成，每个小室主要包括电极（含阳极和阴极）、电解质和隔膜。图 3-21 为 Norsk HPE 60 双极性电解槽示意图。

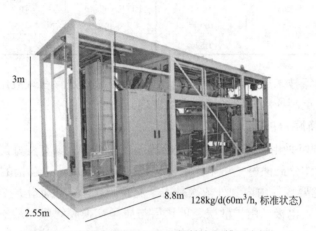

图 3-21　Norsk HPE 60 双极性电解槽示意图

a. 电极。水电解槽的阳极和阴极均采用镀镍铁板。阴极采用活化技术在铁基体上镀一层厚约 20μm 的镍，再镀一层 Ni-S 合金作为活化层。这种活化铁阴极可降低小室电压 0.2V，节省电能约 10%。镍阳极则通过各种方法提高表面积和电化学活性，提高阳极的稳定性和降低电解槽的工作电压。采用的方法包括在铁阳极烧结镍粉和多晶镍须，制备多孔电极采用喷涂储氢合金薄膜技术。

b. 电解质。电解质要满足以下条件：离子导电性强；不会因电解槽电极的电压大而发生分解；挥发性小，不会被析出的气体带走；性能稳定，不受 H^+ 浓度迅速变化而改变；对电解槽材料的腐蚀性小。

大部分工业电解槽的电解质采用 KOH 溶液。一般情况下 KOH 的蒸气压比 NaOH 低，可以降低挥发损失。为保持电解体系的稳定性，配制电解质溶液的水应是蒸馏水或去离子水，需要采用化学纯的氢氧化物试剂，其中的氯化物含量不应超过 0.025%。

电解槽运行时间过久或操作不当，电解液会积聚杂质，使工作电压不断升高。此时向电解液中加入少量 $K_2Cr_2O_7$（浓度为 0.0416%）或 V_2O_5 等物质，增加电极的表面活性，从而降低极间电压。加入 $K_2Cr_2O_7$ 还可减轻电解液对电解槽的腐蚀。

电解过程中，温度升高会加速电解质对电解槽材料的腐蚀，实际操作中常压水电解的工作温度一般是 70～80℃。

c. 隔膜。隔膜应具有一定的机械强度，电阻尽可能小，价格相对低廉，原材料来源广且使用老化后的废隔膜易于处理。碱性水溶液电解用的隔膜材料是石棉布，由长度为 15～

20mm 的石棉纤维编织而成，厚度约为 3.5mm。石棉的缺点是在浓碱液中耐腐蚀性较差，有一定的毒性。新的隔膜材料在开发和研究中。表 3-8 介绍了几种新的隔膜材料，包括聚亚苯基硫（PPS）、聚四氟乙烯（PTFE）、聚砜（PSF）、聚砜涂层覆盖的石棉及杜邦（Du Pont）公司生产的 Nafion 离子交换膜。

表 3-8　新型隔膜材料的性能

隔膜材料	失重率/%	电阻/Ω	隔膜材料	失重率/%	电阻/Ω
石棉	−3.6	1.556	PTFE（毡状）	+0.2	314.05
石棉+PSF	−2.6	1.614	PTFE（网状）	+0.2	1.603
PSF	−1.5	107.15	Nafion	−2.8	7.194
PPS	−0.4	1.524	无隔膜	—	1.510

碱性水电解制氢技术成熟，投资和运行成本低，缺点是存在碱液流失、腐蚀较严重和能耗高等。电价严重制约水电解制氢技术的发展。

3.2.3.2　质子交换膜（PEM）电解水制氢

PEM 电解水制氢采用全氟磺酸质子交换膜替代石棉膜，具有良好的化学稳定性和质子传导性。同时，气体分离性好，可阻止电子传递，有效提高了电解槽的安全性。

PEM 电解槽主要部件由内到外依次是质子交换膜、阴阳极催化层、阴阳极气体扩散层和阴阳极端板等。膜电极（由扩散层、催化层与质子交换膜组成）是整个水电解槽物料传输和电化学反应的场地，膜电极特性与结构直接影响 PEM 电解槽的性能和寿命。

PEM 电解水制氢的工作电流密度>1A/cm²，总体效率可达 74%～87%，氢气体积分数 >99.99%，产气压力 3～4MPa。同时，动态响应速度快，能适应可再生能源发电的波动性，被认为是极具发展前景的电解水制氢技术。

目前 PEM 电解水制氢技术已在加氢站现场制氢、风电等可再生能源电解水制氢、储能等领域得到示范应用并逐步推广。

3.2.3.3　固体聚合物电解质（SOEC）电解水制氢

SOEC 是 SOFC 燃料电池的逆运行，即固体聚合物电解池。它由氢电极层、电解质层和氧电极层构成。典型的电解池氢电极、电解质和氧电极的材料分别为镍-氧化钇稳定氧化锆（Ni-YSZ）、氧化钇稳定氧化锆（YSZ）、镧锶钴铁（LSCF）。氢电极为多孔陶瓷结构，导通电子，传输水蒸气及生成的氢气；电解质为致密的钙钛矿类陶瓷，可导通 O^{2-}；氧电极为多孔陶瓷结构，可导通 O^{2-}，传输空气及生成的氧气。

（1）固体聚合物电解池的电解原理

电解进行过程中，在电解池阴阳极两侧施加一定的直流电压，水蒸气分子在氢电极侧（阴极侧）从外电路得到电子被分解为 H_2 和 O^{2-}，产生的 H_2 从氢电极逸出，O^{2-} 则通过致密电解质迁移至氧电极侧（阳极侧），失去电子生成氧气。

SOEC 高温电解水的反应方程为：

氢电极：　　　　　　　$2H_2O + 4e^- \longrightarrow 2H_2 + 2O^{2-}$

氧电极：　　　　　　　$2O^{2-} \longrightarrow O_2 + 4e^-$

总反应：　　　　　　　$2H_2O \longrightarrow 2H_2 + O_2$

固体聚合物电解池的电解原理如图 3-22 所示。

（2）固体聚合物电解槽的特点

固体聚合物电解槽与水溶液电解槽相比，具有结构简单、安全可靠、使用方便且有效使用寿命长等特点。

相同电压下，固体聚合物电解槽的电流密度高，是水溶液电解槽的 5～10 倍；电解槽能量效率＞

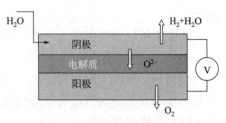

图 3-22 SOEC 电解池的工作原理

90%，能耗低；电解槽体积小、重量轻，高度仅是碱液电解槽的 1/3；电极结构简单，易于确定催化活性的最佳条件；固体聚合物电解质的性质稳定，在电解过程中实际上不发生变化。电解槽中无游离酸或腐蚀性液体，水是唯一需要的液体，它既用于电解，也用作冷却剂，不必配备单独的冷却系统。

SOEC 的材料基本与 SOFC 的材料相同。其电解质要求具有高的离子电导率、低的电子电导率、良好的稳定性、与其他材料的相容性和高度的致密性等。目前应用最普遍的电解质是致密离子导体钇稳定的氧化锆。

（3）固体聚合物电解槽的构成

固体聚合物电解槽主要由电解质、催化电极和集电器构成。

① 电解质　目前使用的质子导电膜属于含有四氟乙烯和全氟磺酸单体的聚合物。固体聚合物电解质中，迁移的水合氢离子具有导电性。这些离子从一个磺酸基团向另一个磺酸基团移动，并通过固体聚合物电解质薄膜。磺酸基团保持固定，从而保持电解质的浓度恒定。

② 催化电极　固体聚合物薄膜表面有磺酸基团，电极处于强酸性环境（酸度相当于质量分数 20%的硫酸溶液）中，必须用耐酸的贵金属或其氧化物作为电催化剂。固体聚合物电解槽通常采用复合结构，即电极-膜-电极复合在一起。阳极可用 Pt、Ir 等的合金或氧化物，而阴极用铂黑。

③ 集电器　集电器的作用是保证电极作用面积上液体均匀分布，并作为电解槽的主要结构件，提供气（水）门和周围密封，使电流从一个电解槽输送到下一个电解槽。常采用碳氟聚合物胶黏剂，具有模制的石墨结构。

目前，固体电解质电解制氢技术所面临的最大问题是膜材料和电极材料的成本过高，需要加以解决。

3.2.4　其他制氢方法

其他制氢方法包括生物质制氢、光化学制氢和热化学制氢等技术。

3.2.4.1　生物质制氢

生物质通过气化和微生物催化脱氢，在生理代谢过程中产生分子氢。生物质制氢的内容安排在"生物质能"章节。

3.2.4.2　光化学制氢

将太阳辐射能转化为氢的化学自由能，通称太阳能制氢。利用太阳能光催化分解水制氢具有系统结构简单、投资少和便于规模开发的优势，首先需要解决光解水能否实用化的问题。

太阳能转化系统包括光化学系统、半导体系统、混合系统和热化学系统。

（1）光化学系统

纯水只能吸收太阳辐射中能量很低的红外部分，不可能引起任何光化学反应，因此任何光解水的光化学反应都需要光敏化剂，即需要某种分子或半导体吸收太阳能以进行光化学反应后生成氢气。

虽然一个光子可以使两个或两个以上的电子发生转移，但在光化学的氧化还原过程中，敏化剂（在太阳的波长范围内）每吸收一个光子通常只会导致一个电子的转移。现在通常的研究模型是用牺牲剂和捕获剂来代替相应的氧化还原反应。

从热力学来看，水的分解反应需要两个电子参与，所以催化剂必须能储存电子。起初的光化学系统由几种化合物构成，在这个多分子的系统中，不同的功能分别由不同类的分子来完成。

① 光敏化剂（PS） PS 吸收可见光，产生受激的具有氧化还原特性的产物 PS′：

$$PS \xrightarrow{hv} PS' \tag{3-11}$$

② 化合物 R 与受激的 PS′发生电子转移反应形成电荷对 PS^+ 和 R^-，R 被还原：

$$PS' + R \longrightarrow PS^+ + R^- \tag{3-12}$$

③ 第三部分化合物能收集电子，同时促进和水的电子交换。一些特别的氧化还原催化剂可以用来收集和转移电子：

$$2R^- + 2H^+ \xrightarrow{催化剂} 2R + H_2 \tag{3-13}$$

在这样的系统中，第二部分的 R 在光敏化剂和催化剂之间传递电子，协调电子的收集。还原产物 R^- 的氧化还原电位必须小于 $-0.41V$[vs NHE（标准氢电极），pH=7]。在实际过程中，正负电荷对非常容易复合。在这个多分子系统和其他许多光化学系统中，主要问题是如何阻止电荷对的复合以延长光生载流子的寿命，即：

$$PS^+ + R^- \xrightarrow{催化剂} PS + R \tag{3-14}$$

在此系统中，可以用牺牲剂 D 来消除 PS^+ 的氧化性，从而得到 PS 和牺牲剂的氧化产物 D^+。后者产物迅速不可逆地发生分解反应，整个过程中 D 被消耗，其他的部分 PS、R 和催化剂可以循环利用，即：

$$PS^+ + D \longrightarrow PS + D^+ \tag{3-15}$$

$$D^+ \longrightarrow 产物 \tag{3-16}$$

关于一些含有牺牲剂的光解水制 H_2 的模型陆续被提出，见表 3-9。

表 3-9　微多相制氢系统的构成

PS	R	D	催化剂
Ru、Cr、Os、Ir、Pt 等金属复合物：[Ru（bpy）$_3$]$^{2+}$	双吖啶盐离子：MV^{2+}	EDTA 和甘氨酸衍生物	Ir、Pt、Ni、Au、Ag
Zn、Mg、Ru 等卟啉化合物：$ZnTMPyP^{4+}$	邻二氮杂菲离子	胺：TEOA、TEA	K_2PtCl_6、K_2PtCl_4
金属 Zn、Co、Mg 等酞菁染料	金属离子：Eu^{3+}、V^{3+}、Cr^{3+}	硫化物：半胱氨酸、硫醇、H_2S	Pt、Ru、Ni

续表

PS	R	D	催化剂
吖啶染料：吖啶黄、普罗黄素	Rh、Co 等金属络合物：[Ru(bpy)$_3$]$^{3+}$、[Co(sep)]$^{3+}$	尿素衍生物	Pt-TiO$_2$、Rh-SrTiO$_3$、Ni-TiO$_2$
呫吨染料：荧光素、四溴荧光素	肫：细胞色素	氨基酸、胺	RuO$_2$、PtO$_2$、IrO$_2$、PdO$_2$、TiO$_2$、Fe$_2$O$_3$
花菁染料	—	含碳化合物：抗坏血酸、乙醇	RuO$_2$+IrO$_2$/沸石
有机物	—	辅酶：NADH、NADPH	酶：氢化酶、固氮酶

在研究初期，常利用吖啶染料（吖啶黄）作为 PS。后来过渡金属络合物中的[Ru(bpy)$_3$]$^{2+}$被认为是理想的光敏化剂，它可以吸收可见光，具有良好的激发特性，同时具有适合的氧化还原电位和动力学特性。

Eu^{3+}和 V^{3+}的盐能转移 2 个电子的过渡金属复合物[Ru(bpy)$_3$]$^{3+}$和 MV^{2+}作为 R 来传递电子。半胱氨酸，特别是叔胺（EDTA、TEOA 等），在被氧化后特别容易被分解，可以用来作为牺牲剂。Pt 是比较合适的催化材料。

目前所有光化学系统的转化效率均未超过 10%。光解水技术研究进展缓慢，研究在继续。

（2）半导体系统

水是一种非常稳定的化合物。在标准状态下，若把 1mol 的水分解为氢气和氧气，需吸收 237kJ 的能量。图 3-23 显示了在光和半导体光催化剂（以 TiO$_2$ 为例）的共同作用下，完成了光化学反应。

TiO$_2$ 为 N 型半导体，其价带和导带之间的禁带宽度为 3.0eV 左右。当它受到其能量相当或高于该禁带宽度的光辐照时，半导体内的电子受激发从价带（VB）跃迁到导带（CB），从而在导带和价带分别产生自由电子和电子空穴。水在这种电子-空穴对的作用下发生电离生成 H$_2$ 和 O$_2$。

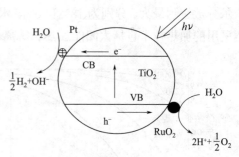

图 3-23　TiO$_2$ 光解水的反应机理

① 实现水的光电解反应的必要条件：

a. 禁带宽度应该大于水中氢和氧的化学势之差，即 $E_g > E_{H_2/H_2O}^{\ominus} - E_{H_2O/O_2}^{\ominus}$；

b. 光的量子能量应大于禁带宽度，即 $h\nu > E_g$；

c. n 型半导体的平带电势应比析氢电位更负，而 P 型半导体则应比析氧电位正；

d. 电子、空穴的费米能级达到析出氢、氧的电化学势级，此条件一般通过外加电压实现。

② 半导体催化剂的研究现状　自采用 TiO$_2$、CdS、WO$_3$ 及 ZnO 等半导体纳米薄膜在水中进行光解水反应成功制得氢气以来，半导体光催化剂引起人们的极大兴趣。但是在尝试用作光电极的各种半导体材料中，各种单一的半导体材料作电极都难以提高太阳能转换效率。这主要是由于各单一半导体材料不能有效覆盖大部分太阳光谱。如果采用光响应曲

线相似且可以互补的多种单一半导体组成复合结构，使其光响应能连续覆盖整个太阳光谱的绝大部分，则太阳能的转化效率将会大幅度提高。

半导体催化剂主要包括 TiO_2 多相催化体系、复合半导体、层状金属氧化物和组装的纳米半导体光催化剂。TiO_2 是一种较为理想的半导体催化剂，但必须提高光催化效率。关键在于降低光生电子和空穴的复合概率，提高 TiO_2 表面对光的吸收能力和提高表面吸附能力。研究中主要通过半导体表面修饰（贵金属沉积）、表面敏化（化学吸附染料物质）和离子掺杂（通过高温焙烧或辅助沉积等方法使金属离子进入 TiO_2 晶格结构之中）等手段延伸光响应范围和提高光催化活性。

（3）混合系统

混合系统是将吸收光子的光敏化剂吸附在半导体上，扩展了半导体吸收太阳光波长的范围。同样，也有报道将叶绿素应用于光化学电池的电解质中，或者将它们吸附在电池电极上。但目前还没有能够发现高效率的"光能→氢能"转化系统。

3.2.4.3 热化学制氢

热化学制氢是在水系统的不同温度下，经历一系列化学反应，将水分解成氢气和氧气的制氢技术。纯水的热分解避开了"热→功"转换过程，将热能直接转换为氢能。图 3-24 为水的热分解与温度及压力的关系曲线。若压力固定为 0.05bar（1bar=10^5Pa），则温度为 2000K 时水基本不分解；若提高至 2500K，可以有 25% 的水发生分解；若能升至 2800K，水的分解率可高达 55%。

图 3-25 为水解产物的摩尔分数与温度的关系曲线。可以看出，6000K 以下水的分解主要产生 H_2O、H、O、HO、H_2 和 O_2。1300K 为水的起始分解温度，3400K 时 H_2 和 O_2 的摩尔分数达到最大，分别为 18% 和 6%。水的热分解反应需吸收大量热能。热化学分解水制氢采用的加热技术包括太阳能加热、等离子体加热和核能加热。

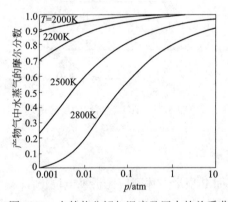
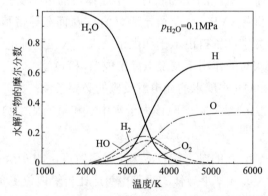

图 3-24 水的热分解与温度及压力的关系曲线　　图 3-25 水解产物的摩尔分数与温度的关系曲线

（1）太阳能加热制氢

图 3-26 是太阳能加热的反应器的结构示意图。反应器结构由两个聚光器组成。图 3-27 是其截面图。

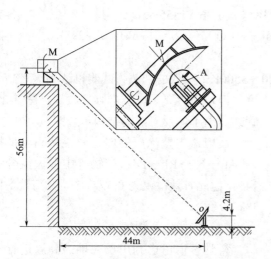

图 3-26　聚光器/二次聚光器-反应器结构示意图

M—凹面镜；A—耐高压耐腐蚀层

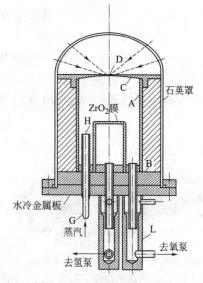

图 3-27　太阳光反应器截面图

A—耐高压耐腐蚀层；B—底板；C—上盖；D—光入射点；
G—蒸汽管；H—蒸汽管的套管；L—氧气输送管

只有辐射密度达到 10000 以上时，才能产生 2500K 的高温，而普通的聚光装置的辐射密度只能达到数千，故在该研究中使用了二次聚光系统。所用一次聚光器的面积为 $56m^2$，焦距为 63m；二次聚光器的直径为 0.63m，焦距为 0.174m。二者间距为 3m，焦平面直径为 0.024m。靶材为 ZrO_2（熔点为 2715℃）。反应器材质为 ZrO_2 和 MgO。

测试表明，反应器壁温度达到 1920K 时，开始出现氢气，最大氢气产量 30mL/min。但由于存在 ZrO_2 在操作过程中的烧结问题，产量存在随时间推移而逐渐下降的问题需要解决。利用太阳能制氢还有其他途径，锰的氧化物循环制氢过程如图 3-28 所示。

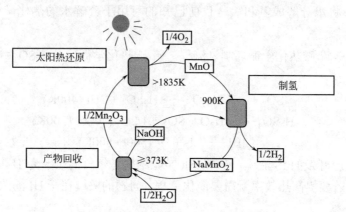

图 3-28　锰的氧化物循环制氢示意图

其化学反应为：

$$1/2\ Mn_2O_3(s) \longrightarrow MnO(s) + 1/4O_2 \qquad \Delta H = 94.3kJ \quad T > 1835K \qquad (3\text{-}17)$$

$$MnO(s) + NaOH(l) \longrightarrow NaMnO_2(s) + 1/2\ H_2 \qquad \Delta H = -3kJ \quad T > 900K \qquad (3\text{-}18)$$

$$NaMnO_2(s) + (1/2 + x)H_2O(l) \longrightarrow 1/2Mn_2O_3(s) + NaOH\text{-}xH_2O$$

$$\Delta H = -17kJ \quad T>323K （实验值 x = 55.56，下同）\tag{3-19}$$

$$NaOH\text{-}xH_2O \longrightarrow NaOH(s) + xH_2O \qquad \Delta H = 46.5kJ \quad T>298K \tag{3-20}$$

（2）等离子体加热制氢

常压条件下热解水的最佳温度为 3400~3500K，一般的加热方式难以达到这么高的温度，但使用等离子体技术容易做到。图 3-29 是管式等离子体反应器的结构示意图。

反应器内壁涂层的催化效果从高至低排列为 Au→Ni→Rh→Pd；产物气中最大氢含量为 14%，但此时效率仅为 0.3%左右，最高效率低于 3%。

（3）核能加热制氢

科学家们考虑利用反应堆的高温进行水分解制氢，设想是在热分解过程中引入一些热化学循环。

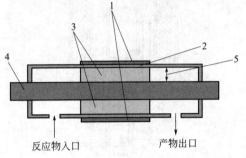

图 3-29　管式等离子体反应器的结构示意图
1—外电极；2—石英管；3—发光放电区；
4—内电极；5—放电沟

① 核能加热制氢化学原理　核能加热制氢化学原理可以归纳如下（式中，AB 称为循环试剂）：

$$AB + H_2O + 热 \longrightarrow AH_2 + BO \tag{3-21}$$

$$AH_2 + 热 \longrightarrow A + H_2 \tag{3-22}$$

$$2BO + 热 \longrightarrow 2B + O_2 \tag{3-23}$$

$$A + B + 热 \longrightarrow AB \tag{3-24}$$

对这一系列反应的探索是研究驱动反应的温度能处在工业上常用的温度范围内，这样就可以避免水在耗能极高的条件下热分解。进一步说，是通过采用热化学的方法可在相对温和的条件下将水分解成氢和氧。目前已知的可用于分解水的热化学循环反应已超过 100 种。

② 核能加热-硫/碘热化学循环制氢流程　硫/碘热化学循环是将 $SO_2 + I_2$ 作为循环试剂，化学反应为：

$$SO_2 + I_2 + 2H_2O \longrightarrow H_2SO_4 + 2HI \ (400K) \tag{3-25}$$

$$H_2SO_4 \longrightarrow H_2O + SO_2 + 1/2O_2 \ (700~1200K) \tag{3-26}$$

$$2HI \longrightarrow I_2 + H_2 \ (500~800K) \tag{3-27}$$

根据上述反应开发的 IS 流程，连续 48h 实验结果是氢气的产率为 1L/h，经过液相分离器后 $I_2/HI=1.7$。若要提高热效率就需要简化流程，问题的关键在于 HI 的浓缩过程，即从水中将多余的 I_2 分离。

除直接分离外，引入电化学反应实现 $I_2 \rightarrow HI$ 的转化也是解决方法之一。图 3-30 为添加电化学膜反应器后 IS 流程的结构示意图。主要电化学反应为：

$$SO_2 + 2H_2O \longrightarrow H_2SO_4 + 2H^+ + 2e^- （阳极侧）\tag{3-28}$$

$$I_2 + 2H^+ + 2e^- \longrightarrow 2HI （阴极侧）\tag{3-29}$$

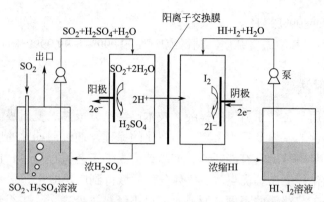

图 3-30　IS 流程的结构示意图（添加了电化学膜反应器）

此反应器使用 Nafion 117 作为阳离子交换膜，电极为玻璃碳。H_2SO_4 和 HI 溶液的浓度分别为 47% 和 56%。

测试结果表明，I_2 浓度降低了 93%。因此在 IS 流程中引入电化学反应器实现 $I_2 \rightarrow$ HI 的转化反应替代二者的分离过程是可行的。

热化学分解水制氢技术目前还处于研发阶段，尚无任何中试规模的分解装置问世。

3.3　氢气提纯

各种制备技术得到的氢气均需要提纯和精制得到高纯的氢。氢气提纯方法较多，包括金属氢化物分离法、冷凝-低温吸附法、变压吸附法、金属氢化物分离法、膜分离法、冷凝法及低温吸收法等。这些技术处于不同的发展阶段。本章重点介绍冷凝-低温吸附法、低温吸收-吸附法、变压吸附法、钯膜扩散法和金属氢化物分离法。

3.3.1　冷凝-低温吸附法

冷凝-低温吸附法分以下三部分。

① 低温冷凝法预处理　目的是除去杂质水和二氧化碳等，在不同温度下进行二次或多次冷凝分离。

② 低温吸附法精制　预冷后的氢通入吸附塔→在液氮蒸发温度（-196℃）下用吸附剂去除各种杂质：用活性氧化铝进一步去除微量水；用 4A 分子筛吸附去除 O_2；用 5A 分子筛去除 N_2；用硅胶去除 CO、N_2 及 Ar；用活性炭去除 CH_4 等。

③ 吸附剂用加热 H_2 再生　工艺采用两个吸附塔交替操作。净化后 H_2 纯度达 99.999%～99.9999%。

3.3.2　低温吸收-吸附法

低温吸收-吸附法分以下两部分。

① 根据原料氢中杂质的种类，选用适宜的吸收剂，如甲烷、丙烷、乙烯和丙烯等在低温下循环吸收及解吸氢中杂质；用液体甲烷在低温下吸收 CO 等杂质；然后用丙烷吸收其

中的 CH_4，可得到 99.99%的 H_2。

② 用吸附剂除去其中微量杂质，制得纯度为 99.999%～99.9999%的高纯氢。

3.3.3 变压吸附法

变压吸附法可用于各种原料氢的提纯，技术已经十分成熟。变压吸附是利用气体组分在吸附剂上吸附特性的差异及吸附量随压力变化的原理，通过周期性的压力变化过程实现气体的分离。变压吸附技术具有能耗低、产品纯度高、工艺流程简单、预处理要求低、操作方便可靠和自动化程度高等优点，在气体分离领域得到广泛应用。

根据原料氢和工艺路线的不同，原料氢可以不经过预处理，一步得到高纯氢。再经过吸附塔精制净化后，产品纯度可以在 99%～99.999%范围内，可根据需要灵活调节。变压吸附技术可以用于各种规模的氢气提纯装置，生产能力（标准状况）可以达到 $10^4 m^3 H_2/h$。

3.3.4 钯膜扩散法

利用钯合金膜在一定温度（400～500℃）下只能允许 H_2 透过而其他杂质气体不能通过的特性，使 H_2 得到纯化。

钯合金扩散法对原料气中 O_2 和水的含量有很高的要求，原因是 O_2 造成钯合金局部过热而变性，水也会导致钯合金中毒。所以原料气需要预先除去 O_2 和水。预处理后的原料经过滤器除尘后，再送入装有钯合金的扩散室纯化，得到 H_2 的纯度可达 99.9999%。钯合金膜扩散法提纯技术适用于小规模生产。

3.3.5 金属氢化物分离法

利用贮氢合金选择性化学吸收氢后生成金属氢化物的特性除去氢中杂质，氢化物再分解反应放出氢，使氢得到纯化。

氢气需要预处理除去大部分 O_2、CO 和 H_2O 等杂质。纯化装置由数个纯化器联合组成连续工作组，氢连续通过后可得到高纯氢，纯度可达 99.9999%以上。金属氢化物在反复吸氢和释放氢过程中会逐渐粉化，因此还必须在生产装置终端装高效过滤器以除去粉尘。

3.4 氢的安全

氢的安全性必须注意。氢具有扩散系数大、浮力大和单位能量的爆炸能低等有利于安全的属性，但氢也具有着火范围宽泛、着火能较低、火焰传播速度快和易爆炸性等不利于安全的属性。氢的内在属性决定了氢能系统有不同于常规能源系统的危险特征，即易燃性、泄漏性和氢脆等。

3.4.1 氢的泄漏性

氢作为液体燃料很容易泄漏。表 3-10 列出了氢气和丙烷相对于天然气的泄漏特性。在层流情况下，氢气的泄漏率是天然气的 1.26 倍，是丙烷的 1.38 倍；在湍流的情况下，氢气的泄漏率是天然气的 2.83 倍。

表 3-10　氢气和丙烷相对于天然气的泄漏率及流动参数

参数		CH₄	H₂	C₃H₈
流动参数	在空气中的扩散系数/(cm²/s)	0.16	0.61	0.10
	0℃的黏度/10⁻⁷Pa·s	110	87.5	79.5
	21℃、101325Pa 下的密度/(kg/m³)	0.666	0.08342	1.858
相对泄漏率	扩散	1.0	3.8	0.63
	层流	1.0	1.26	1.38
	湍流	1.0	2.83	0.6

以燃料电池汽车（FCV）为例，就人们普遍关心的几个方面的氢能安全性问题，结合氢的相关特性进行介绍。天然气汽车存储天然气的压力通常为 20.7～24.8MPa，而燃料电池汽车储氢的压力为 34.5MPa。图 3-31 表示的是氢气和天然气泄漏的体积与能量。

由图 3-31 显示，天然气罐的压力是 24.8MPa，氢罐的压力是 34.5MPa，天然气罐的能量是氢的 2.68 倍。显然氢的体积泄漏率总是大于天然气，但泄漏的天然气的能量大于氢的能量。

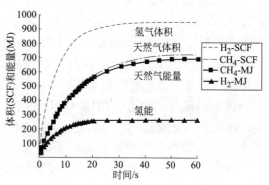

图 3-31　氢气和天然气泄漏的体积与能量

3.4.2　氢的扩散性

如果发生泄漏，氢气就会迅速扩散。与汽油、丙烷和天然气相比，氢气具有更大的浮力（快速上升）和更大的扩散性（横向移动）。由表 3-11 可见，氢的密度仅为空气的 7%，天然气的密度是空气的 55%。

表 3-11　气体的浮力和扩散

参数	H₂	天然气	C₃H₈	汽油气
浮力（与空气的密度比）	0.07	0.55	1.52	3.4～4.0
扩散系数/(cm²/s)	0.61	0.16	0.10	0.05

在不通风的情况下，这些气体也会向上升，氢气上升得更快一些。氢的扩散系数是天然气的 3.8 倍、丙烷的 6.1 倍及汽油气的 12 倍。如此高的扩散系数表明，在发生泄漏的情况下，氢在空气中可以向各个方向快速扩散，迅速降低浓度。

3.4.3　氢的可燃性

氢/空气混合物燃烧的范围是 4%～75%（体积分数），释放能量仅为 0.02MJ。表 3-12 列出了几种燃料的燃烧特性。

表 3-12　几种燃料的燃烧特性

参　数		H_2	CH_4	C_3H_8	汽　油
燃烧限	着火下限/%	4	5.3/3.8	2.1	1
	向后传播的着火下限/%	9~10	5.6	—	—
	着火上限/%	75	15	10	7.8
	最小着火能/MJ	0.02	0.29	0.3	0.24
自燃温度/℃	最小	520	630	450	228~470
	热空气注入	640	1040	885	
	镍铬电热丝	750	1220	1050	

由表 3-12 可见，氢气的着火下限是汽油的 4 倍、丙烷的 1.9 倍，仅略低于天然气。而浓度为 4% 的氢气火焰只是向前传播，如果火焰向后传播，氢气浓度至少为 9%。如果着火源的浓度低于 9%，着火源之下的氢气就不会被点燃。天然气的火焰向后传播的着火下限仅为 5.6%。氢气的最小着火浓度为 25%~30%。如果在较高或较低的燃料空气比的情况下，点燃氢气所需的着火能会迅速增加，如图 3-32 所示。

图 3-33 说明，相比于 CH_4、C_3H_8 和汽油气的浮力、扩散性及着火下限，氢是安全的燃料。在着火下限附近，燃料浓度为 4%~5%，点燃氢气-空气混合物所需要的能量与点燃天然气-空气混合物所需的能量基本相同。

氢气的着火上限很高，危险性很大。如果在车库中发生氢气泄漏，超过了着火下限但没有点燃，这时落在着火范围之内的空气的体积就很大，因此接触到车库中任何地方的着火源的可能性就要大得多。图 3-33 也列出了 H_2、CH_4、C_3H_8 和汽油气在少量泄漏情况下的可燃性（扩散、浮力和着火下限）。

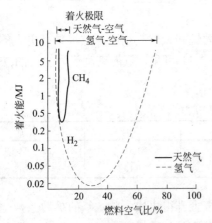

图 3-32　氢气和甲烷的着火能与燃料空气比的关系

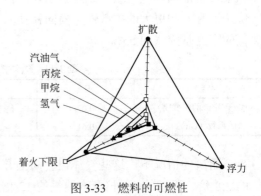

图 3-33　燃料的可燃性

3.4.4　氢的爆炸性

其他条件相同的情况下，氢气比其他燃料更容易发生爆燃和爆炸。表 3-13 给出了 CH_4、C_3H_8、汽油和氢气的爆炸特性，氢气的燃烧速度是天然气和汽油的 7 倍。但是，爆炸受很多因素的影响，比如精确的燃料/空气比、温度、密闭空间的几何形状等，并且影响的方式很复杂。

表 3-13　几种燃料的爆炸特性

	参数	H₂	天然气（CH₄）	C₃H₈	汽　油
爆炸限	下限（空气中的体积分数）/%	13～18.3	6.3	3.1	1.1
	上限/%	59	13.5	7	3.3
	燃烧速度/（cm/s）	270	37	47	30
爆炸能	单位能量/（g TNT/kJ）	0.17	0.19		0.21
	单位体积/（g TNT/m³）	2.02	7.03		44.22
	最大的实验安全间隙/cm	0.008	0.12		0.074

图 3-34 是氢气的爆炸性和其他燃料的对比。四个坐标分别是扩散、浮力、爆炸下限和燃烧速度的倒数，越靠近坐标原点越危险。

由图 3-34 可见，从扩散、浮力和爆炸下限看，氢气都远比其他燃料安全，但氢的燃烧速度快，这是最危险的。氢气的爆炸特性可描述为：氢气是最不容易形成可爆炸的气雾的燃料，但一旦达到了爆炸下限，氢气是最容易发生爆燃和爆炸的燃料。

氢气的火焰几乎看不到，因为在可见光范围内，燃烧的氢放出的能量很少。因此接近氢气火焰的人可能会不知道火焰的存在，这导致危险增加。氢火焰的辐射能力较低，所以附近的物体（包括人）不容易通过辐射热传递而被点燃，这是氢的又一特性。

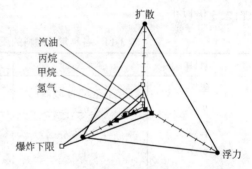

图 3-34　氢气与和其他燃料的爆炸性对比

3.4.5　氢脆

氢脆会导致氢的泄漏和燃料管道的失效。氢脆产生的条件是氢气纯度极高、金属纯度也极高且表面洁净。锰钢、镍钢及其他高强度的钢容易发生氢脆。

预防氢脆有以下两种途径。

① 氢气中含有的极性杂质，如水蒸气、H₂S、CO₂、醇、酮及其他类似化合物，会阻止生成金属氢化物。

② 输送氢气的管道选择合适的材料，例如铝，就不必考虑"氢脆"的问题。

3.5　氢的储存与输运

氢气储存可分为物理法和化学法两大类。物理储存方法主要包括液氢储存、高压氢气储存、活性炭吸附储存、碳纤维储存、玻璃微球储存和地下岩洞储存等。化学储存方法有金属氢化物储存、有机液态氢化物储存、无机物储存和铁磁性材料储存等。

氢气的输运与氢气储存技术的发展息息相关。目前氢气的运输方式主要包括压缩氢气和液氢两种，而金属氢化物储氢、配位氢化物储氢等技术正在研发中。

3.5.1 储氢技术

储氢技术包括液化储氢技术、压缩氢气储存、金属氢化物储氢、有机化合物储氢、配位氢化物储氢、物理吸附储氢和地下储氢等技术。

3.5.1.1 液化储氢技术

液化储氢是一种深冷的液氢储存技术。氢气经过压缩后，深冷到21K以下使之变为液氢（LH_2），然后储存到特制的绝热真空容器中。常温、常压下液氢的密度为气态氢的845倍，液氢的体积能量密度比压缩储存高出几倍。液化储氢的适用条件是储存时间长、气体量大和电价低廉。

但氢的质量轻，作为燃料使用时，相同体积的液氢比汽油含能量少（即体积能量密度低，见表3-14）。如果以液氢替代汽油，则在行驶相同里程时，液氢储罐的体积要比现有油箱大3倍以上。

表3-14 各种常用燃料的质量能量密度和体积能量密度的比较

燃料	氢元素含量	质量能量密度/(MJ/kg)	体积能量密度（液态）/(MJ/L)
氢气	1	120	8.4~10.4[①]
甲烷	0.25	50（43）[②]	21（17.8）[②]
乙烷	0.2	47.5	23.7
丙烷	0.18	46.4	22.8
汽油	0.16	44.4	31.1
乙醇	0.13	26.8	21.2
甲醇	0.12	19.9	15.8

① 高值为三相点处的液氢密度。
② 括号中为天然气的值。

理想状态下，氢气液化耗能为3.228kW·h/kg。目前的氢气液化技术耗能为15.2kW·h/kg，几乎是氢气燃烧所产生低热值（产物为水蒸气时的燃烧热值）的一半；而生产液氮的耗能仅为0.207kW·h/kg。图3-35为液氢生产的流程示意图。

（1）液氢储罐

目前的液氢储罐常用圆柱形容器（图3-36）。由于蒸发损失量与容器表面积和容积的比值（S/V）成正比，储罐的容积越大液氢的蒸发损失越小。液氢储罐用绝热材料可分为两类：一类是可承重材料（如Al/聚酯薄膜/泡沫复合层、酚泡沫和玻璃板等）；另一类是不可承重、多层（30~100层）绝热材料（如SI-62、Al/聚酯薄膜、Cu/石英和Mo/ZrO_2等）。常使用薄铝板或在薄塑料板上通过气相沉积覆盖一层金属层（Al、Au等）以实现对热辐射的屏蔽，缺点是储罐中必须安装支撑棒或支撑带。

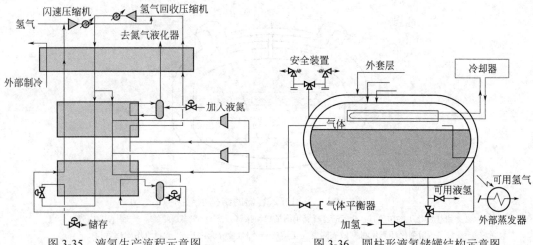

图 3-35　液氢生产流程示意图　　　　　图 3-36　圆柱形液氢储罐结构示意图

　　液氢储罐中会出现"层化"现象，这是对流作用产生的，必须将这部分氢气排出，以保证安全。储存过程中还可能出现"热溢"的现象，这是液氢的蒸发所导致的。解决的方法是：在储罐内部垂直安装一导热良好的板材，以消除储罐温差，也可以安装磁力冷冻装置。

　　（2）固定式储罐

　　图 3-37 是 50000m³ 液氢储罐设计图。储罐的设计压力为 0.02MPa，蒸发损失设计速度为 0.1%/d。墙体采用真空粉末绝热，底部采用平底设计以微球实现绝热。

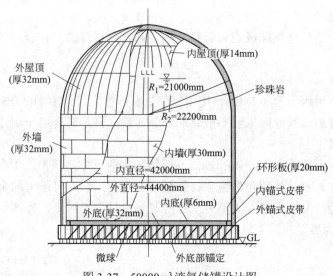

图 3-37　50000m³ 液氢储罐设计图

　　（3）车用液氢储罐

　　图 3-38 为一种车用液氢容器的结构示意图。车用液氢储罐一般分为内外两层，内胆盛装温度为 20K 的液氢，通过支撑物置于外层壳体中心。支承物可由玻璃纤维带制成，具有良好的绝热性能。夹层中间填充多层镀铝涤纶薄膜，减少热辐射。各层薄膜间放上填炭绝热纸，增加热阻，吸附低温下的残余气体。

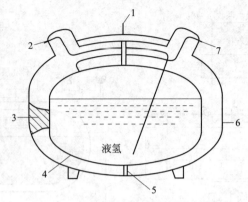

图 3-38　车用液氢容器的结构示意图

1—引往发动机的出氢口；2—充装液氢用的插口、接管；3—真空多层绝缘；4—铝合金内壳；
5—用强化环氧化树脂做成的内壳支撑；6—铝合金外壳；7—排放氢气用的接管口

储罐内胆一般采用铝合金和不锈钢等材料，承压 1～2MPa，外壳一般采用低碳钢、不锈钢及铝合金材料。

3.5.1.2　压缩氢气储存

压缩氢气储存是最简单的氢气储存办法。随着压力的升高，氢气的储存密度增大。常用压缩机主要有离心式、辐射式和往复活塞式压缩机。例如，利用往复活塞式压缩机，其功率可达 11200kW，氢气处理量为 890kg/h，最大压力为 25MPa。压缩气体可分为低压、中压和高压三类。

（1）低压储氢

低压氢气常用于气象气球或袋装储存，如公共汽车顶部的储存袋，广泛使用此类储箱储存生物气燃料。

（2）中压储氢

中压容器的常用压力为 1.7MPa，用于氢气储存的压力仅为 0.41～0.86MPa。中压气体容器材质多为低碳钢或其他对氢脆不敏感的合金（高碳钢不适合用于制作压力储存容器）。

（3）高压储氢

高压储氢的压力范围为 14～40MPa。高压储氢容器可分为四类：①全金属容器；②可承重的金属材料作衬里，外部包裹饱和树脂纤维的容器；③不可承重的金属材料作衬里，外部包裹饱和树脂纤维的容器；④不可承重的非金属材料作衬里，外部包裹饱和树脂纤维的容器。图 3-39 为典型的第 4 类高压储氢容器结构示意图。

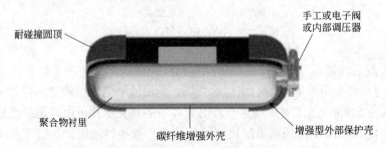

图 3-39　典型的第 4 类高压储氢容器结构示意图

对圆顶的要求是质轻、能吸收能量、成本合理；对聚合物衬里要求质轻、耐腐蚀（耐氢脆）、可防止氢渗透、成本合理、韧性好；对碳纤维增强壳要求耐酸蚀、抗疲劳/蠕化/松弛、质轻；对增强型外部保护壳要求耐枪击、耐碰撞、耐磨损。

3.5.1.3　金属氢化物储氢

把氢以金属氢化物的形式储存在合金中称为金属氢化物储氢，这类合金大部分属于金属间化合物。制备方法一直沿用制造普通合金的技术。这类合金处于一定温度和压力下的氢的气氛中时，就可以吸收大量的氢气，生成金属氢化物。生成的金属氢化物在加热后又释放出氢气，利用这一特性实现储氢。金属氢化物储氢安全性好，且储存容量高。表 3-15 列出了一些金属氢化物的储氢能力。

表 3-15　某些金属氢化物的储氢能力

储氢介质	氢原子密度/(10^{22} 个/cm^3)	储氢相对密度	含氢量（质量分数）/%
标准状态下的氢气	0.0054	—	100
氢气钢瓶（15MPa）	0.81	150	100
$-253℃$ 液氢	4.2	778	100
$LaNi_5H_6$	6.2	1148	1.37
$FeTiH_{1.95}$	5.7	1056	1.85
$MgNiH_4$	5.6	1037	3.6
MgH_2	6.6	1222	7.65

由表 3-15 可见，有些金属氢化物的储氢密度是标准状态下氢气的 1000 倍，这大于或等于液氢储存。但金属氢化物储氢有成本问题，目前仅适用于少量气体的储存。目前世界上已成功研制出多种储氢合金，它们大致可分为 4 类，即稀土镧镍系、钛铁系、镁系及钛/锆系。

3.5.1.4　配位氢化物储氢

碱金属及碱土金属同Ⅲ A 族元素可与氢形成配位氢化物。如表 3-16 所示，碱金属或碱土金属配位氢化物含有丰富的轻金属元素和极高的储氢容量，因而可作为优良的储氢介质。

表 3-16　碱金属与碱土金属配位氢化物及其储氢容量

配位氢化物	储氢容量（质量分数，理论值）/%	配位氢化物	储氢容量（质量分数，理论值）/%
LiH	13	$Mg(BH_4)_2$	14.9
$KAlH_4$	5.8	$Ca(AlH_4)_2$	7.9
$LiAlH_4$	10.6	$NaAlH_4$	7.5
$LiBH_4$	18.5	$NaBH_4$	10.6
$Al(BH_4)_3$	16.9	$Ti(BH_4)_3$	13.1
$LiAlH_2(BH_4)_2$	15.3	$Zr(BH_4)_3$	8.9
$Mg(AlH_4)_2$	9.3		

碱金属/碱土金属配位化合物的通式为 A$(MH_4)_n$，其中 A 为碱金属（Li、Na、K 等）或碱土金属（Mg、Ca 等），M 为Ⅲ A 族的 B 或 Al，n 为金属 A 的化合价（1 或 2）。

配位氢化物储氢的机理可分为四类，分别是热解、水解、金属-氢化物电池和硼氢化物纳米管。

配位氢化物吸放氢反应与储氢合金相比，主要差别是配位氢化物在普通条件下没有可逆的氢化反应，因而在"可逆"储氢方面的应用受到限制。配位氢化物应用的未来发展方向为开发相关的催化剂、降低成本和实现过程的可逆循环。

3.5.1.5 物理吸附储氢

物理吸附储氢包括活性炭和碳纳米材料的吸附储氢。活性炭只有在低温下才有好的吸附特性，碳纳米材料储氢的研究较为广泛。碳纳米材料，如碳纳米管、纳米碳纤维等将是有希望的储氢材料。

3.5.1.6 有机化合物储氢

有机液体氢化物储氢是借助不饱和液体有机物与氢的一对可逆反应（即加氢反应和脱氢反应）实现的，加氢反应实现氢的储存（化学键合），脱氢反应实现氢的释放。不饱和有机液体化合物作储氢剂可循环使用。

烯烃、炔烃、芳烃等不饱和有机液体均可作储氢材料，但从储氢过程的能耗、储氢量、储氢剂、物性等方面考虑，以芳烃特别是单环芳烃作储氢剂为佳。表 3-17 列出了几种可能的有机储氢体系。

表 3-17　几种有机储氢体系

可逆反应	储氢密度/(g/L)	理论储氢量（质量分数）/%	反应热/(kJ/mol)
$C_6H_6+3H_2 \longrightarrow C_6H_{12}$	56	7.19	206
$C_7H_8+3H_2 \longrightarrow C_7H_{14}$	47.4	6.18	204.8
$C_8H_{10}+3H_2 \longrightarrow C_8H_{16}$	46.4	5.35	201.5
$C_8H_{16}+H_2 \longrightarrow C_8H_{18}$	12.4	1.76	125.5
$C_{10}H_8+5H_2 \longrightarrow C_{10}H_{18}$	65.3	7.29	319.9

有机物可逆储放氢技术适用于大规模、季节性氢能储存或作汽车燃料。目前存在的主要问题是有机物氢载体的脱氢温度偏高而实际释氢效率偏低。开发低温高效的有机物氢载体脱氢催化剂、采用膜催化脱氢技术对提高过程效能有重要意义。

3.5.1.7 地下储氢

地下储氢（以压缩氢气的形式）被认为是一种长期大量（$10^6 m^3$ 以上）储氢的方式。多孔、水饱和的岩石是理想的防止氢气扩散的介质。地下储氢最大的问题是所储存的氢气不能完全释放出来，会有很大一部分（最高可达 50%）滞留在岩洞内从而造成损失。

从经济方面考虑，地下储氢是实现大规模、长时间氢气储存最有效的方法，成本主要取决于是否存在天然洞穴及洞穴的岩石结构是否合理。此外，还可利用废弃的天然气井、盐矿井和岩石开采后留下的矿洞储氢。

3.5.1.8 各种储氢技术的比较

将上述 7 种储氢技术中的压力容器储氢、液氢储罐储氢、金属氢化物储氢和碳材料储氢做优缺点的比较，列于表 3-18 中。

表 3-18　几种储氢技术的比较

储氢技术	优点	不足
压力容器储氢	200atm 以下技术完全成熟；使用广泛；成本低	200atm 时储氢量少；高压（700atm）下能量密度可与液氢媲美，但低于汽油和煤油；高压储存技术仍在发展中
液氢储罐储氢	技术完全成熟；储氢密度大	需要极好的绝热容器以维持低温；成本高；有蒸发损失；生产过程耗能较高；能量密度低于液体化石燃料
金属氢化物储氢	某些技术已得到应用；固态储存；无外形限制；热效应可加以利用；安全性高	重量大；性能随时间退化；目前阶段价格昂贵；加氢时需冷却循环过程
碳材料储氢	可以有很高的存储密度；质轻；价廉	处于研发阶段；未充分证明其可行性

3.5.2　氢的输运

氢的输运包括压缩氢气的输运和液态氢气的输运。

3.5.2.1　压缩氢气的输运

压缩氢气可采用高压气瓶、拖车或管道输送。气瓶和管道的材料通常用钢材。气瓶的最大压力可达 40MPa，容量 1.8kg，但不便于运输。采用拖车运输压缩氢气的最大运输量（标准状况）为 6000m³，运输距离限制在 200km 以内。

管道输送氢气的操作压力一般为 1～3MPa，输氢量 310～8900kg/h。与天然气管道输送成本相比，氢气的管道输送成本要高出 50%。原因是压缩含能量相同的氢气所需要的能量是天然气的 3.5 倍。经过压力电解槽或天然气重整中的 PSA 工序，可获得压力为 2～3MPa 的氢气，最多可使压缩过程的成本降低为原来的 1/5。

3.5.2.2　液态氢气的输运

液态氢气输运的优势是可降低运输成本，适合于远距离运输。相比之下，液氢运输的成本为金属氢化物的 1/4，为压缩氢气的 1/7。

液氢可使用拖车（360～4300kg）或火车（2300～9100kg）运输。目前欧洲使用低温容器或拖车运输的液氢（标准状况）体积为 41m³ 或 53m³，温度 20K（-253℃）。

液氢管道运输是未来的输送方式，液氢输送管道考虑使用超导电线，液氢（20K）可以起到冷冻剂的作用，可以无损耗地传输电力。

3.6　氢能的发展

全球各国高度重视氢能产业发展，氢能已成为加快能源转型升级、培育经济新增长点的重要战略选择。

（1）发达经济体的氢能全产业链计划

全球氢能全产业链的关键核心技术趋于成熟，燃料电池出货量快速增长、成本持续下降，氢能基础设施建设明显提速，区域性氢能供应网络正在形成。

电力多元化转化理念（简写为 P2X）如图 3-40 所示。CCUS（碳捕集、利用与封存）

技术可以捕集、提纯大气中的 CO_2，再将其应用到别的领域中，从而实现 CO_2 的循环利用。

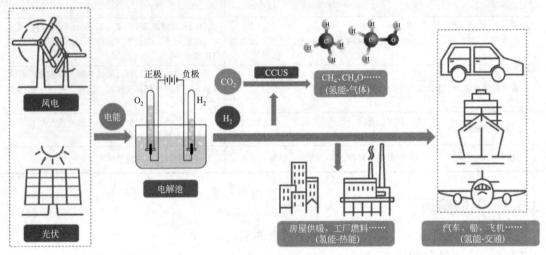

图 3-40　电力多元化转化理念示意图

图 3-41 是氢能源产业链，"制、储、运、用" 4 个环节缺一不可。

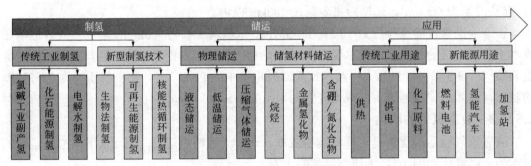

图 3-41　氢能源产业链

（2）我国政府的氢能规划

2019 年国务院《政府工作报告》中，首次写入氢能。2020 年 4 月，氢能被写入《中华人民共和国能源法》（征求意见稿）。2021 年的 "十四五" 规划纲要提出，要在氢能与储能等前沿科技和产业变革领域，组织实施未来产业孵化与加速计划，谋划布局一批未来产业。2022 年国家发改委、国家能源局联合印发《氢能产业发展中长期规划（2021—2035 年）》，为中国氢能源产业发展作指引。

氢能具备的清洁、可再生和安全性可控等特点，逐渐成为国际和国内社会关注的热点。《氢能产业发展中长期规划（2021—2035 年）》，确定了我国未来氢能发展的整体架构和发展方向。大力发展氢能产业，既可以成为我国经济发展新的增长点，又是我国核心竞争力的体现，为世界范围内低碳转型做出积极贡献。

氢能产业是战略性新兴产业和未来产业重点发展方向。以科技自立自强为引领，紧扣全球新一轮科技革命和产业变革发展趋势。加强氢能产业创新体系建设，加快突破氢能核心技术和关键材料瓶颈，加速产业升级壮大，实现产业链良性循环和创新发展。

践行创新驱动，促进氢能技术装备取得突破，加快培育新产品、新业态、新模式，构建绿色低碳产业体系，打造产业转型升级的新增长点，为经济高质量发展注入新动能。

思考题

1. 为什么说在新能源体系中，氢能前景广阔？
2. 简述灰氢、蓝氢和绿氢。
3. 叙述制氢技术。
4. 电解水制氢分为几种？简述每种方法的优缺点。
5. 工业尾气制氢有何意义？
6. 叙述光化学制氢。
7. 简述精制高纯氢的各种方法。
8. 简述液氢生产工艺流程。
9. 储氢合金分为几种？试论其主要优缺点。
10. 为什么说氢能的安全性非常重要？
11. 试结合文中提到的知识和现实中能源的利用情况，从生态、成本、社会价值等方面，论述未来氢能作为可再生能源大规模应用的可行性。

参考文献

[1] Key World Energy Statistics from the IEA. 2000 Edition[M]. International Energy Agency, Paris, France, 2000.

[2] 陆军, 袁华堂. 新能源材料[M]. 北京: 化学工业出版社, 2002.

[3] Barreto L, Makihira A, Riahi K. The hydrogen economy in the 21st century: A sustainable development scenario[J]. International Journal of, 2003, 28: 267-273.

[4] 陈长聘. 氢能未来与储氢金属材料技术[J]. 氯碱工业, 2003(5): 1-3.

[5] 陈进富. 制氢技术[J]. 新能源, 1999, 21(4): 10-14.

[6] Mitsugi C, Harumi A, Kenzo F. WE-NET: Japanese hydrogen program[J]. International Journal of Hydrogen Energy, 1998, 23: 159.

[7] Nielsen J R R, Hansen J H B. CO_2-reforming of methane over transition metals[J]. J Catal, 1993, 144: 38-49.

[8] Nielsen J R R. Sulfur-passivated nickel catalysts for carbon-free steam reforming of methane[J]. J Catal, 1984, 85: 31-43.

[9] 许珊, 王晓来, 赵睿. 甲烷催化制氢气的研究进展[J]. 化学进展, 2003, 15(2): 141-150.

[10] Blanks R E, Witrig T S, Peterson D A. Bidirectional adiabatic synthesis gas generator[J]. Chem Eng Sci, 1990, 45: 2407-2413.

[11] Cavallaro S, Freni S. Syngas and electricity production by an integrated autothermal reforming/molten carbonate fuel cell system[J]. Journal of Power Sources, 1998, 76: 190-196.

[12] Steinberg M, Cheng H. Modern and prospective technologies for hydrogen production from fossil fuels[J]. Int J Hydrogen Energy, 1989, 14: 797-820.

[13] 杨兰和, 梁杰, 尹雪峰. 煤炭地下气化制氢技术理论与实践[J]. 煤炭科学技术, 2000, 28(6): 37-40.

[14] Steinberg M, Cheng H. Modern and prospective technologies for hydrogen production from fossil fuels[J].

Int J Hydrogen Energy, 1989, 14: 797-820.

[15] 池凤东. 实用氢化学[M]. 北京: 国防工业出版社, 1996.

[16] 王鹏, 姚立广, 王明贤, 等. 碱性水电解阳极材料研究进展[J]. 化学进展, 1999, 11(3): 254-264.

[17] Vermeiren P, Adriansens W, Leysen R. Zirfon: A new separator for Ni-H$_2$ batteries and alkaline fuel cells [J]. Int J Hydrogen Energy, 1996, 21: 679-684.

[18] Yusuf M J. Lean Burn natural gas fueled engines: Engine modi1cation versus hydrogen blending. PhD thesis[D]. University of Miami, 1993, 63.

[19] Bauer C G, Forest T W. Effect of hydrogen addition on performance of methane-fueled vehicles. Part Ⅰ: Effect on S. I. engine performance.[J]. Int J Hydrogen Energy, 2001, 26: 55-70.

[20] 黄亚继, 张旭. 氢能开发和利用的研究[J]. 能源与环境, 2003(2): 33-36.

[21] Momirlan M, Veziroglu T N. Current status of hydrogen energy[J]. Renewable and Sustainable Energy Reviews, 2002(6): 141-179.

[22] 冯文, 王淑娟, 倪维斗. 氢能的安全性和燃料电池汽车的氢安全问题[J]. 太阳能学报, 2003, 24(5): 677-682.

[23] Ford motor company. Direct hydrogen fueled proton exchange membrane fuel cell system for transportation applications: Hydrogen vehicle safety report (DE AC 02 94 CE 50389)[J]. U S Department of Energy, 1997.

[24] 申泮文. 21 世纪的动力-氢与氢能[M]. 天津: 南开大学出版社, 2000.

[25] Stucki S, Scherer G G, Schlagowski S. PEM water electrolysers: evidence for membrane failure in 100 kW demonstration plants[J]. Journalof Applied Electrchemistry, 1998, 28: 1041-1049.

[26] Mitlitsky F, Myers B, Weisberg A H. Reversible (unitised) PEM fuel cell devices[J]. Fuel Cells Bulletin, 1999(11): 6-11.

[27] Inzelt G, Pineri M, Schultze J W, et al. Electron and proton conducting polymers: Recent developments and prospects[J]. Electrochimi Acta, 2000, 45: 2403-2421.

[28] Rasten E, Hagen G, Tunold R. Electrolysis in water electrolysis with solid polymer electrolyte[J]. Electrochimi Acta, 2003, 48: 3945-3952.

[29] Kobayashi T, Abe K, Ukyo Y, et al. Study on current efficiency of steam electrolysis using a partial protonic conductor $SrZr_{0.9}Yb_{0.1}O_3$[J]. Solid State Ionics, 2001, 138: 243-251.

[30] Frias J M, Pham A Q, Aceves S M. A natural gas-assisted steam electrolyzer for high-efficiency production of hydrogen[J]. International Journal of hydrogen Energy, 2003, 28: 483-490.

[31] Padin J, Veziroglu T N, Shahin A. Hybrid solar high-temperature hydrogen production system[J]. International Journal of hydrogen Energy, 2000, 25: 295-317.

[32] 李建政, 任南琪. 生物制氢技术的研究与发展[J]. 新能源及工艺, 2001(2): 18-20.

[33] Gordon J M. Tailoring optical systems to optimized photobioreactors[J]. International Journal of Hydrogen Energy, 2002, 27: 1175-1184.

[34] Ries H, Segal A, Karni J. Extracting concentrated guided light[J]. Applied Optics, 1997, 36(13): 2869-2877.

[35] Chang J Sh, Leeb K Sh, Linb P J. Biohydrogen production with fixed-bed bioreactors[J]. Int J Hydrogen Energy, 2002, 27: 1167-1174.

[36] 李白昆, 吕炳南, 任南琪. 厌氧活性污泥与几株产氢细菌的产氢能力及协同作用研究[J]. 环境科学学报, 1997, 17(4): 459-462.

[37] Fujishima A, Honda K. Electrochemical photocatalysis of water at a semiconductor electrode[J]. Nature, 1972, 328(7): 37-38.

[38] Bolton R J. Solar photoproduction of hydrogen: A review[J]. Solar Energy, 1996, 157(1): 37-50.

[39] Amouyal E. Photochemical production of hydrogen and oxygen from water: A review and state of the art[J]. Solar Energy Materials and Solar Cells, 1995, 28: 249-276.

[40] 上官文峰. 太阳能光解水制氢的研究进展[J]. 无机化学学报, 2001, 17(5): 1-5.

[41] Kakuta N, Park K H, Jinlayson M F. Photoassisted hydrogen production using visible light and copper cipitated ZnS-CdS without noble metal[J]. Journal of Physal Chemistry, 1985, 89(5): 732-734.

[42] 孙晓君, 蔡伟民, 井立强. 二氧化钛半导体光催化技术研究进展[J]. 哈尔滨工业大学学报, 2001, 33(4): 534-541.

[43] Chen X, Suib S L, Hayashi Y, et al. H₂O splitting in tubular PACT (plasma and catalyst integrated technologies) reactors[J]. Journal of Catalysis, 2001, 201: 198-205.

[44] Nakajima H, Sakurai M, Ikenoya K, et al. A study on a closed-cycle hydrogen production by thermochemical water-splitting IS process[M]. Proceedings of the 7th International Conference Nuclear Engineering (ICONE-7), Tokyo, Japan, ICONE-7104, 1999: 45-49.

[45] Nomura M, Fujiwara S, Ikenoya K, et al. Application of an electrochemical membrane reactor to the thermochemical water splitting IS process for hydrogen production[J]. Journal of Membrane Science, 2004, 240: 221-226.

[46] Sturzenegger M, Nuesch P. Efficiency analysis for a manganese-oxide-based thermochemical cycle[J]. Energy, 1999, 24: 959-970.

[47] Steinfelda A. Solar hydrogen production via a two-step water-splitting thermochemical cycle based on Zn-ZnO redox reactions[J]. Int J Hydrogen Energy, 2002, 27: 611-619.

[48] Lindström B, Agrell J, Pettersson L J. Combined methanol reforming for hydrogen generation over monolithic catalysts[J]. Chemical Engineering Journal, 2003, 93: 91-101.

[49] Slimane R B, Lau F S, Dihu R J, et al. Production of hydrogen by superadiabatic decomposition of Hydrogen sulfide[J]. Proceedings of the 2002 U. S. DOE Hydrogen Program Review. NREL/CP-610-32405, 167-173.

[50] 李义良. 超高纯氢的制备[J]. 低温与特气, 1996(3): 38-40.

[51] 赖新途, 陈长聘, 叶舟. 连续自动提供超纯氢的金属氢化物纯化装置[J]. 低温与特气, 1993 (2): 24-26.

[52] Sherif S A, Zeytinoglu N, Veziroglu T N. Liquid hydrogen: Potential, problems, and a proposed research program[J]. Int J Hydrogen Energy, 1997, 22: 683-688.

[53] Flynn T M. Liquification of gases[J]. McGraw-Hill Encyclopedia of Science & Technology, New York: McGraw-Hill (7th edition), 1992.

[54] Zemansky M, Dittman R. Heat and thermodynamics (7th Edition)[M]. The McGraw Hill Companies, Inc, NY, USA, 1997.

[55] Sherif S A, Zeytinoglu N, Veziroglu T N. Liquid hydrogen: potential, problems, and a proposed research program[J]. Int J Hydrogen Energy, 1997, 22: 683-688.

[56] Ewe H H, Selbach H J. The storage of hydrogen[J]. In A Solar Hydrogen Energy System, ed W E Justi Plenum Press, London, 1987.

[57] Kamiya S, Onishi K, Kawagoe E, et al. A large experimental apparatus for measuring thermal conductance of LH₂ storage tank insulations[J]. Cryogenics, 2000, 40: 35-44.

[58] 梁焱, 王焱, 郭有仪. 氢动力车用液氢贮罐的发展现状及展望[J]. 低温工程, 2001(5): 31-36.

[59] Aceves S M, Berry G D. Thermodynamics of insulated pressure vessels for vehicular hydrogen storage[J]. ASME Journal of Energy Resources Technology, 1998, 120(6): 137-142.

[60] 徐正好, 杨宗栋, 郑康元. 氢燃料发动机的应用[J]. 能源研究与信息, 2002, 18(4): 200-204.

[61] Thomas C E, James B D, Lomax Jr F D, et al. Fuel options for the fuel cell vehicle: Hydrogen, methanol or gasoline [J]. Int J Hydrogen Energy, 2000, 25: 551-567.

[62] Timmerhaus C, Flynn T M. Cryogenic engineering[M]. New York: Plenum Press, 1989.

[63] Chin G. Guidance for power plant siting and best available control technology[J]. California Air Resources Board, Sept, 1999.

[64] Maughan J R, Bowen J H, Cooke D H. Reducing gas turbine emissions through hydrogen-enhanced, steam-injected combustion[J]. Proceedings of ASME Cogen-Turbo Conference, 1994: 289-293.

[65] Woodfin W T. Recent advances in syngas production from natural gas[J]. Hydrocarbon Engineering, 1997, 11: 76-80.

[66] Ertesvåg I S, Kvamsdal H M. Exergy analysis of gas-turbine combined cycle with CO_2 capture using pre-combustion decarbonization of natural gas[J]. Proceedings of ASME Turbo Expo 2002: Land, Sea, and Air, June 3-6, 2002, Amsterdam, The Netherlands: 487-491.

[67] Jin H G, Ishida M. A novel gas turbine cycle with hydrogen-fueled chemical-looping combustion[J]. Int J Hydrogen Energy, 2000, 25: 1209-1215.

[68] Burger J M, Lewis P A, Isler R J, et al. Intersociety energy conversion engineering conf[J]. ASME, New York, 1974: 428-434.

[69] Taylor J B, Alderson J E A, Kalyanam K M, et al. A technical and economic assessment of methods for the storage of large quantities of hydrogen[J]. Int J Hydrogen Energy, 1986, 11(1): 5-22.

[70] Sandrock G, Bowman Jr R C. Gas-based hydride applications: Recent progress and future needs[J]. Journal of Alloys and Compounds, 2003, 356-357: 794-799.

[71] 鲍德佑. 氢能的最新发展[J]. 新能源, 1994, 16(3): 1-3.

[72] Zaluski L, Zaluska A, Strom-Olsen J O. Hydrogenation properties of complex alkali metal hydrides fabricated by mechano-chemical synthesis[J]. J Alloys Compounds, 1999, 290: 71-78.

[73] Meisner G P, Tibbetts G G, Pinkerton F E, et al. Enhancing low pressure hydrogen storage in sodium alanates[J]. J Alloys Compounds, 2002, 337: 254-263.

[74] Kojima Y, Haga T. Recycling process of sodium metaborate to sodium borohydride[J]. Int J Hydrogen Energy, 2003, 28: 989-993.

[75] Browning D J, Gerrard M L, Laakeman J B. Investigation of the hydrogen storage capacities of carbon nanofibers prepared from an Ethylene precursor[M]. Proceedings of the 13th World Hydrogen Energy Conference, Beijing: Published by International Hydrogen Association, 2000: 467-472.

[76] Strobel R, Jorissen L, Schilierman T. Hydrogen adsorption on carbon materials[J]. Journal of Power Sources, 1999, 84: 221-224.

[77] Cacciola G, Aristov Yu I, Restuccia G, et al. Influence of hydrogen-permeable membranes upon the efficiency of the high-temperature chemical heat pumps based on cyclohexane dehydrogenation-benzene hydrogenation reactions[J]. Int J Hydrogen Energy, 1993, 18(8): 673-680.

[78] Itoh N. Limiting conversations of dehydrogenation in palladium membrane reactors[J]. Catalysi Today, 1995, 25: 351-357.

[79] Jadsen. Current opinion in solid state[J]. Material Science, 1996, 1(65A): 67-73.

[80] Scherer G W H. Analysis of the seasonal energy storage of hydrogen in liquid organic hydrides[J]. Int J Hydrogen Energy, 1998, 23(1): 19-28.

[81] Itoh N. Electrochemical coupling of benzene hydrogenation and water electrolysis[J]. Catalysis Today, 2000, 56: 307-314.

[82] Newson. Seasonal storage of hydrogen in stationary systems with liquid organic hydrides[J]. Internationl Journal of Hydrogen Energy, 1998, 239(10): 905-909.

[83] 夏丰杰, 周琰. 德国氢能及燃料电池技术发展现状及趋势[J]. 船电技术, 2015, 35(2): 49-52.

[84] Alexandra Huss. Wind power and hydrogen: Complementary energy sources for sustainable energy supply[J]. Fuel Cells Bulletin, 2013(1): 12-17.

[85] 周鹏, 刘启斌, 隋军, 等. 化学储氢研究进展[J]. 化工进展, 2014, 33(8): 2004-2011.

[86] Liu Chenghong, Wu Yichun, Chou Changcheng, et al. Hydrogen generated from hydrolysis of ammonia borane using cobalt and ruthenium based catalysts[J]. International Journal of Hydrogen Energy, 2012, 37: 2950-2959.

[87] 梁雪莲, 刘志铭, 谢建榕, 等. 甲醇或乙醇水蒸气重整制氢高效新型催化剂的研发[J]. 厦门大学学报

(自然科学版), 2015, 54(5): 693-704.

[88]　赵永志, 蒙波, 陈霖新, 等. 氢能源的利用现状分析[J]. 化工进展, 2015, 34(9): 3248-3255.

[89]　孙洋, 谢佳琦, 刘美佳, 等. 燃料电池氢源技术铝水解制氢研究[J]. 可再生能源, 2014, 32(7): 1038-1042.

[90]　谢倍珍, 米静, 杜新品, 等. 微生物电解池效能及其与微生物燃料电池的联合运行探索[J]. 环境科学与技术, 2014, 37(9): 57-64.

[91]　马楠. 新型阳极析氧催化剂耦合半导体 Si 的光解水性能研究[M]. 太原: 太原理工大学, 2015.

[92]　张聪. 世界氢能技术研究和应用新进展[J]. 新能源, 2014(8): 56-59.

[93]　夏丰杰, 周琰. 德国氢能及燃料电池技术发展现状及趋势[J]. 船电技术, 2015, 35(2): 49-52.

[94]　徐硕, 余碧莹. 中国氢能技术发展现状与未来展望[J]. 北京理工大学学报(社会科学版), 2021, 23(6): 1-12

[95]　孟翔宇, 顾阿伦, 邬新国, 等. 中国氢能产业高质量发展前景[J]. 科技导报, 2020, 38(14): 77-93.

[96]　李建林, 李光辉, 马速良, 等. 碳中和目标下制氢关键技术进展及发展前景综述[J]. 热力发电, 2021, 50(6): 1-8.

[97]　曹军文, 张文强, 李一枫, 等. 中国制氢技术的发展现状[J]. 化学进展, 2021, 33(12): 2215-2244.

[98]　陈柏瑜, 胡天丁, 陕绍云, 等. MOF 基的光解水制氢催化剂研究进展[J]. 复合材料学报, 2022, 39(5): 2073-2088.

[99]　密路祥. 风电电解水制氢系统的电解特性的研究[D]. 乌鲁木齐: 新疆农业大学, 2021.

[100]　葛磊蛟, 李明玮. 风光波动性电源电解水制氢技术综述[J]. 综合智慧能源, 2022, 44(5): 1-14.

[101]　陈彬, 谢和平, 刘涛. 碳中和背景下先进制氢原理与技术研究进展[J]. 工程科学与技术, 2022, 54(1): 106-116.

第4章 核能

核能是原子核在裂变或聚变过程中所释放的能量。核能在能源领域占有重要地位。自1954年人类开始利用核能发电以来,核能已经成为世界能源的重要支柱,在保障能源安全、提高环境质量等方面发挥了重要作用。目前,核能已广泛用于能源、工业、农业、医疗、民用和军事等许多领域。

4.1 引言

原子由原子核和电子组成,原子核又由质子和中子组成,原子核蕴藏着巨大的能量。核能(nuclear energy)是人类历史上的重大发现,这离不开早期西方科学家的探索发现,他们为核能的发现和应用奠定了基础。

核能(又称原子能)是原子核结构发生变化时放出的能量。核能释放有以下三种方式。

(1)核裂变

重原子(如铀、钍)分裂成两个或多个较轻原子核,产生链式反应,释放巨大能量,称为核裂变(见图4-1)。

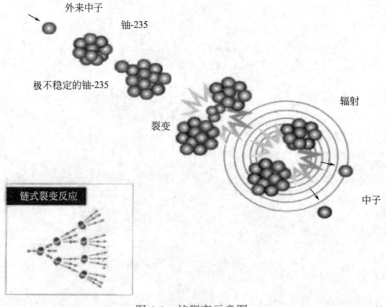

图 4-1　核裂变示意图

（2）核聚变

两个较轻原子核（如氢的同位素氘、氚）聚合成一个较重的原子核，并释放出巨大的能量，称为核聚变（见图 4-2）。

（3）核衰变

原子核自发射出某种粒子而变为另一种核的过程称为核衰变，属于自然的缓慢裂变形式。

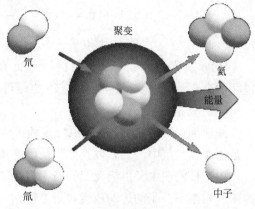

图 4-2　核聚变示意图

4.1.1　核能的历史

1895 年，德国物理学家伦琴发现了 X 射线；1896 年法国物理学家贝克勒尔发现了放射性；1898 年居里夫妇发现了放射性元素钋；1902 年居里夫人经过三年多的艰苦努力，又发现了放射性元素镭。

1905 年爱因斯坦提出质能转换公式，$E=mC^2$；1914 年英国物理学家卢瑟福通过实验，确定氢原子核是一个正电荷单元，称为质子；1935 年英国物理学家查得威克发现了中子；1938 年德国科学家奥托·哈恩用中子轰击铀原子核，发现了核裂变现象。

1942 年 12 月 2 日，意大利的费米和匈牙利的西拉德等科学家在芝加哥帮助美国建成世界上第一座核反应堆，首次实现核能的链式反应。

1945 年 8 月 6 日和 9 日美国将两颗原子弹先后投了日本的广岛和长崎；1954 年，苏联建成了世界上第一个核裂变能发电站，开创了人类大规模利用核能发电的先河。

4.1.2　核能的基础知识

自 20 世纪 40 年代起，全世界大批学者投入核能技术的研究中，掌握了核裂变技术，实现了核能在人类控制下释放。

（1）核燃料

核燃料是可在核反应堆中通过核裂变反应或核聚变反应释放核能的材料。裂变核燃料包括 ^{235}U、^{239}Pu 和 ^{233}U。天然铀中的 ^{235}U 既是核武器的装料，又是核反应堆中的燃料。但 ^{238}U 和 ^{232}U 本身不能直接作为核燃料，需要采用人工方法轰击铀的原子核使之裂变生成新的核燃料。^{239}Pu 和 ^{233}U 是人工合成核燃料。

聚变核燃料是氢的同位素氘和氚。在天然水中，氘含量为 0.02%～0.03%，海水是提取氘的源泉。但是，氚在自然界中含量甚微，目前氚是在核反应堆的重水堆的副产品。

铀在自然界中主要以两种同位素形式存在，即 ^{238}U（占 99.3%）和 ^{235}U（占 0.7%）。^{238}U 不易裂变，无法维持链式裂变反应，所以天然铀中只有 ^{235}U 才是真正的核燃料。美国化学家尤里（H.C.Urey）采用气体扩散法使 ^{235}U 得到浓缩，但天然 ^{235}U 含量太少，必须另辟蹊径寻求其他的核燃料。

在美国学者麦克米兰（E.M.Mcmillan）及西博格（G.T.Seaborg）等的努力下，1943 年 3 月实现了下面的反应：

$$^{238}_{92}U + ^{1}_{0}n \longrightarrow ^{239}_{92}U \xrightarrow{\beta} ^{239}_{93}Np（镎）\xrightarrow{\beta} ^{239}_{94}Pu（钚）$$

$$^{232}_{90}Th + ^{1}_{0}n \longrightarrow ^{233}_{90}Th（钍）\xrightarrow{\beta} ^{233}_{91}Pa（镤）\xrightarrow{\beta} ^{233}_{92}U$$

^{239}Pu 及 ^{233}U 都是可裂变材料。^{239}Pu 在地壳中并不存在，采用中子照射 ^{238}U，然后经过两次衰变就可以获得 ^{239}Pu。^{232}Th 也是可裂变材料。

（2）减速剂

减速剂也称慢化剂。裂变反应中新产生的中子速度甚快，达 $2 \times 10^7 m/s$。新产生的中子一是逃逸到空气中，二是被其他物质"吃掉"。

由这样的快中子引起裂变的概率很小，必须将中子的运动速度降到约 $2.2 \times 10^3 m/s$（此速度与常温下分子的运动速度接近）时，它在铀核附近停留的时间加长，才会容易击中铀核使铀发生裂变，这时的中子被称为热中子。

将快中子减速为热中子需要减速剂。选择减速剂是根据弹性碰撞理论，减速剂的质量与中子的质量越接近，对中子的减速效果就越好。通常选用轻核物质，例如水、重水和纯石墨等作为减速剂。随着核电技术的发展，减速剂不断更新。

（3）增殖系数

为了维持链式反应自持地进行，使裂变能源源不断地释放出来，必须严格控制中子的增殖速度，使中子增殖系数 K 等于 1。如果 K 小于 1，核裂变只能是昙花一现，链式反应根本无法进行，此时的反应可称为次临界状态。当 K 等于 1 时，产生的中子与损失的中子（外逸及被吸收的中子）相互抵消，使发生核裂变的原子数目既不增加也不减少，保持不变，链式反应自持地进行着，此状态称为临界状态，此时核燃料铀块的质量称作临界质量，它与铀的浓度有关。K 大于 1 的状态为超临界状态，此时参与核裂变的原子数目急剧增加，反应激烈进行，大量的能量瞬间释放，于是核爆炸发生。

（4）控制棒

控制核能的释放必须首先控制中子的增殖速度，保证堆芯中子增殖系数恒等于 1，所以需要控制棒。费米等人以金属镉（Cd）为材料制成控制棒，用于控制中子的增殖速度，称为"镉棒"。利用镉对中子有较大的俘获截面，可以吸收大量中子的特殊性能，将镉棒插在反应堆堆芯中上下移动，通过改变镉棒插在堆芯中的深浅度，实现人为控制中子的增殖速度。

4.1.2.1 核能资源

核能资源包括核能裂变资源和核能聚变资源。

目前核裂变能的主要原料是铀和钚。铀在地壳中的储量总计达几十亿吨。海水中大约含有 $33\mu g/L$ 的铀，总储量约有 45 亿吨。铀的储量虽然很大，但分布分散，要找到比较集中的矿点比较困难。钚的来源比铀更广泛，因此价格较便宜。

核聚变能的主要原料是氢、氘和氚。核聚变原料在地球上的储量十分丰富。经测定海水中含氘 $0.034g/L$，海洋中总的含氘量约 23.4 万亿吨，足够人类使用几十亿年。核聚变反应也是太阳和宇宙能量（光和热）的主要来源，太阳体内的氢及其同位素足以使太阳燃烧几十亿年。但如何获得核聚变原料有待研究。

4.1.2.2 核能的用途

核能在军事、经济、社会和政治等领域均有广泛而重大的影响。在军事上，核能可作为核武器，用于航空母舰、核潜艇、原子发动机等的动力源；在经济领域，核能最重要和广泛的用途就是替代化石燃料用于发电；作为放射源，核能用于工业、农业、科研及医疗等领域。

（1）核能在军事上的应用

在哈恩的核裂变消息公布以后，科学家们就开始担心核爆炸会像诺贝尔发明的炸药那样用于军事，从而给人类带来更为惨重的灾难。第二次世界大战后期，为了抢在德国之前制造出原子弹，美国总统罗斯福批准了研制原子弹的计划——"曼哈顿计划"。

经过一大批现代核物理学家的设计和研究，1945 年 7 月 6 日，在美国新墨西哥州阿拉默多尔军事基地，第一颗原子弹的试验取得成功，这颗原子弹具有两万吨 TNT（三硝基甲苯）炸药的爆炸力。

1945 年 8 月 6 日和 8 月 9 日，美国把一颗铀弹和一颗钚弹分别投掷在日本的广岛和长崎，使两个城市 49 万人丧生（见图 4-3、图 4-4）。

图 4-3　美国投掷在广岛的原子弹"小男孩"　　　图 4-4　原子弹爆炸后的现场

1949 年 9 月 22 日，苏联成功地引爆了原子弹。英国、法国也相继有了自己的核武器。1964 年 10 月 16 日，我国第一颗原子弹成功试爆。接下来，美国、苏联和中国又分别爆炸了氢弹。

为防止核武器扩散造成的潜在危险，联合国做出了许多积极的努力。从 1968 年的《不扩散核武器条约》到 1996 年的《全面禁止核试验条约》，但核威胁依然存在。

（2）核能的民用

核能的民用包括核能发电、核能供热、核能制冷、海水淡化、核动力、核医学及核能技术在农业上的应用。

① 核能发电　核能发电的设备是核电站。核电站的核心是反应堆，反应堆工作时放出的核能主要是以热能的形式由一回路系统的冷却剂带出，用以产生蒸汽，所以一回路系统又被称为核供汽系统；由蒸汽驱动汽轮发电机组进行发电的二回路系统，与一般火电厂的汽轮发电机系统基本相同。

目前，核电站主要分为轻水堆（包括压水堆和沸水堆）核电站、石墨气冷堆核电站、重水堆核电站及增殖堆核电站等。

② 核能供热　核能供热于 20 世纪 80 年代发展起来，是一种经济、安全和清洁的热源。在能源结构上，用于低温（如供暖等）的热源占总热耗量的一半左右，这部分热多由直接燃煤取得，因而对环境造成严重污染。所以发展核反应堆低温供热，对缓解供应和运输紧张、净化环境和减少污染等方面都有十分重要的意义。

核供热不仅可用于居民冬季采暖，也可用于工业供热。特别是高温气冷堆提供的高温热源，可用于煤的气化和钢铁冶金等高耗能行业。

③ 核能制冷　核能可以用来制冷。

④ 海水淡化　在各种海水淡化方案中，采用核供热是经济性最好的一种。

⑤ 核动力　核能是一种具有独特优越性的动力。核动力不需要空气助燃，可作为地下、水中和太空环境下的特殊动力；核动力少耗料且高能量，是一种一次装料后可以长时间供能的特殊动力，用于火箭、宇宙飞船、人造卫星、潜艇和航空母舰等特殊领域。

核动力目前主要用于核潜艇、核航空母舰和核破冰船。由于核能的能量密度大、只需要少量核燃料就能运行很长时间，在军事上有很大的优越性。全世界用于舰船推进的核反应堆数目已达数百座，超过了核电站中的反应堆数目。核航空母舰、核驱逐舰、核巡洋舰与核潜艇一起，已形成了一支强大的海上核力量。

人类进行太空探索，目前已不局限于太阳能电池，核电池已经用于星际航行，例如美国的毅力号火星车就是用核电池作为能源。

⑥ 核农学　核能技术在农业上的应用形成了一门边缘学科即核农学。常用的技术有核辐射育种，即采用核辐射诱发植物突变以改变植物的遗传特性，从而产生出优劣兼有的新品种，从中选择，可以获得粮、棉和油的优良品种。

⑦ 核医学　在医学研究、临床诊断和医疗过程中，放射性核元素及射线的应用已十分广泛，形成了现代医学的一个分支——核医学。常见的核医学诊断方法有体外脏器显像，以适当的同位素标记某些试剂，给病人口服或注射后，这些试剂就有选择性地聚集到人体的某组织或器官中，用适当的探测仪器就可从体外了解组织器官的形态和功能。这些仪器有 XCT（X 射线计算机断层成像）、γ照相机等。还有脏器功能测定，如甲状腺功能测定、骨密度测定等，以及体外放射分析，精确度可达 $10^{-15} \sim 10^{-9}$g。

核技术在治疗方面主要是用于治疗肿瘤（特别是恶性肿瘤），例如利用放射性钴（钴治疗机，俗称钴炮）发出的γ射线杀死癌细胞。放射性治疗是医学的重要手段，已经广泛应用。

4.2　核电技术

目前，用于发电的核能是核裂变能，核聚变还处于研究阶段。核裂变能是一种经济、清洁和安全的能源。

（1）核电比火电经济

^{235}U 分裂时产生的热量是同等质量的煤的 260 万倍，是石油的 160 万倍。一座 100 万

千瓦的核电站，每年补充 30t 核材料，但同功率的火电站每年需消耗 300 万吨煤或 200 万吨石油。核电虽然一次性投资大，建设周期长，但长远看经济上是合算的。美国在十几年中 100 多座核电站就减少原油进口 30 亿桶，仅此一项减少开支 1000 多亿美元。

（2）核电比火电清洁

核电对环境的污染远比煤电小。据测算，全世界的核电站同燃煤电厂相比，每年可为地球大气层减少 1.5 亿吨 CO_2、190 万吨 NO_x 和 300 万吨 SO_x。

（3）核电比火电安全

核电的事故率远远低于火电。自核电投入使用以来，仅有三次较严重的事故。随着核能技术的不断进步，目前的压水堆、沸水堆、重水堆、石墨气冷增殖堆和快中子堆的安全性不断提高。《国际核安全公约》的建立，使核安全达到很高的水平。

4.2.1　核裂变反应堆

（1）核裂变的反应

核裂变的反应是当 ^{235}U 的原子核受到外来中子轰击时，原子核会吸收一个中子分裂成两个质量较小的原子核，同时放出 2～3 个中子；裂变产生的中子又去轰击另外的 ^{235}U 原子核，引起新的裂变。如此持续进行就是裂变的链式反应。

链式反应产生大量的热，需要用循环水（或其他物质）带走热量，导出的热量可以使水变成水蒸气，推动汽轮机发电，同时可以避免反应堆因过热被烧毁。由此可知，核反应堆最基本的组成是裂变原子核+热载体。

但是只有这两项还不够，因为高速中子会大量飞散，需要使中子减速以增加与原子核碰撞的机会，使核反应堆依人的意愿决定工作状态，这就要有控制设施。

铀及裂变产物都具有强放射性，会对人造成伤害，必须有可靠的防护措施。所以，核反应堆的合理结构是核燃料+慢化剂+热载体+控制设施+防护装置。

（2）核裂变类型

核燃料、慢化剂和冷却剂是核反应堆的主要材料，这三种材料不同的组合产生出各种堆型，目前有轻水堆（包括压水堆和沸水堆）、重水堆、石墨水冷堆、石墨气冷增殖堆和快中子堆等。

（3）核裂变反应堆数量

截至 2021 年 11 月的统计结果，全球核反应堆的数量合计 442 台（见图 4-5）。其中，压水堆 305 台，沸水堆 62 台，重水堆 48 台，石墨水冷堆 12 台，石墨气冷增殖堆 12 台和快中子堆 3 台。

4.2.1.1　轻水堆核电站

在核电站的发展过程中，轻水堆是早期的堆型。1956 年，美国建造了第一座压水堆核电站。1960 年，美国的第一座示范型沸水堆核电站投入运行。随后的 30 年里，这两种类型的核电站发展很快，单机最大功率均达到 1300MW，在设计、建造和运行方面取得了丰富经验。

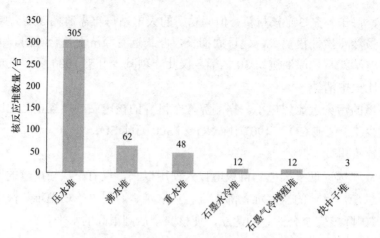

图 4-5　全球核反应堆统计（2021 年）

轻水反应堆（light water reactor，LWR）是以水和汽水混合物作为冷却剂与慢化剂的反应堆，轻水反应堆载出核裂变热能的方式可分为压水堆和沸水堆两种。

压水堆用高压（压力在 10～16MPa）抑制沸腾，热交换器将一次冷却系（堆芯产生的热，称为核蒸汽供应系统）和二次冷却系（送往涡轮机的蒸汽，称为汽轮发电机系统）完全隔离开来。沸水堆是将水蒸气不经过热交换器直接送到汽轮机以提高热效率。压水堆与沸水堆的主要技术参数见表 4-1。

表 4-1　压水堆与沸水堆的主要技术参数

项目	压水堆	沸水堆	项目	压水堆	沸水堆
电功率/MW	900	1000	冷却剂出口温度/℃	328	294
热功率/MW	2905	2964	冷却剂压力/(kgf/cm²)①	158	72
热效率/%	32	33	冷却剂流量/(m³/h)	68230	
冷却剂进口温度/℃	293				

① 1kgf/cm²=98kPa。

（1）压水堆的工作原理

压水堆核电站的组成包括核蒸汽供应系统和汽轮发电机系统。其中汽轮机系统部分称为"常规岛"，它与火电站相似；核蒸汽供应系统称为"核岛"，这与火电站不同。压水堆核电站主要由压水反应堆、蒸汽发生器、主泵、稳压器和冷却剂管道组成，见图 4-6。

压水堆本体示意图见图 4-7。压水堆主体构件包括压力壳、堆芯、堆芯支撑构件及控制棒驱动机构。

以 900MW 功率的压水堆为例，压力壳高 12m，直径 3.9m，壁厚 200mm。壳中的堆芯由 157 个燃料组件构成，约 80t UO_2。燃料组件不仅装有核燃料芯块，而且在不同位置装有一些控制棒，它由反应堆顶部的控制棒驱动机构驱动，用于控制核裂变链式反应的进行。

反应堆运行时，主泵将高压冷却剂（普通水）由压力容器顶部附近送入反应堆，冷却剂从外壳与堆芯围板之间自上而下流到堆底部，然后由下而上流过堆芯，带走核裂变反应放出的热量。冷却剂流出反应堆后进入蒸汽发生器，通过其内 3000 多根传热管，把热量传给管外的二回路水，使之沸腾产生蒸汽，推动汽轮机发电。经过热交换后一回路的冷却剂再由主泵送回反应堆，如此反复循环，不断地将反应堆中的热量转换产生蒸汽，用于发电。

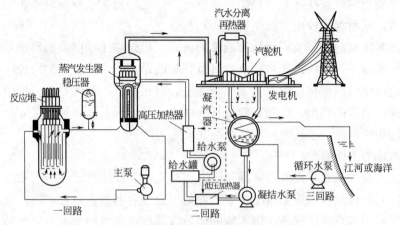

图 4-6　压水堆核电站工艺流程示意图

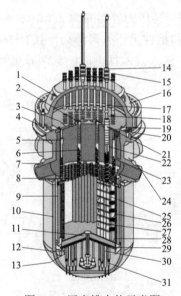

图 4-7　压水堆本体示意图

1—吊耳；2—厚梁；3—上部支撑板；4—内部构件支撑凸缘；5—堆芯吊篮；6—支撑柱；
7—进口接管；8—堆芯上栅格板；9—热屏蔽；10—反应堆压力容器；11—检修孔；
12—径向支撑；13—下部支撑锻件；14—控制棒驱动机构；15—热电偶测量口；16—封头组件；
17—热套；18—控制棒套管；19—压紧簧板；20—对中销；21—控制棒导管；22—控制棒驱动杆；
23—控制棒组件（提起状态）；24—出口接管；25—围板；26—幅板；27—燃料组件；
28—堆芯下栅格板；29—流动混合板；30—堆芯支柱；31—仪表导向套管及中子探测器

一般 900MW 压水堆有 3 个环路，每个环路都有一台蒸发器、一台主泵，三个环路共用一个稳压器，它们都装在安全壳内。安全壳是一个圆筒形的大型预应力钢筋混凝土建筑物，内径约 37m，高 60m，壁厚 0.9m，内衬一层 6mm 厚钢板，有良好的密封性能，能承受极限事故引起的内压和温度剧增。同时能抗击地震、龙卷风等自然灾害以及外来飞行物的冲击。

为确保运行安全，在核电站的设计和建造过程中必须采取一系列纵深防御措施，如安全喷淋系统、安全注水系统和紧急自动停堆系统等，这些保护系统能对不正常运行进行控制，直至停堆，从而保护核电站的完整性。

目前，很多国家启动了第四代核反应堆的研究，也建造了一些实验堆或示范堆，但其技术的可靠性和成熟性尚待进一步验证。可以预见的是，在未来较长的一段时间内，世界范围内的新建核电机组仍将以第三代反应堆为主。而在第二、第三代反应堆中，压水堆是在运行和在建的最多的堆型。我国目前运行的核电站基本都是压水堆。目前全球正在运行的压水堆合计 305 台。

（2）沸水堆的工作原理

相比于压水堆，沸水堆没有二回路系统，它是直接使反应堆堆芯内的水沸腾，并送往汽轮机发电。它的核蒸汽供应系统的主要部件是反应堆容器及主泵管道等，没有蒸汽发生器和稳压器。在同等功率情况下，沸水堆的压力容器比压水堆的大，主要是沸水堆的功率密度较低，压力容器中设备部件也较多。

以 1000MW 级沸水堆为例，其压力容器高约 22m，直径 6.3m 左右，壁厚 170mm。堆芯中燃料棒直径稍大一些，燃料组件呈正方形排列，共有 764 个，约装 200t 二氧化铀。沸水堆核电站原理流程见图 4-8，沸水堆本体剖面图见图 4-9。

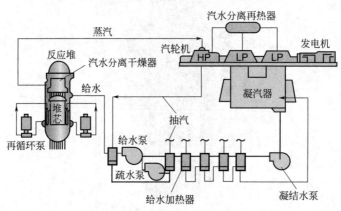

图 4-8　沸水堆核电站原理流程

沸水堆在运行时，冷却剂从给水管进入压力容器，然后顺壁而下，由底部进入堆芯中央，加热后穿过堆芯，由堆芯顶部汽水分离器除蒸汽，再通过干燥器除去剩余水分后离开反应堆，直接进入汽轮机驱动其发电，随后蒸汽经冷凝后再重新回到反应堆，完成一个循环。

在沸水堆中，控制棒位于反应堆的底部。当它的传动杆往上运行时，可插入堆芯吸收中子，核反应的速率就降低。为了保护反应堆的安全运行，沸水堆有两层安全壳。反应堆容器及一回路管道装在一个钢制压力容器（即"阱"）内，这是保护反应堆一回路的安全壳。安全壳与一组管子相接，这些管子插在一个很大的环形水池内，其作用是承受事故条件下出现的瞬时压力。在干阱外紧包着第一层钢筑壳，最外面为第二层安全壳，它可有效防止放射性气体泄漏。

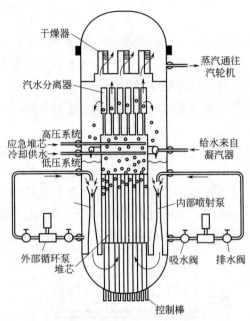

图 4-9 沸水堆本体剖面图

在沸水堆中还备有两套堆芯应急冷却系统和一些其他保护措施。目的是如果反应堆出现事故，这些系统用来帮助排除堆内衰变余热，以保护堆芯。

截至 2021 年 11 月，全球在运行的沸水堆共计 62 台。主要分布在日本、美国、德国、瑞典。日本沸水堆较多，在 2013 年，发生福岛核事故的堆型就是沸水堆。

4.2.1.2 重水反应堆

用重水即氧化氘（D_2O）作为慢化剂（兼冷却剂）的核反应堆被称为重水反应堆，简称重水堆。重水的中子吸收截面小且慢化系数大，是非常优异的慢化剂，它与石墨并列是最常用的慢化剂。表 4-2 列出了几种慢化剂的慢化系数。

表 4-2 几种慢化剂的慢化系数

项目	H_2O	D_2O	Be	C
σ_a（0.025eV）/Pa	60000	92	1000	450
慢化系数	67	5820	159	170

（1）重水堆核电站的特点

① 重水的慢化性能好，吸收中子少；重水堆转换率比较高（约 0.8%），可采用天然铀作燃料；不需要建立昂贵的铀同位素分离厂或从国外进口浓缩铀。

② 从重水堆中卸出的燃料燃烧充分，核废料中 ^{235}U 含量较低，后处理费用大大降低。

③ 重水堆所需天然铀量最少，且所需的初装料和年需换料的用量也最小，所以重水堆的燃料成本比轻水堆要低约 50%。

④ 重水堆容量因子高，省去了轻水堆每年一次的停堆换料时间（一般约 1.5~2.0 个月）。

⑤ 重水堆的缺点是重水的生产成本昂贵，对重水的同位素纯度要求高（纯度需大于99.7），对密封及重水的回收要求高，基建和运行费用较高。

（2）重水堆的类型

重水堆有压力管式重水堆和压力容器式重水堆两种主要结构。

压力管式重水堆是用压力管将重水慢化剂和冷却剂分开，重水冷却剂在高温高压管内流动，重水慢化剂在压力管外的反应堆容器里。

压力容器式重水堆容器的两端都设有密封接头，可以装卸，可以采用遥控的装卸机进行不停堆换料。

重水堆在几十年的发展中出现过多种类型，但实现商业运行条件的仅有坎杜型堆（加拿大技术）压力管卧式重水堆。

图4-10是坎杜型重水堆本体纵剖面图。换料时，由装卸机连接压力管两端的密封接头，新燃料组件从压力管的一端推入，辐照过的燃料从另一端推出。反应堆仍保持运行状态，称为"双顶式双向换料"。坎杜型堆由于结构和不停堆换料特点，在重水堆核电站中占重要优势。

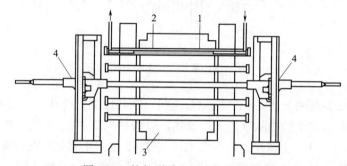

图4-10 坎杜型重水堆本体纵剖面图

1—燃料束棒；2—压力管；3—重水慢化剂；4—换料机

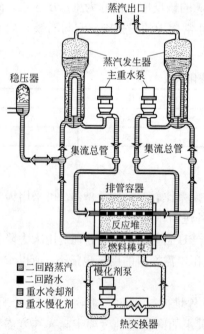

图4-11 坎杜型重水堆一回路流程示意图

重水堆的核燃料是天然的二氧化铀，将二氧化铀芯块装入锆合金的包壳内，两端密封后呈棒状，称为燃料棒。燃料棒长500mm，每个燃料组件由19～37根燃料棒组成一束，装入锆铌合金压力管内，每根压力管内装12～13个燃料组件。堆芯由几百根带燃料组件的压力管排列而成。坎杜型重水堆一回路流程示意图见图4-11。

为了防止重水过热沸腾，压力管内保持较高压力。作为慢化剂的重水装在压力容器中。为防止热量传递给慢化重水，压力管外设置同心套管，两管间充以氮气隔热，以保持慢化重水温度低于60℃。压力管和容器管贯穿在反应器排管容器中，两端法兰固定，与壳体连成一体。

控制棒设置在反应器的上部，穿过容器插入压力管间隙的慢化剂中。反应性调节既可采用控制棒，也可采用改变反应堆容器中重水的液位来实现。需要快速停堆时，将控制棒快速插入，同时打开容器底部大口径排水阀，将重水慢化剂急速排入储水箱内，即可实现停堆。

与压水堆核电站相比，重水堆核电站可以实现不停堆换料。重水堆有利于提高电站的利用率，实际发电量一般可以达到设计发电量的85%。同时，重水反应堆在安全性方面也有很大的提高。重水堆多了两道防止和缓解严重事故的热阱（即重水慢化剂系统和屏蔽冷却水系统）。

高温高压的冷却剂与低温低压的慢化剂在实体上相互隔离，不会发生弹棒事故。同时，重水反应堆还配备有工作原理完全不同的两套独立的停堆系统。天然铀装料的平衡堆芯后备反应性小，缓发中子寿命长，可减轻事故后果的严重性。

目前仍在运行的重水堆有48台，分布在加拿大、印度和韩国等国家。我国秦山核电站三期共2台是重水堆。

4.2.1.3 高温气冷堆

高温气冷堆是热中子裂变反应堆。高温气冷堆用氦气作冷却剂，用石墨作慢化剂，采用包覆颗粒燃料及全陶瓷的堆芯结构材料。模块式高温气冷堆有安全性好和氦气堆芯出口温度高的优势，是新一代核能系统。高温气冷堆在工艺供热、核能制氢、高效发电、空间电源甚至军用领域都有广泛的应用。

（1）高温气冷堆的结构

① 颗粒燃料　高温气冷堆的安全性和优越性首先源于其独特的包覆颗粒燃料（见图4-12）。

高温气冷堆的燃料是 UO_2 核芯（直径0.5mm 左右），采用疏松热解碳、碳化硅和致密热解碳三种同心球壳状包覆 UO_2 核芯，形成直径不足 1mm 的燃料颗粒。

燃料颗粒随机弥散在石墨基体内，压制烧结形成球形或棱柱形的燃料元件。只

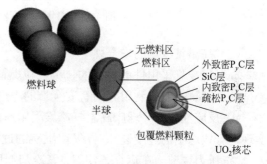

图 4-12　高温气冷堆的包覆颗粒燃料

要环境温度不超过 1650℃，碳化硅球壳就能保持完整，固锁住放射性裂变产物，形成第一道安全屏障。

② 冷却剂　高温气冷堆的冷却剂是氦气。氦气是一种惰性气体，不参与任何化学反应。同时，中子吸收截面小，难以活化，具有很低的放射性水平。氦气与反应堆的结构材料相容性好，避免了以水作冷却剂与慢化剂的反应堆中的各种腐蚀问题，使冷却剂的出口温度可达 950℃甚至更高。

③ 慢化剂　高温气冷堆采用石墨作慢化剂，堆芯不含金属，结构材料由石墨和炭块组成，熔点都在 3000℃以上。图 4-13 是清华大学核能技术设计研究院建造的 10MW 高温气冷实验堆的总体结构。

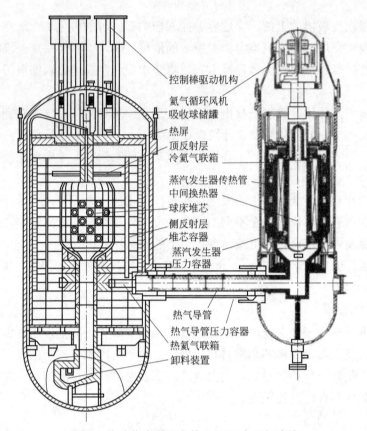

控制棒驱动机构
氦气循环风机
吸收球储罐
热屏
顶反射层
冷氦气联箱
蒸汽发生器传热管
中间换热器
球床堆芯
侧反射层
堆芯容器
蒸汽发生器
压力容器
热气导管
热气导管压力容器
热氦气联箱
卸料装置

图 4-13　清华大学开发的 10MW 高温气冷堆

（2）高温气冷堆的安全性

高温气冷堆采用性能优异的包覆颗粒燃料是获得其良好安全性的基础，模块化高温气冷堆的堆芯剩余发热利用"固有安全"的先进概念，可排除事故下堆芯熔化的可能性。

① 反应性控制　球床高温气冷堆采用球形燃料，可以采用重力流动和气力输送的方式实现运行状态下的连续装卸料，仅留 15%的过剩反应性用于功率调节，只需用控制棒即可。

② 压力调节　在运行条件下，氦冷却剂仅以气相存在，不会发生相变。通过压缩机对一回路内氦存量进行吞吐，即可实现一回路的压力调节。

③ 安全系统简化　在发生极端事故即冷却剂完全流失、主传热系统功能丧失的条件下，高温气冷堆仍能保证堆芯燃料的最高温度低于 1600℃的设计限值，从而基本上排除堆芯熔化的可能性，使专设的安全系统大为简化。

④ 包容体代替安全壳　在模块式高温气冷堆的设计中不设置安全壳，而采用"包容体"的设计概念。"包容体"无气密性和承全压的要求，无需有喷淋降压和可燃气体控制等功能，系统大为简化。表 4-3 为高温气冷堆与压水堆的比较。

表 4-3　高温气冷堆和压水堆的比较

系统	高温气冷堆	压水堆
反应性控制	控制棒	控制棒；硼浓度调节；可燃毒物
压力调节	氦气的吞吐	稳压器

系统	高温气冷堆	压水堆
余热排出	非能动	能动
应急给水系统	无	有
安全注入系统	无	有
安全壳	不承全压、无气密性要求的包容体	气密性、双层壳喷淋、堆熔捕集 防氢爆、底板熔穿设防

（3）高温气冷堆的效率

高温气冷堆的氦冷却剂出口温度可以高达 950℃，可以充分利用高温氦气的潜力，获得更高的发电效率。

① 两种热力循环方式　蒸汽循环方式——由氦冷却剂载出的核能经过直流蒸发器加热二次侧的水，产生 530℃的高温过热蒸汽，推动汽轮机发电，其发电效率可达到 40%左右；氦循环方式——由反应堆出口的氦气直接推动氦汽轮机发电，其发电效率可达到 48%左右。

② 连续装卸燃料　连续装卸料的方式可以减少定期更换燃料停堆的时间，提高运行的可利用因子。

③ 模块化建造　模块化建造周期可缩短到 2～3 年，增强了其对市场变化的灵活反应能力，而且减少了建造期的利息，有利于降低建造成本。

（4）高温气冷堆的发展

高温气冷堆在低温气冷堆的基础上发展起来，经历四个阶段：早期气冷堆→改进型气冷堆→高温气冷堆→模块式高温气冷堆。表 4-4 列出了四种堆型的主要特点。

表 4-4　气冷堆的四个发展阶段和技术特点

堆　型	早期气冷堆（Magnox）	改进型气冷堆（AGR）	高温气冷堆（HTGR）	模块式高温气冷堆（MHTGR）
燃料元件	天然铀金属燃料与镁合金包壳元件	低加浓铀燃料与不锈钢包壳元件	陶瓷包覆燃料元件	陶瓷包覆燃料元件
冷却剂	CO_2 冷却剂	CO_2 冷却剂	氦气冷却剂	氦气冷却剂
出口温度/℃	400	670	700～950	700～950
已有机组（电站）	36 个机组（英、法）	14 个机组（英国）	3 个试验堆、2 个原型堆	2 个试验堆、2 个示范堆
热功率/MW	500	600	330	400

① 国际高温气冷堆的发展　1959 年，在英国建立第一个 HTGR 原型堆"龙"堆，这是欧洲经济合作与发展组织（OECD）的一个国际项目。"龙"堆于 1965 年开始运行，到 1976 年项目终止。这个原型堆为在高纯度氦气条件下的燃料、材料辐射测试和构件运行提供了宝贵的信息。

1961 年，德国建设了 AVR 反应堆 HTGR 原型。AVR 反应堆热功率为 46MW，电功率为 15MW。反应堆于 1966 年达到临界并发电，运行到 1988 年截止。

1966 年，美国建立了 HTGR 原型堆——桃花谷（1 号）反应堆，于 1967 年 6 月开始商业运行，到 1974 年 10 月 31 日，由于经济原因关闭。桃花谷（1 号）反应堆累计运行 1349

次等效满功率天，总发电量达到 1385919MW·h。为更大的 HTGR 核电厂提供了一个参考数据库。

高温气冷堆是 20 世纪 70 年代美国发生三哩岛核泄漏事故后逐步发展起来的。1981 年以后，德国西门子公司发展了基于球形燃料元件的 200MW 热功率的 HTR-Module，美国提出了基于棱柱状堆芯的模块式高温气冷堆（MHTGR），热功率为 250MW。

② 我国模块式高温气冷堆的发展　我国模块式高温气冷堆的基础研究同样始于 20 世纪 70 年代。10MW 的高温气冷实验堆项目（HTR-10）于 1995 年开工建设，2000 年 12 月首次实现临界，在 2003 年 1 月实现满功率运行。图 4-13 是清华大学核能技术设计研究院建造的 10MW 高温气冷实验堆的总体结构。

HTR-10 在世界上首次实现了球床模块式高温气冷堆的布置方案。反应堆热功率 10 MW，反应堆入口温度 250℃，出口温度 700℃，采用蒸汽循环发电。

2006 年 1 月，国务院正式发布《国家中长期科学和技术发展规划纲要（2006—2020 年）》，将"高温气冷堆核电站"项目列入国家重大专项。清华大学与中国华能集团、中国核工业建设集团公司启动了电功率 20 万千瓦级高温气冷堆核电站示范工程（HTR-PM）的建设。

经过近 20 年的努力，从基础研究、核心技术突破到实验堆的建设，目前我国初步具备了高温气冷堆的自主设计和建造能力，形成了自主独立的知识产权。

2021 年 12 月，国家科技重大专项华能石岛湾高温气冷堆核电站示范工程 1 号反应堆完成发电机初始负荷运行试验评价，首次并网成功，开始发电。图 4-14 是高温气冷堆核电站（HTR-PM）的本体示意图。

目前，示范工程机组各项运行指标正常，反应堆、汽轮发电机及相关系统设备运行稳定，1 号反应堆正稳步向单堆满功率推进。2 号反应堆并网发电前各项试验有序开展，双堆有望全面投入商运。华能石岛湾高温气冷堆核电站示范工程是世界上最接近商业化，安全性也最高的四代核电技术（图 4-15）。它被国际上认为是一种"不会熔毁的反应堆"。

高温气冷堆具有高出口温度和固有安全性等优势，适合用于制氢。利用核能制氢，可以实现高效、大规模和无碳排放地制备氢气，还可以通过联产技术，为多个行业提供热、电、氢、氧等能源和材料，为实现碳减排提供有效的技术方案。

4.2.1.4　快中子反应堆

2002 年，核能系统国际论坛根据第四代核能系统经济性、安全性、持续性和核不扩散的发展目标，选定钠冷快堆、铅冷快堆、气冷快堆、超临界水堆、超高温气冷堆和熔盐堆六种最具发展潜力的堆型组成第四代反应堆系统。其中，

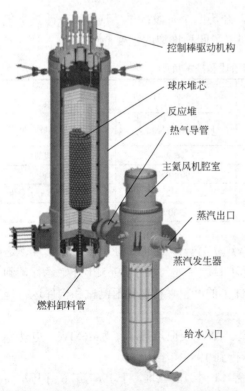

控制棒驱动机构

球床堆芯

反应堆

热气导管

主氦风机腔室

蒸汽出口

蒸汽发生器

燃料卸料管

给水入口

图 4-14　高温气冷堆（HTR-PM）本体示意图

钠冷快堆、铅冷快堆和气冷快堆同属于快中子反应堆（简称快堆）。快中子反应堆（简称快堆）是没有中子慢化剂的核裂变反应堆。核裂变反应堆为提升核燃料的链式裂变反应效率，需要将裂变产生的高速中子(快中子)减速成速度较慢的中子(热中子)，所以要加入慢化剂。

图 4-15　石岛湾高温气冷堆核电站示范工程现场

快中子反应堆用 ^{239}Pu 作燃料，并且在堆芯燃料 ^{239}Pu 外围（再生区）放置 ^{238}U。^{239}Pu 裂变反应时放出来的快中子被再生区的 ^{238}U 吸收后，很快会变成 ^{239}Pu。于是，^{239}Pu 裂变既释放能量，又不断地将 ^{238}U 转变为 ^{239}Pu，同时 ^{239}Pu 燃料的再生速度高于其消耗速度，这导致核燃料持续增加，快速增殖，故快中子反应堆被称为"快中子增殖堆"。

计算显示，如快中子反应堆推广应用，将使铀资源的利用率提高 50～60 倍。同时，大量作为核废料堆积的 ^{238} 铀得以利用，也解决了其污染环境的问题。

快中子反应堆需要冷却剂，如果选择液态钠作冷却剂称为钠冷快堆，目前应用较多。

（1）钠冷快堆的结构

钠冷快堆的燃料是二氧化钚和天然铀氧化物的混合物（钚占 15%～30%）粉末做成烧结陶瓷芯块，装入不锈钢包壳管制成细燃料棒；将 200～300 根燃料棒按三角形排列后制成燃料组件，装入六边形不锈钢外套管；由几百个燃料组件组成堆芯。快中子堆所用的控制棒不多。

钠冷快堆的一回路布置分为池式和回路式两种形式。池式是将一回路设备均匀布置在一个充入钠的大池内，这些设备包括堆本体、中间热交换器（多台）和钠泵（多台）。结构见图 4-16。

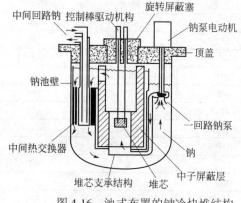

图 4-16　池式布置的钠冷快堆结构

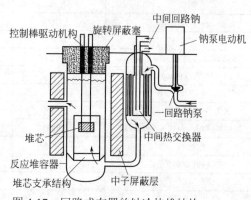

图 4-17　回路式布置的钠冷快堆结构

回路式见图 4-17。将堆本体、中间热交换器和钠泵分别安置在单独的容器隔间内,屏蔽处理并充满氮气。容器隔间之间用管道互相连接。

(2) 钠冷快堆的特点

① 快堆的核燃料利用率可高达 60%～70%,可提高铀资源的利用率;可以焚烧长寿命锕系核素和长寿命裂变产物,解决高放射性废物最终处置问题。

② 快堆中中子的能量平均在 2MeV。由于快堆中无慢化剂,冷却剂和结构材料也很少,堆芯体积比热中子堆小很多,必然对传热要求高。液态金属钠有较大的热导率,见表 4-5。

表 4-5 冷却剂的物性

物性	Na (450℃)	NaK (450℃)	Hg (450℃)	Pb (450℃)	Pb-Bi (450℃)	He (450℃, 6MPa)	H_2O (280℃, 6.4MPa)	H_2O (342.16℃, 15MPa)
熔点/℃	98℃	−12.6	−38.9	327.6	208.2			
沸点/℃	883	784	356.7	1743	1638			
密度/(kg/m³)	844	759	12510	10520	10150	3.955	610.7	758.0
比热容/[kJ/(kg·K)]	4.205	0.873	0.13	0.147	0.146	5.193	8.95	5.29
热导率/[W/(m·K)]	71.2	26	13	17.1	14.2	0.2893	0.456	0.5777
运动黏度/(m²/s)	$3×10^{-7}$	$2.4×10^{-7}$	$0.60×10^{-7}$	$1.9×10^{-7}$	$1.4×10^{-7}$	$13.53×10^{-6}$	$1.14×10^{-7}$	$1.239×10^{-7}$
热胀系数/K⁻¹	$2.4×10^{-4}$	$2.77×10^{-4}$					$25.79×10^{-4}$ (6MPa)	$72.1×10^{-4}$

③ 钠是化学性质极活泼的金属,要注意管道或设备破损导致钠泄漏的危险。同时注意水和钠的空泡效应产生的危害。

(3) 国际快堆的发展

世界上第一座快中子反应堆(钠冷快堆)是美国于 1951 年建成的,以后法国、苏联、日本、德国及印度相继建立了第二代实验快堆,目前已经积累 400 堆年的运行经验。表 4-6 为几座重要的钠冷快堆核电厂的主要参数。

表 4-6 几座钠冷快堆核电厂的主要参数

堆名	苏联 BN-600	法国 Phenix	法国 Super Phenix	日本文殊 (Monju)
设计年份	1968	1966	1972	1984
建成年份	1980	1973	1985	1994
堆型	池式	池式	池式	回路式
热功率/MW	1470	563	3000	714
电功率/MW	600	250	1200	280
堆芯尺寸(高×直径)/m	0.75×2.05	0.85×1.39	1.0×3.66	0.93×1.8
平均比功率/[kW/kg(U+Pu)]	173	131	88.5	121
平均功率密度/(kW/L)	550	406	280	307
最大线功率/(W/cm)	530	450	480	457
平均燃耗深度/(MW·d/t HM)	100000	100000	50000	80000
燃料	UO_2+PuO_2	UO_2+PuO_2	UO_2+PuO_2	UO_2+PuO_2
换料钚占份额/%	33	27.1	20	16(内)/21(外)
初始堆芯钚装载量/kg	1785	830	5424	1030
最大包壳温度/℃	710	700	690	700

① 铅冷快堆　铅冷快堆采用金属铅作慢化剂。铅冷快堆具有良好的中子学、热工水力学和安全性，已成为第四代先进核能系统主要候选堆型之一。铅基反应堆既适用于裂变堆也适用于聚变堆，同时可以在临界堆和次临界堆应用。图 4-18 是铅冷快堆的示意图。

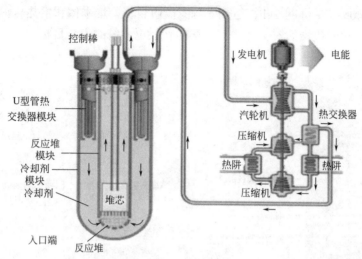

图 4-18　铅冷快堆的示意图

目前，欧洲的铅冷系统 ELSY、俄罗斯的中型铅冷快堆 BREST-OD-300、美国的小型自然循环铅冷快堆 SSTAR 是铅冷快堆的主要参考堆型。

② 气冷快堆　气冷快堆采用惰性气体氦作为冷却剂。氦气不仅化学稳定性好，而且不发生相变。在温度很高及中子吸收能力很低的条件下，也可以用氦气作冷却剂。图 4-19 是气冷快堆的示意图。气冷快堆可用直接布雷顿循环氦气轮机发电，可以获得较高的热效率（＞45%），同时可利用其工艺热进行热化学制氢。

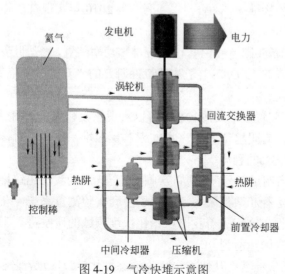

图 4-19　气冷快堆示意图

（4）我国快堆的进展

我国在快堆领域的工作从 20 世纪 60 年代开始，在钠冷快堆、铅冷快堆和钍基熔盐快堆方面均取得重要进展。

① 钠冷快堆　2011 年 7 月，我国的热功率 65MW、电功率 20MW 的钠冷池型快堆（CEFR）实现 40%功率并网 24h，达到了国家验收目标。堆本体和主热传输系统见图 4-20 和图 4-21。我国实验快堆的安全性达到了第四代核电系统的安全目标。

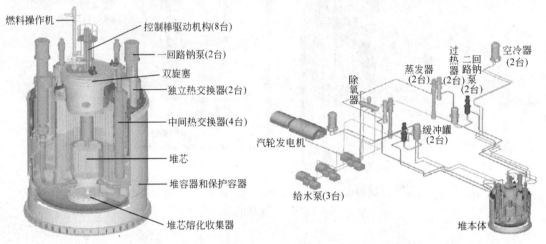

图 4-20　我国实验快堆本体　　　　图 4-21　我国实验快堆主热传输系统

按照钠冷快堆的"三步走"发展计划，即实验堆→示范堆→商用堆，2017 年 12 月我国钠冷快堆示范堆（CFR600）在福建霞浦开工建设，进行设备安装。这将为钠冷商业快堆的发展奠定基础。

② 铅冷快堆　我国的铅冷快堆的研发已经跻身国际前列，"启明星号"按计划发展并取得成功。

我国铅冷快堆实验快堆——"启明星 1 号"于 2010 年实现首次临界，2011 年实现首次并网发电。

"启明星 11 号"是我国首座铅基核反应堆零功率装置，也是世界首座专门针对加速器驱动次临界洁净核能系统（ADS）中子物理特性研究的"双堆芯"临界装置，于 2016 年 12 月 23 日上午首次实现临界。

"启明星 11 号"装置里的铅冷物质，可以实现核废料失去放射性，同时把释放出的能量再次转化为电能。"启明星 2 号"采用的双芯反应堆，实现了对核燃料的废弃物再次回收利用，达到核燃料 95%的利用率。

2019 年 10 月，"启明星 3 号"实现首次临界，正式启动我国铅铋堆芯核特性物理实验，实现了集成化控制、运行和数据采集，配备了多套实验测量系统，获取用于铅铋快堆工程化的宝贵的第一手数据。这标志着我国在铅铋快堆领域的研发进入工程化阶段。我国在铅铋快堆研发领域已跻身国际前列。

③ 钍基熔盐快堆　钍基熔盐快堆也称为液态氟化钍反应堆，它利用 ^{232} 钍熔盐作燃料，

高温熔盐作为冷却剂，无需使用沉重且昂贵的压力容器。同时，与铀元素和钚元素相比，钍元素资源丰富。钍基熔盐快堆具有高温、低压、高化学稳定性和高热容等热物理特性，适合建成紧凑、轻量化和低成本的小型模块化反应堆。

我国在甘肃武威建立的钍基熔盐快堆，打破了钍基熔盐快堆的研究在全球长期处于停滞状态的局面。图 4-22 是钍基熔盐快堆的示意图。重要的是钍基熔盐快堆采用无水冷却技术，可在干旱地区实现高效发电。

熔盐堆输出的高温核热可用于发电、工业热应用、高温制氢以及氢吸收二氧化碳制甲醇等。我国在钍基熔盐快堆核电技术方面取得突破，奠定了在全球核电领域的领先地位。

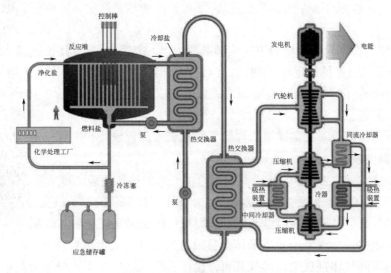

图 4-22　钍基熔盐快堆的示意图

4.2.2　核聚变

核聚变是利用 2 个或 2 个以上较轻原子核（目前是氢的同位素氘和氚）在超高温（$10^7 \sim 10^8$℃）等特定条件下猛烈碰撞，聚合形成一个较重原子核。由于发生质量亏损会释放出一个中子和巨大的能量。太阳是一个巨大而炽热的球体，这是太阳内部的氢与其同位素不停地进行核聚变反应发出的光和热。在地球上如何实现轻核聚变反应，这是人类面临的具有挑战性的课题。实现核聚变能的应用远比核裂变能的应用要困难得多。

4.2.2.1　核聚变反应基本原理

物质在低温状态下通常是固态，但随着温度的升高会出现液态和气态。如果气态的物质被继续加热会出现等离子状态，即温度在几万摄氏度以上时，气体将全部发生电离变成带正电的离子和带负电的自由电子。如果这种等离子体被约束在环形腔体（目前称此装置为托卡马克装置）内，通过等离子体不断与腔壁接触，电流持续在这个环形室中流动，则与电流方向一致的强大外磁场就可以保证等离子体的稳定。

当等离子体被加热到 10^8℃以上，满足 $n\tau > 10^{14}$（式中 n 为氘、氚等离子体密度，cm^{-3}；τ 为等离子体维持的时间，s）时，就会发生轻原子核转为重原子核的核聚变反应：

$$_1^2H + _1^3H \longrightarrow _2^4He + n$$

1 个氘和 1 个氚聚变为 1 个氦核，放出 1 个中子（能量为 14MeV），伴随着这一反应放出 17.6MeV 的巨大能量。

在托卡马克装置内，当放出的能量大于输入的能量并足以加热下一次添加的氘、氚并继续聚变反应时，这种条件称为可控核聚变的"点火"条件。实现核聚变的"点火"有三大难题要解决：一是如何把等离子体加热到 $10^8℃$ 以上；二是如何使等离子体不与盛放它的容器相碰，否则等离子体要降温，容器要烧毁；三是防止杂质混入等离子体，杂质增加辐射会导致等离子体冷却。

聚变反应堆主要的部件包括高温聚变等离子体堆芯、包层、屏蔽层、磁体和辅助系统等。

1991 年 11 月，在伦敦卡拉姆 JET 实验装置上，人类第一次成功地进行氘、氚等离子体的聚合反应。虽然只维持了 1.8s 的时间，但它为人类探索新能源——聚变能迈进了一大步。

随后在英国等 14 国联合建造的聚变装置上完成了一次维持时间约 10min 的可控氘、氚聚变实验，等离子体温度达到 $2×10^8℃$，聚变产生了 200kW 的能量。完成了受控热核聚变的理论验证工作，核聚变实验纯物理研究正式进入工程设计和工程技术攻关阶段。

4.2.2.2 核聚变反应方式

核聚变反应方式有多种：①4 个氢核聚合成一个氦核，反应速度太慢；②氘-氘聚合；③氘-氚聚合。其中，氘-氚聚合首先被研究。事实上，氘和氚的原子核又轻又小，核子之间结合非常牢固，必须有极高的温度使粒子获得极快的交叉飞行速度才能实现核聚变反应。

经过实验研究，发现采用等离子体是目前认为有希望实现核聚变反应的方法。用几十万安培的强电流向气体氘放电，形成几百万至千万摄氏度的高温，使氘分离成带正电和带负电的粒子，即等离子体。把等离子体加热到点火温度，采用一定的装置和方法来控制反应物的密度及维持此密度的时间。这个装置和方法就是应用磁约束及惯性约束。

4.2.2.3 核聚变的实验装置

目前，核聚变实验用一种被称为托卡马克的环形装置，通过约束电磁波驱动，营造氘-氚实现聚变的环境和超高温，实现对聚变反应的控制。

（1）磁约束

磁约束用一定强度和几何形状的磁场，将带电粒子约束在一定的空间范围内并保持一段时间。20 世纪 60 年代苏联科学家发明了著名的磁约束装置——托卡马克装置（Tokamak），使聚变研究进入快速发展期。

磁约束的原理是沿环形磁场通电流，加以与之垂直的磁场，使高温等离子体在环形磁场约束下，不与器壁接触而做螺旋运动，同时被加热和压缩成细柱状，使核聚变反应受控。

自 1968 年起，全世界共建造了几十个大大小小的托卡马克，把核聚变研究推向一个新的高度，主要的成就有：①基本上没有发现一直困扰磁约束聚变的宏观稳定性问题；②实验数据与新经典理论预期的结果基本一致。

到 20 世纪 80 年代初，全世界建造了 4 个大型托卡马克，分别是美国 PPPL 的 TFTR、欧洲 Culham 的 JET、日本 Naka 的 JT-60 和苏联库尔恰托夫原子能所的 T-15 超导托卡马克。每个装置的投资都是数亿美元。前三个装置达到的"里程碑"是基本上实现了非氘、氚燃烧的科学可行性的各项指标，但 T-15 由于各种原因一直未能投入正常运行。

1985 年，在美苏倡议下，在 IAEA 的框架下，由美国、欧洲、日本及苏联共同建造"国际热核聚变试验堆（ITER）"。它的目标是验证稳态的氘、氚等离子体自持"燃烧"的科学可行性和聚变反应堆的工程可行性。此计划耗资高达 100 亿美元以上，其中 1988～1990 年为概念设计阶段，1992～1998 年为工程设计阶段。

参与这一计划的国家包括欧盟、美国、俄罗斯、日本、韩国和中国。这是继"双星"计划和"伽利略"导航卫星计划之后，我国加入的第三个大型国际科技合作项目。国际热核聚变实验堆结构示意图见图 4-23。

ITER 计划第一期的主要目标是建设一个能产生 5×10^5 kW 聚变功率、能量增益大于 10（在其他参数不变的情况下，若运行电流为 17MA，则总聚变功率为 700MW）、重复脉冲大于 500s 的氘、氚燃烧的托卡马克型实验聚变堆（具体参数见表 4-7）。

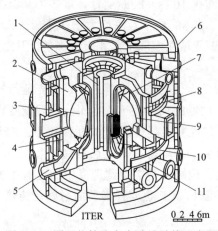

图 4-23　国际热核聚变实验堆结构示意图

1—中心支撑圆筒体；2—屏蔽层，包层；3—等离子环；4—真空室；5—等离子体室抽气口；
6—低温室；7—主动控制线圈；8—环向场线圈；9—第一壁；10—偏滤器板；11—极向场线圈

表 4-7　ITER 典型参数

项目	参数	项目	参数
总聚变功率/MW	500（70）	每次燃烧时间/s	＞500
Q（聚变功率/加热功率）	＞10	等离子体大半径/m	6.2
14MeV 中子平均壁负载/(MW/m²)	0.57（0.8）	等离子体小半径/m	2.0
等离子体电流/MA	15（17）	等离子体体积/m³	837
小截面拉长比	1.7	等离子体表面积/m²	678
等离子体中心磁场强度/T	5.3	加热及驱动电流总功率/MW	73

注：括号中为另一组运行参数。

（2）托卡马克装置存在的问题

① 托卡马克装置有复杂的各种磁路系统和苛刻的工作条件。托卡马克装置结构庞大，结构复杂，成本极高，例如 ITER 装置，按最初的设计方案造价高达 100 亿美元以上，即使

按后来的改进方案，其造价仍然在 50 亿美元以上。

② 由于在强磁场中高温等离子体表现出各种宏观和微观不稳定性，如何实现稳态运行仍然是托卡马克装置面临的最大难题。

③ 由于托卡马克是一个封闭性的装置，如何实现反应堆从加料到加热、反应、传热、除灰的连续运行也是一个极大的困难。

（3）惯性约束

惯性约束（ICF）核聚变是利用高功率激光束（或粒子束）均匀辐照氘、氚等热核燃料组成的微型靶丸，在极短的时间里靶丸表面在高功率激光的辐照下会发生电离和消熔，从而形成包围靶芯的高温等离子体。等离子体膨胀向外爆炸的反作用力会产生极大的向心聚爆的压力，这个压力大约相当于地球上大气压力的十亿倍。在这么巨大的压力的作用下，氘、氚等离子体被压缩到极高的密度和极高的温度（相当于恒星内部的条件），引起氘、氚燃料的核聚变反应。

ICF 是短脉冲（约束时间仅 10^{-9}s）间断运行，堆芯为高温高密度等离子体（达到点火条件时，温度为 10^8K，等离子体的粒子数密度大于 10^{32} 个/m³，瞬时等离子体中的压强高达 10^{12}atm）。由于驱动源和聚变堆在空间上是相互分离的，因此 ICF 聚变堆比 MCF 聚变堆简单得多。

目前，制约 ICF 实现聚变点火的主要困难之一是激光能量转化为等离子体能量的效率太低（低于 5%），目前的驱动器的功率还远远达不到实现聚变点火的条件，加之超热电子对燃料的预热产生辐射不均匀性并引起等离子体的不稳定性扰动等。

如果用高能离子束作 ICF 的驱动源，其优点是离子束在等离子体中具有很好的能量沉积特性，能量的转换效率高。但缺点是需要建造离子加速器作驱动器，这样系统更复杂，成本也急剧增加。除以上困难外，ICF 也同样需要面对如何传热、排灰和高能中子的处理等难题。

4.2.2.4 核聚变燃料

目前，核聚变的燃料只限于用氘和氚。同时介绍氦。

（1）氘

氘是氢的同位素。氢中有 0.02% 的氘，在大自然中的含量约为氢的七千分之一。海水里的氘占 0.015%，地球上有海水 1.37×10^9km³，这样估计氘的总储量为 2×10^{16}t。但从海水中提取氘代价太大，目前是利用蒸馏法或化学交换法由普通水内将氘含量浓集到一定程度，再用电解法使产品提高到所需的浓度。

（2）氚

氚在自然界中实际上不存在。目前氚的生产一般都是在裂变堆（重水或早期的石墨堆）中用中子轰击锂元素产生的。

（3）氦

氘和氦可以发生热核反应：

$$^2_1H + ^3_2He \longrightarrow ^1_1H(14.7MeV) + ^4_2He(3.6MeV)$$

产生的能量是炭燃烧反应的 10.8×10^6 倍。氦的来源是月球表面的月壤。苏联、美国和中国对宇宙考查后发现，月球表面的土壤中含有大量的 $^3_2$He。月球上的 $^3_2$He 储量至少为 10^6t，

约相当于 2×10^{13}t 标准煤的能量。当然，这还是设想。

4.2.2.5　核聚变堆的安全

从目前的核聚变实验结果分析，以第一代氘、氚为燃料的热核反应堆为例，如果是电功率为 1GW 的商用堆，其氚的含量为 10kg，而且大部分分散在再生材料、腔体材料和净化系统中。这样在最严重的事故状态下，仅 10kg 带有放射性的氚全部泄漏在反应堆大厅内的水中。在通风等各种措施的作用下，几小时就可以恢复到辐射的安全水平（氚的半衰期是 12.5 年，发出能量小于 20MeV 的电子，其穿透能很低，对人类的危害是进入人体器官内部）。

通过 100m 高的烟囱排放氚水汽，对应邻近地区的放射性剂量相当于 2×10^{-5}Sv/a，这一水平远低于天然辐射本地（1mSv/a），与国际放射性防护委员会推荐的最大容许剂量（对工作人员是 50Sv/a，对居民是 5Sv/a）相比是相当安全的。

4.2.2.6　核聚变的未来

（1）核聚变研究的进展

自 20 世纪 50 年代以来，核聚变研究取得了很大的进展。标志性成果如下。

① 1985 年，由美、苏牵头启动的 ITER 计划当年相当宏伟，但经历长达十多年的"选址纠纷"，直到 2006 年，ITER 反应堆正式启动。参加的国家有中国、欧盟成员国、美国、俄罗斯、韩国和日本等 35 个国家，至今已花费超 240 亿美元，仍未完工。

② 1991 年，英国牛津郡卡勒姆联合欧洲核聚变实验室使用氘（84%）和氚（14%）等混合物为原料，采用等离子体方法，第一次进行受控核聚变，产生 1.7MW 的电力，持续时间为 2s。

③ 2018 年，EAST 实现 1×10^8℃等离子体运行等重大突破，获得的实验参数接近未来聚变堆稳态运行模式所需要的物理条件。

④ 2021 年 5 月，EAST 实现了 1.2×10^8℃101s 和 1.6×10^8℃20s 的等离子体运行；同年 12 月，EAST 实现 1056s 的长脉冲高参数等离子体运行，这是目前世界上托卡马克装置高温等离子体运行的最长时间。

⑤ 自 20 世纪 50 年代，中国开启聚变研究，到 20 世纪 80 年代，中国建造了第一个托卡马克装置。40 年后的今天，中国有三座成功运行的国产托卡马克装置。其中，中国自主设计的东方超环 EAST，是世界首个全超导托卡马克装置，坐落于安徽合肥中国科学院合肥物理科学研究所。

根据 IAEA 发布的数据，截至 2021 年底，全球在运营的核聚变装置有 96 座，在建核聚变装置有 9 座，计划建设的装置则有 29 座。这些核聚变装置分布在美国、日本、俄罗斯、中国、韩国和英国等国家。

（2）核聚变研究的短板

但到现在为止，世界上仍未有一座托卡马克实现 Q 值大于 1，这意味着现有的托卡马克并不具有经济性，实现商业化的路还很长。劳逊条件表明：等离子体密度和约束时间的乘积必须大于某一值，热核反应才能持续进行。表 4-8 是可控核聚变反应需要满足的基本条件。

表 4-8　可控核聚变反应需要满足的基本条件

反应堆类型	最低温度/K	等离子体密度/（个/cm³）	最少约束时间/s	劳逊条件/（s·个/cm³）
氘-氚反应	10^8	$10^{14}\sim10^{16}$	0.01～1	10^{14}
氘-氘反应	5×10^8	$0.2\times10^{14}\sim0.2\times10^{16}$	5～500	10^{16}

目前，所有这些核聚变过程都在超高真空、中子轰击和高磁场的聚变反应堆环境中进行，这是一个巨大的工程挑战。

核聚变燃料之一是氚，它需要在核聚变（重水堆）运行过程中获得，且氚还是生产氢弹的原料，这带来了不确定性。氚的半衰期仅 12.3 年，存储困难，为实验研究增加变数。

人造的核聚变装置需要高温高压的反应环境，核聚变反应发生所需的能量仍高于聚变过程产出的能量，这也意味着核聚变技术距离真正投入商业化应用仍有漫长的路要走。

4.2.2.7　核能电池

核能电池也称为原子能电池或放射性同位素电池，其热源是放射性同位素。采用的放射性同位素包括锶-90（^{90}Sr，半衰期为 28 年）、钚-238（^{238}Pu，半衰期为 89.6 年）、钋-210（^{210}Po，半衰期为 138.4 天）。它们在蜕变过程中，不断以热能的射线形式向外释放能量。

（1）核能电池的特点

① 能量的大小和速度不受外界环境中某些因素的影响，包括温度、压力、电磁场及各种化学反应，因此核能电池具有抗干扰性强和准确可靠的优势。

② 蜕变时间很长，这决定了核能电池可长期使用。

（2）核能电池的构成

核能电池的构成包括核燃料、热电元件和换能器。在热源和换能器之间形成温差才可发电。

（3）核能电池的应用

① 海底潜艇导航信标　核能电池能保证航标每隔几秒钟闪光一次，几十年内可以不换电池。

② 水下监听器电源　核能电池用来监听敌方潜水艇的活动。

③ 海底电缆的中继站电源　核能电池能耐 5000～6000m 深海的高压，不仅安全可靠且成本很低。

④ 航天器的理想电源　在阿波罗号飞船上安装了核能电池，其热功率为 15W，用的燃料为钚-238。

⑤ 在医学上核能电池已用于心脏起搏器和人工心脏，放入患者胸腔内可长期使用。

4.3　核供热

低温核供热是一种利用核反应堆的供热方式，具有安全、环境友好和供热效率高的优势。20 世纪 70 年代起，俄罗斯、保加利亚、瑞士和罗马尼亚等国就建造了核能供热系统，作为区域集中供热或工业供热热源，积累了丰富的运行经验。如果按照每单位电力造成的死亡人数计算，核能的危险性远低于煤炭、石油、生物质能和天然气。

我国冬季供暖面积以年均约 10%的增速增长，截至 2019 年底，全国集中供热面积达 110 亿平方米。北方城镇供暖能耗为 1.91 亿吨标煤，约占建筑总能耗的 1/4。北方供暖需求增长快，需要大力发展包括核能供暖在内的清洁能源供暖。核电机组热效率高且无碳排放，专家测算，利用沿海核电余热，可满足沿海至腹地 200～300km 范围内、近 70 亿平方米建筑冬季供热需求，约占我国北方城镇未来供热建筑总量的 1/3。

如果以热功率为 200MW 的核供热堆代替同等规模的燃煤锅炉房，每年可减少 25 万吨煤炭运输量，每年少排入环境 38.5 万吨 CO_2、0.6 万吨 SO_2、0.16 万吨 NO_x、0.5 万吨烟尘和 5 万吨灰渣。若代替燃油锅炉房，则每年可减少 10 万吨燃油运输量，每年少排入环境 1800t SO_2、619t NO_x 和 49.2t 灰渣。

考查排入环境的放射性物质，核供热堆也不到燃煤锅炉房的 1/30，可见推广应用核供热技术对减排温室气体和改善环境十分有益。低温核供热堆在瑞典、俄罗斯等供热事业发达国家已经广泛应用并取得良好的经济效益和社会效益。

4.3.1　低温核供热堆的种类

低温核供热堆目前主要有深水池供热反应堆和常压壳式供热堆两种。

4.3.1.1　深水池供热反应堆

深水池供热堆（DDR-1）的概念由我国首先提出，它利用"低温"这一特点，将反应堆堆芯放置在一个大而深的水池中。由于水的静压力，允许在不出现沸腾的条件下提高供水温度，满足集中供热系统的需要。同时由于反应堆被大量的水包围着，平均水温不超过100℃，反应堆可在常压下工作，从而不会发生"失压"事故，有良好的固有安全性。

深水池供热堆不用压力容器，也没有保证压力边界完整的核安全级设备，因而具有结构简单、材料便宜、制造容易、造价较低、工程现实性好和供热运行可靠性高等优势，具有推广应用价值。深水池供热反应堆通常由三部分组成，见图 4-24。

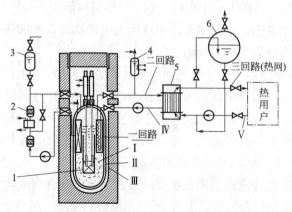

图 4-24　深水池供热反应堆结构组成

Ⅰ—释热区；Ⅱ—压力容器；Ⅲ—屏蔽层；Ⅳ—二回路；Ⅴ—三回路（热网）；
1—堆芯；2—一次冷却剂净化系统；3—硼酸水注系统；4—二回路容积补偿器；5—热网热交换器；6—事故冷却系统

（1）深水池供热反应堆的组成

① 产生热量的核反应堆和主交换器，带有放射性的水在这一部分循环，组成一回路，取消泵，采用自然循环，堆芯和主交换器成为一体。

② 确保带放射性的一回路水不和热网水直接接触的中间回路，包括热网热交换器和泵。

③ 进入居民区的普通热网。

（2）深水池供热堆的特点

① 水静压力提高沸点　由于低温供热要求堆芯出口水温稍高于100℃，利用水层加压可以有效地提高饱和温度。当堆芯以上有10m水深时，水的饱和温度可提高20℃（即沸点由常压下的100℃变为120℃），利用这一特性可以将冷却堆芯的水温提高到100℃以上，而堆芯内不出现沸腾。增加水深提高压力从而提高温度的办法，给核工程设计带来许多其他方面的好处。

② 自然循环能力增强反应堆　冷却水的自然循环是保证反应堆安全的重要手段，一座反应堆的自然循环能力由以下关系式决定：

$$N_t = 4.43 c_p \rho \beta^{1/2} \Delta t_0^{3/2} \Delta H_0^{1/2} A \xi^{-1/2}$$

式中　N_t——反应堆自然循环功率；

　　　c_p——比定压热容；

　　　ρ——密度；

　　　β——线胀系数；

　　　Δt_0——堆芯冷却剂出入口温差；

　　　ΔH_0——堆芯与热交换器高度差；

　　　A——堆芯冷却剂流通截面积；

　　　ξ——冷却剂流动阻力。

反应堆的自然循环能力与A成正比，而A随反应堆功率（或堆芯体积）的2/3次方变化，所以，当反应堆功率增大以后，自然循环能力降低。例如，100MW反应堆会比10MW反应堆的自然循环能力下降1/2。商用供热堆功率都在100MW以上，为保持自然循环能力，往往需要采取特殊措施。但在上式中可以看到，自然循环能力还与冷热源高度差ΔH_0的1/2次方成正比，加深水池就提高了高度差，也就为大型供热堆自然循环方式，即不依靠外界提供能量的方式导出余热创造了有利的条件。

③ 大的水容积是安全的需要　水池加深扩大了池水容积，这也正是大型商用供热堆安全上的需要。在现代压水堆核电站的改进设计中，为了在出现事故时能吸收过多的能量和保持堆芯不会裸露，都增设了许多水池。深水池直接扩大反应堆的水容积是最理想的扩容办法，使得反应堆在发生事故时进展缓慢，允许有足够长的时间去采取纠正措施。

④ 常压安全反应堆　堆芯不放在密闭的加压容器内还有一个最大的好处，就是在出现异常情况时，例如在失去外电源、失去水流冷却条件、温度升高或功率增长时，不会导致压力升高（反应堆水池是处在常压状态），不存在超压的危险；而且由于是低压相变，当水变成蒸汽时，汽液两相较大的密度差导致强的负反馈，可迅速有效地抑制反应堆功率或温度的升高，进而降低功率并导致停堆。这是深水池常压反应堆有别于其他密封加压反应堆

具有的特殊安全性能。

以 DPR-3 型深水池供热堆为例，图 4-25 是简图，表 4-9 是主要参数。

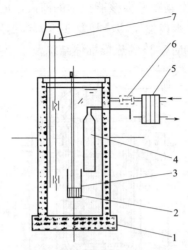

图 4-25　200MW 的 DPR-3 型池式供热堆简图

1—反应堆水池；2—堆芯；3—控制棒；4—衰减筒；5—主换热器；6—主循环泵；7—余热冷却系统

表 4-9　200MW 的 DPR-3 型深水池供热堆主要参数

项目	参数	项目	参数
热功率/MW	200	一次水总流量/(t/h)	5710
水池内径/m	8	一次换热器数量/台	6
水池深度/m	21	一回路泵数量/台	6
燃料组件数目/盒	249	二回路进/出口水温/℃	65/95
组件内元件棒数目/根	60	二次水总流量/(t/h)	5705
元件棒外径/mm	10	二次换热器数量/台	6
燃料部分高度/mm	1500	二回路泵数量/台	6
棒间距/mm	12.5	热网供水温度/℃	90
池顶水面压力/MPa	0.1	热网回水温度/℃	60
堆芯进/出口水温/℃	70/100	热网水流量/(t/h)	5700

⑤ 造价低且可靠性高　深水池是由深埋地下的钢筋混凝土制成的，与钢制压力容器相比，它的性能可靠、坚固、耐久、没有辐照损伤问题、制造容易且成本低廉。水池表面不加压力，没有密封加压要求，省去了很多压力系统、设备和防范设施。

核供热的经济性是问题的关键。深水池供热堆堆型简单，技术和设备成熟，所以建造费用很低。据估计，1 座 200MW 深水池供热堆大约需要投资 1.8 亿元，仅相当于加压供热堆的 1/3 左右。与燃煤锅炉相比，达到同样规模，大约需要 7 台大型锅炉，其投资合计约为 1.1 亿元。核供热堆的使用寿命为锅炉的 2～3 倍，可以降低供热成本。

4.3.1.2　常压壳式供热堆

我国自行设计 200MW 壳式核供热堆（见图 4-26），采用了一体化、自稳压、全功率自然循环、非能动安全系统和水力驱动控制棒等先进技术，具有安全性高、运行可靠、放射性隔离措施完善、可在热用户附近建设等特点。

（1）200MW 壳式核供热堆的结构与参数

200MW 核供热堆在设计上紧跟国际核能技术的前沿，遵循新一代反应堆的发展趋势，采用一体化布置、自稳压、轻水自然循环冷却及在压力容器外设有紧贴式承压安全壳。图 4-26 和表 4-10 分别示出了 200MW 核供热堆堆体结构及主要参数。

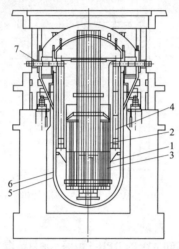

图 4-26　200MW 核供热堆结构

1—反应堆堆芯；2—控制棒；3—乏燃料贮存；4—主换热器；5—压力容器；6—钢安全容器；7—二回路接管

表 4-10　200MW 核供热堆主要参数

名称	参数	名称	参数
反应堆额定输出功率/MW	200	压力壳设计压力/MPa	3.1
反应堆冷却剂工作压力/MPa	2.5	安全壳设计压力/MPa	2.1
反应堆冷却剂入出口温度/℃	140/210	堆芯高度/m	1.9
反应堆冷却剂流量/(t/h)	2341	燃料组件数/盒	96
中间回路工作压力/MPa	3.0	控制棒数量/根	32
中间回路入出口温度/℃	95/145	主换热器数量/台	6
中间回路流量/(m³/h)	3600		

（2）壳式核供热堆的技术特点

200MW 核供热堆具有不需要外部动力、不设置主循环泵、简化主回路系统和增加运行的安全可靠性的特点。

供热堆采用非能动安全系统设计，装备 2 套独立的余热排出系统，每套系统均可将反应堆停堆后的剩余发热通过自然循环由空气冷却器排向大气，不需要动力源，从而确保反应堆安全。

注硼系统采用重力注入方式，因此不需要外电源。供热堆采用的控制棒动压水力驱动是一种安全、经济和先进的新型驱动方式，排除了弹棒事故。

（3）壳式核供热堆的安全原理

200MW 核供热堆根据纵深防御原则，采取多种措施和设置多重实体屏障，防止放射性物质污染热用户。例如在含放射性的一回路和热网之间设置中间隔离回路，且中间隔离回路的工作压力高于冷却剂回路，保证在主换热器泄漏的情况下放射性也不会进入热网。

为防止放射性物质释放至周围环境，除燃料元件包壳和反应堆冷却剂压力边界外，供热堆还采用了安全壳和二次安全壳。与核电站不同的是，由于供热堆的优异特性，它的第一道屏障——燃料包壳和第二道屏障——反应堆冷却剂压力边界更为安全可靠。

4.3.2 低温核供热的优势

核供热堆采用了一体化、自稳压、全功率自然循环、新型水力控制棒驱动系统和非能动安全系统等一系列先进技术，大大提高了供热堆的安全性，并使系统简化，运行可靠。表 4-11 以单座 200MW 核供热堆示范工程为例，比较了核供热与燃油锅炉供热的成本。推广应用核供热技术不仅具有明显的社会效益，在经济性上也具有竞争力。

表 4-11 核供热与燃油锅炉供热的成本比较

项目	核供热	燃油锅炉供热	燃油锅炉供热	燃油锅炉供热
油价/（元/t）	—	830	985	1280
燃料成本/（元/t）	2.9	25.5	29.4	39.3
供热生产成本/（元/GJ）	19.2	32.6	36.5	46.2
首年总成本费用/（元/GJ）	31.5	34.2	38.1	47.8

比较结果说明，以核供热代替燃油锅炉房供热不仅具有明显的经济效益，而且具有改善我国能源结构、保障能源安全的战略意义。

4.3.3 核供热堆的其他用途

核供热堆还可以用于制冷和海水淡化。

（1）制冷

以核供热堆作为热源，为溴化锂制冷机提供低压蒸汽，可以生产 7℃的冷冻水，供大面积降温空调用。一座 200MW 核供热堆可为 200～300 万平方米的建筑面积制冷。据初步经济分析，以单位制冷量价格比较，用热能的溴化锂制冷机的制冷费用低于用电制冷的费用。

（2）海水淡化

淡水资源短缺是全球关注的问题，因此核能海水淡化技术受到重视。国际原子能机构已将我国开发的核供热堆列为核能海水淡化的优选堆型之一。一座 200MW 核供热堆与高温多效蒸馏工艺（MED）相结合，可日产淡水约 16 万吨。

国外主要国家消费水价大多在 0.3～1.9 美元/m^3 之间；中东、北非地区可接受的淡水售价约为 1.5 美元/m^3。利用我国开发成功的核供热堆进行海水淡化在国际上具有经济竞争力。

在国内建设 200MW 核能海水淡化厂，产水成本约为 5 元/t。目前，国内沿海城市的自来水大多需要远距离引水，1.4～2.3 元/t 的水价是以国家的巨额补贴和不计引水工程的直接投资及工程维护费用为基础的，并不反映真实的供水成本。例如天津"引滦入津"工程的引水长度达 234km，大连"引英入连"输水管线工程全长达 114.5km，均投资巨大。若考虑引水工程的真实成本，则核能海水淡化完全具有经济竞争力。

4.3.4　核供热堆前景展望

随着我国北方城市集中供热面积的逐渐扩大，核供热堆在区域供热领域拥有广阔的潜在市场。伴随着福利型供热体制走向市场化，严格控制二氧化碳和二氧化硫的排放量、减少重点城市和行业的排放量等措施的逐步实行，将进一步提高核供热堆的经济竞争力。

未来，核供热堆应用的主要领域是核能海水淡化。我国被联合国列为 13 个缺水国之一，沿海城市一半以上缺水。从根本上解决沿海城市和岛屿淡水短缺问题的途径是海水淡化。

以核供热堆为热源的核能海水淡化技术可在提供日产 16 万吨淡化水的同时，不增加燃料运输量，不增加对电网的供电压力，也不增加环境污染，具有常规海水淡化技术无法相比的优势。核能海水淡化的产水成本高于现行水价，但取消城市居民用水的补贴，按用水和水污染处理成本收费已势在必行。随着水资源的市场化，核能海水淡化技术必将为解决我国沿海地区的淡水短缺问题做出贡献。

4.4　核废物处理与核安全

核能同样具有两重性，核能为社会提供丰富的能量，但同时带来危害。伴随着核能的开发和利用过程，从铀矿开采、水冶、同位素分离、元件制造、反应堆运行到乏燃料后处理整个核燃料的循环过程，同位素生产和应用，以及核武器的研制实验过程等，均将产生核废物。

对这些核废物需要进行科学管理，安全有效地处理和处置，防止过量的放射性核素释放到环境中，保证现在和将来对工作人员、公众造成的辐射损害较轻，并尽可能减少这种危害，从而达到保护人类健康及其生存环境的目的。同时，伴随着核能的开发利用，核安全问题日益受到重视。

4.4.1　核废物的管理及处置

目前，全球共有 442 座核电站在运行，每年要卸出大量的乏元件，而这些乏元件中含有大量钚和锕系核素及长寿命裂变产物。显然，这些核废物会产生辐射和衰变，如果处理不当就会对水、大气和土壤造成污染，对自然生态环境造成破坏，并间接或直接地影响人类的生存。据调查统计，核废物目前每年增加 7000t。

世界各国并没有处理这样巨大核废物的能力。对这些核废物处理的技术要求相当高，如果处理不当就会造成安全隐患。因而核废物的安全处理成为制约核能发展的主要因素，是现今核能发展的主要议题之一。核废物及系列废物分有毒和有害两类物质。

① 核废物中放射性的危害作用不能通过化学、物理或生物的方法来消除，而只能通过其自身固有的衰变规律降低其放射性水平，最后达到无害化。

② 核废物中的放射性核素不断地发出射线，有各种灵敏的仪器可进行探测，所以容易

发现它的存在和容易判断其危害程度。

4.4.1.1　核废物的来源

核废物是指含有放射性核素或被放射性污染的（其中的放射性浓度超过国家主管部门规定值）且不再被利用的物质，主要是指含有 α、β 和 γ 辐射的不稳定放射性元素并伴随有衰变热产生的无用材料。核废物来源主要有 7 个方面，见图 4-27。

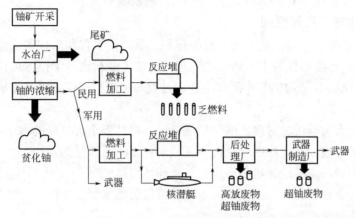

图 4-27　产生核废物的过程

① 铀、钍矿山、水冶厂、精炼厂、浓缩厂、钚冶金厂、燃料元件加工厂等前处理厂矿；

② 各类反应堆（包括核电站、核动力船舰、核动力卫星等）的运行；

③ 乏燃料后处理工业活动；

④ 核废物处理、处置过程；

⑤ 放射性同位素的生产、应用与核技术应用过程，包括医院及各科研院所的有关活动；

⑥ 核武器的研究、生产和试验活动；

⑦ 核设施（设备）的退役活动。

核废物主要产生于核工业厂矿和核电站，同位素和核技术应用所产生的核废物量少、核素半衰期短、毒性小。核废物以固态、液态和气态形式存在，其物理和化学特性、放射性浓度或活度、半衰期和毒性差别很大。

4.4.1.2　核废物的种类

核废物主要有以下七类。

① 锕系元素　从原子序数 89（锕）开始的元素系列，即锕、钍、镤、铀、镎和钚等。

② 高放废物　高水平放射性废物的简称，通常包括反应堆的乏燃料经过处理之后产生的废物和核武器生产的某些过程中产生的废物，一般要求将它永久隔离。高放废物含有高放射性、短寿命的裂变生成物、危险化合物和有毒重金属。高放废物还包括在后处理中直接产生的液体废物和从液体中得到的任何固体废物。

③ 中放废物　中放废物没有一致的定义，是某些国家采用的一种放射性废物的类别。

④ 低放废物　排除乏燃料、高放废物或超铀废物的任何其他废物的总称。

⑤ 混合废物　既含有化学上危险的材料又含有放射性材料的废物。

⑥ 乏燃料　反应堆中的燃料元件和被辐照过的靶。美国的核管理委员会（NRC）将乏燃料包括在它的高放废物定义中，但美国能源部（DOE）不将它包括在内。这与是否要求将它永久隔离有关。

⑦ 超铀废物　含有发射 α 粒子、半衰期超过 20 年，每克废物中浓度高于 100nCi（1Ci=37GBq，即每秒 317×10^3 次衰变）的超铀元素的废物。美国能源部允许管理人员把含有其他放射性同位素如 ^{238}U 和 ^{90}Sr 的材料包括在超铀废物中。

4.4.1.3　核废物安全管理原则

核废物管理目标是：以优化方式进行处理和处置，使当代和后代人的健康与环境免受不可接受的危害，不给后代带来不适当的负担，使核工业和核科学技术可持续地发展。国际原子能机构（IAEA）在 1995 年经理事会通过发布了成员国都必须遵守执行的放射性废物管理 9 条原则，即：

① 为了保护人类健康，对废物的管理应保证放射性低于可接受的水平；

② 为了保护环境，对废物的管理应保证放射性低于可接受的水平；

③ 对废物的管理要考虑到境外居民的健康和环境；

④ 对后代健康预计到的影响不应大于现在可接受的水平；

⑤ 不应将不合理的负担加给后代；

⑥ 国家制定适当的法律，使各有关部门和单位分担责任，提供管理职能；

⑦ 控制放射性废物的产生量；

⑧ 产生和管理放射性废物的所有阶段中的相互依存关系应得到适当的考虑；

⑨ 管理放射性废物的设施在使用寿命期内的安全要有保证。

4.4.1.4　核废物处理的主要途径

目前国际上通用的两种核废物处理方式为直接处理和后处理。

① 直接处理　乏燃料元件从反应堆卸出后经过几十年冷却，固化为整体后进行地质埋藏处置。其流程如图 4-28 所示。

② 后处理　用化学方法对冷却一定时间的乏燃料进行后处理，回收其中的铀和钚再进入核燃料再循环，将分离出的裂变产物和次锕系元素固化成稳定的高放废物固化物，进行地质埋藏处置。其流程见图 4-29。

图 4-28　乏燃料直接处理流程

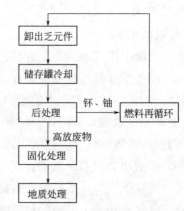

图 4-29　后处理流程

③ 分离-嬗变处理　目前所采用的两种处理途径不能将高放射性核废物的泄漏危害减少,经固化和地质处理的高放核废物不能完全保证经长时间的地质变化而造成高放核废物的泄漏。国际上认为对于高放核废物处理的方法是分离-嬗变技术,其处理流程见图 4-30。

嬗变可将高放废物中绝大部分长寿命核素转变为短寿命甚至变成非放射性核素,可以减小进行深地质处置的负担,但不可能完全代替深地质处置。

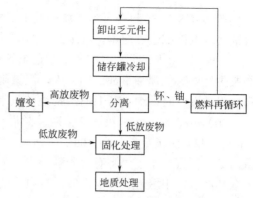

图 4-30　分离-嬗变处理流程

分离-嬗变处理的关键是分离技术,因为完全分离是很难达到的,加上还要产生二次废物,所以高放废物的分离-嬗变是一项难度大、耗资巨大并涉及多学科的系统工程。目前只是开发的初级阶段,距离实际处理高放废物还很远。

4.4.2　核安全

核能给人类带来了能源开发的新曙光,但必须注意核安全。历史上发生过 60 多次核泄漏事故,其中严重的核事故包括以下几件。

1971 年 11 月 19 日,美国明尼苏达州"北方州电力公司"的一座核反应堆的废水储存设施突然发生超库存事件,导致 5 万加仑(1US gal=3.78dm^3)放射性废水流入密西西比河,其中一些水甚至流入圣保罗的城市饮水系统。

1979 年 3 月 28 日,美国三哩岛的核反应堆由于机械故障和人为失误致使冷却水与放射性颗粒外溢,但没有人员伤亡报告。

1986 年 1 月 6 日,美国俄克拉何马州一座核电厂因错误加热发生爆炸,结果造成 1 名工人死亡,100 人受到核辐射。

1986 年 4 月 29 日,苏联切尔诺贝利核电站发生大爆炸,其放射性云团直抵西欧,导致 8000 人死于辐射带来的各种疾病。灾后当局用于事故处理的各项费用加上发电减少的损失,共达 80 亿卢布(约合 120 亿美元)。图 4-31 为被毁坏的切尔诺贝利核电站 4 号反应堆。

图 4-31　被毁坏的切尔诺贝利核电站 4 号反应堆

图 4-32　英国敦雷核电站

1999 年 9 月 30 日在日本茨城县发生了核泄漏事故,事故原因是操作工人用水桶将 16kg 含铀溶液直接倒进沉淀罐,过量的 ^{235}U 在中子撞击下开始连续裂变,从而造成核泄漏。

1999 年 10 月 5 日,日本核事故还未结束,芬兰首都赫尔辛基东部 60km 外的一个核电站发生轻微氢气泄漏事故。同一天,汉城附近一座核电站也发生泄漏事故。工作人员在修理核电站设施时,约 45L 具有放射性的重水泄漏出来。有 22 名工人受到了核辐射污染。

2005 年 3 月 6 日,英国《星期日泰晤士报》披露,该国最大核电厂之一的敦雷核电厂(见图 4-32)存在着令人惊讶的安全漏洞,导致大量放射性物质外泄,对周围环境造成了严重污染。英国原子能局却有意隐瞒该电厂的安全漏洞,在过去多年中未向该电厂周围地区公众和游客发出警告。目前,敦雷核电厂的安全丑闻已引起了英国各界的广泛关注。

2011 年日本福岛核事故。福岛核电站(Fukushima Nuclear Power Plant)是世界上最大的核电站,共有 10 台机组(均为沸水堆)。日本经济产业省原子能安全和保安院 2011 年 3 月 12 日宣布,日本受 9 级特大地震影响,福岛第一核电站的放射性物质发生泄漏;2011 年 4 月 11 日 16 点 16 分,福岛再次发生 7.1 级地震。受日本大地震影响,福岛第一核电站损毁极为严重,大量放射性物质泄漏到外部;2011 年 4 月 12 日,日本原子能安全保安院根据国际核事件分级表将福岛核事故定为最高级 7 级。

上述情况表明,在人类的生产和生活中,零危险是不存在的,安全应该永远在第一位,安全是永恒的主题。安全管理必须常抓不懈,绝不可能一劳永逸。

使用核裂变能,人们最担心的是核放射性污染和核废料的处理问题。实际上,核电站的建设和使用有一系列的安全防范措施,可使核裂变能的释放缓慢有控制地进行。只要有良好的设计、制造和严格的科学管理,核电完全是一种安全可靠的能源。特别是世界各国正在积极努力推进改进型和创新型两类新一代核电站的开发,使核电产生影响环境的重大事故的概率几乎降至百万分之一以下。相比而言,核电是最安全的能源。为此,它在许多国家,特别是在那些人口多、能源紧缺的国家和地区受到欢迎,其发展态势是有增无减。

4.5　核能的发展

人类希望和平利用核能,必须建造核反应堆,同时实现核能的持续可控。美国、俄罗斯、英国、法国、中国、日本及以色列等国相继展开核能应用研究。今天,人类已经将核能运用于军事、能源、工业、农业、医疗及航天等众多领域。

自 1954 年以来,全世界已经有 400 多座核电站,主要分布在美国、欧洲、俄罗斯和中国。2021 年各国核电站的统计见表 4-12。

表 4-12　各国核反应堆数量统计

国家	核反应堆数量/个	核反应堆增加数 (2001 年以来)/个	核反应堆减少数 (2011 年以来)/个
美国	93		11
法国	56		2
中国	52	39	
俄罗斯	38	6	

续表

国家	核反应堆数量/个	核反应堆增加数 （2001 年以来）/个	核反应堆减少数 （2011 年以来）/个
韩国	23	2	
印度	21	1	
加拿大	19	1	
乌克兰	15		4
英国	13		2
日本	9		39

　　由表 4-12 可见，全世界共有 448 个核电机组（2021 年统计），其中美国核反应堆总数是 93 个，法国是 56 个，中国是 52 个，俄罗斯是 38 个。表中还显示，我国近 10 年核反应堆增长的数量最多，达到 39 个。美国则减少 11 个，日本减少 39 个。

　　《中国核能发展与展望（2021）》指出："十四五"及中长期，我国核电将在确保安全的前提下向积极有序发展的新阶段转变。我国自主的核电站将会按照每年 6～8 台的核准节奏，实现规模化批量发展。预计到 2025 年，我国核电在运装机容量达 70GWe 左右，到 2030 年核电在运装机容量达 120GWe，核电发电量约占全国发电量的 8%。

思考题

1. 叙述核能技术的发展。
2. 核燃料都有哪些？
3. 核电站反应堆有哪几种堆型？
4. 与轻水堆相比，重水堆有哪些优缺点？
5. 压水堆和沸水堆有哪些区别？
6. 简要叙述高温气冷堆的工作原理。
7. 描述快中子反应堆的作用原理及其特点。
8. 实现可控核聚变"点火"的难点何在？
9. 目前预计实现可控核聚变有哪几种方法？简叙其工作原理。
10. 托卡马克装置存在哪些问题？
11. 实现核聚变的应用，人类面临的挑战还有哪些？
12. 同传统的供热方法相比，低温核供热有哪些优点？
13. 核废物包括哪些物质？处理核废物有哪些途径？
14. 结合各国核电的应用现状，谈谈核电在技术方面的发展趋势。
15. 介绍我国在核能领域近些年取得的成绩。
16. 你了解核能电池吗？

参考文献

[1]　马栩泉. 核能开发与应用[M]. 北京: 化学工业出版社, 2005.
[2]　王永庆, 田里. 200MW 核供热堆工业供汽的经济分析[J]. 核动力工程, 2000, 21(5): 473-476.
[3]　田里, 王永庆. 200MW 核供热堆汽电联供的经济分析[J]. 清华大学学报(自然科学版), 2000, 40(6): 95-98.

[4] 林士耀, 高祖瑛. 200MW 模块式高温气冷堆回热循环系统热力学设计研究[J]. 核科学与工程, 2003, 23(1): 52-57.

[5] 王淦昌. 21 世纪主要能源展望[J]. 核科学与工程, 1998, 18(2): 97-108.

[6] 周苏军, 王迎苏, 池金铭. 高温气冷堆发电技术的发展和应用前景[J]. 中国电力, 2001, 34(12): 8-10.

[7] 陈桂辉. 轻水堆核电站的原理与应用前景[J]. 福建能源开发与节约, 1996(1): 15-16.

[8] 谈成龙. 国际放射性废物地质处理 10 年进展[J]. 世界地质科学, 2003, 20(3): 50-53.

[9] 田嘉夫. 常压核供热技术现实经济可行的清洁能源[J]. 中国工程科学, 2000, 2(2): 74-76.

[10] 田嘉夫, 杨富. 低温核能供热经济分析[J]. 核动力工程, 1994, 15(6): 512-516.

[11] 王传英, 陈世齐. 关于核电发展的几点思考——由美国提出的"第 4 代核电"引起的话题[J]. 核科学与工程, 2001, 21(3): 193-199.

[12] 李寿. 关于先进核能系统的嬗变能力[J]. 核科学与工程, 1998, 18(3): 193-200.

[13] 胡遵. 切尔诺贝利事故及影响与教训[J]. 辐射与防护, 1994, 14(5): 321-335.

[14] 杨高义. 日本核灾难向世界敲响警钟[J]. 劳动保护科学技术, 2000, 20(3): 21-23.

[15] 吴宗鑫. 我国高温气冷堆的发展[J]. 核动力工程, 2000, 21(1): 39-80.

[16] 宋瑞祥. 我国核电安全监督管理的现状与对策——对秦山、大亚湾核电站基地的调查[J]. 环境保护, 1998(11): 9-11.

[17] 赵仁恺. 我国核电发展现状和展望[J]. 中国电力, 1999, 32(12): 6-11.

[18] 黄雅文. 我国台湾省放射性废物管理概况[J]. 辐射防护通讯, 1994, 14(5): 39-42.

[19] 施工, 赵兆颐, 田嘉夫, 等. 一种新型的核能供热装置——深水池供热堆的原理和工程特性[J]. 物理, 1999, 28(12): 730-734.

[20] 朱瑞安. 用低温核供热堆进行海水淡化[J]. 清华大学学报(自然科学版), 1994, 34(3): 94-100.

[21] 程景泰, 王继东. 与核安全有关的核电厂标准[J]. 核标准计量与质量, 1994(1): 17-20.

[22] 赵仁恺. 中国核电的可持续发展[J]. 中国工程科学, 2000, 2(10): 33-41.

[23] 李玉仑. 中国未来电力需求与核能[J]. 核动力工程, 1997, 18(1): 1-4.

[24] 李生莲, 程毓香. 重核裂变与人类能源[J]. 晋中师范高等专科学校学报, 2003, 20(1): 31-32.

[25] 藏明昌, 阮可强. 世界核电走向复苏——第 13 届太平洋地区核能大会评述[J]. 核科学与工程, 2004, 24(1): 1-5.

[26] 邱励勤. 纵观国际核骤变进展探讨中国核骤变发展的道路[J]. 力学进展, 1999, 29(4): 471-481.

[27] 周宏春. 核电与核废物管理[J]. 中国人口资源与环境, 1994, 4(4): 23-28.

[28] 孔宪文, 姜军, 朱松. 核裂变与核骤变发电综述[J]. 东北电力技术, 2002(5): 29-34.

[29] 岳生, 杨晓东. 核能的和平利用及前景[J]. 现代物理知识, 1997, 9(3): 30-33.

[30] 朱永瞻. 核能发展与核废物安全处理[J]. 世界科技研究与发展, 1999, 20(5): 38-41.

[31] 时振刚, 张作义, 薛澜. 核能风险接受性研究[J]. 核科学与工程, 2002, 22(3): 193-198.

[32] 易明. 核能工业用超耐热钼基合金的开发[J]. 中国钼业, 1994, 18(3): 12-14.

[33] 田里, 王永庆. 核能海水淡化的经济竞争性比较研究[J]. 核动力工程, 2001, 22(6): 554-558.

[34] 洪瑞祥. 核能及辐射能应用前景[J]. 化工时刊, 1995(4): 3-8.

[35] 刘静霞, 孙树萍. 核能技术发展的回顾与展望[J]. 化学教育, 2000(3): 21-24.

[36] 赵仁恺. 中国核电的可持续发展[J]. 中国工程科学, 2000, 2(10): 33-41.

[37] 甘向阳, 高祖瑛. 先进堆严重事故对策[J]. 核动力工程, 2000, 21(6): 519-523.

[38] 春江. 核能利用与安全[J]. 质量与可靠性, 2001(2): 39-40.

[39] 朱吉灿. 核能利用与环境保护[J]. 能源工程, 1995(3): 10-13.

[40] 居怀明, 徐元辉, 钟大辛. 化学热管系统在高温堆上的应用[J]. 清华大学学报(自然科学版), 1995, 35(6): 59-63.

[41] 贾海军, 李毅, 肖志, 等. 与核供热堆耦合的海水淡化系统及蒸发工艺研究[J]. 核动力工程, 2003, 24(6)(增刊): 101-104.

[42] 任德曦, 胡泊. 论我国核电事业发展空间[J]. 南华大学学报(社会科学版), 2003, 4(2): 106-110.

[43] 曲静原, 张作义. 目前核能发展与安全管理所遇到的若干挑战[J]. 核动力工程, 2001, 22(6): 559-562.

[44] 吴承康, 徐建中, 金红光. 能源科学发展战略研究[J]. 世界科技研究与发展, 1998, 22(4): 1-6.

[45] 曲静原. 欧共体核事故后果评价研究及其程序系统的引进开发[J]. 辐射防护通讯, 1998, 18(5): 24-28.

[46] 高林, 林汝谋. 三种高温气冷堆核能热力循环性能的比较[J]. 工程热物理学报, 2000, 21(3): 273-276.

[47] 郭永海, 王驹, 金远新. 世界高放废物地质处置库选址研究概况及国内进展[J]. 地学前缘(中国地质大学), 2001, 8(2): 327-332.

[48] 吴宗鑫, 张作义. 世界核电发展趋势与高温气冷堆[J]. 核科学与工程, 2000, 20(3): 211-219.

[49] 唐辉. 世界核电设备与结构将长期面临的一个问题——微动损伤[J]. 核动力工程, 2000, 21(3): 221-226.

[50] 吴宗鑫. 我国高温气冷堆的发展[J]. 核动力工程, 2000, 21(1): 39-43.

[51] 曹栋兴. 受控热核骤变发展现况[J]. 核物理动态, 1996, 13(1): 56-58.

[52] 宋文杰. 外中子源驱动的次临界堆核能系统——可预见的更安全的核能源[J]. 中国能源, 2001(6): 34-35.

[53] 张亚军, 苏庆善. 核供热堆调试试验的技术管理[J]. 核动力工程, 1999, 20(1): 84-87.

[54] 田嘉夫. 深水池低温供热堆的研究进展[J]. 清华大学学报(自然科学版), 1995, 35(2): 109-110.

[55] 周善元. 21 世纪的新能源——核能[J]. 江西能源, 2001(3): 21-23.

[56] 田嘉夫. 常压核供热技术现实经济可行的清洁能源[J]. 中国工程科学, 2000, 2(2): 74-76.

[57] 姚秋明. 当今世界核电工业的发展问题[J]. 科技前沿与学术评论, 1998, 22(4): 27-30.

[58] 田嘉夫, 杨富. 低温核能供热经济分析[J]. 核动力工程, 1994, 15(6): 512-516.

[59] 胡守印. 反应堆周期监测装置的研制[J]. 工业仪表与自动化装置, 2000(4): 47-48.

[60] 王捷. 高温气冷堆技术背景和发展潜力的初步研究[J]. 核科学与工程, 2002, 22(4): 326-330.

[61] 陈夷华, 王捷. 高温气冷堆联合循环技术潜力研究[J]. 核科学与工程, 2001, 22(5): 475-480.

[62] 邱励俭. 核聚变研究 50 年[J]. 核科学与工程, 2001, 21(1): 29-38.

[63] 孔宪文, 姜军. 核裂变与核聚变发电综述[J]. 东北电力技术, 2002(5): 29-34.

[64] 宋家树. 核能、核技术与防范核恐怖[J]. 科学对社会的影响, 2003(4): 24-27.

[65] 谭衢霖, 翟建平. 核能利用与我国可持续发展战略的关系[J]. 电力环境保护, 2000, 16(1): 39-41.

[66] 潘自强. 核能与可持续发展[J]. 科技导报, 2003(1): 9-13.

[67] 陈颖健. 可控核能新福音[J]. 国外科技动态, 2003(5): 16-19.

[68] 钟信. 美国新政府调整核能政策积极推动核电发展[J]. 全球科技经济瞭望, 2001(9): 24-25.

[69] 郑文祥, 董铎. 摩洛哥坦坦地区核能海水淡化示范项目[J]. 核动力工程, 2000, 21(1): 48-51.

[70] 王兴武. 全球铀资源、生产和需求[J]. 世界核地质科学, 2003, 20(1): 11-12.

[71] 杨高义. 日本核灾难向世界敲响警钟[J]. 劳动保护科学技术, 2000, 20(3): 21-23.

[72] 高林, 林如谋. 三种高温气冷堆核能热力循环性能的比较[J]. 工程热物理学报, 2000, 21(3): 273-276.

[73] 熊本和. 世界核电的现状和未来[J]. 国防科技工业, 2001(4): 20-24.

[74] 吴宗鑫, 张作义. 世界核电发展趋势与高温气冷堆[J]. 核科学与工程, 2000, 20(3): 211-217.

[75] 曹栋兴. 受控热核聚变发展现况[J]. 核物理动态, 1996, 13(1): 56-58.

[76] 王杰, 丁铭, 杨小勇, 等. 高温气冷堆复合联合循环特性研究[J]. 原子能科学技术, 2015, 49(4): 616-622.

[77] 周红波, 齐炜炜, 陈景. 模块式高温气冷堆的特点与发展[J]. 中外能源, 2015, 20(9): 35-40.

[78] 张生栋, 严叔衡. 乏燃料后处理湿法工艺技术基础研究发展现状[J]. 核化学与放射化学, 2015, 37(5): 266-275.

[79] 林灿生. 裂变产物元素过程化学[M]. 北京: 原子能出版社, 2012.

[80] 徐铼. 钠冷快堆的安全性[J]. 自然杂志, 2013, 35(2): 79-84.

[81] 吴宜灿, 王明煌, 黄群英, 等. 铅基反应堆研究现状与发展前景[J]. 核科学与工程, 2015, 35(2): 213-221.

[82] 储慧, 赵君煜."EAST"超导托卡马克核聚变实验装置的运行管理[J]. 科技管理研究, 2015(21): 186-189.

[83] 张作义, 原鲲. 我国高温气冷堆技术及产业化发展[J]. 现代物理知识, 2018, 4(2): 2-10.

[84] 史力, 赵加清, 刘兵, 等. 高温气冷堆关键材料技术发展战略[J]. 清华大学学报（自然科学版）, 2021, 61(4): 270-278.

第5章 化学电源

5.1 引言

化学电源是一种将化学能转化为电能的装置，也称电池。自1800年意大利科学家Volta发明了伏打电池算起，化学电池已有200余年的历史。目前，全世界共有1000多种不同系列和型号规格的电池产品，形成了独立完整的科技和工业体系。

（1）电池的类型

电池一般分为三类，即化学电池、物理电池和生物电池。

第一类是化学电池——通过化学反应将化学能转化成电能的装置。化学电池包括：a.一次电池，例如锂电池、锌-锰电池等；b.二次电池（可充电电池），例如铅酸蓄电池、镍氢电池和锂离子电池等；c.燃料电池（连续电池），例如氢燃料电池、固体氧化物燃料电池和质子膜燃料电池等。

第二类是物理电池——通过物理反应转换电能的装置。物理电池包括：a.太阳能电池；b.热电池（即熔盐电池），热电池是热激活储备电池，主要用于导弹、火箭以及应急电子仪器供电；c.双层电气电容（即超级电容器），其充放电过程完全没有涉及物质的变化。

第三类是生物电池——将生物质能直接转化为电能的装置。生物电池包括：a.酶解电池；b.微生物电池等。

本章主要讨论化学电池，同时介绍部分物理电池和生物电池。太阳能电池在第2章太阳能一章介绍。

（2）化学电源的分类

① 一次电池（原电池） 电池反应本身不可逆，电池放电后不能充电再使用的电池。一次电池主要有锌-锰电池、锌-汞电池、锌-银电池、锌-空气电池和锂电池等。

② 二次电池（蓄电池） 可重复充放电循环使用的电池，充放电次数可达数十次到上千次。二次电池主要有铅酸蓄电池、镉-镍蓄电池、氢-镍蓄电池和锂离子电池等。二次电池能量高，用于大功率放电的人造卫星、电动汽车和应急电器等。

③ 燃料电池（连续电池） 活性物质可从电池外部连续不断地输入电池，连续放电。主要燃料电池包括氢燃料电池、固体氧化物燃料电池及质子膜燃料电池等。燃料电池适用于长时间连续工作的环境，已成功用于飞船和汽车。

④ 储能电池 储能电池是由电池储能设备（由单体元件→电池包模块→电池柜→电池储能单元→电池储能设备）、储能变流器（可控制蓄电池的充电和放电过程，进行交直流的变换，在无电网情况下可以直接为交流负荷供电）和滤波环节所构成的整体。

化学电源按电解质性质可分为酸性电池、碱性电池、中性电池、有机电解质电池和固体电解质电池等。

（3）化学电源的用途

化学电源具有能量转化率高、方便且安全可靠的特点，已成为国民经济中不可缺少的重要组成部分。

① 能源需求　全世界的天然能源（石油、天然气、煤）不断消耗，不可再生，人类必须寻求新能源。

② 生态与环境要求　要求电池本身无毒和无污染，推动着新型电池的发展，解决汽车的尾气污染，推动着高比能量、长寿命电池和燃料电池的发展。

③ 信息技术的发展　移动通信及笔记本电脑的迅速发展，要求电池小型化、长服务时间、长寿命和免维护。

④ 航天领域和现代化武器装备的需求　人造卫星、宇宙飞船和野战通信要求高功率、轻质量和长寿命的储能电池与新型电池。

⑤ 在军事领域　潜艇、鱼雷、导弹、无线电通信、无线电定位和武器等。

⑥ 在生活领域　飞机、汽车、移动通信、计算机、家用电器和照明等。

目前，世界各国投入极大的人力和物力开发新型化学电源技术，形成许多研究热点，推动化学电源的研究和产业化。本章重点介绍 MH/Ni 电池、锂离子二次电池、燃料电池和铝电池的工作原理、结构、性能、制备技术、应用及发展前景。

5.2　金属氢化物镍电池

金属氢化物镍（MH/Ni）电池，简称镍氢电池，是以储氢合金为负极材料，以 $Ni(OH)_2$ 为正极材料的二次电池。MH/Ni 电池的显著优点是能量密度高和大电流快速放电。MH/Ni 电池的工作电压为 1.2V，镍氢电池被称为绿色电池。

镍氢电池的特点是：①比功率高；②循环次数多，目前应用在电动汽车上的镍氢动力锂电池组，80%放电深度循环可以达到 1000 次以上，是铅酸电池的三倍以上，在混合动力汽车上可以使用五年以上；③镍氢电池是绿色电池，无污染；④耐过充过放，无记忆效应；⑤使用温度范围宽；⑥安全，可以抵抗短路、挤压、针刺、跌落、加热和震动等情况，不会发生爆炸或者燃烧现象。

5.2.1　MH/Ni 电池的工作原理

MH/Ni 电池正极材料是 $Ni(OH)_2$，负极材料是储氢合金（M），电解质为 KOH 水溶液，电极反应和电池反应为：

正极　　　　$$Ni(OH)_2 + OH^- \xrightleftharpoons[\text{充电}]{\text{放电}} NiOOH + H_2O + e^-$$　　　（5-1）

负极　　　　$$M + H_2O + e^- \xrightleftharpoons[\text{充电}]{\text{放电}} MH + OH^-$$　　　（5-2）

电池反应　　$$Ni(OH)_2 + M \xrightleftharpoons[\text{充电}]{\text{放电}} NiOOH + MH$$　　　（5-3）

MH/Ni 电池工作原理示意图见图 5-1。MH/Ni 电池充电时，正极的 $Ni(OH)_2$ 转变为 NiOOH，水分子在储氢合金负极上放电，分解出的氢原子吸附在电极表面上，形成吸附态的 MH_{ad}，然后扩散到储氢合金内部形成金属氢化物 MH_{ab}。

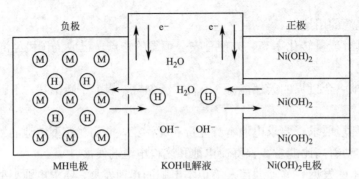

图 5-1　MH/Ni 电池工作原理示意图

氢在合金中扩散较慢，扩散系数仅为 $10^{-8} \sim 10^{-7}\text{cm/s}$。研究发现，扩散是充电过程的控制步骤。在电极充电初期，电极表面的水分子被还原为氢原子，氢原子吸附到合金表面，形成 MH_{ab}：

$$M + H_2O + e^- \longrightarrow MH_{ab} + OH^- \qquad (5\text{-}4)$$

吸附在合金表面的氢原子扩散进入合金相中，与合金相形成固溶体 MH_{ad}：

$$MH_{ab} \longrightarrow MH_{ad} \qquad (5\text{-}5)$$

如果溶解于合金相中的氢原子不断增多，会发生氢原子复合脱附或电化学脱附。

$$2MH_{ad} \longrightarrow 2M + H_2 \qquad (5\text{-}6)$$

$$MH_{ad} + H_2O + e^- \longrightarrow M + H_2 + OH^- \qquad (5\text{-}7)$$

放电时，NiOOH 得到电子转变为 $Ni(OH)_2$，金属氢化物内部的氢原子扩散到表面形成吸附态的氢原子，再发生电化学反应生成储氢合金和水。氢原子扩散步骤也是负极放电过程的控制步骤。

5.2.2　MH/Ni 二次电池的结构与性能

目前商品化的 MH/Ni 电池的形状有多种类型，如圆柱形、方形和扣式等。图 5-2 是 MH/Ni 电池结构的示意图。电池外壳通常采用镀镍钢（兼作负极），电池盖是正极引出端，并装有安全排气装置。

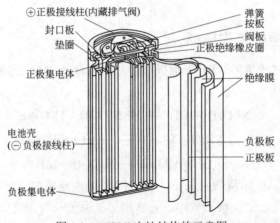

图 5-2　MH/Ni 电池结构的示意图

5.2.3　MH/Ni 电池的性能

MH/Ni 电池具有能量密度高、无记忆效应和耐过充过放能力强的特点。这里主要讨论 MH/Ni 电池的电性能，包括电池的充放电性能、温度特性、循环寿命和自放电特性。

（1）MH/Ni 电池的充电性能

MH/Ni 电池的充电曲线见图 5-3，充电速度和电池温度对充电电压影响明显。温度升高，充电电压下降；充电速度快，充电电压高。

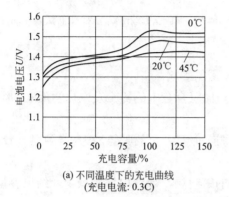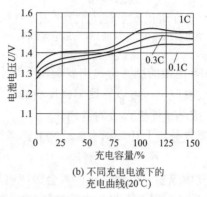

(a) 不同温度下的充电曲线
（充电电流：0.3C）

(b) 不同充电电流下的
充电曲线(20℃)

图 5-3　MH/Ni 电池的充电曲线

（2）MH/Ni 电池的放电性能

在环境温度为 20℃ 的时候，MH/Ni 电池的放电性能最佳。MH/Ni 电池的放电曲线见图 5-4。储氢合金在 0℃ 以下活性降低，在温度 40℃ 以上会分解放出 H_2，这是造成 MH/Ni 电池的使用温度受到限制的原因。不同放电倍率下 MH/Ni 电池的放电容量也受到影响。

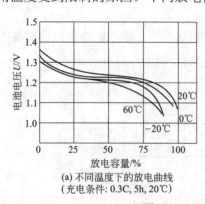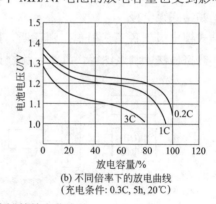

(a) 不同温度下的放电曲线
（充电条件：0.3C，5h，20℃）

(b) 不同倍率下的放电曲线
（充电条件：0.3C，5h，20℃）

图 5-4　MH/Ni 电池的放电曲线

（3）MH/Ni 电池的自放电特性

自放电的影响因素很复杂，如储氢合金的组成、使用温度和电池的生产工艺等。MH/Ni 电池的自放电特性与温度的关系见图 5-5。

研究发现氢气从储氢合金中逸出，如果隔膜选择不当、循环中合金粉脱落和微枝晶的形成都会引起自放电。

（4）MH/Ni 电池的循环寿命

电池的循环寿命是重要的性能指标。图 5-6 为 MH-Ni 电池的循环寿命曲线。

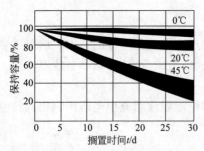 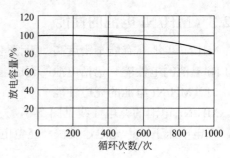

图 5-5　MH/Ni 电池的自放电特性与温度的关系　　图 5-6　MH/Ni 电池的循环寿命曲线

（循环条件：充电 0.25C，3.2h；放电 1.0C，放电到 1.0V，温度 20℃）。

MH/Ni 电池的循环寿命主要受以下几个因素的影响。

① 过度充电　可以导致阳极反应的气体与储氢合金中的稀土发生化学反应,形成稀土氧化物,破坏了储氢合金的结构。

② 氢气分压上升　稀土氧化物的形成减弱了储氢合金的吸氢能力,导致氢气分压逐渐上升。

③ 气体泄漏　电池内压过大会毁坏电池的密封层,导致电解质减少,结果容量降低。电池的循环寿命不仅与电池的性能有关,而且与电池的组装有关。

5.2.4　MH/Ni 二次电池的制造工艺

MH/Ni 二次电池正极的制备工艺采用黏结法、泡沫法；负极有黏结法和烧结法等。

5.2.4.1　MH/Ni 电池的正负极制备工艺

（1）黏结式镍电极

黏结式镍电极制备工艺简单,消耗低。按胶黏剂不同,黏结式镍电极的制备方法分为成膜法、热挤压法、刮浆法等,其工艺流程见图 5-7～图 5-9。

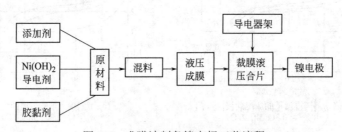

图 5-7　成膜法制备镍电极工艺流程

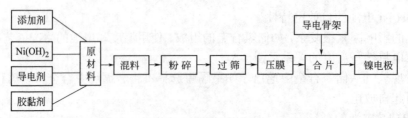

图 5-8　热挤压法制备镍电极工艺流程

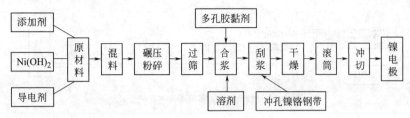

图 5-9　刮浆法制备镍电极的工艺流程

黏结式镍电极的原料主要有：活性 $Ni(OH)_2$；导电剂一般采用镍粉、胶体石墨和乙炔黑等；胶黏剂常采用 PTFE（聚四氟乙烯）、PE（聚乙烯）、PVA（聚乙烯醇树脂）和 CMC（羧甲基纤维素）等；常用的添加剂有钴、锌、锂、镉等。添加剂的作用是提高镍电极的活性，提高充电效率，$Ni(OH)_2$ 在镍电极材料中的含量一般为 75%～80%。

（2）泡沫镍正电极

泡沫镍正电极制备工艺过程：将活性物质 $Ni(OH)_2$ 填充到泡沫基体孔隙中，再压制成型。泡沫镍正极活性物质选用高密度球形 $Ni(OH)_2$；黏结剂选用 PTFE；添加剂为钴粉、氧化钴和氧化锌等；导电剂一般采用镍粉、石墨粉或乙炔黑等；泡沫镍作为电极基板材料。添加剂的作用是提高 $Ni(OH)_2$ 的利用率，提高电极容量，抑制电极膨胀和延长电极寿命。图 5-10 为泡沫镍正电极制备工艺流程。

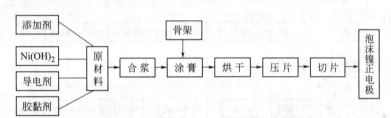

图 5-10　泡沫镍正电极制备工艺流程

5.2.4.2　MH/Ni 电池负极制备工艺

MH/Ni 电池的负极采用储氢合金作负极活性物质，添加剂为镍粉或石墨粉，胶黏剂用 PVA、PTFE 和 CMC 等，集流体采用泡沫镍（或泡沫铜），也可采用冲孔金属带。

（1）黏结法

黏结法制备负极的工艺流程见图 5-11。

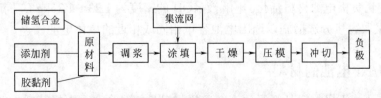

图 5-11　黏结法制备负极工艺流程

（2）烧结法

烧结法制备 MH/Ni 电池负极的工艺流程见图 5-12。

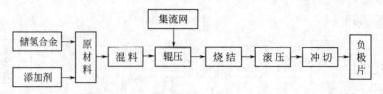

图 5-12 烧结法制备负极的工艺流程

烧结法又分为粉末烧结法和低温烧结法。

① 粉末烧结法 用于由钛系储氢合金作原料的 MH/Ni 电池的负极，粉末烧结法的基本操作是将储氢合金粉加压成型，在真空中烧结 1h，烧结温度为 800～900℃。冷却过程中通氢气，制成氢化物电极。如果将合金粉加到泡沫镍中，加压后在真空中烧结 1h，烧结温度为 800～900℃，可制得孔隙率为 10%～30%的储氢电极。

② 低温烧结法 在储氢合金粉中加入胶黏剂，压制成电极。烧结温度控制在 300～500℃。低温烧结法制备的电极内阻小，可用于大电流放电。

5.2.4.3 MH/Ni 电池的制造工艺

MH/Ni 电池的正极为氢氧化镍电极，负极为储氢合金电极，隔膜为无纺布，外壳是镀镍钢筒，其制造工艺见图 5-13。

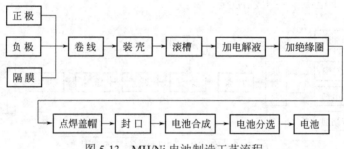

图 5-13 MH/Ni 电池制造工艺流程

根据 MH/Ni 电池的结构和制造工艺的不同，常见的 MH/Ni 电池有以下几种：烧结式电池、密封式电池和发泡式电池等。以烧结式为例，介绍 MH/Ni 电池的制备过程。

烧结式 MH/Ni 电池由正极板、负极板和隔膜层叠而成。通常将正负极板全部采用烧结式极板的称为全烧结式；正极采用全烧结式，而负极采用非烧结式的称为半烧结式。将已烧结的正极与负极包封隔膜，交错装配成电极组，放入塑料电池壳内，灌入电解液 KOH。封口、化成，使正负极电池材料活化。电解液 KOH 的密度为 1.23～1.25kg/L，同时加入 LiOH 15～20g/L。采取容量分选措施以选出电池容量相同或相近的单体电池。

5.2.5 MH/Ni 电池的材料

MH/Ni 电池的正极材料是氢氧化镍，负极材料是储氢合金，电极基板材料是泡沫镍。

（1）氢氧化镍

氢氧化镍的晶体结构与其电化学活性关系密切，普遍使用的正极材料是β-Ni(OH)$_2$，它具有规整的层状结构，球形，流动性好，振实密度 2.0g/cm^3，小颗粒的球形 Ni(OH)$_2$ 有较高的扩散系数和优越的循环行为。在氢氧化镍的晶格中共沉积掺杂 Li、Co、Zn 可改善 $Ni(OH)_2$ 的电化学性能。

$Ni(OH)_2$ 的制备工艺方法有多种。$Ni(OH)_2$ 依制备条件的不同,其形状、结构和性能不同,目前作为电极材料的 $Ni(OH)_2$ 的生产主要采用化学沉淀法。

（2）储氢合金

储氢合金材料是由易生成稳定氢化物的元素 A（La、Zr、Mg、V、Ti）与元素 B（Cr、Mn、Fe、Co、Ni、Cu、Zn、Al）组成的金属间化合物,可分为稀土系、钛系、锆系、镁系四大类。

MH/Ni 电池对于储氢材料的要求是:储氢容量高;适宜的吸放氢热力学和动力学性能;对杂质敏感程度低;有稳定的化学组成;原材料来源丰富;易于活化等。用于 MH/Ni 电池的典型储氢合金的主要特性见表 5-1。

表 5-1　用于 MH/Ni 电池的典型储氢合金的主要特性

合金类型	典型氢化物	吸氢质量/%	理论电化学容量/$(mA \cdot h/g)$	实测电化学容量/$(mA \cdot h/g)$
AB_5	$LaNi_5H_6$	1.3	348	330
AB_2	$ZrMn_2H_3$	1.8	482	420
AB	$TiFeH_2$	2.0	536	350
A_2B	Mg_2NiH_4	3.6	965	500
固溶体型	$V_{0.8}Ti_{0.2}H_{0.8}$	3.8	1018	500

制备储氢合金材料常用的熔炼方法有电弧炉熔炼法、中频炉熔炼法、快速冷却气流雾化法和机械合金化方法。

（3）电极基板材料泡沫镍

MH/Ni 电池的电极基板材料泡沫镍,要求满足下列性能:孔隙率 95%～97%,孔径分布 50～500μm,导电性能好,强度大于等于 $3 \times 9.8 N/cm$,比表面积约 $0.1 m^2/g$。泡沫镍的制备方法是电沉积法。

5.2.6　MH/Ni 电池的发展

镍氢电池广泛应用于小型容量型电池、应急灯电源、小型动力电池、混合动力电池和车载 T-box 电池等。随着航天技术的发展,镍氢电池已广泛地应用在卫星的电源系统中。卫星在轨运行期间,镍氢蓄电池组作为储能装置在地影期为负载供电,在光照期接受太阳电池阵充电。

高压镍氢电池组能满足航天飞行器对电源系统的可靠、耐用和高充放电能力等方面的需求。镍氢动力电池广泛应用在混合动力汽车领域。

5.3　锂离子二次电池

锂离子电池是二次电池(充电电池),它主要依靠锂离子在正极和负极之间移动来工作。

锂离子电池在研究锂电池的基础上发展起来，它克服了长期困扰锂电池的短路和安全问题，采用嵌锂化合物作电极的活性物质，使锂离子自由进出而不破坏其结构。

锂离子电池具有能量密度高、工作电压高、自放电率低、循环寿命长、充放电效率高、工作温度范围宽和环境污染小等优点。

目前，锂离子电池已广泛应用于手机、笔记本等3C设备和新能源汽车领域，在民用飞机、无人机和空间探测器等航空航天领域中也拥有广阔的应用前景。同时，在众多储能设备中，锂离子电池是航空航天领域最有应用前景的储能设备。

5.3.1 锂离子电池的工作原理

在充放电过程中，锂离子在电池正负极之间来回摇摆，所以锂离子电池也被称为摇椅型电池。以碳材料作负极、$LiCoO_2$作正极的电池为例，其工作原理示意图见图5-14。

负极为碳材料、正极为$LiCoO_2$材料及电解质是$LiPF_6$（$LiClO_4$）+有机试剂的锂离子电池的电化学表达式：

$$(-)Cu\,|\,LiPF_6\text{-}EC + DEC\,|\,LiCoO_2(+)$$

正极反应：
$$LiCoO_2 \underset{\text{充放电}}{\rightleftharpoons} Li_{1-x}CoO_2 + xLi^+ + xe^- \tag{5-8}$$

负极反应：
$$nC + xLi^+ + xe^- \underset{\text{充放电}}{\rightleftharpoons} Li_xC_n \tag{5-9}$$

电池反应：
$$LiCoO_2 + nC \underset{\text{充放电}}{\rightleftharpoons} Li_{1-x}CoO_2 + Li_xC_n \tag{5-10}$$

锂离子电池实际上是一个锂离子浓差电池，正负极分别为两种不同的锂离子嵌入化合物。充电过程是Li^+从正极脱嵌，经过电解质嵌入负极，负极处于富锂状态，而正极处于贫锂状态；放电时Li^+又从负极脱嵌，经过电解质进入正极，正极处于富锂状态，而负极此时又处于贫锂状态。显然锂离子电池的工作电压与其正负极材料有关。以$LiCoO_2$和层状石墨为例，图5-15给出了锂离子电池的充放电反应示意图。

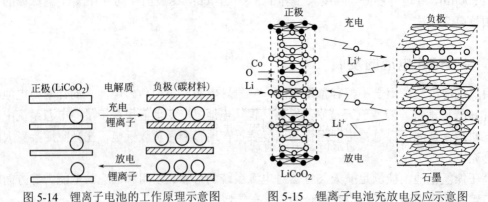

图5-14　锂离子电池的工作原理示意图　　　图5-15　锂离子电池充放电反应示意图

5.3.2 锂离子电池的结构

锂离子电池由正极、负极、电解质溶液和隔膜材料共四个部分组成，通过封装构成不同类型的电池。以正极材料为$LiCoO_2$、负极材料为碳材料、电解质溶液和隔膜材料为微孔聚丙烯薄膜为例，介绍锂离子电池的结构。

锂离子电池的正极采用 LiCoO$_2$（正极活性物质）+导电物质+溶剂；锂离子电池的负极采用碳材料+PTFE 乳液；隔膜采用厚度为 0.01mm 以下的微孔聚丙烯薄膜或特殊处理的低密度聚乙烯膜；电解质溶液为有机溶剂+六氟磷酸锂 LiFL$_6$+添加剂。

锂离子电池有各种形状，通常可以分为四组：①小圆柱体（没有端子的实心体，如旧笔记本电池中使用的那些）；②大圆柱体（带有大螺纹端子的实心体）；③扁平或袋状（柔软、扁平的机身，例如用于手机和新型笔记本电脑的电池（往往是锂离子聚合物电池）；④带有大螺纹端子的刚性塑料外壳（如电动汽车牵引包）等。图 5-16 是圆柱形锂离子电池的结构图。

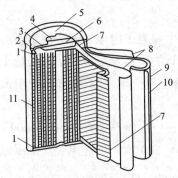

图 5-16　圆柱形锂离子电池的结构图

1—绝缘体；2—垫圈；3—PTC 元件；4—正极端子；5—排气孔；
6—防爆阀；7—正极；8—隔板；9—负极；10—负极引线；11—外壳

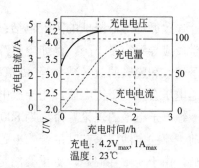

充电：4.2V$_{max}$，1A$_{max}$
温度：23℃

图 5-17　18650 型锂离子电池的充电曲线

5.3.3　锂离子电池的性能

锂离子电池电压为 3.3～3.8V，相比于 MH-Ni 电池电压 1.2V，锂离子电池更适用于便携式电器（操作电压一般为 3～12V）。锂离子电池的适用温度范围在 -20～60℃区间。锂离子电池放电倍率较低，室温下只能用 2C 连续放电。

锂离子电池设有安全装置，不会因锂枝晶生长而造成内部短路，但使用时要控制充电电压。锂离子电池不适于快速放电。

（1）锂离子电池的充放电性能

图 5-17 是 18650 型锂离子电池的充电曲线。图 5-18 是 18650 型锂离子电池的放电曲线。对于锂离子电池来讲，充电过程的控制至关重要。充电过程是先恒电流，后恒电压，同时电流自动衰减的过程。通常恒定电压值选择在 4.1～4.2V，恒定电流选择为 1C，充电时间一般选择 3h。

充电电压为 4.2V，放电至 2.5V，充电电流 1.0 A。电池电压按放电率由低至高依次排列，先是较高的放电率下，放电电压下降，但放电容量降低较少，放电电压也与温度相关。

（2）锂离子电池的循环寿命

所谓锂离子电池寿命是指电池在使用过一段时间后，容量衰减为标称容量（室温25℃，标准大气压，且以 0.2C 放电的电池容量）的 70%，即可认为寿命终止。行业内一般以锂离子电池的循环次数来计算其循环寿命。

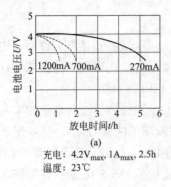
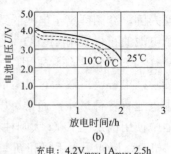

充电：$4.2V_{max}$，$1A_{max}$，2.5h
温度：23℃

充电：$4.2V_{max}$，$1A_{max}$，2.5h
温度：23℃；
放电：700mA，2.5V止

图 5-18　18650 型锂离子电池的放电曲线

导致循环寿命降低的因素包括：在电池运行过程中锂离子电池内部会发生不可逆的电化学反应导致容量下降，例如电解液的分解、活性材料的失活及正负极结构的坍塌导致锂离子嵌入和脱嵌的数量减少等；高倍率的放电会导致容量更快地衰减，假如放电电流较低，电池电压会接近平衡电压，能释放出更多的能量。

锂离子电池的理论寿命约为 800 次循环，磷酸铁锂电池的理论寿命约为 2000 次循环。目前主流的电池厂家在其生产的电芯规格书中承诺大于 500 次，但是电芯在配组做成电池包后，由于一致性问题，更重要的是电压和内阻不可能完全相同，其循环寿命大约为 400 次。图 5-19 给出了循环次数为 500 次时的放电容量变化。

选用 18650 型标准电池，充电至 4.2V，放电至 2.75V，充电电流 1A，放电电流到 700mA；充电时间为 3h。循环 500 次，放电容量从 1400mA·h 衰减到 1250mA·h 左右。

（3）锂离子电池的自放电特征

图 5-20 反映了锂离子电池的自放电特性，也称为储存特性。

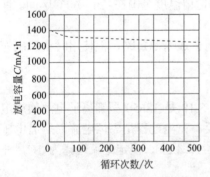
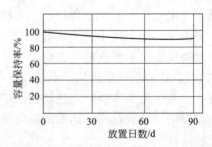

图 5-19　18650 型锂离子电池的循环寿命
充电：4.2V，1A，3.0h；放电：700mA，2.75V 止；温度：23℃

图 5-20　锂离子电池的自放电特性
充电：$4.2V_{max}$，$1A_{max}$，2.5h；放电：200mA，2.50V 止；温度：20℃

锂离子电池的自放电与温度有关。常温 25℃的条件下，在 1 个月内，电池容量保持率大于 90%，12 个月接近 70%；0℃条件下 12 个月内可保持 85%以上；但如果在 60℃条件下储存，容量衰减很快，一个月降至 65%，12 个月可降至 10%。

5.3.4　锂离子电池的制备工艺

（1）锂离子电池正极的制备工艺

目前锂离子电池的正极活性物质主要是嵌锂氧化物 $LiCoO_2$、$LiNiO_2$、$LiMn_2O_4$、$LiFePO_4$ 及它们的衍生物材料等，它们的电极电位在 4V 左右。这些锂氧化物具有层状结构，锂离子能够可逆地嵌入和脱嵌。以 $LiCoO_2$ 为正极材料的正极制备工艺流程如图 5-21 所示。

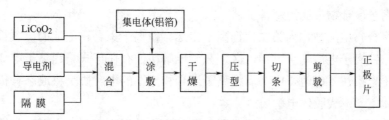

图 5-21　锂离子电池正极制备工艺流程

将正极活性物质（$LiCoO_2$）、导电剂（炭粉）和胶黏剂[PVDF（聚偏二氟乙烯）溶解在甲基吡咯盐中]均匀混合，制成糊状，均匀地涂敷在集流体（铝箔）的两面，厚度在 15～20μm。在氮气流中干燥去除有机分散剂，再将电极通过滚压机压制成型，按尺寸剪切成正极片。

（2）锂离子电池负极的制备工艺

锂离子电池的负极目前主要采用石墨碳材料。锂离子电池的容量在很大程度上取决于碳材料的嵌锂量，对碳材料的结构要求首先是可逆性和电容量指标，充电后要形成 Li_xC_6 晶体结构。一般情况下 $x \leqslant 0.5$，x 值与碳材料的结构、电解液的组成、电极的几何形状及嵌入反应的速率有关。碳负极的作用和功能要求碳材料具有层状结构，对各种电解液有较好的相容性。

将负极活性物质碳材料、胶黏剂 PVDF 和添加剂（如聚亚胺）混合均匀，制成糊状后均匀涂敷在铝箔两面，经干燥、滚压和剪裁成负极片。锂离子电池的负极制备工艺流程见图 5-22。

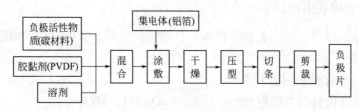

图 5-22　锂离子电池负极制备工艺流程

（3）锂离子电池的制备工艺

在正、负极之间插入隔膜，用卷绕机制成电池芯，再点焊接好引线，装入由金属镍制成的电池壳中，减压下注入定量的液态电解液。锂离子电池制备工艺流程见图 5-23。

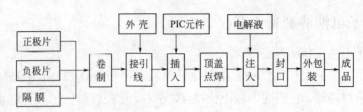

图 5-23　锂离子电池制备工艺流程

（4）锂离子聚合物电池的制备工艺

锂离子聚合物电池被称为第二代锂离子电池。锂离子聚合物电池的正负极材料及电池的工作原理与锂离子电池完全一样，区别在于电解质的存在形式。锂离子电池的电解质是将液体电解质直接注入电池壳中，而锂离子聚合物电池的电解质是将液态有机电解质吸附在聚合物基体上，形成胶体电解质。

锂离子聚合物电池结构简化，不需要金属外壳，甚至不需要充电保护装置。它消除了电池电解质的渗漏问题，电池的形状也实现了多样化。锂离子聚合物电池的制备工艺流程见图 5-24。

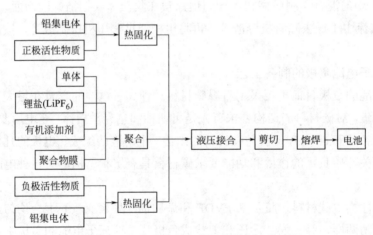

图 5-24　锂离子聚合物电池的制备工艺流程

5.3.5　锂离子电池的材料

锂离子电池的材料主要由五部分构成，包括正极材料、负极材料、电解液材料、隔膜材料和封装材料。

5.3.5.1　锂离子电池的正极材料

目前商用的正极材料主要有 $LiCoO_2$、$LiMn_2O_4$ 和 $LiFePO_4$ 等。

（1）$LiCoO_2$ 材料

$LiCoO_2$ 是层状结构材料。它具有高密实密度、高能量密度和较高的电导率等优异性能，目前是便携式电子市场中锂离子电池（LIBs）的主要正极材料。但它存在长循环的稳定性问题、全电池安全性问题、容量限制和材料成本等问题。$LiCoO_2$ 的改性一直在进行。

采用 Ni、Mn 替代部分 Co 是 $LiCoO_2$ 改性的研究热点，目前已形成产品，如

$LiNi_{1/3}Co_{1/3}Mn_{1/3}O_2$（NCM111）、$LiNi_{0.5}Co_{0.2}Mn_{0.3}O_2$（NCM523）和 $LiNi_{0.8}Co_{0.15}Al_{0.05}O_2$（NCA），由于具有 $160\sim180$mA·h/g 的实际充电容量，在新能源汽车动力电池领域获得广泛应用。

（2）$LiMn_2O_4$ 材料

$LiMn_2O_4$ 是尖晶石结构材料。$LiMn_2O_4$ 的理论比容量为 140mA·h/g，由于具有 3D Li^+ 扩散通道的出色速率，加上 $LiMn_2O_4$ 价格便宜且环保，奠定了尖晶石结构的 $LiMn_2O_4$ 具备作为正极材料的基础。

但由于存在 John-Taller 效应，它在运行过程中存在电化学性能变差和比容量降低的问题，同样需要改性。掺杂金属阳离子（如 Mg、Al、Fe、Co 和 N 等）替代部分的 Mn 实现突破，例如 $LiNi_{0.5}Mn_{1.5}O_4$ 化合物，提高了阴极稳定性。

（3）$LiFePO_4$ 材料

$LiFePO_4$ 是橄榄石结构。$LiFePO_4$ 具有较高的工作电压和理论容量、安全性能好、循环稳定性高、适于大电流放电、价格低廉和环境友好等优点。$LiFePO_4$ 电池在大型移动电源、电动汽车和用电设备等领域都是具有前景的能源。

① $LiFePO_4$ 的结构　$LiFePO_4$ 的晶体结构见图 5-25。

由图 5-25 可见，O（氧）原子是六方密堆积的排列方式（但有些变形），占据八面体空隙处的 O 原子和 Fe 原子组成 FeO_6 八面体的结构，同时 Li 原子

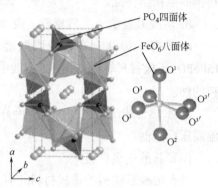

图 5-25　$LiFePO_4$ 晶体结构

组成 LiO_6 八面体的结构；处于四面体空隙处的 P 原子则与 O 原子组合成 PO_4 四面体结构，四面体的一个边是由一个 FeO_6 与一个 PO_4 和两个 LiO_6 共同占据，而另一个共边被 PO_4（四面体结构）与 FeO_6（八面体结构）和两个 LiO_6（八面体结构）共同占据。

② $LiFePO_4$ 的性质　$LiFePO_4$ 结构中 PO_4 不导电，它将 FeO_6 隔开致使无法形成连续共边的八面体，这导致 Fe-O-Fe 电子导电无法形成；众多的八面体结构之间存在着一个具有四面体结构的 PO_4，这限制了晶体体积的变化，致使 Li^+ 的脱嵌运动受到影响。$LiFePO_4$ 的结构影响它的导电率和离子扩散速率，同时在低温条件下性能降低。

③ $LiFePO_4$ 的改性　针对 $LiFePO_4$ 的问题，对 $LiFePO_4$ 进行改性处理，主要包括以下几种。

a. 碳包覆　碳包覆会增大 $LiFePO_4$ 的比表面积，提升电导率，有利于材料和电解液的接触，从而提高材料的充放电性能和循环性能。碳包覆还提供了电子隧道，有利于 Li^+ 脱嵌过程中的电荷达到平衡。用于碳包覆的碳源材料有葡萄糖、蔗糖、柠檬酸、石墨及活性炭等。当碳源进入 $LiFePO_4$ 颗粒表面与缝隙之间时，不仅提高了 $LiFePO_4$ 材料对粒子与粒子间的导电性能，同时也减少了电极充放电过程中的极化。

b. Li 位掺杂　选择多价态的正离子对 $LiFePO_4$ 掺杂，会产生正离子缺陷。掺杂元素选择 Ti、Al 和 Mg 等，有明显效果；加入 Fe^{3+}/Fe^{2+} 做掺杂实验发现，混合价态促进了 P 型半导体的形成，从而将磷酸铁锂的电子电导率提高。

c. Fe 位掺杂　Fe 位掺杂通常会削弱 Li—O 键，增加晶格体积，获得更高的离子迁移率

和扩散系数，同时降低磷酸铁锂晶格畸变。常见的 Fe 位掺杂元素有 Mg、Mo、Co、V、Mn、Ni、Zn、Cu 和 Cr 等。

d. 加入导电物质制备复合材料　$LiFePO_4$/石墨烯复合材料、$LiFePO_4$/碳纳米管复合材料和 $LiFePO_4$/PPy（聚合物）等是比较成功的复合材料，可以改善 $LiFePO_4$ 的电化学性能。

④ 改进 $LiFePO_4$ 的制备方法　通过改变 $LiFePO_4$ 制备方法实现改性，例如制备出粒度小且分布均匀的产品，可以缩短离子的扩散路径，提高材料的扩散速率。目前 $LiFePO_4$ 的制备方法主要有高温固相法、溶胶凝胶法、水热合成法、喷雾干燥法及微波法等。

a. 高温固相法　方法简单，易于操作，但在反应过程中影响因素多，包括原料的混合方法、混合均匀度、混合时间、煅烧温度、煅烧气氛和煅烧时间都直接影响 $LiFePO_4$ 正极材料的电化学性能。

b. 溶胶凝胶法　工艺复杂，成本较高，工业化生产较难实现。

c. 喷雾干燥法　有合成周期短、易于工业化生产、产物稳定性好、易于制备球形 $LiFePO_4$ 正极材料等诸多优点。实践中将球磨技术与喷雾干燥法结合起来，可以显著提高材料的性能。

d. 水热合成法　产物结晶程度好、物相均匀和颗粒尺寸小，但制备过程需要大型耐高温高压反应器。

（4）其他正极材料

具有橄榄石结构的正极材料还有 $LiMnPO_4$、$LiCoPO_4$ 和 $LiNiPO_4$ 等。$LiMnPO_4$ 纳米片组成的 $LiMnPO_4$/膨胀石墨烯材料就有了突破。

5.3.5.2　锂离子电池的负极材料

根据反应机理不同，锂离子电池的负极材料可以划分为三种类型，即嵌入型材料、合金化型材料、转化型材料。

（1）嵌入型负极材料

嵌入型负极材料包括已经商业化的石墨材料、非石墨化的碳材料（如石墨烯、碳纳米管、碳纳米纤维、TiO_2 及钛酸锂等。

① 嵌入型碳材料　石墨是目前普遍使用的负极材料，但它也有不足之处。石墨在嵌锂/脱锂过程中往往有小幅的体积膨胀，可能会导致石墨结构的损坏和比容量的降低，表现为循环性能不佳。

非石墨化的硬碳也属于嵌入型材料。它有高质量比容量和功率，但存在电导率低和不可逆容量高的问题，至今未能取代石墨。

锂的扩散完全取决于碳质材料的晶体结构。分析认为缺陷的存在可以促进锂的扩散，目前碳材料的研究重点转移到不同维度的纳米碳材料，包括碳纳米管、碳纳米纤维、石墨烯纳米片及孔径在纳米范围内的多孔碳。

② 钛酸盐负极材料　钛酸盐负极材料具有较高的锂离子插入平台，在充放电过程中会有效地避免锂金属的沉积，因此可以提高电极材料的安全性。$Li_4Ti_5O_{12}$（钛酸锂）是钛基氧化物的代表，它们是嵌入型负极材料中的一类。$Li_4Ti_5O_{12}$ 有一个 1.55 V 的放电平台，1mol

$Li_4Ti_5O_{12}$ 最多能够嵌入 31mol Li^+，理论比容量为 175mA·h/g。

钛酸盐负极材料中，TiO_2 具有安全性高、锂存储电压平台合适、充放电结构稳定、原料价格低和制备技术成熟等优势。

作为锂离子电池的负极材料，TiO_2 的工作电压约 1.75V。TiO_2 的电化学反应机理如下：

$$TiO_2 + xLi^+ + xe^- \longrightarrow Li_xTiO_2 \ (0 \leqslant x \leqslant 1)$$

根据式中的 x，理论上可以得出 1mol TiO_2 可嵌入等量 Li^+，理论比容量为 335mA·h/g。研究发现，纳米工程和形貌控制是提高 TiO_2 基负极材料的锂储存性能的关键手段，不同形貌的 TiO_2，如纳米棒、纳米片和纳米管具有更优异的储锂性能。原因是高比表面积的纳米材料可增加反应界面，提供更多的扩散通道，导致具有较大的锂存储容量。

③ 碳材料与钛酸盐材料的复合体　利用碳材料的低成本、可调节的结构和化学稳定性的优势，组成 TiO_2/C 的复合材料，例如 TiO_2 纳米棒/石墨烯复合材料和介孔 TiO_2-多壁碳纳米管复合物等。

（2）合金化型负极材料

合金化型负极材料由两种或两种以上的金属或金属与非金属合成，可以在电势差的驱动下进行脱/嵌锂反应。合金化型负极材料主要包括 Si、Ge、Sn、As 和 P 等，合金化后其理论比容量远超石墨负极（372mA·h/g），其中，硅（Si）的理论比容量为 4200mA·h/g（$Li_{4.4}Si$），锡（Sn）的理论比容量为 997mA·h/g（$Li_{4.4}Sn$），磷（P）的理论比容量为 2596mA·h/g（Li_3P）等。

合金化型负极材料是具有金属特性的物质，具有比容量高、能量密度高和安全性良好的特点。但是，在合金化和脱合金过程中，合金化型负极材料的体积变化很大，于是导致电极材料的粉化，严重制约了其实际应用。解决这些问题采用形貌调控和与碳材料进行复合等措施，以改善其性能。

① 硅的碳包覆　硅纳米粒子经过碳包覆后，被锚定在导电碳纳米管上以限制硅体积膨胀，产物具有 2700mA·h/g 的比容量，在硅含量达到 85% 时，循环稳定性良好（300 次循环后比容量大于 2000mA·h/g）。

② P-石墨烯复合　用导电的"黑磷"与石墨烯形成复合材料，采用高能球磨技术制备出黑磷纳米粒子-石墨烯（BP-G）复合材料。此过程产生的磷-碳键在锂的嵌入/脱出过程中很稳定，实验显示在 0.2C 下的高初始放电容量下 100 次循环后容量保持率为 80%。

③ Sn 纳米颗粒-多孔石墨烯复合　采用原位化学气相沉积技术合成 Sn 纳米颗粒与 3D 多孔石墨烯复合物。复合物可以保持锡纳米颗粒的结构和界面稳定性，并抑制了锡纳米颗粒的聚集和体积膨胀。经检查，电极比容量为 2700mA·h/g，在高硅含量（85%）时 300 次循环后比容量大于 2000mA·h/g。

（3）转化型负极材料

转化型负极材料一般为不含锂的金属氧化物，如 CoO_x、FeO_x 和 NiO 等，氧化物大多为岩盐结构，晶格中没有合适的空位用于储存锂离子。但在电化学表征中，这类材料有较高的电化学容量（600～800mA·h/g）。转化型负极材料的研究非常活跃。

① NiO 材料　NiO 作为锂离子电池负极材料具有优异的循环稳定性，实验检测在 0.2C 的电流密度下循环 200 次后，可逆比容量可以达到 792mA·h/g。

② Fe$_3$O$_4$/空心石墨烯球　研究发现在高电流密度下，Fe$_3$O$_4$ 在长时间循环后仍然均匀分散在石墨烯球上，没有聚集现象。明空心 Fe$_3$O$_4$/石墨烯球具有很好的结构稳定性。

（4）锂离子负极材料的进展

随着锂离子电池的应用不断扩展，开发高能量密度、低成本的负极材料对提高电池整体性能至关重要。合金化型负极材料和转化型负极材料大部分还处于研究阶段，有些有希望成为下一代锂离子电池潜在的高容量负极材料。新型负极材料的研制，有望获得更高比能量的锂离子电池，为人类社会的进步做出应有的贡献。

5.3.5.3　锂离子电池的电解液材料

锂离子电池的电解液主要负责在正负极之间传导导电离子，对电池的能量密度、循环寿命、功率密度、安全性能及宽温应用等都起关键作用，被称为"电池的血液"。在电池的应用过程中，电解液必须满足电导率高、热稳定性好、化学稳定性高、电化学窗口宽、工作温度范围宽和安全性好等性能与指标。锂离子电池电解液的主要成分是溶剂、溶质和添加剂等。

（1）溶剂

溶剂是锂离子的运输载体。常用的为碳酸酯类溶剂，包括碳酸丙烯酯（PC）、碳酸乙烯酯（EC）、碳酸二乙酯（DEC）、碳酸二甲酯（DMC）和碳酸甲乙酯（EMC）等。使用时一般高低黏度溶剂混用，常见组合为 EC+DEC、EC+DMC、EC+DMC+EMC、EC+DMC+DEC 等。

（2）溶质

溶质是锂离子的提供者。通常选用四氟硼酸锂（LiBF$_4$）、六氟磷酸锂（LiPF$_6$）、新型锂盐双氟磺酰亚胺锂（LiFSI）等。

（3）添加剂

添加剂是特定功能的物质。电解液一般含多种添加剂，按作用分为成膜添加剂、高/低温添加剂、过充保护添加剂、阻燃添加剂及倍率型添加剂等。常见的添加剂有碳酸亚乙烯酯（VC）和氟代碳酸乙烯酯（FEC）等。

5.3.5.4　锂离子电池的隔膜材料

（1）隔膜的作用

隔膜的作用是分隔电池的正极和负极，防止两极接触造成短路，同时允许电解质离子顺利通过。隔膜的性能将决定电池的界面结构和内阻，并直接影响电池的容量、循环性能和安全性能等，对提高电池的综合性能具有重要作用。

（2）锂离子电池隔膜材料的类型

目前，锂离子电池的隔膜材料主要有多孔聚合物膜、无纺布隔膜和无机复合膜，包括单层 PP、单层 PE、PP+陶瓷涂层、PE+陶瓷涂层、双层 PP/PE、三层 PP/PE/PP、双层 PP/PP 隔膜材料等。新型锂离子电池隔膜材料包括以下几种。

① 芳香族聚酰胺（PMIAPMIA）　在其骨架上有苯酰胺型支链，具有 400℃的热阻，同时阻燃性能高，可提高锂离子电池的电化学性能和安全性能。

② PET 聚对苯二甲酸乙二酯（PET）　以 PET 隔膜为基底，陶瓷颗粒涂覆的复合膜，是机械性能、热力学性能和电绝缘性能均优异的材料，其耐热性能突出，闭孔温度高达 220℃。

③ 聚对亚苯基苯并二唑（PBO）　一种线性链状结构聚合物，具有高强度和模量、理想

热稳定性和阻燃性，是耐热和耐冲击纤维材料。

④ 聚酰亚胺（PI）　PI 材料极性强，对电解液有良好的润湿性和吸液率。同时具有理想的热稳定性、较高的孔隙率和较好的耐高温性能，可以在-200~300℃下长期使用。

（3）锂离子电池隔膜材料的发展

随着锂离子电池应用领域的扩展，锂离子电池隔膜材料的发展呈现以下两种态势。

① 倾向于更加轻薄的消费类锂离子电池隔膜　主要针对手机、笔记本电脑及物联网应用等分布式架构体系，需要提升锂离子电池的容量和便携性。

② 倾向于使用厚膜或者多层复合隔膜的动力锂电池类隔膜　主要针对电动汽车和大规模储能电站等大型动力类电池的应用，要求能量输出和功率特性好，对安全性要求苛刻并兼顾锂离子电池的容量。

5.3.5.5　锂离子电池的封装材料

锂离子电池内部一直存在动态的电化学反应，同时电芯内部存在有机溶剂，这导致其对水分、氧气非常敏感，处理不当会影响电池的容量和循环寿命。锂离子电池的封装材料的意义就是隔绝外部不利因素的影响，使电池内部处于真空、无氧和无水的环境。锂离子电池的封装材料共有如下四层。

（1）外层

一般为尼龙（包括 PET）层，其作用是：①保护中间层，减少划痕及脏物浸染，确保电池具有良好的外观；②阻止氧气的渗透，维持电芯内部的环境；③保证包装铝箔具备良好的形变能力。

（2）中间层

主要是铝箔材料。铝箔材料具有一定的厚度和强度，可以防止水汽渗透及外部对电芯的损伤。

（3）内层

主要采用 PP 层材料。内层主要起封装、绝缘和防止铝与电解质接触的作用。

（4）保护层

有时还有装饰层或特殊保护层，主要是改善电池的外观光泽。

5.3.6　有机聚合物锂离子电池

锂离子电池按电解质的不同可分为液态锂离子电池（LIB）和聚合物锂离子电池（LIP）两大类，二者所用的正、负极材料完全相同，电池的工作原理也基本一致。它们的主要区别是电解质不同，通常将液态锂离子电池称为锂离子电池。

（1）聚合物锂离子电池的类型

聚合物锂离子电池的电解质有"干态"和"胶态"两种，普遍采用的是聚合物胶体电解质。聚合物锂离子电池可分为以下三类。

① 固体聚合物电解质锂离子电池　其电解质为聚合物与盐的混合物。在常温下固体聚合物电解质锂离子电池的离子电导率低，适于高温场合使用。

② 凝胶聚合物电解质锂离子电池　固体聚合物电解质中加入增塑剂等添加剂，提高了

离子电导率，通常在常温下使用。

③ 聚合物正极材料的锂离子电池　采用导电聚合物作为正极材料，其比能量是现有锂离子电池的 3 倍。

（2）聚合物锂离子电池的特点

① 聚合物锂离子电池性能优越　在工作电压、充放电循环寿命和比容量等方面聚合物锂离子电池比锂离子电池有提高。

② 聚合物锂离子电池款式多样　由于采用固体电解质，聚合物锂离子电池具有可薄形化、面积任意化和形状多样化的特点，适用于不规则形状、曲线和弧面造型的美学化与实用性。

③ 聚合物锂离子电池比能量高　聚合物锂离子电池采用高分子作正极材料，其比能量比锂离子电池提高 50% 以上。

（3）聚合物锂离子电池的发展

聚合物电解质锂离子电池是高能移动电源，目前广泛地应用于便携式电子产品中，包括小型电动工具、摄像机、移动电话、卫星电话、掌上电脑和笔记本电脑等，同时它可作为军用电池、航天航空领域用锂离子电池、电动汽车用锂离子电池和医学领域的电源等。

尽管目前对聚合物电解质锂离子电池的研究已经很多，但应用于实际仍然面临着许多问题，如电池中锂离子传导机理、电池的电化学性能、电解质和电极界面的化学稳定性、组分间的相容性及电解质良好的力学性能等都有待进一步研究。

由于聚合物锂离子电池突出的优越性，许多国家政府和公司对它都给予了极大的关注，投入了大量的人力、物力进行研究，以适应电子、信息和交通等方面快速发展的需求以及人们追求大容量、质轻、安全和环境友好的新型能源的要求。

5.3.7　锂离子电池的发展

随着锂离子电池应用的迅速发展，锂离子电池技术进一步深入军用和航空等技术领域，这些领域要求锂离子电池的低温使用范围在−40℃以下。目前商业化的锂离子电池电解液的凝固点在−30℃以上，性能难以满足低温领域的实际应用要求。低温性能的研究已成为目前锂离子电池研究者关注的重点问题之一。

电极材料的研究和开发对锂离子电池的进一步发展起到至关重要的作用。目前制约锂离子电池发展的关键因素是正极材料，因此研究和开发出新型的正极材料体系，取代目前大量使用的 $LiCoO_2$ 正极材料，推出能量更高、价格更便宜、安全可靠的新一代锂离子电池，具有重要的应用价值和实际意义。

5.4　燃料电池

5.4.1　概述

燃料电池是将燃料中的化学能通过电化学反应转换为电能的装置。燃料电池工作时不涉及做功和其他形式的能量转化过程,不受卡诺循环的限制。燃料电池的能量转换效率理论上可达 80%~95%,实际使用效率为 40%~60%。燃料电池由电解质、阴极和阳极三部分组成。燃料电池工作时,阴极通入空气或氧气,阳极通入燃料气(主要为氢气),电解质起传导离子和隔绝气体的作用。

燃料电池是清洁能源,产物是电、热和水。单一电池只能产生几瓦的功率,因此燃料电池往往堆叠在一起,形成一个燃料电池堆。燃料电池堆叠加的输出功率可以从千瓦到吉瓦。

（1）燃料电池的工作原理

燃料电池的工作原理与原电池有相似之处:电解质隔膜两侧分别发生氢的氧化反应与氧的还原反应,电子通过外电路做功,反应产物为水。与原电池的不同之处是:燃料电池中的反应物不存储于电池内部,而是在发生反应后排出生成物。在反应过程中,电极和电解质不直接参与反应。燃料电池的工作原理见图 5-26。

燃料电池的电极反应:

阳极反应 　　　　　　　　　　$H_2 \longrightarrow 2H^+ + 2e^-$

阴极反应 　　　　　$2H^+ + 2e^- + 1/2O_2 \longrightarrow H_2O$

总反应 　　　　　　　$2H_2 + O_2 \longrightarrow 2H_2O$

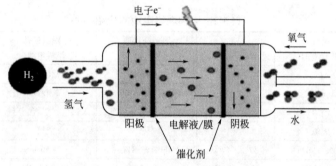

图 5-26　燃料电池的工作原理示意图

（2）燃料电池的系统组成

燃料电池发电有相对复杂的系统(见图 5-27),主要包括电池堆、燃料供应子系统、氧化剂供应子系统、水热管理子系统和电管理与控制子系统等,主要系统部件包括空压机、增湿器、氢气循环泵及高压氢瓶等。

（3）燃料电池的特点

燃料电池的能量转换效率高,远高于热机和发电机的效率;工作安静;燃料电池发电系统由配置合理的电池组构成,可实现工厂生产模块;电站安装更换方便,适用性强;燃料电池的燃料多种多样,包括氢气、煤气、天然气、甲醇和汽油等;燃料电池供电范围广,可根据需求建立大、中、小型电站,也可以制成携带式电源。

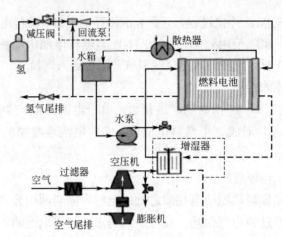

图 5-27　燃料电池系统组成示意图

（4）燃料电池的类型

目前燃料电池主要根据电解质的性质划分为五大类：a.碱性燃料电池（alkaline fuel cell，AFC）；b.质子交换膜燃料电池（proton exchange membrane fuel cell，PEMFC）；c.磷酸燃料电池（phosphorous acid fuel cell，PAFC）；d.熔融碳酸盐燃料电池（molten carbonate fuel cell，MCFC）；e.固体氧化物燃料电池（solid oxide fuel cell，SOFC）。燃料电池的类型、性能与应用见表 5-5。

表 5-2　五种燃料电池的介绍

燃料 电池类型	碱性 燃料电池	磷酸 燃料电池	质子交换膜 燃料电池	熔融碳酸盐 燃料电池	固体氧化物 燃料电池
英文简称	AFC	PAFC	PEMFC	MCFC	SOFC
电解质	氢氧化钾溶液	磷酸	质子渗透膜	碳酸钾	固体氧化物
燃料	纯氢	天然气、氢	氢、甲醇、天然气	天然气、煤气、沼气	天然气、煤气、沼气
氧化剂	纯氧	空气	空气	空气	空气
效率	60%～90%	37%～42%	43%～58%	＞50%	50%～65%
使用温度	60～120℃	160～220℃	60～120℃	600～1000℃	600～1000℃

5.4.2　碱性燃料电池（AFC）

AFC 是最先开发的燃料电池，20 世纪 50 年代被应用于空间技术领域，20 世纪 60 年代开始，AFC 被应用于汽车和潜艇。AFC 的显著优点是高能量转换率（一般可达 70%）、高比功率和高比能量。AFC 是全球性燃料电池研究的第一个高潮。

5.4.2.1　AFC 的工作原理

AFC 的电解质为氢氧化钾，导电离子是 OH^-。AFC 的工作原理如图 5-28 所示。

燃料（H_2）在阳极发生氧化反应：

$$H_2 + 2OH^- \longrightarrow 2H_2O + 2e^- \qquad \varphi^\ominus = -0.828V \qquad （5-11）$$

氧化剂（O_2）在阴极发生还原反应：

$$\frac{1}{2} O_2 + H_2O + 2e^- \longrightarrow 2OH^- \qquad \varphi^{\ominus} = 0.401V \qquad (5-12)$$

电池反应： $\qquad \frac{1}{2} O_2 + H_2 \longrightarrow H_2O \qquad E^{\ominus} = 1.229V \qquad (5-13)$

AFC 的燃料有纯氢（用碳纤维增强铝瓶储存）、储氢合金和金属氢化物。AFC 工作时会产生水和热量，采用蒸发和氢氧化钾的循环实现排除，以保障电池的正常工作。氢氧化钾电解质吸收 CO_2 生成的碳酸钾会堵塞电极的孔隙和通路，所以氧化剂要使用纯氧而不能用空气，同时电池的燃料和电解质也要求高纯化处理。

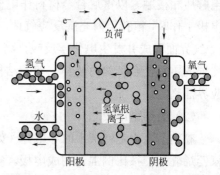

图 5-28　碱性燃料电池的工作原理示意图

5.4.2.2　AFC 电池的结构

AFC 的结构基本分为以下三种类型。

① 石棉作隔膜，氢氧化钾水溶液作电解质，石棉膜内饱浸氢氧化钾电解质。石棉膜的两侧分别是黏结型的氢电极和氧电极，组成了电极-膜-电极形式，采用密封结构使其与双极板组装成电池组。

② 氢氧化钾溶液置于框架内，称作碱腔，电极为双孔结构。氢氧化钾电解液可采用循环式或密封式两种。采用密封式结构与双极板组装成电池组。电池运行时，应严格控制反应气与碱腔间的压力差，以防止反应气体穿透细孔层进入碱腔。

③ 用棉膜作细孔层，与黏结型多孔气体扩散电极压合，形成类似双孔电极的结构，再按双孔电极的方式组成碱腔，然后组装成自由介质型碱性燃料电池。

5.4.2.3　AFC 的性能

AFC 与其他几类燃料电池相比，有以下三大长处。

（1）能量转化效率高

通常 AFC 的输出电压为 $0.8 \sim 0.95V$，其能量转化效率可高达 $60\% \sim 70\%$。这由 AFC 的结构所决定。AFC 的电化学反应是在相同的电催化剂上实现的，交换电流密度高导致能量转化效率高。

（2）采用非铂系催化剂

AFC 通常采用雷尼镍、硼化镍等作电催化剂，免受铂资源制约，同时可降低成本。

（3）化学性质稳定

镍在碱性介质中和电池的工作温度下化学性质稳定，因此可采用镍板或镀镍金属板作双极板。

AFC 采用氢氧化钾作电解质，它的负面作用限制了 AFC 的发展。为了防止氢氧化钾与 CO_2 反应，氧化剂（包括氧气、空气）必须充分净化，除去 CO_2。AFC 的氧化剂通常采用纯氧，如采用富氢燃料作还原剂，也要除 CO_2。AFC 的燃料通常用纯氢。AFC 的电池反应有水生成，需及时排出。排水工序增加了造价。

5.4.2.4　AFC 电极的制备工艺

AFC 电极的设计要求电极具有高度稳定的气、液和固三相界面。目前有以下两种比较成功的电极结构。

（1）双孔结构电极

所谓双孔结构是指电极分两层，即粗孔层和细孔层。粗孔层与气室相连，而细孔层与电解质相接触。以雷尼合金材料作电极为例，粗孔层孔径为 30μm，细孔层孔径为 16μm。电极工作时，粗孔层内充满反应气体，细孔层内填满电解液。细孔层的电解液浸润粗孔层，液/气界面形成并发生电化学反应，离子和水在电解液中传递，而电子则在构成粗孔层和细孔层的雷尼合金骨架内传导。双孔结构电极可以满足多孔气体扩散电极的要求，并保持反应界面稳定。

（2）黏结型电极

黏结型电极是将亲水的导电体（如电催化剂铂/炭）与具有黏结能力的防水剂（如聚四氟乙烯乳液）按比例混合制成电极。它在微观尺度上是相互交错的两相体系，由防水剂构成的疏水网络为反应气体提供内部的扩散通道。由电催化剂构成的亲水网络可以被电解液充满浸润，它为水和 OH^- 提供通道的同时，也为电子的传导提供通道。

5.4.2.5　AFC 的材料

AFC 的材料包括电极材料、催化剂和隔膜材料。

（1）电极材料

AFC 的电极选择与催化剂相关，主要有以下两类。

① 高比表面积的雷尼（Raney）金属。雷尼镍作为阳极的基本材料，银粉作阴极，这种电极本身具有催化作用。

② 用高比表面积的碳材料作电极基体，将贵金属（例如铂）催化剂分散到碳基体上，形成具有催化活性的电极。

（2）催化剂

AFC 催化剂的效能决定电池的性能，催化剂有几种类型：a.贵金属催化剂，包括铂、铑、金和银；b.贵金属合金；c.过渡金属，如钴、镍和锰等。

（3）隔膜材料

AFC 的隔膜材料是石棉膜。石棉膜由纯石棉纤维制备，纯石棉纤维的化学分子式为 $3MgO \cdot 2SiO_2 \cdot 2H_2O$。石棉膜具有均匀的孔结构，化学性能稳定，耐酸碱和有机物腐蚀，是电子的绝缘体。饱浸氢氧化钾水溶液的石棉膜是离子（OH^-）的良好导体，并阻止水分子通过。

5.4.2.6　AFC 的应用

① 氢燃料电池用于航天领域。20 世纪 60 年代，氢燃料电池就已经成功地应用于"阿波罗"飞船。

② 氢燃料电池应用于汽车，如氢燃料电池汽车。

③ 氢燃料电池应用于重型商用车领域、内河船舶和燃料电池飞机。

④ 氢燃料电池发电。氢燃料电池发电是将燃料的化学能直接转换为电能，不需要进行燃烧，能量转换率可达 60%～80%，而且污染少、噪声小，装置可大可小，非常灵活。

5.4.2.7 AFC 的发展趋势

（1）AFC 的优势

① 在碱性环境中可以使用镍、铬等替代贵金属催化剂。

② AFC 有很高的电极反应速率和电池电压。

（2）AFC 的不足

① AFC 是以液态 KOH 溶液为电解质，KOH 遇到空气中的 CO_2 容易生成 K_2CO_3，沉淀会堵住燃料扩散所需要的孔。必须除去空气中的 CO_2 和各种烃类燃料中的 CO_2，导致成本升高。

② AFC 电池电化学反应生成的水必须及时排出，以维持水平衡，排水系统复杂，这限制了 AFC 在地面上的使用。

5.4.3 磷酸燃料电池（PAFC）

PAFC 是一种以磷酸为电解质的燃料电池。PAFC 采用重整天然气作燃料，空气作氧化剂，浸有浓磷酸的 SiC 微孔膜作电解质，Pt/C 作催化剂，工作温度 200℃。PAFC 产生的直流电经过直交变换后以交流电的形式供给用户。PAFC 是单机发电量较大的一种燃料电池，可应用于区域性电站。

5.4.3.1 PAFC 的工作原理

如果考虑以氢为燃料，以氧为氧化剂，PAFC 的反应为：

阳极反应： $$H_2 \longrightarrow 2H^+ + 2e^- \tag{5-14}$$

阴极反应： $$\frac{1}{2}O_2 + 2H^+ + 2e^- \longrightarrow H_2O \tag{5-15}$$

电池反应： $$\frac{1}{2}O_2 + H_2 \longrightarrow H_2O \tag{5-16}$$

PAFC 的工作原理见图 5-29。

5.4.3.2 PAFC 的结构与性能

（1）PAFC 的结构

PAFC 由多节单电池按压滤机方式组装构成电池组。PAFC 的工作温度一般为 200℃左右，能量转化率约在 40%。为保证电池工作稳定，必须连续地排除废热。PAFC 电池组在组装时每 2～5 节电池间就加入一片冷却板，通过水冷、气冷或油冷的方式实施冷却，如图 5-30 所示。

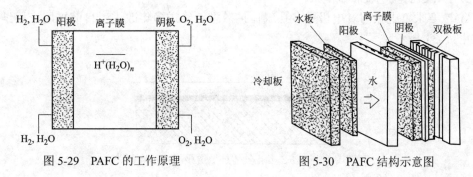

图 5-29 PAFC 的工作原理　　　　　图 5-30 PAFC 结构示意图

① 水冷排热　水冷可采用沸水冷却和加压冷却。沸水冷却时，水的用量较少，而加压冷却则要求水的流量较大。水冷系统对水质要求高，以防止水对冷却板材料的腐蚀。水中的重金属含量要低于百万分之一，氧含量要低于十亿分之一。

② 空气冷却　采用空气强制对流冷却，系统简单、操作稳定。但气体热容低，导致空气循环量大，消耗动力过大。所以气冷仅适用于中小功率的电池组。

③ 绝缘油冷却　采用绝缘油作冷却剂的结构与加压式水冷相似，油冷系统可以避免对水质高的要求，但由于油的比热容小，流量远大于水的流量。

（2）PAFC 的性能

① 电池的工作温度　从热力学分析看，升高电池的工作温度，会使电池的可逆电位下降。但升高温度会加速传质和电化学反应速率，减少活化极化、浓差极化和欧姆极化。总体来看升温会改善电池性能，PAFC 的工作温度为 200℃。

② 电池反应气体的工作压力　热力学分析表明，电池反应气体的工作压力会提高可逆电池的电压；从动力学上看，升高压力会增加氧还原的电化学反应速率，氧还原的速率与氧的压力成正比。升高压力会减少欧姆极化。

③ 电池的工作电位　在 PAFC 的工作条件下，氧电极的工作电压高于 0.8V 时，电催化剂铂会发生微溶，催化剂的担体 X-72 型炭也会缓慢氧化。

④ PAFC 电池的工作气体　PAFC 的燃料气对杂质有相当高的要求，以富氢气体为例，富氢气体中的 CO 会造成催化剂铂中毒和氢电极极化，要求 CO 的浓度范围控制在 1%以内（工作温度为 190℃时），富氢气体中 H_2S 气体的最高体积分数为 2.0×10^{-6}。

5.4.3.3　PAFC 的组成

PAFC 由电解质、电极及双极板等组成。

（1）PAFC 的电解质

PAFC 的电解质是浓磷酸，将浓磷酸浸泡在 SiC 和聚四氟乙烯制备的电绝缘的微孔结构隔膜里。设计隔膜的孔径远小于 PAFC 采用的氢电极和氧电极（采用多孔气体扩散电极）的孔径，这样可以保证浓磷酸容纳在电解质隔膜内，起到离子导电和分隔氢、氧气体的作用。当饱吸浓磷酸的隔膜与氢、氧电极组合成电池的时候，部分磷酸电解液会在电池阻力的作用下进入氢、氧多孔气体扩散电极，形成稳定的三相界面。

PAFC 的电催化剂是金属铂。目前采用炭黑作铂的担体，降低了铂的用量，同时提高了铂的利用率。炭黑目前多采用 X-72 型炭，它具有导电、耐腐蚀、高比表面积和低密度的优点，同时它的廉价也降低了成本。

（2）PAFC 的氢电极和氧电极

PAFC 要求氢电极与氧电极是多孔气体扩散型，经过多年改进，目前采用三层结构电极，如图 5-31 所示。

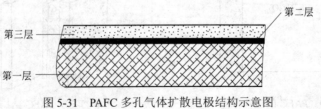

图 5-31　PAFC 多孔气体扩散电极结构示意图

第一层是支撑层，材料常采用炭纸，炭纸的孔隙率高达 90%，浸入 40%～50%的聚四氟乙烯乳液后，孔隙率降至 60%左右，平均孔径为 12.5μm。支撑层的厚度为 0.2～0.4mm，它的作用是支撑催化层，同时起收集和传导电流的作用。

第二层是扩散层，在支撑层表面覆盖由 X-72 型炭和 50%聚四氟乙烯乳液组成的混合物，厚度为 1～2μm。

第三层是催化层，在扩散层上覆盖由铂/炭电催化剂+聚四氟乙烯乳液（30%～50%）组成的催化层，厚度约 50μm。

（3）PAFC 的双极板

PAFC 的双极板材料采用复合炭板。复合炭板共三层，中间为无孔薄板，两侧为多孔炭板。

5.4.3.4　PAFC 的应用

PAFC 的应用主要考虑用于发电厂，曾有人预计 PAFC 是继火力、水力和核能发电之后的第四代发电技术。当初的设计是用于两种发电模式：a.分散型发电厂，容量在 10～20MW 之间，安装在配电站；b.中心电站型发电厂，容量在 100MW 以上，可以作为中等规模热电厂。

PAFC 电厂具备一些优势：采用模块结构，现场安装简单，并且电厂扩容容易。同时 PAFC 电厂在发电负荷比较低时，依然保持高的发电效率。

但建立 PAFC 电厂有不可忽视的问题：PAFC 电池采用铂作为催化剂，工作效率仅为 40%，这导致运行成本高；PAFC 电池的电解质是浓磷酸，腐蚀性严重。1976 年起，美国和日本实施了 Target 计划、GRI-DOE 计划和 FCG-1 计划，建立了 PAFC 电站。由于运行成本问题，相继停工。

5.4.3.5　PAFC 的发展

与氢燃料电池、质子膜燃料电池和固体氧化物燃料电池相比，目前，PAFC 竞争力明显不足，PAFC 需要完善的是电站的可靠性、寿命和造价。近年来研究投入减少，进展速度减缓。期待将来有突破。

5.4.4　质子交换膜燃料电池（PEMFC）

PEMFC 又称高分子电解质膜燃料电池（polymer electrolyte membrane fuel cell）。PEMFC 具有工作时间长、启动时间短、功率密度高、产物清洁、寿命长、水易排出、无腐蚀、噪声低且可在室温下启动等优势，不仅可用于建设分散型电站，而且用途不断扩展。

5.4.4.1　PEMFC 的工作原理

PEMFC 是以全氟磺酸型固体聚合物为电解质，以 Pt/C 或 Pt-Ru/C 为电催化剂，燃料为氢或净化重整气，氧化剂采用空气或纯氧，双电极材料目前采用石墨或金属。PEMFC 的工作原理示意图见图 5-32。

阳极催化层中的氢气在催化剂作用下发生反应，H_2 裂解为氢离子和电子。电子经外电路流动到达阴极，提供电力；氢离子（H^+）通过电解质膜转移到阴极，氢离子与 O_2 发生反应生成水。反应如下：

阳极反应：$$H_2 \longrightarrow 2H^+ + 2e^-$$ （5-17）

阴极反应：$$\frac{1}{2}O_2 + 2H^+ + 2e^- \longrightarrow H_2O$$ （5-18）

电池反应：$$H_2 + \frac{1}{2}O_2 \longrightarrow H_2O$$ （5-19）

生成的水随反应气体排出，不会稀释电解质。

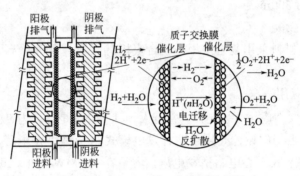

图 5-32　PEMFC 的工作原理示意图

5.4.4.2　PEMFC 的结构与性能

（1）单电池的结构与性能

PEMFC 单电池由电极、质子交换膜、双极板等部件组成。影响电池性能的主要因素如下。

① 质子交换膜的厚度不同，会造成电池内阻的差异。研究发现质子交换膜越薄，越有利于提高电极的催化活性。单电池的结构示意图见图 5-33。

② 提高电池的操作温度，有利于提高电化学反应速率和质子在电解质膜内的传递速率。考虑到质子交换膜为有机物，操作温度通常在室温到 90℃。

③ 操作压力为 p_{H_2}/p_{O_2}。如果增加气体压力，可以改变氢、氧气体的传质，影响电池的性能。增大气体压力，会增加整个系统的能耗。从能量效率角度考虑，通常情况下 PEMFC 用于电动车时，气体压力不超过 0.3MPa。

④ 质子交换膜中的水含量影响电解质膜的电导，膜如果失水，膜电导会下降。对反应气体增温可以防止膜失水，以确保电池正常运行。

（2）电池组的结构与性能

PEMFC 是通过密封、排热和增湿等技术，组装成电池组。

① 单密封结构的 PEMFC 电池组　单密封结构的 PEMFC 电池组示意图见图 5-34。单密封结构的膜-电极-膜三合一组件（MEA）与双极板的外形尺寸一样大，在 MEA 组件上开有反应气体与冷却液流通的孔道。孔道与 MEA 组件工作面的四周均用激光切割出沟槽，用于放置密封件。当 MEA 热压好后，将橡皮等密封件嵌入上述沟槽内，即得到密封结构的 MEA。

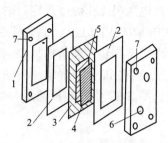

图 5-33　PEMFC 单电池结构示意图

1—不锈钢端板；2—聚四氟乙烯框；3—膜；
4—氢电极；5—氧电极；6—气孔；7—固定孔

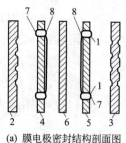
(a) 膜电极密封结构剖面图

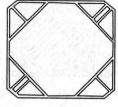
(b) 密封圈

图 5-34　PEMFC 单密封结构示意图

1—沟槽；2, 3—流场板；4, 5—炭纸扩散层；
6—膜；7—密封圈；8—催化层

单密封结构的优点是质子交换膜在电池中可以发挥好分隔氢、氧气的作用，同时密封的实施也比较容易。单密封结构的缺点是质子交换膜的有效利用率低。如果电池的功率为千瓦级，质子交换膜的有效利用率仅能达到 60%左右。单密封结构的电池组适用于工作面积大的电池。

② 双密封结构的 PEMFC 电池组　双密封结构的特点是 MEA 比双极板小，MEA 的四周边及所有的气体通道周边均用平板橡皮密封。双密封结构需要解决两气室间与共用管道的外漏和互串问题，同时还需处理对 MEA 本身周边的密封，否则会导致反应气在通道中互串。双密封结构的示意图见图 5-35。

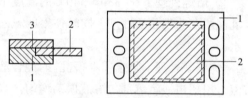

图 5-35　双密封结构示意图

1—带进气孔通道的密封板 A；2—MEA；3—密封件 B

双密封结构的优点是将质子交换膜的利用率提高到 90%～95%。但它要求 MEA 周边密封要控制好，以免两种反应气体互相泄漏。

③ 增湿和排热　增湿的目的是防止离子交换膜失水变干。实施增湿的方式是在电池组内加入增湿段，实际上相当于一个假电池。假电池的结构与电池结构一样，但电极上无催化剂，也不发生电化学反应。其结构和示意图见图 5-36。

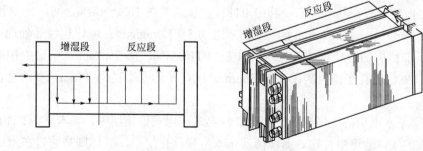

图 5-36　增湿电池组示意图

增湿电池组中增湿段占整个电池组的 10%～20%，要求增湿膜与 MEA 的离子交换膜的性质相同。

图 5-37　排热板流场与结构的示意图

排热的目的是维持电池组工作温度稳定,保持电池组各部分工作温度均匀,防止局部过热。目前主要采用的方法是在电池组内设置带排热腔的双极板,也称排热板。用循环水或水+乙二醇的混合物将电池废热带走,以控制电池组的温度。图 5-37 为排热板流场与结构的示意图。

5.4.4.3　PEMFC 电极的制备工艺

PEMFC 电极采用多孔气体扩散电极,它由催化层和扩散层构成。扩散层起支撑催化层的作用,同时还有以下功能:收集电流,为电化学反应提供电子通道、气体通道和排水通道。催化层是电极的核心部分,电池的电化学反应发生在催化层。

（1）扩散层的制备工艺

① 憎水处理　多次将原料炭纸浸入聚四氟乙烯（PTFE）乳液中,用称重法记录浸入的聚四氟乙烯乳液的量。

② 焙烧处理　在 330～340℃的温度下,焙烧浸好的炭纸,排出其中浸入的聚四氟乙烯乳液所含的表面活性剂,同时使聚四氟乙烯热熔烧结并均匀分散在炭纸的纤维上,实现憎水。

③ 整平处理　将水或水+乙醇的混合液作溶剂,加入炭黑与 PTFE 配成质量比为 1/1 的溶液,用超声波将溶剂与溶液振荡均匀。当混合物静止沉淀后,弃去上清液,取其沉降物涂到憎水处理的炭纸上,实现其表面平整。

④ 如果采用炭布作扩散层,可不用做憎水处理,直接在炭布上做整平处理。

（2）催化层的制备工艺

催化层采用纯铂黑和 PEFT 乳液作原料,电极中铂含量为 $4mg/cm^2$。催化层的制备工艺目前可分为两大类:经典疏水电极催化层制备工艺和薄层亲水电极催化层制备工艺。

① 经典疏水电极催化层制备工艺　将铂/炭催化剂、PTFE（乳液）及质子导体聚合物（如 Nafion）三种原料按一定比例分散在 50%的乙醇溶液中,超声波混合均匀,涂到扩散层上,烘干并热压处理,得到膜电极三合一组件。

催化层厚度一般在几十微米,其中 PTFE 含量通常在 10%～50%之间。先制备铂/炭催化剂,再喷 Nafion,喷涂 Nafion 的量应控制在 $0.5～1.0mg/cm^2$。催化层经热处理,性能稳定。氧电极催化层的最佳组成为铂/炭 54%、PTFE23%、Nafion23%,电极中铂的担体为 $0.1mg/cm^2$;催化层孔半径控制在 10～35nm 之间,平均孔半径为 15nm,要避免出现小于 2.5nm 的孔。

② 薄层亲水电极催化层制备工艺　在经典疏水电极催化层中,气体是在 PTFE 的憎水网络所形成的气体通道中传递。而在薄层亲水电极催化层中,气体则是通过在水或 Nafion 类树脂中的溶解扩散进行传递。薄层亲水电极的催化层厚度通常控制在 5μm 左右,如此薄的催化层,导致氧气无明显的传质限制。薄层亲水电极催化层制备步骤如下。

a. 将 5%的 Nafion 溶液与铂/炭电催化剂（铂的含量为 19.8%）混合均匀,质量比为（铂/炭）：Nafion=3∶1。

b. 加入水与甘油，其比例为（铂/炭）：水：甘油=1：5：20。

c. 超声波混合，使其成为黑水状态混合物。

d. 将混合物分几次涂抹到聚四氟乙烯薄膜（事先清洗）上，在 135℃下烘干。

e. 将烘好的膜与预处理过的质子交换膜进行热压处理，将催化层转移到质子交换膜上。

亲水电极催化层的优点是电极催化层与膜的结合紧密，可以避免由电极催化层与膜的溶胶胀性不同所造成的电极与膜的分层；铂/炭催化剂与 Nafion 型质子导体可以接触良好，进一步降低电极的铂用量。

（3）膜电极三合一组件的制备工艺

PEMFC 的膜为高分子聚合物，仅靠电池组装力不能使电极与离子交换膜之间有良好的接触，同时质子导体也无法进入多孔气体电极的内部。于是必须制备电极-膜-电极的三合一组件。具体做法是在全氟磺酸树脂玻璃化温度下施加一定压力，将已加入全氟磺酸树脂的氢电极（阳极）、隔膜（全氟磺酸型质子交换膜）和已加入全氟磺酸树脂的氧电极（阴极）压合在一起，形成了电极-膜-电极三合一组件，称为 MEA。MEA 的制备过程如下。

① 膜预处理　用 3%～5%的 H_2O_2 水溶液处理离子交换膜，在 80℃下除去其有机杂质；用去离子水冲洗后，在 80℃温度下用稀硫酸溶液处理质子交换膜，目的是除去无机金属离子；用去离子水洗净后，置于去离子水中备用。

② 浸渍或喷涂树脂溶液　将制备好的多孔气体扩散型氢、氧电极，浸渍或喷涂全氟磺酸树脂溶液，然后在 60～80℃下烘干，树脂的担载量为 0.6～1.2mg/cm^2。

③ 热压　将上述氢、氧电极与膜按氢电极-膜-氧电极的顺序排列，置于两片不锈钢平板之间（双极板），热压。工艺条件为：温度 130～135℃，压力 6.0～9.0MPa，热压时间 60～90s，冷却降温。

④ 如果质子交换膜和全氟磺酸树脂转换为 Na$^+$型，热压温度提高到 150～160℃；如果将全氟磺酸树脂事先转换为热塑性（季铵盐型），热压温度提高到 195℃；热压后的三合一组件需要用稀硫酸重新转型为氢型。

5.4.4.4　PEMFC 的材料

PEMFC 的关键材料有电催化剂、电极、质子交换膜和双极板。

（1）电催化剂材料

PEMFC 的电催化剂主要是以铂为主的催化剂组分，包括炭载铂合金催化剂和纳米级颗粒铂/炭催化剂。

① 炭载铂合金催化剂　合金元素主要有铂、铬、锰、钴和镍等，铂在合金元素中的比例一般在 35%～65%之间。铂合金通过化学还原法沉积在炭载体上，形成炭载铂合金催化剂。

② 纳米级颗粒铂/炭催化剂　通常采用炭黑、乙炔炭作担体，采用化学方法将铂或者铂钌合金沉积于炭担体上。通过特定方法将铂制备成纳米级粒度（粒度一般为 1.5～2.5nm）使其具有高分散性。电催化剂要求高活性，以提高利用率。

（2）电极材料

PEMFC 的电极是多孔气体扩散电极，由催化层和扩散层构成。电极扩散层的材料通常是炭纸或炭布，厚度约为 0.20～0.30mm。催化层的材料是纯铂黑和聚四氟乙烯乳液。

（3）质子交换膜材料

目前采用的质子交换膜采用全氟磺酸型质子交换膜。全氟磺酸型质子交换膜的原料是聚四氟乙烯，经聚合制备成高分子材料，其结构式为：

$$—(CF_2CF_2)_n—CF_2—CF_2O(CF_2CF_2)_mO(CH_3)CFCF_2SO_3H$$

如果 $m=1$，是美国杜邦公司生产的 Nafion 膜；如果 $m=0$，则为 Dow 公司制备的高电导的全氟磺酸膜。图 5-38 为质子交换膜中氢离子传导机理的示意图。

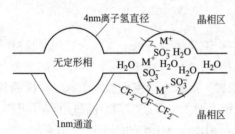

图 5-38 质子交换膜中氢离子传导机理示意图

（4）双极板材料

① 在燃料电池组内双极板的作用是分隔氧化剂与还原剂、收集电流、分散气体和排热。要求双极板具有以下功能。

a. 双极板材料需要具有阻气功能，不能采用多孔透气材料。

b. 双极板材料起到收集电流作用，必须是电的良导体。

c. 燃料电池的电解质多为酸碱溶液，双极板材料又处于氧化介质和还原介质同时存在的工作环境中，要求双极板材料具有抗腐蚀性。

d. 双极板材料应该是热的良导体，以保证电池组的温度分布均匀，并保证实施正常的排热功能。

② 双极板两侧　双极板两侧需要合理分布流场，以保证反应气体有分布均匀的通道。PEMFC 的双极板材料主要有无孔石墨板、表面活性的金属板和复合双极板，具体如下。

a. 无孔石墨极一般由炭粉和石墨粉与可石墨化的树脂制备，经严格升温程序的石墨化过程处理，再通过机械加工在无机石墨板上形成蛇形通道流场，造价很高。

b. 金属极（如不锈钢）作双极板材料会受到氢和氧的腐蚀，必须对双极板表面做改性处理。改性金属板作双电极材料有利于批量生产和降低厚度（0.1～0.3mm），又有利于提高电池组的比能量和比功率。

c. 复合型双极板。将薄金属板（如 0.1～0.2mm 的 310#不锈钢）与有孔薄炭板复合，形成了复合型双极板。有孔薄炭板作流场板，金属板与有孔薄炭板的结合采用导电胶黏结。

5.4.4.5　PEMFC 的应用

目前，国际上通常根据质子交换膜的运行温度，将质子交换膜燃料电池分为低温质子交换膜燃料电池和高温质子交换膜燃料电池。

① 低温质子交换膜燃料电池　运行温度在 60～80℃；特点是燃料效率高，＞50%（热电联供＞80%）、安全、低噪声、零排放、室温启动且速度快。

低温质子交换膜燃料电池主要应用于手机、电脑、汽车、船舶、潜艇和航天器等耗能设备的零排放动力源，也可用作野外移动电站、分散式和固定式发电站的发电设备。

② 高温质子交换膜燃料电池　运行温度在 120～180℃；特点是使用寿命长、对氢气质量要求高、抗 CO 中毒能力强、系统简单和材料成本低，具有竞争力。

高温质子交换膜燃料电池主要应用于固定或移动式电站、备用峰值电站、备用电源和热电联供系统等发电设备。

世界范围内的燃料电池研究集团还开发了 PEMFC 作为可移动动力源，用于部队、海岛、矿山的移动电源，燃料可使用储氢材料、储氢罐、氨分解制氢和重整天然气制氢等。有研究将 PEMFC 作为水下机器人的动力源，可以实现无缆水下机器人。

5.4.4.6 PEMFC 的发展

国家发改委发布的《氢能产业发展中长期规划（2021—2035 年）》指出：加快推进质子交换膜燃料电池技术创新，开发关键材料，提高主要性能指标和批量化生产能力，持续提升燃料电池可靠性、稳定性和耐久性。

① 加快 PEMFC 技术发展，重点发展核心零部件和关键装备的研发制造。

② 突破氢能基础设施环节关键核心技术，开发临氢设备关键影响因素监测与测试技术，加大制、储、输和用氢全链条安全技术开发应用。

③ 研发 PEMFC 的新型催化剂，降低贵金属 Pt 使用量，提高催化剂活性和稳定性。

④ 探索膜电极制备新技术和新工艺，改善 PEMFC 的性能，从整体上协调反应进程，提高燃料电池性能。

5.4.5 熔融碳酸盐燃料电池（MCFC）

熔融碳酸盐燃料电池（molten carbonate fuel cell，MCFC）是由多孔陶瓷阴极、多孔陶瓷电解质隔膜、多孔金属阳极和金属极板构成的燃料电池，电解质是熔融态碳酸盐。

MCFC 具有工作温度较高、反应速度快、对燃料的纯度要求较低并可对燃料进行电池内重整、不需贵金属催化剂和成本较低的优势。MCFC 采用液体电解质，操作方便。MCFC 的劣势是高温条件下腐蚀和渗漏现象严重，电池寿命短。

5.4.5.1 MCFC 的工作原理

MCFC 的电解质为熔融碳酸盐，一般为碱金属 Li、K、Na 及 Cs 的碳酸盐混合物；隔膜材料是 $LiAlO_2$；正极和负极分别为添加锂的氧化镍和多孔镍。MCFC 的工作原理见图 5-39。

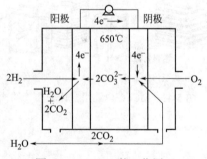

图 5-39 MCFC 的工作原理

MCFC 的电池反应如下：

阴极反应：
$$O_2 + 2CO_2 + 4e^- \longrightarrow 2CO_3^{2-}$$

阳极反应：
$$H_2 + CO_3^{2-} \longrightarrow CO_2 + H_2O + 2e^-$$

电池反应：
$$O_2 + 2H_2 \longrightarrow 2H_2O$$

MCFC 的导电离子为 CO_3^{2-}，CO_2 在阴极为反应物，而在阳极为产物，实际上电池工作过程中 CO_2 循环使用。阳极产生的 CO_2 返回到阴极，以确保电池连续地工作。通常采用的方法是将阳极室排出来的尾气经燃烧消除其中的 H_2 和 CO，再分离除水，然后将 CO_2 返回到阴极循环使用。

5.4.5.2 MCFC 的结构

MCFC 的结构示意图见图 5-40。MCFC 的组装方式是隔膜两侧分别是阴极和阳极，再分别放上集流板和双极板。

图 5-41 为 MCFC 电池组示意图。

MCFC 电池组气体分布管的结构如图 5-42 所示。按气体分布方式可分为内气体分布管式和外气体分布管式。

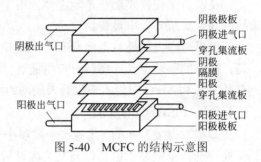

图 5-40 MCFC 的结构示意图

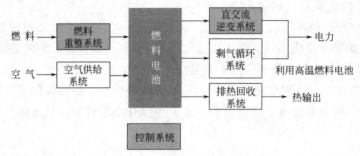

图 5-41 MCFC 电池组示意图

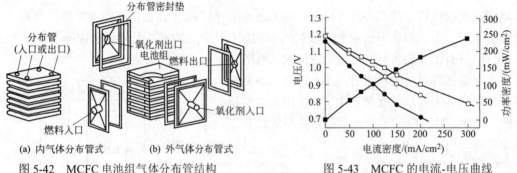

(a) 内气体分布式　　(b) 外气体分布管式

图 5-42 MCFC 电池组气体分布管结构

图 5-43 MCFC 的电流-电压曲线

（LiCoO₂ 为阴极，Ni-Cr 合金为阳极，燃料气和催化剂的利用率均为 20%）

功能密度分别为 ●—0.9MPa；○—0.9MPa；■—0.1MPa；□—0.5MPa

外分布管式电池组装好后，在电池组与进气管间要加入由 LiAlO₂ 和 ZrO₂ 制成的密封垫。由于电池组在工作时会发生形变，这种结构导致漏气，同时在密封垫内还会发生电解质的迁移。鉴于它的缺点，内分布管式逐渐取代了外分布管式，它克服了上述缺点，但要牺牲极板的有效使用面积。

在电池组内氧化气体和还原气体的相互流动有三种方式，即并流、对流和错流。目前采用错流方式。

5.4.5.3 MCFC 的性能

图 5-43 为 MCFC 单电池的电流-电压曲线。由图可知，以 LiCoO₂ 为阴极、Ni-Cr 合金为阳极的 MCFC 单电池，在 200mA/cm² 和 300mA/cm² 的电流密度下放电时，输出电压分别是 0.944V 和 0.781V，功率密度接近 300mW/cm²。

5.4.5.4　MCFC 的制备工艺

MCFC 的制备包括隔膜的制备、电极的制备、隔膜与电极的孔匹配和双极板的制备。

（1）隔膜的制备

MCFC 的隔膜主要采用偏铝酸锂（$LiAlO_2$）膜，隔膜材料为 $LiAlO_2$ 粉体。为了保证隔膜的质量，必须严格控制 $LiAlO_2$ 的粒度、晶型和密度。偏铝酸锂隔膜的制备方法有热压法、电沉积法、真空铸造法、冷热液法和带铸法等。其中带铸法既适宜于大批量生产，又能保证质量，目前被广泛采用。

带铸法的主要步骤是：

① 在 $LiAlO_2$ 中加入 5%～15% 的 $LiAlO_2$，同时加入一定比例的胶黏剂、增塑剂和溶剂，经长时间球磨得到浆料；

② 浆料经带铸机铸膜；

③ 通过控制其中溶剂的挥发速度，将膜快速干燥；

④ 将数张膜叠合，经热压制备出 MCFC 用隔膜，要求厚度为 0.5～0.6mm，堆密度为 1.75～1.85g/cm³。

（2）电极的制备

MCFC 的阳极是镍电极或镍-铬合金电极，MCFC 的阴极为 NiO、$LiCoO_2$ 电极，二者的制备方法均采用带铸法，这与隔膜制备过程相似。

① MCFC 阴极的制备　原料选用羰基法制备的 Ni 粉，也可以选用高温合成法制备的 Ni-Cr 合金粉（Cr 的含量为 8%）；加入一定比例的胶黏剂、增塑剂和分散剂；用正丁醇和乙醇作溶剂调成浆料，用带铸法制膜。在电池程序升温过程中除去有机物，成品是多孔气体扩散电极。Ni 电极通常厚度为 0.4mm，平均孔径为 5μm，孔隙率达到 70%。Ni-Cr 电极的厚度是 0.4～0.5mm，平均孔径也是 5μm，孔隙率同样为 70%。

② MCFC 阳极的制备　原料选用 $LiCoO_2$、$LiMnO_2$ 或 CeO_2 等，同样采用带铸法制成阳极。$LiCoO_2$ 阳极的厚度为 0.4～0.6mm，平均孔径为 10μm，孔隙率为 50%～70% 左右。

（3）隔膜与电极的孔匹配

MCFC 的电解质是 62%Li_2CO_3+38%K_2CO_3（物质的量，490℃），它在 $LiAlO_2$ 隔膜上完全浸润。

MCFC 是高温电池，电极内无憎水剂，电解质在隔膜、电极间分配主要靠毛细力实现平衡。研究发现平衡服从下列方程：

$$\frac{\sigma_c\cos\omega_c}{\gamma_c}=\frac{\sigma_e\cos\omega_e}{\gamma_e}=\frac{\sigma_a\cos\omega_a}{\gamma_a}$$

式中　σ_c，σ_e，σ_a——阴极、隔膜和阳极的表面张力；

ω_c，ω_e，ω_a——阴极、隔膜和阳极的接触角；

γ_c，γ_e，γ_a——阴极、隔膜和阳极的孔半径。

电解质在隔膜和电极间的分配直接影响电池的质量，为了满足实际要求，隔膜、阴极和阳极的孔半径有如下要求：

① 隔膜的孔半径 γ_e 在三者中要保持最小，以确保隔膜中充满电解液。

② 阴极的孔半径 γ_c 最大，可促进阴极内氧的传质。

③ 阳极的孔半径 γ_a 居中。

MCFC 在运行过程中，电解质熔盐会发生一定的流失。要注意减少电解质流失和补充电解质。

（4）双极板的制备

双极板的原材料主要为不锈钢或各种镍合金。大功率电池组的双极板加工通常采用冲压成型加工方法，小型电池可采用机械加工方法。在 MCFC 的工作条件下，双极板的腐蚀不可忽视。阳极侧的腐蚀速率高于阴极，往往在阳极侧镀镍以实现防腐。

5.4.5.5 MCFC 的材料

MCFC 的材料包括电极材料、隔膜材料和双极板材料。

（1）电极材料

MCFC 的电极是 H_2、CO 氧化和 O_2 还原的场所，MCFC 的电极必须具备以下两个基本条件。

① 保证加速电化学反应，必须耐熔盐腐蚀。

② 保证电解液在隔膜、阴极和阳极间的良好分配，电极与隔膜必须有适宜的孔度相配。

MCFC 的阳极电催化剂经历了 Ag、Pt 及 Ni，现在主要采用 Ni-Cr 合金或 Ni-Al 合金。采用 Ni 取代 Ag 和 Pt 是为了降低电池成本，而演变为镍合金是为了防止镍的蠕变现象。

MCFC 的阴极材料有 NiO、$LiCoO_2$、$LiMnO_2$、CuO 和 CeO_2 等，由于 NiO 电极在 MCFC 工作过程中会缓慢溶解，同时还会被从隔膜渗透过来的氢还原而导致电池短路，所以 NiO 被 $LiCoO_2$ 等新型阴极材料取代。

（2）隔膜材料

隔膜是 MCFC 的核心部件，必须具备高强度、耐高温熔盐腐蚀、浸入熔盐电解质后能阻气和具有良好的离子导电性能。目前 MCFC 的隔膜材料是 $LiAlO_2$，$LiAlO_2$ 粉体有三种晶型，分别为 α型（六方晶系）、β型（单斜晶系）和 γ型（四方晶系），外形分别为球形、针状和片状，密度则分别为 $3.400g/cm^3$、$2.610g/cm^3$ 和 $2.615g/cm^3$。早期使用的 MgO 隔膜已被淘汰。

（3）双极板材料

MCFC 的双极板有三个主要作用：①隔开氧化剂（O_2 或空气）与还原剂（天然气、重整气）；②提供气体流动通道；③集流导电。

MCFC 的双极板材料主要为不锈钢（如 310# 或 316#）和各类镍基合金。

5.4.5.6 MCFC 的应用

MCFC 具有四个优势：工作温度高、电极反应活化能小、不需贵金属作催化剂，成本相对低；MCFC 使用气体多样，可以是氢，也可以是燃料气，包括煤气；电池排放的余热温度在 400℃ 左右，可以循环或回收利用，MCFC 总的热效率达到 80%；可以用空气冷却代替水冷却。

基于这些优势条件，MCFC 曾有多种应用设计，以天然气、煤气和各种碳氢化合物为燃料，可以实现减少 40% 以上的 CO_2 排放，可以实现燃料的有效利用率提高到 70%~80%。研究主要围绕：MCFC 用于发电站，计划小型 MCFC 电站主要用于地面通信和气象台站等；

MCFC 中型电站用于水面舰船、机车、医院、海岛和边防的热电联供；MCFC 大型电站用于热机联合循环发电。

但 MCFC 还有四个劣势：高温体系和电解质强腐蚀性对电池各种材料可造成腐蚀，MCFC 需要十分严格的防腐条件要求，单电池边缘的高温湿密封难度大，阳极区遭受到严重的腐蚀难以解决；电池的寿命受到限制；熔融碳酸盐冷会导致破裂；电池系统循环系统，增加了系统结构的复杂性。MCFC 的劣势限制了它的应用。

5.4.5.7　MCFC 的发展

目前，MCFC 的商业化还有需要解决的问题，主要包括阴极的溶解、阳极的蠕变、电解质的腐蚀作用与流失等。近几年相关的研究论文很少。期待 MCFC 走出低谷，发挥它的优势。

但是，在固体氧化物燃料电池 SOFC 的应用中，SOFC 是煤气化联合循环发电（IGCC）的核心电池，组成煤气化燃料电池发电系统（IGFC），而 MCFC 也有望加入这个发电系统。

5.4.6　固体氧化物燃料电池（SOFC）

固体氧化物燃料电池（solid oxide fuel cell，SOFC）是以固体氧化物为电解质的电池。固体氧化物燃料电池的发电不需经过从燃料化学能→热能→机械能→电能的转变过程，导致其能量转化效率高，同时具有操作方便、无腐蚀、燃料适用性广（可广泛地采用氢气、一氧化碳、天然气、液化气、煤气、生物质气、甲醇、乙醇、汽油和柴油等多种碳氢燃料）等优势，容易实现与现有能源资源供应系统的兼容。

SOFC 具有 AFC、PAFC、PEMFC 和 MCFC 的高效及环境友好的优点，同时还具有如下特点。

① 全固态结构可以避免液体电解质带来的腐蚀和电解液流失。

② 在 800～1000℃的高温工作条件下，电极反应过程迅速，无需采用贵金属催化剂，降低成本。

③ 余热可用于供热和发电，能量综合利用效率达到 70%。

④ 固体氧化物燃料电池具有环境友好、污染物排放少和噪声低等优点，是公认的高效绿色能源转换技术。

5.4.6.1　SOFC 的工作原理

SOFC 的电解质是固体氧化物，包括 ZrO_2、Bi_2O_3 等，其阳极是 Ni-YSZ 陶瓷，阴极目前主要采用锰酸镧（LSM，$La_{1-x}Sr_xMnO_3$）材料。SOFC 的固体氧化物电解质在高温（800～1000℃）下具有传递 O^{2-} 的能力，在电池中起传递 O^{2-} 和分隔氧化剂与燃料的作用。平板式 SOFC 的工作原理见图 5-44。

阴极反应　　　　　　　　$O_2 + 4e^- \longrightarrow 2O^{2-}$

阳极反应　　　　　　　　$2O^{2-} + 2H_2 \longrightarrow 2H_2O + 4e^-$

总反应　　　　　　　　　$2H_2 + O_2 \longrightarrow 2H_2O$

在阴极（空气电极）上，氧分子得到电子，被还原为氧离子；氧离子在电池两侧氧浓度差驱动力的作用下，通过电解质中的氧空位定向迁移，在阳极（燃料电极）上与燃料进行氧化反应。

如果燃料为天然气（甲烷），其反应为：$4O^{2-} + CH_4 \longrightarrow 2H_2O + CO_2 + 8e^-$

燃料电池反应为：$CH_4 + 2O_2 \longrightarrow 2H_2O + CO_2$

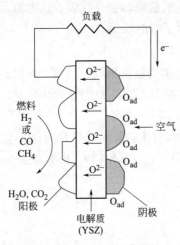

图 5-44 SOFC 的工作原理

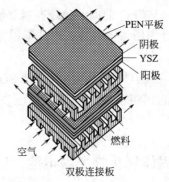

图 5-45 平板式 SOFC 结构示意图

从原理上讲，SOFC 是最理想的燃料电池类型之一，一旦解决了一系列技术问题，SOFC 有希望成为集中式发电和分散式发电的新能源。

5.4.6.2 SOFC 的结构与性能

SOFC 为全固体结构，目前主要有以下几种结构：平板式、管式、瓦楞式、套管式和热交换一体化结构式等。

（1）平板式结构的 SOFC

平板式结构的 SOFC 的结构示意图见图 5-45。

① 平板式 SOFC 的结构　平板式 SOFC 是将阳极（空气电极）/YSZ 固体电解质/阴极（燃料电极）烧结成一体，形成三合一结构，简称 PEN 平板。PEN 平板之间由双极连接板连接。双极板内设有导气槽，PEN 平板相互串联，空气和燃料气体分别从导气槽中交叉流过。目前，平板式 SOFC 的结构多为 PEN 矩阵结构，既可以增大单电池面积，又可以解决 YSZ 的脆性问题。

以 10kW 级电池组为例，说明平板式 SOFC 的 PEN 矩阵结构。电池组共有 80 层，每一层放置 16 个 $50\mu m \times 50\mu m$ 的 PEN 平板，计算得到每一层表面积为 $256cm^2$；80 层共有 1280 个 PEN，电池总面积为 $2m^2$。PEN 矩阵结构与双极连接板之间采用高温无机胶黏剂密封，以防止燃料气体与空气混合。

② 平板式 SOFC 的性能　平板式 SOFC 结构简单，电极和电解质制备工艺简化，条件容易控制，造价低；电流流程短，采集均匀，电池的功率密度高。但是平板式结构导致密封困难，热循环性能差；对双极连接材料有较高的要求，包括热膨胀系数的匹配性、抗高温氧化性和导电性等。

（2）管式结构的 SOFC

① 管式 SOFC 的结构　管式 SOFC 结构示意图见图 5-46。如图可见，多个管式的单电池以串联或并联的形式组装成电池组。每个单电池从里到外分别是支撑管、阴极（空气电极）、固体电解质膜和阳极。

支撑管由多孔氧化钇稳定的氧化锆（简称 CSZ）作原料制成，它主要起支撑作用，允许空气通过并到达空气电极。它与 LSM 空气电极、YSZ 固体电解质膜和 Ni-YSZ 陶瓷阳极共同构成了一端密封的单电池。

近年来，管式 SOFC 单电池的结构被改进，取消了 CSZ 支撑管，改用空气电极自身支撑管，简化了制备工艺，也使单管电池的功率提高了几倍。

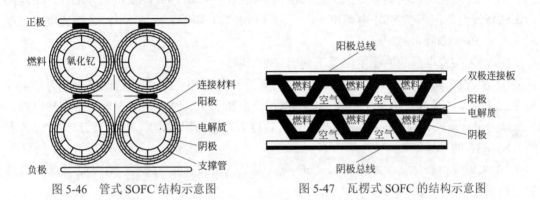

图 5-46　管式 SOFC 结构示意图　　　　图 5-47　瓦楞式 SOFC 的结构示意图

② 管式 SOFC 的性能　管式 SOFC 的特点是电池单管组装相对简单，避免了高温密封的技术难题。通过串联或并联将单电池组装成大规模的电池系统。但管式 SOFC 制备工艺复杂且造价高。

管式 SOFC 的电池功率密度为 $0.15W/cm^2$，比平板式电池低，但它衰减率低，热循环稳定性好。管式 SOFC 可常压运行，可以和燃气轮机或蒸汽轮机集成一体，形成联合发电系统，总效率可达 80%。

（3）瓦楞式结构的 SOFC

瓦楞式结构的 SOFC 又称为单块叠层式 SOFC 模块，简称 MOLB，其结构示意图见图 5-47。

瓦楞式 SOFC 与平板式 SOFC 的基本结构相似，区别在于 PEN 不同。瓦楞式的形状使其有效工作面积比平板式大，因此单位面积功率密度大。但瓦楞式的 PEN 制备困难，它必须经过共同烧结一次成型，烧结条件的控制要求也十分严格。

5.4.6.3　SOFC 构件的制备工艺

（1）YSZ 膜的制备

以平板式 SOFC 为例，平板式 SOFC 的 YSZ 厚 100～200μm，制备方法为刮膜法。刮膜法即在阳极或阴极的基膜上形成负载薄膜，大约几十微米。形成负载薄膜的方法可选用电化学沉积法（EVD）、DC Magnetron 溅射法、等离子喷涂法和化学喷涂法。

（2）阴极的制备

介绍 SOFC 的两种阴极（平板式和管式）的制备方法。

① 平板式 SOFC 阴极的制备方法　平板式 SOFC 阴极的制备方法有丝网印刷法、喷涂法和浆料涂布法。基本操作都是将 LSM 浆料涂覆在 YSZ 膜板上，然后高温烧结成电极，烧结温度一般为 1000～1300℃。平板式电极的厚度约为 50～70μm。

② 管式 SOFC 阴极的制备方法　管式 SOFC 阴极的制备方法主要采用涂布技术将 LSM 沉积在 CaO 稳定的 ZrO_2(CSZ)多孔支撑管壁上，然后烧结成电极，电极厚度约 1.44mm。管式 SOFC 的阴极液也可以直接用 LSM 挤压成型。

（3）阳极的制备

Ni-YSZ 陶瓷电极的制备方法主要为丝网印刷法。将 NiO 和 YSZ 粉充分混合，用丝网印刷法将混合物沉积在 YSZ 电解质上，高温（1400℃）烧结，形成 Ni-YSZ 陶瓷电极，厚度大约为 50～100μm。

Ni-YSZ 陶瓷电极的性能主要受下列因素的影响。

① Ni-YSZ 陶瓷电极中 NiO 和 YSZ 粉比例的影响是 Ni 的体积分数低于 30%时，电导与 YSZ 相似，主要表现为离子电导；Ni 的体积分数高于 30%时其电导表现为金属导电性。

② NiO 和 YSZ 粒度的影响是如果 YSZ 粒度大，表面积低，则 Ni 主要分布在 YSZ 表面，Ni-YSZ 的电导增加。

③ 采用变价氧化物（如 MnO_x、CeO_2 等）修饰 YSZ 表面，在制备 Ni-YSZ 电极时，增加电极活性。

5.4.6.4　SOFC 的材料

SOFC 的关键材料与部件为电解质材料、阴极材料、阳极材料和双极连接板材料。

（1）电解质材料

SOFC 的固体电解质材料主要有两种类型，即萤石结构和钙钛矿结构，其中萤石结构的电解质材料研究相对充分。

① 萤石结构的氧化物　萤石结构的氧化物中 ZrO_2、Bi_2O_3 和 CeO_2 研究较多。掺杂 6%～10%（摩尔分数）的 Y_2O_3 的 ZrO_2 是目前应用最广的电解质材料。常温下纯的 ZrO_2 属单斜晶系，在 1150℃时不可逆转变为四方晶系，到 2370℃时转变为立方萤石结构，并一直保持到 2680℃（熔点）。

一系列相变引起的体积变化大约为 3%～5%，加入 Y_2O_3 可以使立方萤石结构稳定。同时 Y_2O_3 在 ZrO_2 晶格内产生了大量的氧离子空位以保持整体的电中性。研究发现，加入两个三价离子，就引入一个氧离子空位。掺杂 Y_2O_3 的量取决于不影响 ZrO_2 的电导率，8%（摩尔分数）Y_2O_3 稳定的 ZrO_2（YSZ）是 SOFC 普遍采用的电解质材料。在 950℃时，电导率为 0.1S/cm，它有很宽的氧分位范围，在 $1.0～1.0×10^{20}$Pa 压力范围内呈纯氧离子导电特性，只有在很低和很高的氧分位下才会产生离子导电与空穴导电。

采用 Sc_2O_3 和 Yb_2O_3 掺杂的 ZrO_2 用于 SOFC 作为固体电解质，性能优于 YSZ，但造价较高。

YSZ 的弱点是必须在 900～1000℃的温度下才有较高的功率密度，这对于双极板和密封胶的选择及电池组装带来了一系列困难。目前 SOFC 的发展趋势是降低电池的工作温度，800℃左右的中温型 SOFC 受到重视。采用 Gd_2O_3 和 Sm_2O_3 掺杂的 CeO_2 固体电解质在 $600\sim800℃$ 的中温区间将有应用前景。

② 钙钛矿结构的氧化物　$La_{0.9}Sr_{0.1}Gd_{0.8}Mg_{0.2}O_3$（LSGM）具有钙钛矿结构，它的特点是氧离子导电性能好，不产生电子导电，同时在氧化和还原气氛下稳定。研究发现，在 800℃ 时用 LSGM 作固体电解质，电池的功率密度可以达到 $0.44W/cm^2$，在 700℃ 时为 $0.2W/cm^2$，稳定性能好。钙钛矿结构氧化物有希望成为中温 SOFC 电池的固体电解质。

（2）阳极材料

阳极材料可以选择 Ni、Co、Ru 和 Pt 等金属，考虑到价格因素，目前主要使用 Ni。将 Ni 与 YSZ 混合制备成金属陶瓷电极 Ni-YSZ，可以满足下列三个条件：①增加了 Ni 电极的多孔性、反应活性同时防止烧结；②Ni 电极的热膨胀系数与 YSZ 电解质接近，有利于二者的匹配；③YSZ 的加入增大了电极-YSZ 电解质-气体的三相界面区域，增大了电化学活性区的有效面积，使单位面积的电流密度增大。

（3）阴极材料

SOFC 的阴极材料要求具有良好的电催化活性和电子导电性，同时要求与固体电解质有优良的化学相容性、热稳定性和相近的热膨胀系数。目前广泛采用的阴极材料为掺杂锶的锰酸镧（LSM，$La_{1-x}Sr_xMnO_3$），一般 $x=0.1\sim0.3$。LSM 具备较高的氧还原的电催化活性和良好的电子导电性，同时与 YSZ 的热膨胀系数匹配性好。

同样可作为 SOFC 的阴极材料还有 $La_{1-x}Sr_xFeO_3$、$La_{1-x}Sr_xCrO_3$ 和 $La_{1-x}Sr_xCoO_3$，但它们的性能低于 LSM。如果用其他稀土元素取代 La，或用 Ca、Ba 取代 Sr 还可以得到一系列的阴极材料。目前这些阴极材料还处于研究中。

（4）双极连接板材料

双极连接板在 SOFC 中连接阴极和阳极，在平板式 SOFC 中还起着分隔燃料和氧化剂、构成流场及导电的作用。对双极板材料的要求是必须具备良好的力学性能、化学稳定性、电导率高和接近 YSZ 的热膨胀系数。对于平板式 SOFC，双连接材料主要有两类：①钙或锶掺杂的钙钛矿结构的铬酸镧材料 $La_{1-x}Ca_xCrO_3$（LCC），性能满足要求，但造价高；②Cr-Ni 合金材料，基本上满足要求，但长期稳定性能较差。

（5）密封材料

密封材料用于电极/电解质和双极板之间的密封，要求必须具备高温下密封性好、稳定性高和匹配性好的条件。密封材料主要为无机材料，如玻璃材料、玻璃/陶瓷复合材料等。

5.4.6.5　SOFC 的应用

目前 SOFC 主要应用在固定式发电领域，如工业用大型固定式发电站、小型家庭热电联供系统和数据中心备用电源等场合。

SOFC 作为发电装置可广泛用于分布式能源、备用电源、热电联供系统、汽车及轮船的动力系统和反向运行电解水制氢用作加氢站。SOFC 还可以与太阳能、风能组成发电、储能的联合系统，在新能源领域发挥重要作用。

随着市场的发展和技术的进步，SOFC 的应用在不断向无人机、新能源汽车、航天航空、船舶、储能电池、制氢和热电联产等领域扩展。未来，SOFC 有望得到广泛普及和实际应用。

5.4.6.6　SOFC 的发展

2022 年 3 月，国家发展和改革委员会与国家能源局联合印发《氢能产业发展中长期规划（2021—2035 年）》，提出稳步推进氢能多元化示范应用。燃料电池车辆仅是氢能应用的突破口，长远发展应逐步拓展在储能、分布式发电和工业等领域的应用。

SOFC 是联合煤气化燃料电池发电系统（IGFC）中的核心装备，IGFC 是以煤为初始燃料，高温气化产生合成气，再通过燃料电池（SOFC）直接发电，系统可对产生的 CO_2 进行富集、捕集、储存和综合利用，进而实现 CO_2 近零排放。

IGFC 是将整体煤气化联合循环发电（IGCC）与高温固体氧化物燃料电池 SOFC 或 MCFC 相结合的发电系统，可在 IGCC 的基础上进一步提高煤气化发电效率，降低 CO_2 捕集成本，同时实现 CO_2 及污染物近零排放，实现煤炭发电的根本性变革技术。图 5-48 是 IGFC 系统的技术路线图。

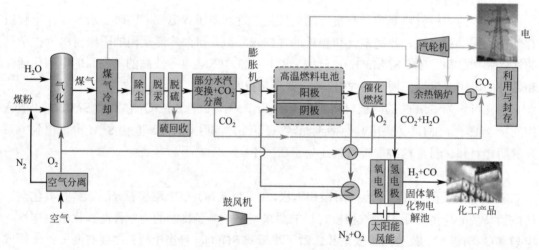

图 5-48　IGFC 系统的技术路线图

我国在固体氧化物燃料电池（SOFC）领域起步晚，我国开始从事固体氧化物燃料电池研究时，美、日和欧洲各国等国已基本具备了固体氧化物燃料电池产业化的基础。目前，我国固体氧化物燃料电池领域发表论文数量众多，但主要偏向于新材料研究，与实际应用相结合的关键技术研究相对薄弱。

5.4.7　微生物燃料电池

微生物燃料电池（microbial fuel cells，MFCs）是一种利用微生物作为催化剂，将燃料中的化学能直接转化为电能的装置，是一种生物反应器。自 1911 年英国植物学家 Potter 发现微生物可以产生电流开始，有关 MFCs 的研究一直在进行，但进展缓慢。直到研究人员发现某些微生物能在无介体的条件下直接将体内产生的电子传递到电极，MFCs 的研究才获得了突破性进展。目前，MFCs 研究的主要内容是无介体 MFCs 产电性能的改善，体现在污水处理、生物传感器的应用和生物修复等方面。

5.4.7.1 微生物燃料电池的原理

微生物燃料电池以附着于阳极的微生物作为催化剂，通过降解有机物（例如葡萄糖、乳酸盐和醋酸盐等），产生电子和质子。产生的电子传递到阳极，经外电路到达阴极产生外电流。产生的质子通过分隔材料[通常为质子交换膜（PEM）、盐桥]，也可以直接通过电解液到达阴极，在阴极与电子、氧化物发生还原反应，从而完成电池内部电荷的传递。图 5-49 为典型的双室 MFCs 的工作原理示意图。典型反应如下：

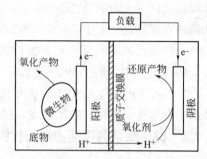

图 5-49　典型的双室 MFCs 的工作原理示意图

阳极：
$$C_6H_{12}O_6 + 6H_2O \longrightarrow 6CO_2 + 24H^+ + 24e^-$$

阴极：
$$6O_2 + 24H^+ + 24e^- \longrightarrow 12H_2O$$

5.4.7.2 微生物燃料电池的结构

微生物燃料电池主要有三种结构类型，即单室结构、双室结构和填料式结构。

（1）单室结构的 MFCs

单室 MFCs 通常直接以空气中的氧气作为氧化剂，无需曝气，因而具有结构简单、成本低和适于规模化的优势。单室的功率密度为 $480\sim492mW/m^2$，单室 MFCs 无分隔材料和阴极液，内阻较双室小。但是单室 MFCs 的库仑效率（CE）比双室低（单室库仑效率为 10%，而双室则为 42%$\sim$61%）。

（2）双室结构的 MFCs

典型的双室 MFCs 包括阳极室和阴极室，中间由 PEM 或盐桥连接。双室的功率密度为 $38\sim42mW/m^2$。

MFCs 从外形上又分为平板型和管型。以厌氧污泥为活性微生物，以葡萄糖为底物，以颗粒石墨为阳极的管状 ACMFCs，其最大功率密度达到 $50.2W/m^3$。管状 ACMFCs 在构型上和操作方式上与污水处理设备中的生物滤池颇为相似。

（3）填料式结构的 MFCs

填料式 MFCs 类似于流化床反应器，可以实现大规模污水处理与 MFCs 的结合。填充式结构极大地增大了微生物和电极的接触面积，促进了电子传输，内阻仅为 27Ω。

5.4.7.3 质子交换膜（PEM）

（1）PEM 用于双室 MFCs

选择性优良的 PEM 对于双室 MFCs 的研究至关重要。在双室 MFCs 中，PEM 的作用是分隔阳极室和阴极室且传递质子，同时要阻止阴极室内氧气扩散至阳极室。

双室 MFCs 中普遍存在一个问题，即随着电池的运行，阳极液的 pH 值会逐渐降低，而阴极液的 pH 值会逐渐升高。一种观点认为，pH 值变化是由于质子穿过 PEM 的速度比质子在阴极还原的速度慢。另一种观点认为，MFCs 的电解液中的阳离子除了质子以外，还有很多盐离子，如 Na^+、K^+和 Ca^{2+}，且这些盐离子的浓度是质子浓度的 10^5 倍，PEM 中 99.999% 的磺酸基被盐离子占据，使得膜上质子极少，表现为质子传递受阻。

（2）PEM 用于单室 MFCs

单室 MFCs 一般采用二合一电极，将 PEM 热压在阴极内侧。单室 MFCs 也可以不用 PEM。以葡萄糖为底物时，无 PEM 单室 MFCs 的最大功率密度为 $475 \sim 515 mW/m^2$，而有 PEM 单室 MFCs 的最大功率密度则为 $252 \sim 272 mW/m^2$。但是二者的库仑效率有区别，有 PEM 时为 40%～55%，无 PEM 时为 9%～12%。分析认为，无 PEM 时氧气容易扩散至阳极，消耗了电子。同时，去除 PEM 后，电池阴极的开路电位升高，对此最合理的解释是质子由阳极到阴极的传递速率加快。其他材料如尼龙、纤维素、聚醋酸酯或者玻璃绒可以代替 PEM。

5.4.7.4 微生物燃料电池的电极材料

（1）阳极

微生物燃料电池阳极的作用是微生物附着和传递电子，它是决定 MFCs 产电能力的重要因素。目前 MFCs 的阳极材料主要是炭电极，包括石墨、炭纸和炭毡等。通过提高阳极材料的孔体积、表面积和采用多孔复合材料均可提高产电效果。

（2）阴极

MFCs 中的阴极反应是非生物反应，通常是氧气或铁氰化物的还原。开发高效廉价催化剂和透气防渗电极是 MFCs 阴极研究的主要方向。例如研究单室 MFCs 以金属/四甲氧基苯基卟啉（TMPP）和金属/酞菁（Pc）作为阴极催化剂的产电性能，结果表明，金属大环化合物阴极的功率密度高于 Pt 阴极的功率密度。二氧化铅阴极的最大功率密度（$77 mW/m^2$ 阴极面积）是铂电极（$45 mW/m^2$ 阴极面积）的 1.7 倍。无论从产电性能还是成本的角度看，二氧化铅作为阴极催化剂极具应用前景。但是，二氧化铅阴极存在着潜在的铅渗漏危险。

（3）电解液

理想的微生物电池的电解液应具有以下特点：产电效能高；酸碱缓冲能力强；有足够的营养物质。从导电的角度看，增加离子强度显然能够降低电解液的欧姆降，进而提高产电效能。从微生物生长的角度看，需合适的碳源和必需的营养盐。

（4）缓冲液

在 MFCs 中添加酸碱缓冲液，不仅可维持产电细菌生长的最佳 pH，而且能增加体系电导率。最常用的是磷酸盐缓冲液。

5.4.7.5 微生物燃料电池的工作条件

（1）电极间距

以葡萄糖为底物，电极间距 1cm 时，电池最大功率密度达 $1540 mW/m^2$（$51 W/m^3$），电流效率（CE）达 60%。

（2）阳极搅拌

由于各电池体系的结构、电解液组成、微生物代谢方式等差异，搅拌对电池产电效果的作用也不尽相同。

（3）温度

温度对 MFCs 产电效果也有影响，但程度不尽相同。研究发现，对于单室无膜 MFCs，温度由 32℃降至 20℃，观察到电池阴极还原电位相应降低，但电池功率仅下降 9%。30℃时，双室 MFCs 的启动时间是 22℃时的一半，而且最大输出功率也升高 77%，15℃时 MFCs 经过 45d 仍不能启动。

5.4.7.6　产电微生物

产电微生物主要包括单一菌种和混合菌群。

（1）单一菌种

无介体 MFCs 中的单一菌种有 *Shewanella putrefaciens*、*Geobacteraceae sulferre-ducens*、*Rhodoferax ferrireducens*、*Pseudomonas aeruginosa*、*Desulfovibrio desulforicans* 和 *Escherichia coli* 等。这些细菌能够在无介体条件下向阳极传递电子，其机理主要包括：①通过细胞膜上的细胞色素传递电子；②通过细胞菌毛、纤毛（纳米电线）传递电子；③利用自身分泌或代谢产物作为电子传递介体。

（2）混合菌群

单一菌种通常表现出高的电子传递效率，但它们生长速率缓慢，对底物的专一性很强。相比较而言，混合菌群有许多优点：抗冲击能力强；可利用基质范围广；底物降解率和能量输出效率高。通常用于 MFCs 的混合菌群来自生活污水、活性污泥、厌氧颗粒污泥和海底（或湖底）沉积泥。

① 活性污泥　生物燃料电池的启动实际上是微生物在电极表面形成生物膜的过程，也是转移电子的微生物和其他种群微生物的竞争过程，电压升高是电极对转移电子微生物选择的结果。以厌氧活性污泥作为接种体，目前已成功启动了空气阴极微生物燃料电池（ACMFCs），例如，以醋酸钠作底物，其最大功率密度可以达到 $146.56mW/m^2$，而以葡萄糖为底物时，最大功率密度为 $192.04mW/m^2$。二者的底物去除率分别为 99% 和 87%。

② 产氢菌群　以生物反应器中的厌氧产氢混合菌为菌源，酸性条件下驯化（维持产氢菌群活性的同时抑制产甲烷菌），驯化后的产氢菌群成功启动了双室 MFCs。稳定运行条件下，有机负荷率为 $1.404kg\ COD/(m^3 \cdot d)$ 时，最大输出电压为 304mV（外电阻 50Ω）。

③ 硫酸盐还原菌　硫酸盐还原菌（SRB）是典型的专性厌氧菌，主要以乳酸作为碳源，能将硫酸盐（SO_4^{2-}）还原成硫负离子（S^{2-}）。SRB 普遍存在于土壤、海水和污水等缺氧环境中，是微生物腐蚀及环境污染的主要因素之一。空气中的氧气作为氧化剂，无需曝气，因而具有结构简单和成本低的优点，更适于规模化。

5.5　铝电池

5.5.1　概述

铝电池的种类很多，国内外研究非常活跃和广泛，但到目前为止还没有一种能真正实现工业产业化。原因主要有三点：a.铝容易形成致密的氧化膜，使铝电极电位迅速下降；b.铝较活泼且是两性元素，容易与介质发生严重析氢反应；c.碱性介质中，铝阳极和腐蚀反应的产物均为 $Al(OH)_3$，这直接导致电解质电导率的降低，增加铝阳极极化，铝电池性能恶化，反应生成的胶状 $Al(OH)_3$ 在无催化剂条件下很难转化为可溶于水的 $Al(OH)_4^-$。

目前，被国内外学者广泛研究的铝电池有十几种，其中部分铝电池研制已经具有一定规模，也取得一定进展，例如铝-空气电池、$Al\text{-}AgO$ 电池、$Al\text{-}MnO_2$ 电池、$Al\text{-}H_2O_2$ 电池、$Al\text{-}S$ 电池、$Al\text{-}MnO_4^-$ 电池、$Al\text{-}Ni$ 电池、$Al\text{-}KFe(CN)_6$ 电池及熔盐铝电池等。表 5-3 列出了部分铝电池的电化学性能，并与铅酸电池和 $Zn\text{-}AgO$ 电池作比较。

表 5-3 普通水溶液电池和铝电池

电池	开路电压/V		容量/(A·h/kg)	最大能量密度 /(W·h/kg)
	理论	测量		
铅酸电池	2.0	2.0	83	170
$Zn\text{-}AgO$ 电池	1.6	1.4	199	310
$Al\text{-}AgO$ 电池	2.7	2.0	378	1020
$Al\text{-}H_2O_2$ 电池	2.3	1.8	408	940
$Al\text{-}FeCN$ 电池	2.8	2.2	81	230
$Al\text{-}S$ 电池	1.8	1.4	595	1090

（1）$Al\text{-}MnO_2$ 电池

$Al\text{-}MnO_2$ 电池的电池反应如下：

$$Al + 3MnO_2 + 3H_2O \longrightarrow 3MnOOH + Al(OH)_3$$

$Al\text{-}MnO_2$ 电池的理论电压比 $Zn\text{-}MnO_2$ 电池高出 0.9V。由于铝负极表面的氧化，$Al\text{-}MnO_2$ 电池的测量电压仅比 $Zn\text{-}MnO_2$ 电池高 0.2V。为提高负极电势，研究主要集中在开发铝合金方面。添加少量 Zn、Cd、Mg 或 Ba 可使负极电势提高 0.1～0.3V；添加 Ga、Sn 或 In 可使负极电势提高 0.3～0.9V。含有 7%（质量分数）Zn 和 0.12%Sn 的铝合金，其负极电势提高 0.9V，负极效率为 90%。$Al\text{-}MnO_2$ 电池的电解质有 $AlCl_3 \cdot H_2O$、$CrCl_3 \cdot 6H_2O$、碱性 KOH 或 NaOH 溶液。

目前，$Al\text{-}MnO_2$ 电池仅用于一些特殊场合，如用海水作电解质时，作为水下电源。

（2）$Al\text{-}AgO$ 电池

$Al\text{-}AgO$ 电池的反应如下：

$$2Al + 3AgO + 2OH^- + 3H_2O \longrightarrow 2Al(OH)_4^- + 3Ag \quad E = 2.7V$$

潜艇上使用的 $Al\text{-}AgO$ 电池系统电压为 140V，容量为 1.66kW·h，能量密度为 82W·h/kg。一种用聚合物作胶黏剂、铝合金作负极的碱性 $Al\text{-}AgO$ 电池，其容量高达 1.2 A·h/cm³，电流效率接近 100%，主要用于水下军事设施。

（3）$Al\text{-}H_2O_2$ 电池

在碱性介质中，$Al\text{-}H_2O_2$ 电池的电池反应为：

$$2Al + 3H_2O_2 + 2OH^- \longrightarrow 2Al(OH)_4^- \quad E = 2.3V$$

$Al\text{-}H_2O_2$ 电池目前有以下两种设计。

① 直接向液体电解质中加入 H_2O_2，组成 $Al\text{-}H_2O_2$ 电池。它是一种为水下无人控制船舶提供动力的 $Al\text{-}H_2O_2$ 电池。

② 双通道电池，用于降低在过氧化氢和铝负极之间的非电化学反应程度。负极和正极

用经过 Ir/Pd 修饰的多孔性镍正极分开，此类电池开路电压为 1.9V，极化损失为 0.9mV/（mA·cm^2），功率密度为 1W/cm^2。

Al-H$_2$O$_2$ 电池的主要问题是如何使过氧化氢在高电势的正极上有效还原，防止过氧化氢和铝负极反应。

（4）Al-S 电池

将水溶液中的硫和铝负极结合，水溶液电解质是含有 K$_2$S 的碱性溶液，阴离子有 OH$^-$ 和各种硫的化合物如 HS$^-$、S^{2-}、S$_2^{2-}$、S$_4^{2-}$ 及 S$_5^{2-}$ 等，整个电池反应可写成：

$$2Al + S_4^{2-} + 2OH^- + 4H_2O \longrightarrow 4HS^- + 2Al(OH)_3 \quad E = 1.79V$$

对于阳离子是 K$^+$ 的 Al-S 电池，电流容量为 361.7A·h/kg，系统的理论比能量为 647W·h/kg。

（5）Al-Fe(CN)$_6^{3-}$ 电池

Fe(CN)$_6^{3-}$ 与铝负极结合，以 KOH 作为电解质，在碱性溶液中电池反应如下：

$$Al + 3OH^- + 3Fe(CN)_6^{3-} \longrightarrow 3Fe(CN)_6^{4-} + Al(OH)_3 \quad E = 2.76V$$

Al-Fe(CN)$_6^{3-}$ 电池系统的开路电压为 2.2V，放电电流密度为 2000mA/cm^2，功率密度为 2W/cm^2。

（6）Al-Ni 电池

铝和正极材料 NiOOH 结合，形成 Al-Ni 电池，电池反应如下：

$$Al + 3NiOOH + OH^- + 3H_2O \longrightarrow Al(OH)_4^- + 3Ni(OH)_2 \quad E = 2.8V$$

本章重点介绍铝-空气电池。铝-空气电池包括水溶液电解质铝电池和非水溶液电解质铝电池。

5.5.2　水溶液电解质体系的铝-空气电池

铝-空气电池是半个燃料电池。铝-空气电池是金属-空气电池的一种，具有较高的理论容量、高电压和高比能量。表 5-4 列出了部分碱性电解质的金属-空气电池的电化学性能，从中可以发现铝-空气电池的性能指标具有一定优势。

表 5-4　碱性电解质金属-空气电池的性能

电池	负极反应	负极电势[①]/V	金属当量/(A·h/g)	电池电压/V		比能量/(kW·h/kg)	
				理论	实际	金属	电池反应剂
Li-空气	Li+OH$^-$ ═══ LiOH+e$^-$	−3.05	3.86	3.45	2.4	13.3	3.9
Al-空气	Al+3OH$^-$ ═══ Al(OH)$_3$+3e$^-$	−2.30	2.98	2.70	1.2~1.6	8.1	2.8
Mg-空气	Mg+2OH$^-$ ═══ Mg(OH)$_2$+2e$^-$	−2.69	2.20	3.09	1.2~1.4	6.8	2.8
Ca-空气	Ca+2OH$^-$ ═══ Ca(OH)$_2$+2e$^-$	−3.01	1.34	3.42	2.0	4.6	2.5
Fe-空气	Fe+2OH$^-$ ═══ Fe(OH)$_2$+2e$^-$	−0.88	0.96	1.28	1.0	1.2	0.8
Zn-空气	Zn+2OH$^-$ ═══ Zn(OH)$_2$+2e$^-$	−1.25	0.82	1.65	1.0~1.2	1.3	0.9

① 负极电势相对标准氢电极（SHE）。

（1）铝-空气电池的原理

铝-空气电池的负极是铝合金，在电池放电时被不断消耗并生成 Al(OH)$_3$；正极是多孔性氧电极（与氢氧燃料电池的氧电极相同）。

电池放电时，从外界进入电极的氧（空气）发生电化学反应，生成 OH^-。电解液可分为两种：一种为中性溶液（$NaCl$、NH_4Cl 水溶液或海水）；另一种为碱性溶液。

从可充电性来看，空气电池可分为一次电池和机械可充的二次电池（即更换铝负极）。正极使用的氧化剂因电池工作环境不同而异。电池在陆地上工作时使用空气，在水下工作时可使用液氧、压缩氧、过氧化氢或海水中溶解的氧。

（2）铝-空气电池的材料

铝-空气电池的材料包括负极材料、正极材料和电解质材料。

① 负极材料　铝-空气电池的负极材料主要是铝合金，在中性盐溶液中多采用 AlGa、AlSn、AlZn 和 AlSnGa 合金。在碱性介质中，向高纯铝中添加低浓度合金元素，包括 Mn、Ca、Zn、Ga 及 In 等，制成三元或四元合金，以提高电流容量和阻止腐蚀。

② 电解质和添加剂　目前铝-空气电池用电解质主要有碱性电解质和含盐电解质。碱性电解质的添加剂有 Na_2SnO_3、$Al(OH)_4^-$、柠檬酸钠、CaO、$CaCl_2 \cdot H_2O$ 和 $NaCl$ 等。无机盐电解质的添加剂，如 12% 的 $NaCl$ 电解质体系，加入 Na_3PO_4、Na_2SO_4、NaF 和 $NaHCO_3$ 等。

③ 空气（氧气）正极　空气（氧气）正极与燃料电池的正极相似，属于气体渗滤电极。正极的反应是氧气的还原反应，维持这个反应必须用气体渗滤电极，在催化剂、电解质和氧气之间存在三相界面，这要求电极结构特殊。在陆地上使用时，氧气可从空气中获得，在太空或水下使用铝电池时氧气可来自低温氧或氯酸盐。

（3）铝-空气电池的用途

金属-空气电池的普遍优势是比能量高，可以为许多设备提供高容量动力，包括便携式计算机、通信设备、铁路信号灯、电话交换设备、电动交通工具、商业助听设备、动力照明和灯光浮标等。

铝-空气电池的研究的确取得了众多成果，但距离应用还有无数问题需要解决，包括：空气中二氧化碳和水蒸气对电池的影响；金属铝的腐蚀；电解液的类型探讨；氧化铝薄膜的影响和极化作用等。同时，铝-空气电池还存在自放电腐蚀严重、放电效率低、充放电速率较慢和电池反应热较大等问题需要克服。

5.5.3　非水溶液电解质体系的铝-空气电池

非水溶液电解质铝电池是二次（可充电）电池，本节主要介绍三种体系。

（1）强碱性氯化铝熔融电解质体系

二元 $NaCl-AlCl_3$ 和三元 $NaCl-KCl-AlCl_3$ 是铝-空气电池常用的电解质体系。在这些体系中，以熔融物中 $MCl/AlCl_3$（M 通常为 Na 和 K）的摩尔比等于 1 时为基准，摩尔比小于 1 时为酸性。在酸性熔体中 $Al_2Cl_7^-$ 是主要的阴离子。当熔体中酸度（$AlCl_3$ 的含量）下降时，$AlCl_4^-$ 量较多。

（2）室温熔盐电解质体系

室温熔盐体系是氯化铝和一些有机氯化物形成室温电解质，已知室温熔盐电解质体系

有 $Al\text{-}FeCl_2$、$Al\text{-}FeCl_3$、$Al\text{-}CuCl_2$ 和 $Al\text{-}FeS_2$。

室温熔盐有三种电解质体系，以二元体系为例：

① 当 $AlCl_3$ 摩尔分数小于 50%时，熔体是碱性体系（碱性熔体是一次电池的电解质），其中主要的离子是 $AlCl_4^-$ 和 Cl^-；

② 中性体系是等比例（mol）的熔体；

③ $AlCl_3$ 摩尔分数大于 50%时为酸性体系，主要离子是 $Al_2Cl_7^-$（酸性体系条件下铝金属会沉积）。

（3）砜基电解质体系

砜基电解质是一种适合于可充电铝电池的有机溶剂。将氯化铝加入砜（XSO_2）中，发生如下反应：

$$4AlCl_3 + 3XSO_2 \longrightarrow Al(XSO_2)_3^{3+} + 3AlCl_4^-$$

砜基电解质具有电导性能好、热稳定性好、能够溶解许多金属盐类及不易与金属阳离子结合等特点。

表 5-5 给出了砜-$AlCl_3$（摩尔比为 10/1）电解质的熔点和电导率。由表可知，随着碳链的增长，熔点和电导率均呈下降趋势。

表 5-5　砜基电解质的熔点和电导率

名称	XSO_2			$4AlCl_3+3XSO_2$	
	分子式	熔点/℃	熔点/℃	120℃电导率/（mS/cm）	
二甲基砜	$CH_3—SO_2—CH_3$	109	80	14	
二乙基砜	$C_2H_5—SO_2—C_2H_5$	72	60	10.5	
二丙基砜	$C_3H_7—SO_2—C_3H_7$	30	30	4	

5.5.4　铝-空气电池的发展

铝-空气电池具有比能量高、比功率较大、安全环保及材料来源广泛等优点，被认为是最有前途的电源。铝阳极具有 8100W·h/kg 的理论比能量，实际比能量也能达到 300～600W·h/kg，远高于锂离子电池（约 150W·h/kg）、铅酸电池（约 50W·h/kg）和镍氢电池（约 120W·h/kg）。铝-空气电池还能通过更换阳极铝板的方式使电池重新具备放电能力。铝-空气电池应用前景广阔，中性铝-空气电池可以海水作为电解液，目前中性铝-空气电池已经在海洋环境下的设备和仪器中应用。

铝是地壳中含量最丰富的金属元素，含量约 8%；电解液可以实现再利用，是一种可持续资源；铝安全可靠且无污染，电池反应消耗铝、氧和水，生成氢气和氢氧化铝，有利于生态环境；铝-空气燃料电池无需充电，补充铝电极和水后即可产生电流，电解质本身不发生消耗。铝-空气电池是有前途的化学电源。

目前，铝-空气电池和金属-空气电池还存在许多问题，但国内外学者的研究也瞄准了这些问题。人类社会就是在克服障碍的过程中进步和发展。

思考题

1. 叙述电池的种类和用途。

2. 叙述 MH/Ni 电池的工作原理。

3. MH/Ni 电池的寿命主要受哪些因素的影响？

4. 泡沫镍的作用是什么？

5. 叙述储氢合金材料的种类和特点。

6. $Ni(OH)_2$ 的制备工艺方法有多种，介绍几种制备方法。

7. 锂离子电池正极材料有什么新进展？

8. $LiFePO_4$ 的特点是什么？

9. 用于动力汽车上的锂离子电池采用哪种正极材料？

10. 叙述锂离子电池的负极材料的发展。

11. 锂离子电池的工作原理是什么？

12. 锂电池与锂离子电池的区别是什么？

13. 有机聚合物锂离子电池发展的障碍是什么？

14. 锂离子电池与 MH-Ni 电池的主要区别在哪里？

15. 燃料电池与传统电池在工作方式上有哪些区别？

16. 五大类燃料电池中，哪些发展迅速？哪些面临淘汰？哪些有新的发展？

17. 叙述五大类燃料电池的工作原理和各自的特点。

18. 产电微生物种类不断增加，介绍几种新种群。

19. 铝电池是个大家族，叙述其主要成员。

20. 非水溶液电解质铝电池有什么特点？

参考文献

[1] 陈军, 陶占良. 能源化学[M]. 北京: 化学工业出版社, 2004.

[2] 宋文顺. 化学电源工艺学[M]. 北京: 中国轻工业出版社, 1998.

[3] 衣宝廉. 燃料电池[M]. 北京: 化学工业出版社, 2000.

[4] 翟秀静, 高虹. 新型二次电池材料[M]. 沈阳: 东北大学出版社, 2004.

[5] 郭炳焜, 李新海, 李松青. 化学电源[M]. 长沙: 中南大学出版社, 2003.

[6] Plomol VeldhuisjbJ, Sitters E F. Improvement of molten-carbobate fuel cell(MCFC)[J]. Power Scources, 1992, 38: 369-373.

[7] 郑重德, 王丰, 胡涛, 等. 质子交换膜燃料电池研究进展[J]. 电源技术, 1998, 22(3): 23-27.

[8] 葛善海, 衣宝廉, 徐洪峰. 质子交换膜燃料电池的研究[J]. 电化学, 1998, 4(3): 299-306.

[9] Shigeyuki Kawalsu. Advanced PEMFC development for cell powered vehicle[J]. Power Source, 1998, 71: 150-160.

[10] Prater K B. Solid polymer fuel cell for transport and stationary application[J]. Power Sources, 1996, 61: 105-109.

[11] Ralph T R. Low cost electrodes for proton exchange membrane fuel cells performance in single cells and ballard stacks[J]. Journals of the Electrochem Soc, 1997, 144(1): 3845-3850.

[12]　李乃朝, 衣宝廉. 离子交换膜燃料电池汽车[J]. 电化学, 1997, 2(3): 363-370.

[13]　Prater K B. Polymer electrolyte fuel cells a review of recent developments[J]. Power Source, 1994, 51: 129-136.

[14]　张义煌, 黄永来. 薄膜型中温固体氧化物燃料电池(SOFC)研制及性能考察[J]. 电化学, 2000, 19(6): 78-83.

[15]　Bessette N F, Geogre R A. Electrocal performance if Westinghouses air electrode supported solid oxide fuel cell[J]. Proc of 2nd Internal Fuel Cell Conference Kobe, Japan , 1996: 267-270.

[16]　Brand R, Freund A, Lang J, et al. Plationium alloy castelyst for fuel cells and method of its production[J]. US: Patent s, 1996.

[17]　Xiao G, Li Q F, Hans A H, et al. Hydrogen oxidation on gas diffusion electrodes for phosplaric acid fuel cells in the procured carbon monoxide and oxygen[J]. Electrochem Soc, 1995, 142(9): 2890.

[18]　Mekhemer G A H, Pettus T R R. Demonstrating the benefits of fuel cells and-Further significant progress towards communication[J]. Platinum Metals Review, 1995, 39(1): 9.

[19]　Isillzazawa M, Klwata Y, Takenchl M, et al. Portable fuel cells system for telecommunication uses[J]. Denki Kagaku, 1996, 64(6): 454-466.

[20]　Prater K. The renaissance of the solid polymer fuel cell[J]. Power Source, 1990, 29: 239-250.

[21]　Makoto Vehida, Yuko Aoyama, Nobuo Eda, et al. New preparation method in cast reduction of the key components[J]. Platinum Metals Rev, 1997, 41(3): 102-103.

[22]　Hirschenhofer J H, Stauffer D B, Engleman, et al. Fuel cell handbook. Mrgantown[J]. Parsous Corporation, 1998, 4(1): 4-36.

[23]　Huijsmans J P P, Kraaij G J, Makkus R C, et al. An analysis of endurance issues for MCFC[J]. Journals of Power Sources, 2000, 86(3): 117-121.

[24]　Atsushi Tsuru. Electrode's deformation and cell performance on MCFCstack[M]. The 2nd IFCC International fuel cell conference, Japan, 1996: 3-13.

[25]　Yoshiba G. 10kW class MCFC stack operation result using Li/Na carbonate electrolyte[M]. The 2nd IFCC International fuel cell conference, Japan, 1996.

[26]　Wolf T L, Wilemski G. Molten carbonate fuel cell performance mode[J]. Electrochem Soc, 1983, 130: 48-55.

[27]　Hirro Yasue, et al. Development of a 1000kW-class MCFC pilot plant in Japan[J]. Journal of Power Sources, 1998: 74-89.

[28]　李乃朝, 衣宝廉. 不同工作条件下的熔岩燃料电池性能[J]. 电源技术, 1997, 21(3): 110.

[29]　Bill Siuru . Fuel cell vehicles status report[J]. The Battery Man, 2001(5): 50-62.

[30]　Bribgton D R. The use of fuel cell to enhance the under water performance of conventional diesel electric submarine[J]. Power Source, 1994, 51: 375-389.

[31]　Albert H N, Anbukulandianathan M, Canesan M, et al. Characterisation of different grades of commercially pure aluminum as prospective galvanic anodes in saline and alkaline battery electrolyte[J]. Applied Electrochemistry, 1989, 19: 547-551.

[32]　Macdonald D D, English C. Development of anodes for aluminum/air batteries solution phase inhibition of corrosion[J]. Applied Electrochemistry, 1990, 20: 405-417.

[33]　Kapali V, Vebjatakrishna Tyer S, Balaramachandran V, et al. Studies on the best alkalineelectrolyte for aluminum/air batteries[J]. Power Source, 1992, 39: 263-269.

[34]　Gnana Sahaya Rosilda L, Ganesan M, et al. Influence of inhibition on corrosion and anodic behavior of different of aluminum in alkaline media[J]. Power Source, 1994, 50: 321-329.

[35]　Yang C, Costanagne P, Srinivasan S. Approaches and technical challenges to high temperature operation of proton exchange membrane fuel cells[J]. Power Sources, 2001, 103: 1-9.

[36] Stone C Steack A E, Wei Jin-zhu. Ttifluorostyrene and ion-exchange membranes formed the reform[J]. USA: 5773480. 1998-06-30.

[37] Michael W F, Ronald F M, John C A, et al. Incorporation of voltage degradation into a generalised steady state electrochemical mode for a PEM fuel cell[J]. Power Sources, 2002, 106: 274-283.

[38] Divisk J, Oetjen H-F, Peinecke V, et al. Components for PEM fuel cell systems using hydrogen and CO containing fuels[J]. Electrochimica Acta, 1998, 43: 3811-3815.

[39] Debe M K, Haugen G M, Steinbach A J, et al. Catalyst for membrane electrode assembly and method of making[J]. UPS: 5482792. 1996-01-19.

[40] 张纯, 毛宗强. 磷酸燃料电池(PAFC)电站技术的发展现状和展望[J]. 电池技术, 1996, 20(5): 216.

[41] Cameron D S. The fifth grove fuel cell symposium[J]. Platinum Metals Review, 1997, 41(4): 171.

[42] Appleby A J. Fuel cell technology; Status and future prospects[J]. Energy, 1996, 21(7/8): 521-530.

[43] 魏子栋, 郭鹤桐, 唐致远. 磷酸型燃料电池空气惦记催化反应层数学模型与数值分析[J]. 高等学校化学学报, 1996, 17(11): 1760-1764.

[44] Penner S S, Applery A J, Baker B S, et al. Commercialization of fuel cells[J]. Energy, 1995, 20(5): 331-339.

[45] Aranane L, Urushibata H, Murahashi T. Evaluation of effective platinum metal surface area in a phosphoric acid fuel cells[J]. Electrochem Source, 1994, 14(7): 1804-1816.

[46] 王怡中, 符雁. 多相催化反应中太阳能导电效率的[J]. 太阳能学报, 1998, 19(1): 36-40.

[47] Yin Zhang, Crittenden J C, Hud D W, et al. Fixed-bed photocatalysis for solar decontamination of water[J]. Environ scitechnol, 1994, 28: 442-535.

[48] Masanobu Wakizoe, Omourlay A Velev, Supramaniam Srinivasan. Analysis of proton exchange membrane fuel cell performance with alternate membranes[J]. Electrochem Acta, 1995, 40(3): 335-344.

[49] Yong Woo Rho, Omourlay A Velev, Supramaniam Srinivasan, et al. Mass transport phenomena in proton exchange membrane fuel cell using O_2/He, O_2/Ar, and O_2/N_2 mixtures[J]. J Electrochem Soc, 1994, 141: 2084-2089.

[50] 吕鸣祥, 黄长保, 宋玉瑾. 化学电源[M]. 天津: 天津大学出版社, 1992.

[51] 陈延禧, 黄成得, 孙燕宝. 聚合物燃料电池的研究和开发[J]. 电池, 1999, 29(6): 243-248.

[52] Cleghon S J C, Ren X, Springer T E, et al. PEM fuel cells for transportation and stationary wer generation applications[J]. Hydrogen Energy, 1997, 22(12): 1137-1144.

[53] Tanimotok, Miyazaki Y, Yanagida M, et al. Solubility of nickel oxide in [62+38mol%][Li+K]CO_3 containing alkaline earth carbonates[J]. Denki Kagaku, 1991, 59(7): 619-622.

[54] Tanimotok, Miyazaki Y, Yanagida M, et al. Effect of addition of alkaline earth carbonate on solubility of NiO in motten Li_2CO_3-Na_2CO_3 eulecuc[J]. Denki Kagaku, 1995, 63(4): 316-318.

[55] Jang Young, Huang Biying, Wang Haifeng, et al. Synthesis and characterization of LiAlCoO and LiAlNiO and LiAlNiO[J]. Journal of Power Source, 1998, 72: 215-220.

[56] Peng Z S, Wan C R, Jiang C Y. Synthesis by sol-gel process and characterization of $LiCoO_2$ cathode materials[J]. Solid State Logics, 1996, 86-88: 395-400.

[57] Ying Jierong, Jiang Changyin, Wan Chunrong. Preparation and characterization of high-density spherical $LiCoO_2$ cathode material for lithium ion batteries[J]. Journal of Power Sources, 2004, 129: 264-269.

[58] Mitsuhiro Hibino, Hirokazu Kawaoka. Honmaperformance of composite electrode of hydrated sodium manganese oxide and acetylene lack[J]. Electrochimica Acta, 2004, 49: 5209-5216.

[59] Wang Zhaoxiang, Liu Lijun, Chen Liquan. Structural and electrochemical characterizations of surface-modified $LiCoO_2$ cathode materials for Li-ion batteries[J]. Solid State Ionics, 2002, 148: 335-342.

[60] Amowa G, Whitfield P S, Davidson I J, et al. Structural and sintering characteristics of the $La_2Ni_1Co_xO_4$ series[J]. Journal of solid state chemistry, 1998, 140: 116-127.

[61] Yang S T, Jia J H, Ding L, et al. Studies of structure and cycleability of $LiMn_2O_4$ and $LiNd_{0.01}Mn_{1.99}O_4$ as

cathode for Li-ion batteries[J]. Electrochimica Acta, 2003, 48: 569-573.

[62] Julien C, Camacho-Lopez M A, Mohan T. Combustion synthesis and characterization of substituted lithium cobalt oxides in lithium batteries[J]. Solid State Ionics, 2000, 135: 241-248.

[63] Wu She-huang, Su Hsiang-Jui. Electrochemical characteristics of partiallycobalt-substituted $LiMn_2CoO_4$ spinels synthesized by Pechini process Materials[J]. Chemistry and Physics, 2002, 78: 189-195.

[64] Zhang J, Xiang Y J, Yu Y, et al. Electrochemical evaluation and modification of commercial lithium cobalt oxide powders[J]. Journal of Power Sources, 2004, 132: 187-194.

[65] Koh Takahashi, Motoharu Saitoh, Norimitsu Asakura. Electrochemical roperties of lithium manganese oxides with different surface areas for lithium ion batteries[J]. Journal of Power Source, 2004, 136: 115-121.

[66] Zhao Hailei, Gao Ling, Qiu Weihua. Improvement of lectrochemical stability of $LiCoO_2$ cathode by a nano-crystalline coating[J]. Journal of Power Sources, 2004, 132: 195-200.

[67] Nieto S B, Majumder R S, Katiyar. Improvement of the cycleability of nano-crystalline lithium manganate cathodes by cation co-doping[J]. Journal of Power Source, 2003, 123: 53-60.

[68] Zhao Ping, Zhang Huamin, Zhou Hantao, et al. Characteristics and performance of 10 kW class all-vanadium redox-flow battery stack[J]. Journal of Power Sources, 2006, 162: 1416.

[69] Hwang G J, Ohya H. Crosslinking of anion exchange membrane by accelerated electron radiation as a separator for the all-vanadium redox flow battery[J]. Journal of Membrane Science, 1997, 132(1): 55-61.

[70] Huang Ke-long, Li Xiao-gang, Liu Su-qin, et al. Research progress of vanadium re-dox flow battery for energy storage in China[J]. Renewable Energy, 2008, 33: 186-192.

[71] Xi Jing-yu, Wu Zeng-hua, Qiu Xin-ping, et al. Nafion/SiO_2hybrid membrane for vanadi-um redox flow battery[J]. Journal of Power Sources, 2007, 166: 531-536.

[72] Wang W H, Wang X D. Invention of Ir-modified carbon felt as the positive electrode of an allvanadium redox flow battry[J]. Elec-trochimica Acta, 2007, 24(52): 6755-6762.

[73] Qian Peng, Zhang Hua-min, Chen Jian, et al. A novel electrode-bipolar plate as-sembly for vanadium redox flow battery applica-tions[J]. Journal of Power Sources, 2008, 175: 613-620.

[74] 李庆. 新型碱性阴离子交换膜的制备及表征[D]. 合肥: 中国科学技术大学, 2015.

[75] Sun C X, Chen J, Zhang H M, et al. Investigations on transfer of water and vanadium ions across Nafion membrane in an operating vanadium redox flow battery[J]. Power Sources, 2010, 195: 890-897.

[76] Zhang H Z , Zhang H M, et al. Nanofiltration(NF)membranes: the next generation separators for all vanadium redox flow batteries(VRBs)[J]. J Energy Environ Sci, 2011(4): 1676-1679.

[77] 李军, 朱建新, 李庆彪, 等. 高能量密度锂离子电池电极材料研究进展[J]. 化工新型材料, 2015, 43(1): 15-16.

[78] 李涛. 锂离子电池正极材料的合成和改性研究[D]. 沈阳: 东北大学, 2014.

[79] 邓晓梅. 石墨烯基锂离子电池负极材料的制备与性能研究[D]. 太原: 太原理工大学, 2015.

[80] 王娟. 微生物燃料电池的性能研究[D]. 南昌: 南昌航空大学, 2014.

[81] 李庆. 新型碱性阴离子交换膜的制备及表征[D]. 合肥: 中国科学技术大学, 2015.

[82] 潘丽霞. $LiFePO_4$/石墨烯正极材料的电化学性能研究[D]. 秦皇岛: 燕山大学, 2015.

[83] Fic K, Meller M, Frackowiak E. Strategies for enhancingthe performance of carbon/carbon supercapacitors in aqueous electrolytes[J]. Electrochimica Acta, 2014, 128: 210-217.

[84] Jiang J, Zhang L, Wang X, et al. Highly ordered macroporouswoody biochar with ultra-high carbon content as supercapacitor electrodes[J]. Electrochimica Acta, 2013, 113: 481-489.

[85] 高子萍, 赵明富. 镍氢电池大电流充放电性能研究[J]. 激光杂志, 2015, 36(11): 91-93.

[86] 李健, 左朋建. 锂离子电池低温石墨负极及电解液优化研究进展[J]. 中国科学(化学), 2022, 52(10): 1824 -1833.

[87] 潘强, 谷小虎, 林雄超. 煤基石墨烯在锂离子电池中的应用[J]. 洁净煤技术, 2022, 28(6): 82-90.

[88] Huang Benhe. Application of graphene in cathode materialLi Fe PO$_4$[J]. Battery，2019，49(2) : 133-135.

[89] 杜俊涛，聂毅，吕家贺，等. 中间相炭微球在锂离子电池负极材料的应用进展[J]. 洁净煤技术，2020，26(1): 129-138.

[90] 吉力强，赵瑞霞，王东杰. 稀土系储氢合金和镍氢电池产业现状及标准化体系建设研究[J]. 稀土，2018, 31(1): 149-158.

[91] 胡亮，杨志宾，熊星宇. 我国固体氧化物燃料电池产业发展战略研究[J]. 中国工程科学, 2022, 24(3): 118-125.

[92] Dong B Q, Li C F, Liu C L, et al. Integrated gasification fuel cellpower generation technology with CO$_2$ near zero emission andits challenges [J]. Coal Science and Technology, 2019, 47(7): 189–193.

[93] 尚平，孙百虎，郝卓莉. 磷酸铁锂化学特性分析及在化学电池中的应用[J]. 电源技术，2014，38(9): 1619-1620.

[94] 侯绪凯，赵田田，孙荣峰. 中国氢燃料电池技术发展及应用现状研究[J]. 当代化工研究，2022(17): 112-117.

[95] 孙琦铭，赵明轩，陈誉昕. 微生物燃料电池的现状与研究[J]. 当代化工研究，2021(7): 6-7.

第6章 生物质能

世界能源署（IEA）对生物质能的定义：直接或间接通过植物的光合作用，将太阳能以化学能的形式储存在生物质体内的一种能量形式，其中可作为能源被利用的生物质统称为生物质能。

6.1 引言

生物质（biomass）是动植物中可再生和可降解的任何有机物质，是由植物的叶绿体进行光合作用而形成的有机物质。生物质中可燃部分主要是纤维素、半纤维素和木质素。按质量计算，纤维素占生物质的 40%~50%，半纤维素占生物质的 20%~40%，木质素占生物质的 10%~25%。典型生物质的密度为 400~900kg/m³，热值为 17600~22600kJ/kg。随着含湿量的增加，生物质的热值线性下降。表 6-1 为一些生物质中纤维素、半纤维素和木质素的比例。

表 6-1 生物质中纤维素、半纤维素和木质素的比例

生物质	木质素比例/%	纤维素比例/%	半纤维素比例/%
软木	27~30	35~40	25~30
硬木	20~25	45~50	20~25
麦秆	15~20	33~40	20~25
草	5~20	30~50	10~40

生物质能是人类用火以来最早直接应用的能源。从燧人氏钻木取火开始，人类就开始有目的地利用生物质能源。生物质是碳水化合物，主要包括木材及林业废弃物、玉米等农作物及其废弃物、水生藻类、城市及工业有机废弃物、动物粪便等。

随着人类文明的进步，生物质能源的应用研究开发几经波折，在第二次世界大战前后，欧洲的木质能源应用研究达到高峰。但随着石油化工和煤化工的发展，生物质能源的应用逐渐趋于低谷。

20 世纪 70 年代中期中东战争引发的全球性能源危机，使可再生能源重新引起了人们的重视。人类逐渐认识到石油、煤和天然气等化石能源的资源有限性及其带来的环境污染问题。日益严重的环境问题，已引起国际社会的共同关注，环境问题与能源问题密切相关，已成为当今世界共同关注的焦点之一。

在新能源大家族中，生物质能同样占据重要位置。表 6-2 给出了部分新能源的储量，表中显示生物质能与地热能、海洋能处于同一数量级。

表 6-2　全球可再生能源的储量

名称	太阳能	水能	风能	地热能	海洋能	生物质能
理论储量/(kW/a)	1.74×10^{14}	3.96×10^{9}	3.5×10^{12}	3.3×10^{10}	6.1×10^{10}	11×10^{10}
转化为二次能源/亿吨	32.20	32.28	23.67	21.52	11.28	64.56

6.1.1　生物质的特点

生物质由 C、H、O、N 及 S 等元素组成。生物质在组成上具有高挥发分性、高碳活性、硫含量低（0.1%~1.5%）、氮含量低（0.5%~3.0%）和灰分低（0.1%~3.0%）等特点，因此其具有以下特点。

（1）可再生性

生物质能通过植物的光合作用可以再生，资源丰富。据统计，全球可再生能源资源可转换为二次能源约 185.55 亿吨，相当于全球油、气和煤等化石燃料年消费量的 2 倍，其中生物质能占 35%。

（2）低污染性

生物质含硫和含氮量低。生物质属于碳水化合物，它在燃烧和生长时，碳元素遵守质量平衡规律。生物质能实现了二氧化碳的零排放，可有效地减轻温室效应。

（3）分布广泛性

生物质包括动植物，遍布全球每一个角落。在理想状况下，自然界中光合作用的最高效率可达到 8%~15%，地球生成生物质的潜力可达到现实能源消费量的 180~200 倍。估计我国农林等有机废弃物每年有 29.20 亿吨，折合标准煤 3.82 亿吨。

（4）应用多样性

生物质的来源是各种动植物，其能源产品也丰富多样，包括发热、发电以及制备生物乙醇、生物柴油、成型燃料、沼气和生物化工产品等。

6.1.2　生物质能的分类

依据来源不同，生物质能被划分为林业资源、农业资源、生活污水和工业有机废水、城市固体废物及畜禽粪便等五类。生物质能可以是压缩成型固体燃料、气化燃气、燃料酒精、生物柴油和沼气等形式，也可以是生物质发电的形式。

（1）林业资源

林业资源包括薪炭林；在森林抚育和间伐作业中的零散木材、残留的树枝、树叶和木屑等；木材采运和加工过程中的枝丫、锯末、木屑、梢头、板皮和截头等；林业副产品的废弃物，例如果壳和果核等。

（2）农业资源

农业资源是指农业作物（包括能源作物）；农业生产过程中的废弃物，如农作物收获时残留在农田内的农作物秸秆（玉米秸、高粱秸、麦秸、稻草、豆秸和棉秆等）；农业加工产生的废弃物，如农业生产过程中剩余的稻壳、秸秆、玉米芯、甜菜渣及蔗渣等。

能源植物是指提供能源的植物，通常包括草本能源作物、油料作物、制取碳氢化合物植物和水生植物等，例如，棉籽、芝麻花生及大豆等。

（3）生活污水和工业有机废水

生活污水主要是城镇居民生活、商业和服务业的各种排水，如冷却水、洗浴排水、盥洗排水、洗衣排水、厨房排水和粪便污水等。

工业有机废水是生产酒精、酿酒、制糖、食品、制药、造纸及屠宰等行业排出的废水，通常富含有机物。

（4）城市固体废物

城市固体废物主要是城镇居民生活垃圾，还有商业、服务业和建筑业的垃圾等固体废物。城市固体废物的组成比较复杂，受当地居民的平均生活水平、能源消费结构、城镇建设、自然条件、传统习惯以及季节变化等因素影响。

（5）畜禽粪便

畜禽粪便是畜禽排泄物的总称，它是其他形态生物质（主要是粮食、农作物秸秆和牧草等）的转化形式，包括畜禽排出的粪便、尿、垫草的混合物。

（6）水生植物

水生植物包括藻类、海草、浮萍、水葫芦及芦苇等。

（7）海洋生物质能

海洋生物质能的主要来源为海洋藻类，包括海洋微藻和大型海藻等。海洋藻类是石油、天然气等现代化石能源的远古贡献者。培养大型海藻用于生产乙醇等燃料，成为当代海洋生物质能利用与开发的热点。

6.1.3　生物质能利用技术

生物质资源量非常丰富，据估计，每年地球上仅通过光合作用生成的生物质总量就达1440 亿～1800 亿吨（干重）。目前的利用效率还不够。

目前，生物质能的利用根据转化方式可归纳为物理转化、化学转化和生物转化三大类。图 6-1 总结了生物质能利用技术的分类。

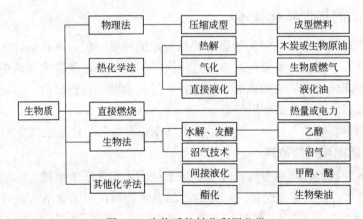

图 6-1　生物质能转化利用分类

（1）物理转化技术

生物质物理转化技术重点介绍生物质压制成型技术。将农、林剩余物进行粉碎、烘干、分级处理，加入成型挤压机，在一定的温度和压力下形成较高密度的固体燃料。

（2）化学转化技术

生物质化学转化包括直接燃烧、液化、气化和热解等方法。

① 直接燃烧是古老且简单的方法，直接燃烧烟尘大、热效率低及能源浪费，不提倡直接燃烧。

② 液化方法可将生物质转变为生物燃油，据估算，生物燃油的能源利用效率约为直接燃烧物质的 4 倍，且辛烷值较高，若将生物燃油作为汽油添加剂，其经济效益更加显著。

③ 生物质气化是指将固体或液体燃料转化为气体燃料的热化学过程，生物质通过气化之后再利用要比煤气的效果好。

④ 生物质热解技术是生物质受高温加热后，其分子破裂而产生可燃气体（一般为 CO、H_2、CH_4 等的混合气体）、液体（焦油）及固体（木炭）的热加工过程。

（3）生物-化学转化技术

生物-化学转化技术是利用生物质在微生物作用和厌氧发酵的反应，通过化学反应生成能源产品。

① 生物质在微生物作用下，生成酒精等能源产品，包括厌氧发酵制取沼气、微生物制取酒精、生物制氢和生物柴油等。

② 生物质通过厌氧发酵制取沼气（一种可燃的混合气体，其中 CH_4 占 55%～70%，CO_2 占 25%～40%）。

6.2　生物质能的转化技术

本章主要介绍生物质的物理转化技术、化学转化技术和生化转化技术，包括原理、工艺和技术。

6.2.1　生物质的物理转化技术

生物质的物理转化主要是将生物质粉碎至一定的粒度，仅在高压条件下将其挤压成形形成生物质固体，其粘接力主要是靠挤压过程所产生的热量，使得生物质中木质素产生塑化粘接。生物质固化解决了生物质能形状各异、堆积密度小且较松散、运输和贮存使用不方便的问题，提高了生物质的使用效率。

目前采用的主要技术有打包、制作生物质高压成型块和生产生物质焦炭。

6.2.1.1　生物质固化成型原理

自然界的各种农、林产品主要由纤维素、半纤维素和木质素组成。木质素为光合作用形成的天然聚合体，是具有复杂的三维结构的高分子物质，它的含量约为 15%～30%。木质素在温度达到 70～100℃时开始软化并有一定的黏度，当达到 200～300℃时呈熔融状，黏度增大。此时施加一定的外力，会导致木质素与纤维素紧密粘接、体积大幅度减小且密度显著增加。即使取消外力，由于非弹性的纤维分子间的相互缠绕，其仍能保持给定形状。冷却后强度进一步增加，形成固体燃料。

6.2.1.2 生物质的特点

生物质本身具有体积密度和能量密度低的问题，普遍远低于煤炭的体积密度。例如，稻草和稻谷壳的体积密度分别大约为 50kg/m³ 和 122kg/m³，而褐煤和烟煤的体积密度分别为 560～600kg/m³ 和 800～900kg/m³，无烟煤更高，达 1400～1900kg/m³。

生物质的能量密度也大大低于煤炭，热值 7000kJ/kg（牛粪）～21000kJ/kg（废弃木料）不等，而煤炭的热值从褐煤到无烟煤，范围为 20000～33000kJ/kg。这样导致运输和储存费用相对较高，一般情况下生物质的利用半径仅为 80～120km，严重限制了生物质能的有效利用。

提高生物质的体积、能量密度是生物质利用的重要研究方向。目前采用的主要技术有打包、制作生物质高压成型块以及制作生物质焦炭。打包的稻草体积密度可达 70～90kg/m³，热值可达 260～360kW·h/m³（1kW·h≈3.6×10⁶J）；而稻草的生物质高压成型块体积密度更高，达 450～650kg/m³，热值达 1800～2800kW·h/m³；制作生物质焦炭更能使生物质接近煤的体积密度及热值，并具有良好的研磨性。

6.2.1.3 生物质成型工艺

目前，生物质成型工艺分为黏结成型、压缩成型和热压成型等三类；成型物的形状可分为圆柱块状、棒状和颗粒状。

（1）压缩成型步骤

压缩成型步骤分为生物质收集→干燥→粉碎→预压→加热→压缩→冷却。工艺流程见图 6-2。

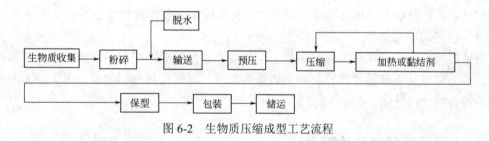

图 6-2　生物质压缩成型工艺流程

（2）压缩成型设备

用于生物质成型的设备主要有螺旋挤压式、活塞冲压式和环模滚压式等类型（见图 6-3）。

6.2.2　生物质的化学转化技术

生物质化学转化技术包括生物质直接燃烧技术、生物质气化技术、生物质热解技术和生物质直接液化技术。

6.2.2.1 生物质直接燃烧技术

生物质直接燃烧是生物质能最早被利用的传统方法，将生物质直接作为燃料，是通过燃烧转换成能量的过程。燃烧过程所产生的能量主要用于发电或供热。

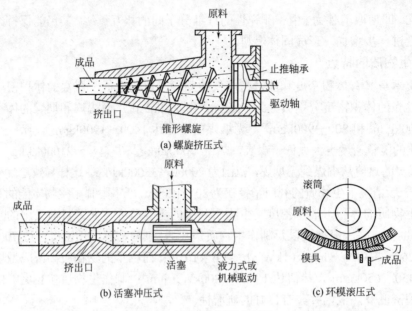

(a) 螺旋挤压式

(b) 活塞冲压式　　　　(c) 环模滚压式

图 6-3　生物质压缩成型机

生物质直接燃烧的设备经历了炉灶、燃烧炉和现代化锅炉的过程，提高了热效率的同时也扩大了应用范围。目前，直接燃烧技术可用于处理木材、废木、各种制浆废液、食品加工业的废物和城市固体废物等，同时垃圾焚烧也采用锅炉技术处理。本章介绍直接燃烧技术的设备——生物质锅炉。

生物质燃料锅炉的种类很多，按燃用生物质的品种可分为木材炉、颗粒燃料炉、薪柴炉和秸秆炉；按燃烧方式可分为层燃锅炉、流化床锅炉和悬浮燃烧锅炉等。

（1）层燃锅炉

所谓层燃，就是生物质平铺在炉排上，形成一定厚度的燃料层后实施干燥、干馏和燃烧等过程。空气从下部通过燃料层为燃烧提供氧气，可燃气体与二次配风在炉排上方的空间充分混合燃烧，见图 6-4。

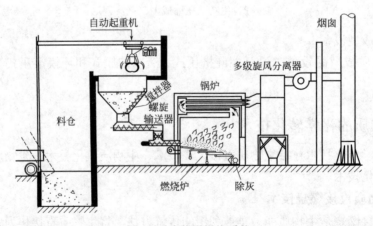

图 6-4　生物质燃烧系统

层燃锅炉属层状燃烧，料层在炉排上可能疏密不均，不能用来充分燃烧。为了克服层燃锅炉的不足，一些新式层燃炉不断升级。

① 带自动添加燃料的炉排锅炉　这是一种现代蒸汽发电站所用的烧木材和树皮的锅炉。燃料依靠气压式或机械式布料系统送到锅炉的炉算上面。有的燃料是在悬空状态下燃烧，未燃尽的剩余部分则落到一组炉算上，直到完全燃尽。这种锅炉通常采用多个标准产汽量为 10t/h 的小型锅炉，但也有能力超过 200t/h 的大型炉。

② 燃料分级燃烧式锅炉　此锅炉包括两个阶段：燃料从上面被送到主炉中的水冷炉格，然后热燃气进入副燃烧室，并在那里完成最后燃烧。这种锅炉通常是在低压下工作，产汽能力为 5～12t/h。

③ 倾斜式炉算锅炉　此锅炉中燃料以阶梯式方式被源源不断地送到炉算的顶部，先通过上部的烘干室，然后落到下面的燃烧室，把留在炉算最下部的粉尘灰清走。

（2）流化床锅炉

流化床燃烧系统有一个用耐火材料制成的热床，它在气流的作用下不停地运动，基本上起到炉算的作用。用烧石油、天然气或煤粉的燃烧室对热床进行预热，使温度上升到足以使生物质燃料燃烧。在这个温度上，升高流过热床的气流的温度，直到热床开始"沸腾"，也就是被流化。

① 流化床锅炉的优势　流化床密相区主要由媒体（河沙或石英砂）组成，生物燃料通过给料器送入密相区后，首先在密相区与大量媒体充分混合，密相区的惰性床料温度一般在 850～950℃ 之间，具有很高的热容量，即使生物质含水率高达 50%～60%，水分也能够被迅速蒸发掉，使燃料迅速着火燃烧。加上密相区内燃料与空气接触良好，扰动强烈，因而燃烧效率显著提高。因此，流化床燃烧方式最适合含高水分生物废料的燃烧。

② 流化床锅炉的不足　流化床锅炉燃用生物质燃料也存在一些缺点：锅炉体形大，成本高；生物质燃料的燃用需要经过一系列的预处理（例如生物质原料的烘干、粉碎等）；飞灰含碳量高于炉灰的含碳量，并且随着生物质挥发分的大量析出，焦炭的燃尽较为困难；生物质燃料蓄热能力小，必须采用床料来保证炉内温度水平，导致炉膛磨损严重，也影响了灰渣的综合利用。

（3）悬浮燃烧锅炉

悬浮燃烧锅炉用于迅速燃烧悬浮在湍动气流中的颗粒状燃料。设备的结构有两种：喷射式——使燃料和空气在燃料室内混合；气旋式——燃料和空气在外部气旋式燃烧室中混合。

在悬浮燃烧系统中，生物质需要进行预处理，颗粒尺寸要求小于 2mm，含水率不能超过 15%。首先将生物质粉碎至细粉，然后将经过预处理的生物质与空气混合后一起切向喷入燃烧室内，形成涡流，呈悬浮燃烧状态，增加了滞留时间。通过采用精确的燃烧温度控制技术，悬浮燃烧系统可以在较低的过剩空气条件下高效运行。通过分阶段配风以及良好的混合可以减少 NO_x 的生成。

但是，由于颗粒的尺寸较小，高燃烧强度都将导致炉墙表面温度过高，构成炉墙的耐火材料较易损坏。同时，悬浮燃烧系统需要辅助启动热源，当炉膛温度达到规定的要求时，才能关闭辅助热源。

锅炉燃烧过程中，由于大部分生物质含水量较高、组成复杂且燃烧过程不稳定，较常规锅炉燃烧效率低。提高燃烧效率的途径包括：降低含水量；减小燃料颗粒的大小；燃烧室内保持一定温度；提高空气输入速率；联合燃烧，为生物质和矿物燃料的优化混合提供机会。

6.2.2.2 生物质气化技术

生物质气化是在固态生物质原料中通入气化剂（空气、氧气或水蒸气）转变为小分子可燃气体的过程。所用气化剂不同，得到的气体燃料也不同。采用空气作气化剂，产生的气体主要作为燃料，用于发电、锅炉用气和民用炉灶等。合成气还可进一步转变为甲醇和制备氢气。

（1）生物质气化的基本原理

生物质气化是将固体或液体生物质材料转化为气体燃料的热化学过程。气化过程需要供给空气或氧气，使原料中的能量尽可能保留在气态反应产物中。气化后的产物是含 H_2、CO 及低分子 C_mH_n 等的可燃性气体。整个过程分为四步：干燥、热解、氧化和还原。

① 干燥过程　生物质原料进入气化器加热到 200～300℃，原料中的水分首先蒸发，产物为干原料和水蒸气。

② 热解过程　当温度升高到300℃以上时，开始发生热解反应。大分子的碳氢化合物碳链被打碎，析出生物质中的挥发物（主要是氢气、一氧化碳、甲烷、焦油、其他碳氢化合物和水蒸气等），残余产物是炭。

③ 氧化过程　热解剩余物炭与被引入的空气发生反应，氧化反应速率较快，温度可达1000～1200℃。氧化反应释放大量的热以支持生物质干燥、热解及后续的还原反应进行，挥发分参与反应后进一步降解。

④ 还原过程　隔离氧气后，氧化层中的燃烧产物与还原层中的炭发生还原反应，生成氢气和一氧化碳等可燃气体。还原反应是吸热反应，温度将会降低到 700～900℃。各过程涉及的主要化学反应如下：

$$C（s）+O_2 \longrightarrow CO_2$$
$$C（s）+CO_2 \longrightarrow 2CO$$
$$C（s）+H_2O \longrightarrow CO+H_2$$
$$CO+H_2O \longrightarrow CO_2+H_2$$
$$C（s）+2H_2 \longrightarrow CH_4$$
$$H_2+\frac{1}{2}O_2 \longrightarrow H_2O$$
$$CH_4+H_2O \longrightarrow CO+3H_2$$
$$C_mH_n \longrightarrow \frac{n}{4}CH_4+\left(m-\frac{n}{4}\right)C（s）$$
$$C_mH_n+\frac{4m-n}{2}H_2 \longrightarrow mCH_4$$

（2）生物质气化技术的分类

生物质气化技术大体上分为以下三类。

① 根据燃气生产机理可分为热解气化和反应性气化，反应性气化又可根据反应气氛的不同细分为空气气化、水蒸气气化、氧气气化和氢气气化。

②　根据采用的气化反应炉的不同可分为固定床气化、流化床气化和气流床气化。

③　在气化过程中使用不同的气化剂和采取不同过程运行条件，可以得到三种不同热值的气化产品气：低热值——4.6MJ/m³（使用空气和蒸汽/空气）；中等热值——12～18MJ/m³（使用氧气和蒸汽；高热值——40MJ/m³（使用氢氢）。

（3）生物质气化的设备

气化炉是气化反应的主要设备。生物质气化设备按原理分主要有流化床气化炉、固定床气化炉和携带床气化炉；按加热方式分为直接加热和间接加热两类；按气流方向分为上吸式、下吸式和横吸式三种。本章简单介绍 5 种气化炉。

①　固定床气化炉　固定床是一种传统的气化反应炉，其运行温度在 1000℃左右。固定床气化炉分为逆流式和并流式。逆流式气化炉是指气化原料与气化介质在床中的流动方向相反，而并流式气化炉是指气化原料与气化介质在床中的流动方向相同。这两种气化炉按照气化介质的流动方向不同又分为上吸式和下吸式气化炉，如图 6-5 所示。

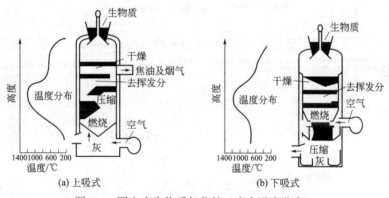

图 6-5　固定床生物质气化炉（床内温度分布）

②　流化床生物质气化炉　流化床燃烧是一种先进的燃烧技术。流化床由燃烧室和布风板组成，气化剂通过布风板进入流化床反应器中。按气固流动特性不同，流化床分为鼓泡流化床、循环流化床和双流化床（如图 6-6 所示）。

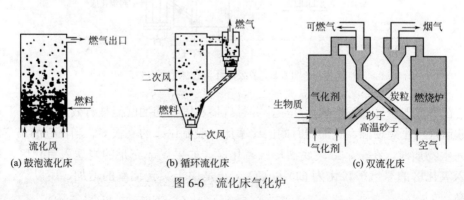

图 6-6　流化床气化炉

③　携带床气化炉　携带床气化炉是一种特殊的流化床气化炉，它不使用惰性材料，提供的气化剂直接吹动生物质原料。它要求原料破碎成细小颗粒，其运行温度高达 1100～

1300℃，产出气体中焦油成分及冷凝物含量很低，炭转化率可达 100%。由于运行温度高易烧结，故选材较难。

④ 生物质高温空气气化技术　生物质高温空气气化技术是使用 1000℃以上的高温预热空气，在低过剩空气系数下发生不完全燃烧化学反应，获得热值较高的燃气。高温空气气化技术克服了传统的生物质气化技术通常存在的气化效率及燃气热值低、燃料利用范围小、灰渣难处理及易形成焦油、苯酚等化合物的缺点。高温空气气化技术的反应流程如图6-7 所示。

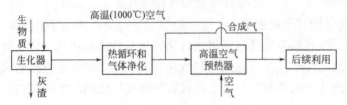

图 6-7　高温空气气化技术的反应流程

高温空气气化还具有可运行多种燃料、结构简单紧凑、灰渣易于处理及效率高等优点。

⑤ 多级循环流化床　多级循环流化床（见图 6-8）的反应器的分离部分由七段组成，每段的圆锥体首尾相连。

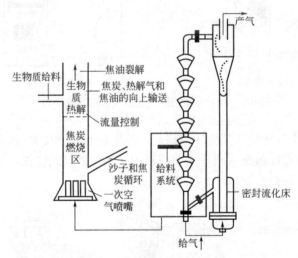

图 6-8　多级循环流化床立管

它在每段的锥体底部形成流化床，并且气体和固体间的回混被有效地阻止。几个流化床串联运行的思想使固、气滞留时间的比率比一般流化床的高很多。当在它的第三段圆锥体送入生物质时，在一、二段底部形成氧化区。如果保证充足的炭送入氧化区，那么所有进入氧化区的氧气被转化为 CO 和 CO_2。正是由于炭转化率的增加，所以气化效率相应提高。

（4）生物质燃气的净化

从气化炉中出来的生物质燃气中含有一定杂质，这种粗燃气需要净化处理，清除气体中的焦油和灰分，使之达到国家燃气质量标准（＜10mg/m³）。

① 生物质燃气中杂质的组成和性质　生物质燃气中的杂质一般分为固体杂质和液体杂质两大类，固体杂质中包括灰分和细小的炭颗粒，液体杂质则包括焦油和水分。粗燃气中各种杂质的特性见表6-3。

表 6-3　粗燃气中各种杂质的特性

杂质种类	典型成分	来源	可能引起的问题
固体颗粒	灰分、炭颗粒	未燃尽的炭颗粒、飞灰	设备磨损、堵塞
焦油	苯的衍生物及多环芳烃	生物质热解的产物	堵塞输气管道及阀门，腐蚀金属
碱金属	钾和钠等化合物	农作物秸秆	腐蚀、结渣
氢化物	NH_3 和 HCN	燃料中含有的氮	形成 NO_x
硫和氯	HCl 和 H_2S	燃料中含有的硫和氯	腐蚀以及污染环境
水分	H_2O	生物质干燥及反应产物	降低热值，影响燃气的使用

② 生物质燃气中的净化　净化系统由三个环节组成，即气体降温、水净化处理和焦油分离。高温的发生炉燃气首先经过旋风除尘器除掉较重杂质，然后通过第一组冷却塔降温；再通过湍流器清洗装置，将燃气进一步清洗干净，最后进入冷却喷淋塔进行冷却。根据具体情况，还可以使用高压静电除焦油和除尘装置。燃气在冷却和清洗之后被泵到一个储气罐储存待用。气化煤气可用于供热、供暖、供气、烘干和发电等。

（5）生物质气化实例

本节介绍秸秆气化技术和生物质气化发电技术

① 秸秆气化技术　植物秸秆包括玉米秆、棉花秆、油菜秆、稻草、麦草和锯木屑等。秸秆气化产物可用于集中供气和发电，有利于解决农作物的资源化利用。

a. 秸秆由碳、氢、氧等元素和灰分组成，通过供应少量空气和采取控制反应过程，使碳、氢元素转变成一氧化碳、甲烷及氢气等可燃气体，秸秆中的大部分能量转移到气体中。过程可以分为三个阶段，即干燥阶段、挥发分析出阶段和半焦化阶段。

b. 将植物秸秆用粉碎机粉碎成 3～5mm，经拌和后进入热解炉，粉碎的秸秆由加料斗进入，用螺旋输送机输送进热解炉。螺旋输送机在由耐热的不锈钢制造的管道中做螺旋形推进和拌和运动；管道外面用煤炭燃烧进行加热，在隔绝空气的条件下秸秆发生热解。

c. 热解得到气体和固体两种产物。气体经冷却器和净化器除去焦油等杂质后进入贮气罐，经管道送至用户；固体为残渣。秸秆气化的工艺流程如图6-9所示。

图 6-9　秸秆气化的工艺流程

每千克稻秆平均可产燃气 1.66m³，气体热值在 4630～4681kJ/m³ 之间。燃气经净化处理后，焦灰含量在 23mg/m³ 左右，秸秆气化集中供气、发电技术主要用于解决农作物的资源化利用问题。

② 生物质气化发电　生物质气化发电技术是把生物质转化为可燃气，经除焦油等净化处理后，送至气体内燃发电机发电。通常，小规模发电系统采用固定床气化炉，以农林业废弃物为原料，用内燃机发电方式。大、中规模发电系统采用流化床气化炉，用燃气轮机或蒸汽轮机发电方式，并入电网。

6.2.2.3　生物质热解技术

生物质热解是生物质在完全缺氧或有限氧供给的条件下热降解为液体生物油、可燃气体和固体生物质炭三部分的过程。

（1）生物质热解原理

生物质主要由纤维素、半纤维素和木质素组成，空间呈网状结构。生物质的热解行为可以归结为纤维素、半纤维素和木质素三种主要组分的热解。但这三种主要成分的热解并不同时发生。木质素的降解发生在一个较宽的温度范围内，而纤维素和半纤维素的降解则发生在一个较为狭窄的温度区间。相比之下，纤维素结构最为简单，且在绝大多数生物质中占主要成分，其热解规律具有一定的代表性。

（2）生物质热解技术的特点

① 生物质热解技术能够以较低的成本、连续化生产工艺将常规方法难以处理的低能量密度的生物质转化为高能量密度的气、液及固体产品。

② 可以从生物油中提取高附加值的化学品。

③ 生物质中含硫含氮量均较低，同常规能源相比，减少了空气中 SO_2 和 NO_x 排放。

④ 生物质利用过程中所放出的 CO_2 同生物质形成过程中所吸收的 CO_2 相平衡，没有额外增加大气中的 CO_2 含量。

（3）热解工艺过程

纤维素的热解可分为三个阶段：预热解阶段、热解阶段和焦炭降解阶段。

① 预热解阶段　主要是纤维素高分子链断裂、纤维素聚合度下降及玻璃化转变，这一阶段会有一些内部重排反应发生，如失水、键断裂及自由基出现，还有羧基、羰基和过氧羟基的形成过程。

当温度低于 200℃时，纤维素热效应并不明显，即使加热很长时间也只有少量的重量损失，外观形态并无明显变化。经过预热解处理的木质纤维素材料内部结构已经发生了一些变化，其热解产物的产量不同于未经过预处理的纤维素材料，这表明预热解是整个热解过程的必要的一步。

② 热解阶段　这是主要阶段，降解过程在 300～600℃下发生，纤维素进一步解聚形成单体，进而通过各种自由基反应和重排反应形成热解产物。这一阶段发生化学键的断裂与重排，需要吸收大量的热量。这一阶段热解的主要产物是 1,6-脱水内醚葡萄糖，但它在常压和较高温度条件下不稳定，会进一步裂解为其他低分子量的挥发性产物。

③ 焦炭降解阶段　这一阶段焦炭进一步降解，C—H 和 C—O 键断裂，形成富碳的固体残渣。纤维素热解过程的主要反应如下：

$$（C_6H_{10}O_5）_x（纤维素）\longrightarrow xC_6H_{10}O_5（左旋葡聚糖）$$

$$C_6H_{10}O_5（左旋葡聚糖）\longrightarrow H_2O+2CH_3—CO—CHO（甲基乙二醛）$$

$$CH_3—CO—CHO+H_2 \longrightarrow CH_3—CO—CH_2OH （乙缩醛）$$

$$CH_3—CO—CH_2OH+H_2 \longrightarrow CH_3—CHOH—CH_2OH （丙基乙二醇）$$

$$CH_3—CHOH—CH_2OH+H_2 \longrightarrow H_2O+CH_3—CHOH—CH_3 （异丙基乙醇）$$

（4）生物质热解设备

生物质热解常用设备包括固定床、流化床、夹带流反应器、多炉装置、旋转炉、旋转锥反应器、分批处理装置等。

① 旋转锥反应器　以生物质油为主要产品的各种热解液化技术中，旋转锥式反应器具有较高的生物产油率。图 6-10 是 BTG 旋转锥反应器。

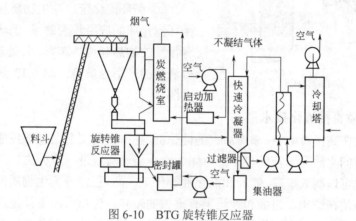

图 6-10　BTG 旋转锥反应器

旋转的加热锥产生离心力驱动热砂和生物质，炭在第二个鼓泡流化床燃烧室中燃烧，砂子再循环到热解反应器中，热解反应器中的载气需要量比流化床和传输床系统要少，然而需要增加用于炭燃烧和砂子输送的气体量。

② 循环流化床裂解工艺　加拿大的 Waterloo 大学开发了近似的闪速热解工艺（见图 6-11）。装置规模为 5～250kg/h，液体产率可达 75%。

③ 涡流式烧蚀热解　装置中的生物质被加速到超声速来获得加热筒体内的切向高压，反应生成的蒸汽和细小的炭粒沿轴向离开反应器进入下一工序，未反应的生物质颗粒继续循环。图 6-12 为涡流式烧蚀反应器。

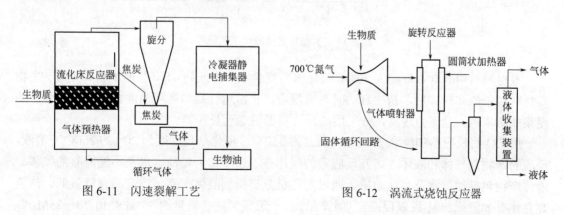

图 6-11　闪速裂解工艺　　　　　　图 6-12　涡流式烧蚀反应器

在烧蚀热解过程中，热量通过热反应器壁面来"熔化"与其接触的处于压力下的生物质（就好像在煎锅上熔化黄油，通过加压和在煎锅上移动可显著增大黄油的熔化速率）。热解前峰通过生物质颗粒单向地向前移动。

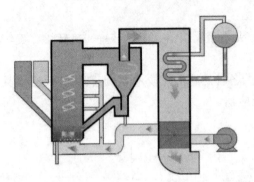

图 6-13　循环流化床示意图

生物质被机械装置移走后，残留的油膜可以给后继的生物质提供润滑，蒸发后即成为可凝结的生物质热解蒸气。反应速率的影响因素有压力、反应器表面温度和生物质在换热表面的相对速率。典型的液体收率为 60%~65%（干基）。

④　循环流化床　在生物质快速裂解技术中，循环流化床的应用较为普遍。循环流化床工艺具有很高的加热和传热速率，且处理规模较大，获得液体的产率也最高。图 6-13 是循环流化床示意图。

6.2.2.4　生物质直接液化技术

把生物质放在高压设备中，添加适宜的催化剂，在一定的工艺条件下反应制成液化油。反应物的停留时间大约几十分钟，产品可作为汽车用燃料或进一步分离加工成化工产品。生物质通过液化可以制取甲醇、乙醇和液化油等化工产品，已经成为生物质能研究的热点。

生物质与石油在结构、组成和性质上有很大的差异。生物质的主体是高分子聚合物，而石油是烃类物质的混合物；生物质中氢元素含量远小于石油，而含氧量却远高于石油，且生物质中含较多的杂质。因此将生物质直接转化为液体燃料，需要经过加氢、裂解和脱灰过程。生物质直接液化工艺流程见图 6-14。

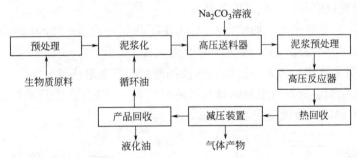

图 6-14　生物质直接液化工艺流程

木材原料中的含水率约为 50%，液化前需将含水率降低到 4%，且便于粉碎处理。生物质材料经干燥和粉碎后，初次启动时与蒽混合，正常运行后与循环油混合。由于混合后的泥浆非常浓稠，且压力较高，故采用高压送料器输送至反应器。

用 CO 将反应器加压到 28MPa，温度为 350℃，催化剂是浓度为 20% 的 Na_2CO_3 溶液，反应的产物是气体和液体。离开反应器的气体被迅速冷却为轻油、水及不能冷凝的气体。液体产物包括油、水及其他杂质，通过离心机分离得到液体产品。该产品含氧量低、热值高并伴有加氢或加氢-脱氧反应，同时产量高。一般裂解油含氧量约 35%，热值 20~25MJ/kg

（干基），而液化产品含氧约 15%，热值 35～40MJ/kg。

生物质直接液化与裂解和气化相比，目前存在高压工艺费用高、浆料难以高压进料、泵送和换热带液负载高等技术难题。液化产品较瞬时裂解的生物油有黏度高、产量低和质量差的缺点。通过控制反应速率和操作条件，生物质直接液化技术一直在发展。

6.2.3 生物质的生物-化学转化技术

生物化学过程是利用生物化学作用和微生物的新陈代谢作用，将生物质转化为气体和液化燃料，例如，利用生物质厌氧发酵生产沼气和在微生物作用下生成乙醇等能源产品的技术。

6.2.3.1 厌氧发酵制备沼气

沼气是有机物在厌氧条件下经多种微生物的分解与转化作用后产生的可燃气体，它起初在沼泽中被发现，故称为沼气。沼气的主要成分是甲烷（CH_4）、二氧化碳（CO_2）、少量的氢气（H_2）、氮气（N_2）、一氧化碳（CO）、硫化氢（H_2S）和氨等。

沼气中甲烷含量在 60%～70%，二氧化碳含量为 30%～40%（体积分数）。沼气热值为 $272MJ/m^3$，低于天然气热值 $410MJ/m^3$，高于管道煤气热值 $8.8MJ/m^3$。从环保角度看，沼气中的甲烷是作用强烈的温室气体，其导致温室效应的效果是二氧化碳的 27 倍；从能源角度看，沼气是性能较好的燃料，是生物质可再生的能源。

（1）沼气发酵原理

沼气发酵是一个微生物作用的过程。各种有机质（包括农作物秸秆、人畜粪便以及工农业排放废水中所含的有机物等）在厌氧条件下，通过微生物的作用实现沼气发酵过程。沼气发酵主要分为液化、产酸和产甲烷三个阶段。

① 液化 农作物秸秆、垃圾及各种有机废弃物通常是以大分子状态存在的碳水化合物，通过微生物分泌的胞外酶进行酶解可分解成可溶于水的小分子化合物，包括多糖水解成单糖或双糖，蛋白质分解成肽和氨基酸，脂肪分解成甘油和脂肪酸等小分子化合物，这一系列的生物化学反应称为液化。

② 产酸 液化产生的单糖类、肽、氨基酸、甘油和脂肪酸等物质在不产甲烷细菌微生物群的作用下，转化成简单的有机酸（其中乙酸约占 80%）、醇、二氧化碳、氢、氨和硫化氢等，此过程为产酸阶段。

③ 产甲烷 产酸阶段得到的物质被产甲烷细菌分解成甲烷和二氧化碳，这个过程称为产甲烷阶段。

（2）沼气发酵原料

在厌氧发酵过程中，原料既是产生沼气的基质，又是沼气发酵微生物赖以生存的养料来源。除了矿物油和木质素外，自然界中的有机物质一般都能被微生物发酵产生沼气，但不同的有机物有不同的产气量和产气速度。较难分解的有机物质在投料前要进行切碎和堆沤等预处理。如果有机物经过牲畜肠胃的消化、阴沟厌氧消化及工业发酵，入池后很快就会产气。农业剩余物秸秆、杂草及树叶等植物类，猪、牛、马、羊及鸡等家畜家禽的粪便类，工农业生产的有机废水废物（如豆制品的废水、酒糟和糖渣等）和水生植物均可作为沼气发酵的原料。表 6-4 为不同发酵原料的产沼气量。

表 6-4 不同发酵原料的产沼气量

原料种类	产沼气量/（m³/t 干物质）	甲烷含量/%
牲畜厩肥	260～280	50～60
猪粪	561	—
马粪	200～300	—
青草	630	70
亚麻秆	359	—
麦秆	432	59
树叶	210～294	58
废物污泥	640	50
酒厂废水	300～600	58
碳水化合物	750	49
类脂化合物	1440	72

（3）沼气发酵条件

发酵微生物要求适宜的生活条件，主要包括严格的厌氧环境、发酵温度、发酵原料、发酵过程的酸度控制、接种物、碳/氮/磷的比例、添加剂、抑制剂和搅拌。

① 严格的厌氧环境 沼气发酵微生物包括产酸菌和产甲烷菌两大类，它们都是厌氧性细菌，尤其是产生甲烷的甲烷菌是严格厌氧菌，对氧特别敏感。它们不能在有氧的环境中生存，哪怕微量的氧存在也受到抑制，甚至死亡。人工制取沼气需要建造一个不漏水、不漏气的密闭沼气池。

② 发酵温度 沼气发酵微生物可在 8～65℃温度区间内产生沼气，温度升高产气速率增大，但不是线性关系。40～50℃是沼气微生物高温菌和中温菌活动的过渡区间，它们在这个温度范围内都不太适应，因而此时产气速率会下降。当温度升高到 53～55℃时，沼气微生物中的高温菌活跃，产沼气的速率最快。沼气发酵温度突然变化，对沼气产量有明显影响，温度突变超过一定范围时，则会停止产气。一般常温发酵温度不会突变；对中温和高温发酵，则要求严格控制料液的温度。

③ 发酵过程的酸度控制（pH 值） 原料发酵过程中，微生物的正常生长和代谢需要控制 pH 值在 6.5～7.5 范围内。如果 pH 值小于 6.4 或大于 7.6，均会抑制沼气发酵，pH 值在 5.5 以下则产甲烷菌的活动完全停止。

④ 接种物 在沼气发酵过程中，菌种的质量和数量直接影响产气率。实际操作中如果是工农业的废水等不含发酵微生物的原料，必须加入足够量的接种物，其他已发酵原料则无需加接种物。接种物可以从自然界中方便地获得，阴沟污泥及粪坑底污泥等都可作接种物。如果条件允许，在沼气池大换料时，可以采用发酵液作为接种物。

⑤ 碳/氮/磷的比例 发酵料液中的碳、氮和磷元素含量的比例对沼气生产有重要的影响。研究表明，碳/氮为（20～30）/1 为最佳；碳/氮/磷以 10/0.4/0.8 为宜。

⑥ 添加剂 添加剂指能促进有机物分解并能提高产气率的各种物质。添加剂包括一些酶类、无机盐类、有机物和其他无机物等。目前应用比较普遍的添加剂包括硫酸锌、磷矿

粉、碳酸钙和炉灰等，它们均可不同程度地提高产气率及甲烷含量。

⑦ 抑制剂　抑制发酵微生物的生命活动的化学物质为抑制剂。抑制剂包括酸类、醇类、苯、氰化物及去垢剂等，同时各类农药，特别是剧毒农药，都具有极强的杀菌作用，即使微量也能破坏正常的沼气发酵过程。在沼气池日常管理中，适当地使用添加剂和抑制剂很重要。

⑧ 搅拌　对沼气池进行搅拌可使池内温度均匀，使微生物与发酵原料充分接触，提高原料利用率，加快发酵速度并提高产气量。如果沼气池不搅拌，发酵料液明显地分成结壳层、清液层及沉渣层，严重影响发酵效果。

日常管理可视发酵规模大小，采取不同的搅拌方法。图 6-15 表示了 3 种搅拌方式。

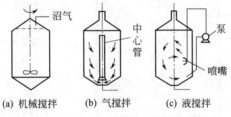

图 6-15　沼气池常用的三种搅拌方式

机械搅拌适用于小型沼气池；液搅拌和气搅拌较适用于大、中型的沼气工程。注意沼气池内的物质移动速度不要超过 0.5m/s，这是沼气微生物生命的临界速度。

6.2.3.2　微生物作用下生产乙醇

发酵法生产乙醇是在酿酒业的基础上发展起来的。在相当长的历史时期内，曾是生产乙醇的唯一工业方法。发酵法的原料可以是含淀粉的农产品，如谷类、薯类或野生植物果实，也可用制糖厂的废糖蜜或者用含纤维素的木屑、植物茎秆等。这些物质经一定的预处理后，经水解和发酵，即可制得乙醇。发酵液中的质量分数约为 6%～10%（含有有机杂质），精馏后即得 95% 的工业乙醇。

把糖化和发酵结合到由微生物介导的一个反应体系中，相比其他工艺，底物和原料的消耗相对较低，一体化程度较高。

6.3　生物质的利用技术

本节主要介绍生物质的利用技术，包括燃料乙醇、生物柴油、氢和沼气的制备技术和工艺。

6.3.1　燃料乙醇制备技术

乙醇是重要的工业原料，应用于化工、医疗和制酒业，同时乙醇也是能源工业的基础原料——燃料（燃烧低位热值为 26900kJ/kg）。乙醇进一步脱水后加上适量汽油后形成燃料乙醇，是国内广泛使用的车用燃料，具有价廉、清洁、环保、安全和可再生等优势。

目前，世界上燃料乙醇的使用方式主要有三大类：①汽油发动机汽车，乙醇添加量为 5%～22%；②灵活燃料汽车（FFV），乙醇与汽油的混合比可以在 0～85% 之间；③乙醇发动机汽车（包括乙醇汽车和乙醇燃料电池车）使用纯乙醇燃料。

燃料乙醇具有与矿物燃料相似的燃烧性能。乙醇燃烧过程所排放的一氧化碳和含硫气体低于汽油燃烧，所产生的二氧化碳和作为原料的生物源生长所消耗的二氧化碳在数量上基本持平，这对减少大气的污染及抑制"温室效应"意义重大。因此，燃料乙醇被称为清洁燃料。表 6-5 给出了乙醇、甲基叔丁基醚（MTBE）和汽油的性能比较。

表6-5　乙醇、MTBE 和汽油的性能比较

性质	乙醇	MTBE	汽油
化学分子式	C_2H_5OH	$CH_3OC(CH_3)_3$	$C_5 \sim C_{10}$烃类
分子量	46	88	70～170
w（碳）/%	52.2	68.2	86～88
w（氢）/%	13.0	13.6	13～14
w（氧）/%	34.7	18.2	0
密度（25℃）/（kg/L）	0.78	0.74	0.70～0.78
理论空燃比	9.0	11.7	14.2～15.1
雷德蒸气压/kPa	18	56	50～70
沸点/℃	78.3	55.3	30～205
闪点/℃	13	-28	-40
自燃点/℃	420	460	220～260
潜汽化热/（J/g）	904	339	310
低位热值/（kJ/g）	26.77	35.11	43.50

（1）燃料乙醇的原料

乙醇可以从许多含碳水化合物的植物中制取，根据其加工的难易顺序，主要有以下三类生物质原料：糖类原料（甘蔗、甜菜、甜高粱等）；淀粉类原料（谷子、小麦、玉米和大麦等）；木质纤维类（草类、甘蔗渣和麦秸等）。

乙醇是通过微生物发酵单糖制得的。淀粉和纤维素需水解成单糖，木质纤维素则需要加大水解力度制得单糖。淀粉水解相对简单，工艺技术也相对成熟。表 6-6 列出了一些原料的乙醇产量和蕴能度表。

表6-6　各种原料的乙醇产量和蕴能度表

原料	每公顷地年产量/t	糖或淀粉含量/%	吨产醇/L	每公顷年产量/L	年生产天数/d
糖浆	—	50	300	—	330
甜菜	45	16	100	4300	90
甘蔗	70	12.5	70	4900	150/180
甜高粱	35	14	80	2800	—
木薯	40	25	150	6000	200～300
玉米	5	69	410	2050	330
耶路撒冷洋蓟	50	14	80	4000	90
小麦	4	66	390	1560	330
甘薯	25×2	25	150	3750×2	—
辛烷值（RON）	111		118		88～98
辛烷值（MON）	91		101		80～86

（2）燃料乙醇的生产方法

乙醇的生物质生产方法包括热化学转化法、生物转换法和发酵法。

① 热化学转化法　在一定温度、压力和时间控制条件下，将生物质转化成液态燃料乙醇的技术。生物质气化得到中等发热值的燃料油和可燃性气体（包括一氧化碳、氢气和小分子烃类化合物），将可燃性气体进行重整——通过调节气体的比例（使其组分适合需要），再通过催化合成技术，得到液体燃料乙醇（或甲醇、醚和汽油等）。

② 生物转换法　以甘蔗、玉米、薯干和植物秸秆等农产品或农林废弃物为原料，经酶解糖化发酵制备乙醇的技术。主要生产工艺有酶解法、酸水解法和一步酶工艺法等。这些工艺与食用乙醇的生产工艺基本相同，所不同的是需增加浓缩脱水后处理工艺，使其水的体积分数降到 1% 以下。脱水后制成的燃料乙醇再加入少量的变性剂就成为变性燃料乙醇，将变性燃料乙醇和汽油按一定比例调和就成为乙醇汽油。

③ 发酵法　主要原料有糖类、谷物淀粉类和纤维素类，分别采用不同工艺制备生物乙醇。其中，以糖类为原料生产乙醇与酒类生产很相似。

6.3.1.1　燃料乙醇生产的工艺

（1）以淀粉类为原料发酵法生产燃料乙醇

以淀粉类生物质生产乙醇的工艺流程如图 6-16 所示。它包括：谷物除杂→谷物磨碎→加水混料→加酶制剂将淀粉液化→加热蒸煮（至 60~90℃ 或 130~145℃）→糖化→发酵（在 28~30℃ 或 36~38℃）。根据不同工艺发酵时间控制在 36~72h 之间，蒸馏后的废液部分回用。

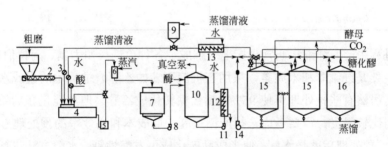

图 6-16　以淀粉类为原料生产燃料乙醇的工艺流程

1—初粉碎原料储罐；2—计量器；3—流量计；4—混合器；5—涡流均质机；6—预热器；7—储罐；
8，11，14—泵；9—蒸馏清液储罐；10—真空糖化罐；12，13—冷却器；15—种子罐前酵罐；16—发酵罐

（2）以纤维素类为原料生产燃料乙醇

自然界中存量最大的碳水化合物是纤维素，据估计全球的生物量中纤维素占 90% 以上，年产量约有 $200 \times 10^9 t$，其中人类可直接利用的大约有 $(8 \sim 20) \times 10^9 t$。纤维素的最小构成单位是 D-葡萄糖，它与淀粉的不同之处是不溶于水。

纤维素的酶解过程比较复杂，降解速度也比较缓慢，这是利用纤维素生产乙醇的障碍之处。但纤维素的来源非常丰富，利用纤维素生产乙醇不仅可以降低生产成本，还可以废物利用，有利于优化生态环境。图 6-17 为纤维素类物质发酵生产乙醇的工艺流程，包括预

处理、水解和发酵等步骤。

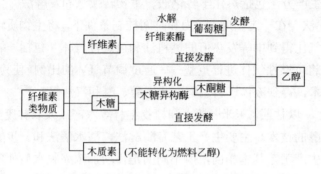

图 6-17　纤维素类物质发酵生产燃料乙醇的工艺流程

① 预处理　预处理的目的是降低纤维素的分子量，破坏其密集的晶状结构，利于进一步的分解和转化。预处理有几种方法，见表 6-7。

表 6-7　木纤维材料的几种预处理方法

方　法	例　证
热机械法	碾磨、粉碎、抽取
自动水解法	蒸汽爆破、超临界 CO_2 爆破
酸处理法	稀酸（H_2SO_4、HCl）、浓酸、乙酸等
碱处理法	NaOH、碱性过氧化氢、氨水
有机溶剂处理法	甲醇、乙醇、丁醇苯

预处理过程中，半纤维素通常直接地水解成了各种单糖（如木糖、阿拉伯糖等），剩下的不溶物质主要是纤维素和木质素，采用有机溶剂（如乙醇）抽提木质素或水解纤维素可将二者分开。虽然有些预处理可使 95%的葡萄糖转化成乙醇，但从能量和功效角度来看，预处理的费用比较昂贵，需要考虑选择产糖量高、低成本和高效率的预处理方法。

② 水解　预处理后就是水解，使半成品转化成可发酵性糖。水解方法包括酸水解法和酶水解法。

6.3.1.2　燃料乙醇的脱水

生物法生产燃料乙醇大部分是以甘蔗、玉米、薯干和植物秸秆等农产品或农林废弃物为原料经酶解糖化发酵制备，其生产工艺与食用乙醇的生产工艺基本相同，所不同的是需增加浓缩脱水后处理工艺，使其水的体积分数降到 1%以下。

生产过程中水的存在导致乙醇与水形成二元共沸物，采用普通精馏方法得到的是 95%浓度的乙醇。实现乙醇浓度达到 99%，需要进一步脱水。目前采用的脱水工艺包括渗透气化、吸附蒸馏、特殊蒸馏、加盐萃取蒸馏、变压吸附和超临界萃取分离等。各项生产工艺对比见表 6-8。脱水后制成的燃料乙醇再加入少量的变性剂就成为变性燃料乙醇，和汽油按一定比例调和就成为乙醇汽油。

表 6-8　燃料乙醇脱水的工艺比较

工艺	原理	流程	收率/%	乙醇浓度/%	能耗	投资
渗透气化法	膜分离	6%的乙醇发酵液经过普通精馏浓缩至乙醇浓度为 80%～92%，然后再经渗透气化浓缩成无水乙醇	>99.5	99.9	高	小
吸附蒸馏法	吸附和精馏两个过程结合	分子筛吸附与精馏相结合，流程与精馏相似	>95	99.5	低	较小
特殊蒸馏法	MIBE 作夹带剂共沸精馏后，萃取蒸馏	先共沸精馏，再萃取蒸馏	>92	99.8	高	大
加盐萃取蒸馏法	以加盐液作萃取剂进行萃取蒸馏，消除体系的恒沸点	与萃取蒸馏的工艺流程基本相同	>95	99.5	较低	较小
变压吸附法	升压吸附、降压吸附交替使用脱水	发酵液先经提馏塔分出固体残液，提馏液进入精馏塔精馏，精馏液经变压吸附塔制得乙醇	>94	99.9	较高	较大
超临界液体萃取法	超临界液体萃取与吸附相结合	以高压超临界的液体为溶剂萃取所需组分，采用恒压升温、恒温降压和吸附等手段将溶剂与所萃取的组分分离	>95	99.8	高	大

6.3.2　生物柴油制备技术

生物柴油的主要成分是脂肪酸甲酯（FAME），性能与石化柴油相近。动物和植物的油脂与甲醇或乙醇经过酯交换反应得到长链脂肪酸甲（乙）酯就是生物柴油。生物柴油的主要原料是天然植物油，例如大豆、油菜籽、油棕榈及餐饮废油都是生物柴油的原料。

6.3.2.1　生物柴油的性能

生物柴油与石化柴油的指标比较显示，生物柴油的黏度、闪点、含氧量、毒性和尾气含硫量等均优于石化柴油。表 6-9 是生物柴油和石化柴油的品质指标比较。

表 6-9　生物柴油和石化柴油的品质指标比较

指标名称	生物柴油	石化柴油
夏季产品/℃	−10	0
冬季产品/℃	−20	−20
20℃的密度/(g/mL)	0.88	0.83
40℃动力黏度/(mm^2/s)	4～6	2～4
闪点/℃	>100	60
可燃性（十六烷值）	最小 56	最小 49
热值/(MJ/L)	32	35
燃烧功效/%	104	100
硫质量分数/%	<0.001	<0.2
氧质量分数/%	10	21
燃烧 1kg 燃料按化学计算法的最小空气耗量/kg	12.5	14.5
水危害等级	1	2
三星期后的生物分解率/%	98	70

生物柴油比石化柴油具有相对较高的运动黏度，导致生物柴油在不影响燃油雾化的情况下，更容易在汽缸内壁形成一层油膜，从而提高运动机件的润滑性，降低机件磨损；生物柴油的闪点较石化柴油高，有利于安全运输和储存；生物柴油的十六烷值较高，抗爆性能优于石化柴油；生物柴油含氧量高于石化柴油，燃烧和点火性能优于石化柴油；生物柴油无毒性，可用作公交车、卡车、海洋运输、水域动力设备、地底矿业设备及燃油发电厂等非道路用柴油机的替代燃料；生物柴油既可作为添加剂促进燃烧，本身又可作燃料，具有双重效果；生物柴油尾气中有毒有机物仅为石化柴油的 1/10，颗粒物为石化柴油的 20%，CO_2 和 CO 排放量仅为石化柴油的 10%，混合生物柴油可将排放含硫物浓度从 500mg/kg 降低到 5mg/kg。

6.3.2.2 生物柴油的制备

生物柴油的制备主要有六种技术，包括直接混合法、微乳液法、高温热裂解法、酯交换法、酶催化法和超临界流体技术。生物柴油生产流程见图 6-18。

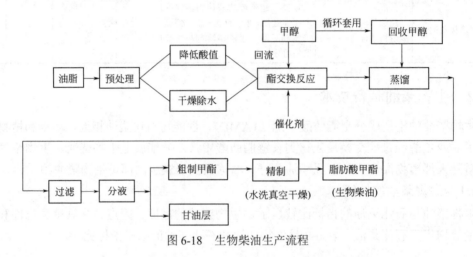

图 6-18 生物柴油生产流程

（1）直接混合法

直接混合法是初期的技术。将脱胶的大豆油与 2 号柴油分别以 1∶1 和 1∶2 的比例混合，直接在喷射涡轮发动机上进行 600h 的试验，当两种油品以 1∶1 混合时，会出现润滑油变浑以及凝胶化现象，而 1∶2 的比例不会出现该现象，可以作为农用机械的替代燃料。红花油与柴油的混合物不能长期使用。

（2）微乳液法

微乳状液是由两种不互溶的液体与离子或非离子的两性分子混合而形成的直径在 1～150nm 的胶质平衡体系，是一种透明的、热力学性质稳定的胶体分散系。以表面活性剂（主要成分为豆油皂质、十二烷基磺酸钠及脂肪酸乙醇胺）、助表面活性剂（成分为乙基、丙基和异戊基醇）、水、炼制柴油和大豆油为原料，用微乳液法制备的微乳状液体系，性质与石油柴油接近。

（3）高温热裂解法

高温热裂解的大豆油其烷烃和烯烃的含量占总质量的 60%，黏度约为普通大豆油的 1/3，十六烷值和热值与普通柴油相近。热裂解椰油和棕榈油是以 SiO_2/Al_2O_3 为催化剂，温度控制在 450℃，裂解产物分为气、液、固三相，其中液相的成分为生物汽油和生物柴油，其性质与普通柴油（石化柴油）非常相近。

（4）酯交换法

酯交换法生产生物柴油是用动、植物油脂和甲醇或乙醇在酸性或碱性催化剂及一定温度下进行酯交换反应，生成相应的脂肪酸甲酯或乙酯；产物经洗涤、干燥后，得生物柴油，副产品是甘油。在油脂进行酯交换时，要严格控制油脂中的杂质、水分和酸值。

（5）酶催化法

在生物柴油的生产中，脂肪酶是一种适宜的生物催化剂，能够催化甘油三酯与短链醇发生酯化反应，生成相应的脂肪酸酯。用于催化合成生物柴油的脂肪酶主要有酵母脂肪酶、根霉脂肪酶、毛霉脂肪酶和猪胰脂肪酶等。

（6）超临界流体技术

超临界反应就是在超临界流体参与下的化学反应。在反应中超临界流体既可以作反应介质，也可以直接参加反应。由于超临界流体在密度、黏度、溶解度及其他方面具有独特的性质，其在化学反应中表现出很多优异性能，如溶质溶解度大、反应物间接触容易及扩散速度快等。在反应过程中可以通过改变操作条件来调节超临界流体的物理性质，如密度、黏度、扩散系数、介电常数和反应速率常数等，以进一步影响反应混合物在超临界流体中的传质、溶解度及反应动力学等性质，从而改善反应的产率、选择性及反应速率。

用植物油与超临界甲醇反应制备生物柴油的原理与化学法相同，都是基于酯交换反应。在超临界状态下，甲醇和油脂为均相，均相反应的速率常数较大，故反应时间缩短，反应过程中不用催化剂，反应后续分离工艺简单，不排放废碱液，其生产成本与化学法相比大幅度降低。

6.3.3　生物质制氢技术

氢是 21 世纪的清洁能源。本节介绍生物质气化制氢、生物质热裂解制氢、生物质超临界转换制氢和生物质热解重整制氢等技术。

6.3.3.1　生物质气化制氢工艺

生物质气化制氢技术路线有如下优点：工艺流程和设备比较简单，在煤化工中有较多工程经验可以借鉴；充分利用部分氧化产生的热量，使生物质裂解并分解产生一定量的水蒸气，能源转换效率较高；有广泛的原料适应性；适合于大规模连续生产。

（1）气化制氢过程机理

生物质气化是将生物质在气化介质（如空气、纯氧、蒸汽或这三者混合物）中加热至700℃以上，将生物质分解为合成气（生物质气化与煤气化原理相似）。气化过程可以分成两个主要的反应阶段，即热解和焦炭气化。

热解是固体燃料在初始阶段的热分解，它在几秒内完成，高温下甚至更短。可用下列方程式表示：

$$生物质 \longrightarrow 焦油 + CO + CO_2 + H_2O + 半木炭 + CH_4 + C_mH_n + 焦木酸$$

$$焦油（裂解）\longrightarrow 木炭 + H_2 + CH_4$$

$$半木炭 \longrightarrow 木炭 + H_2 + CH_4$$

焦炭气化是指固体焦炭、热解焦油和热解气的部分氧化，通常热解的速率大于气化速率，所以后者是速率控制步骤。

生物质催化气化制氢所得产品气中主要成分有 H_2、CO 和少量 CO_2，然后再借助水-气转化反应产生更多的 H_2，最后分离提纯。由于生物质气化产生较多的焦油，许多研究人员在气化后采用催化裂解的方法来降低焦油含量并提高燃气中氢的含量。

（2）气化制氢的工艺流程

气化过程中经常使用的气化剂为空气（O_2）、蒸汽或氧气和蒸汽的混合气。采用不同的气化介质将影响燃料气体的组成及焦油含量。使用空气作气化剂时，由于燃气中含有大量的氮，增加了 H_2 提纯的难度，同时得到的合成气热值低，约为 $4 \sim 7MJ/m^3$（标准状况）；使用氧气和蒸汽的混合气作为气化剂时得到的合成气热值较高，可达 $10 \sim 18MJ/m^3$（标准状况）。大量的实验表明，蒸汽更有利于富氢气体的产生。生物质气化制氢的工艺流程如图 6-19 所示。

图 6-19　生物质气化制氢的工艺流程

（3）气化反应器

生物质气化制氢的反应器一般采用循环流化床或鼓泡流化床（图 6-20）。

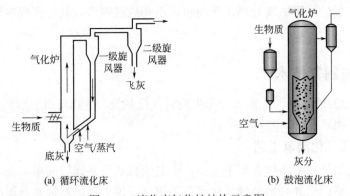

(a) 循环流化床　　(b) 鼓泡流化床

图 6-20　流化床气化炉结构示意图

流化床气化炉具有气-固接触、混合均匀和转换率高的特点，是唯一在恒温床上进行反应的气化炉。反应温度为 $750 \sim 850℃$，原料要求相当小的颗粒。气化反应在流化床内进行，产生的焦油也可在流化床内裂解。流化介质一般选用惰性材料（如沙子），由于灰渣的热性质易发生床结渣而丧失流化床功能，因此要控制好运行温度。

循环流化床的流化速度较高，能使产出气体中夹带大量固体，因此在气体出口处设有气固分离器（旋风分离器），可将携带出来的炭粒和惰性材料颗粒分离出来，返回气化炉再次参加反应，有利于提高炭的转化率。流化床工艺得到的生物质燃气热值高，可达 $12MJ/m^3$（标准状况），气化效率达到 63% 左右。但是这一工艺设备复杂，操作不易掌握。

（4）生物质气化制氢的新流程

生物质气化技术制氢目前处于研发阶段，下面介绍目前世界范围内的生物质气化新流程。

① FERCO SilvaGas 流程 图 6-21 所示为 FERCO SilvaGas 流程示意图。该流程特点在于包括两个反应器，即气化反应器（间接加热，将生物质在 850～1000℃条件下转化为中热值气体和木炭）和燃烧反应器（木炭燃烧供给气化反应所需热量）。二反应器间通过循环的沙粒实现热传递。实验数据如下：当蒸汽与生物质（木屑）比例为 0.45 时，产物气成分为 H_2 21.22%、CO 43.17%、CO_2 13.46%、CH_4 15.83%、H_2O 5.47%。产物气燃烧热值（HHV）为 17.75MJ/m³（标准状况）。

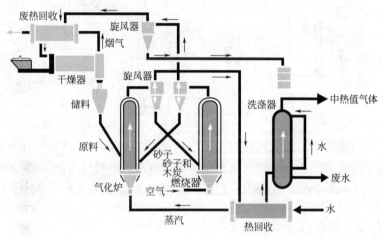

图 6-21 FERCO SilvaGas 流程示意图

② RENUGAS 流程 主要设备为鼓泡流化床，主要原料为甘蔗渣。操作压力为 2.24MPa，温度为 850℃时，产物气成分为 H_2 19%、CO 26%、CO_2 37%、CH_4 17%、H_2O 1%。产物气燃烧热值（HHV）为 13MJ/m³（标准状况）。流程图如图 6-22 所示。

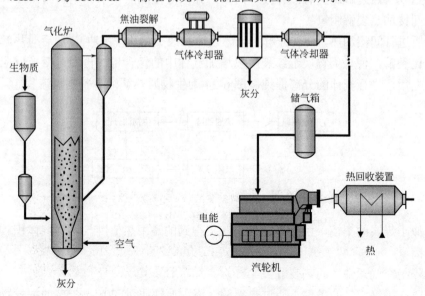

图 6-22 RENUGAS 流程示意图

③ FICFB 流程 主要设备为 FICFB 气化反应器，该反应器包括两部分——气化带和燃烧带，通过惰性材料实现二者间的热传递，同时燃烧带产生的烟气可以与气化带产生的产物气分离。FICFB 流程如图 6-23 所示。

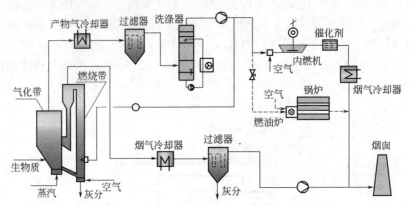

图 6-23 FICFB 制氢流程

生物质原料与蒸汽一起加入气化带中，加热至 850～900℃。产物气几乎不含氮。该流程的产物气属于富含氢气的中热值气体，无需提供纯氧。产物气成分为 H_2 30%～45%、CO 20%～30%、CO_2 15%～25%、CH_4 8%～12%、N_2 1%～5%、沥青 0.5～1.5g/m³（标准状况）、颗粒物 10～20g/m³（标准状况）。

6.3.3.2 生物质热裂解制氢工艺

热裂解制氢技术是以生物质原料自身能量平衡为基础，不需要提供额外的热量，有宽广的原料适应性。同时，生物质热裂解制氢工艺流程中不加入空气，可以避免氮气对气体的稀释，提高气体的能流密度，气体分离容易进行；生物质实现常压热解和二次裂解，工艺简单；生物质热裂解制氢有多种技术，本节介绍间接加热技术和绝热加热技术。

（1）间接加热裂解制氢

生物质进行间接加热，使其分解为可燃气体和烃类物质（焦油）；然后对热解产物进行第二次催化裂解，使烃类物质继续裂解以增加气体中的氢含量；再经过变换反应，产生更多的氢气之后，进行气体的分离提纯。图 6-24 为生物质热解油重整制氢流程。

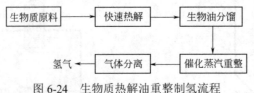

图 6-24 生物质热解油重整制氢流程

这类似于煤炭的干馏，由于不加入空气，得到的是中热值燃气，燃气体积较小，有利于气体分离。

（2）隔绝空气条件下的热裂解

生物质在隔绝空气的条件下通过热裂解，将占原料质量 70%～75%的挥发物质转变为气态产物，将残炭移出系统后，再对热解产物进行二次高催化裂解；在催化剂和蒸汽的作用下，分子量较大的重烃（焦油）裂解为 H_2、CH_4 和其他轻烃；对二次裂解后的气体进行催化重整，将其中的 CO 和 CH_4 转换为 H_2，产生富氢气体；采用变压吸附或膜分离技术得到纯 H_2。图 6-25 是生物质热裂解反应器结构示意图。

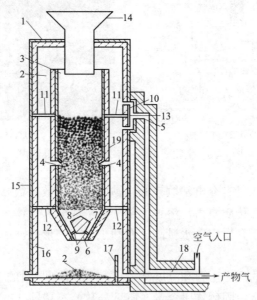

图 6-25 生物质热裂解反应器结构示意图

1—反应器；2—下吸式反应室；3～5—空气入口；6—气体出口；7—红外辐射收集器；8—屏栅；
9—载体；10—导管；11，12—隔板；13—空气分布阀门；14—布料器；15—外套；
16—红外辐射防护层；17—凸缘；18—热交换器；19—木炭床

由于安装了红外辐射防护层，同时红外辐射收集器又将收集到的红外线反射回去，可大大降低热裂解过程中的热量损失，使裂解能够保持在较高温度（800～1000℃）下进行。进入反应室前原料（树皮屑和锯屑）与空气相遇，此时温度为 300～800℃，取决于供气速率；反应室（尤其是气体入口）下部的木炭温度可达 1000～1200℃。

产物气成分为：H_2 17.6%、CO_2 11.0%、CO 21.6%、CH_4 2.5%、H_2O 1.7%，其余为 N_2。燃烧热值为 $5.14 \times 10^6 J/m^3$（138Btu/ft^3）。

生物质热裂解制氢流程的产物气成分（摩尔分数）为 H_2 35.2%、CH_4 2.9%、N_2 30.9%、Ar 0.4%、CO 7.7%、CO_2 20.6%、H_2O 2.4%。经过 PSA（变压吸附）装置后 H_2 回收率达 70%，产量 10.19kg H_2/h（261.83 kg H_2/d）。使用该反应器热裂解生物质，产物中基本没有木炭和焦油存在。

6.3.3.3 生物质超临界转换制氢工艺

超临界转换制氢是将生物质原料与一定比例的水混合后，置于压力为 22～35MPa、温度为 450～650℃的超临界条件下反应，生产氢含量较高的气体和残炭。图 6-26 是生物质超临界水部分氧化的制氢流程示意图（a）和实验实体图（b）。

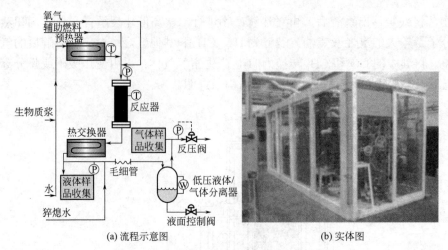

(a) 流程示意图   (b) 实体图

图 6-26　生物质超临界水部分氧化制氢流程

在超临界状态下，水具有介电常数较低、黏度小和扩散系数高的特点，因而具有很好的扩散传递性能，可降低传质阻力，溶解大部分有机成分和气体，使反应成为均相，加速了反应进程。同时，由于介质中含水量高，有利于氢气的形成，还可略去气化法中的干燥过程。

超临界水气化制氢的反应压力和温度都较高，对设备和材料的工艺条件要求比较苛刻。其具体参数为：生物质浆中固体物质含量（质量分数）不超过 12%；预热温度低于 260℃（防止生成炭）；反应器容积 10L；停留时间 65～70s；压力 23.46MPa；温度 650～800℃。

6.3.4　沼气发酵技术

有机固体废物通过厌氧微生物的生物化学反应生成甲烷等可燃气体。因在自然界的沼泽底泥中发生而得名沼气。沼气工程技术具有消除污染、产生能源和综合利用等多种功能。在大中城市的大型养殖场应用沼气利用技术，既可解决养殖场的污染问题，也可获得较为可观的经济效益，获得经济和环境的双重效益。

6.3.4.1　沼气发酵机理

有机物在隔绝空气，保持一定的水分、温度和酸度等条件下，经过微生物的分解作用而产生沼气。细菌分解有机物的过程，大体分为两个阶段：第一阶段是将复杂的高分子有机物转化为低分子的有机物，如乙酸、丙酸、丁酸等；第二阶段是将第一阶段的产物转化为甲烷和二氧化碳，其反应可用下式表示：

$$（C_6H_{10}O_5）_n + nH_2O \xrightarrow{\text{甲烷菌作用}} 3nCO_2\uparrow + 3nCH_4\uparrow + \text{热量}$$

在上述过程中，发酵分解是多种细菌共同作用的结果。在第一阶段主要是分解蛋白质、脂肪和碳水化合物的各种细菌起作用。这些细菌一般称为产酸细菌，这个阶段称为酸性发酵期。第二阶段主要是甲烷杆菌、甲烷球菌和甲烷八叠球菌等起作用，称为碱性发酵期。甲烷的产生有以下几种化学反应。

① 由脂肪酸形成甲烷：$CH_3COOH \longrightarrow CH_4 + CO_2$

$$2CH_3CH_2CH_2COOH+2H_2O \longrightarrow 2CH_3COOH+3CH_4+CO_2$$

$$2CH_3CH_2CH_2COOH+CO_2+2H_2O \longrightarrow 4CH_3COOH+CH_4$$

② 由乙醇形成甲烷：$2CH_3CH_2OH+CO_2 \longrightarrow 2CH_3COOH+CH_4$

③ 由二氧化碳还原形成甲烷：$CO_2+4H_2 \longrightarrow CH_4+2H_2O$

为了使发酵过程持续进行，必须提供和保持各种微生物所需的生活条件：严格的厌氧环境；充足和适宜的发酵原料（碳氮之比约为 25∶1）；适宜的干物料浓度（干物料应占 7%～9%，夏季应含水稍多，冬季含水略少）；适宜的 pH 值（一般为 7.2～7.6）。

6.3.4.2　沼气发酵技术

沼气发酵技术包括原料的预处理、接种物的选取和富集、反应器（沼气池、厌氧发酵装置的统称）结构的设计、工程启动和日常运行管理等一系列技术措施。用于沼气发酵的有机物种类很多，温度差别大，进料方式不同，这导致沼气发酵工艺类型较多。

① 按发酵温度区分　常温发酵（自然温度发酵）；中温发酵——发酵温度维持在 30～35℃左右，中温发酵中微生物比较活跃，有机物降解较快，产气率较高，适于温暖的废水废物处理；高温发酵——发酵温度维持在 45～55℃左右，该温度下沼气微生物特别活跃，有机物分解消化快，产气率高，停留时间短，适于处理高温的废水废物。

② 按进料方式区分　连续发酵工艺——连续定量地添加新料液、排出旧料液，以维持稳定的发酵条件及产气率，适于处理来源稳定的工业废水和城市污水等；半连续发酵工艺——定期添加新料液，同时排出旧料液，间歇补充原料，以维持比较稳定的产气率；批量发酵工艺——成批投入发酵原料，运转期间不投入新料，待发酵周期结束后出料，再投入新料发酵，适用于城市垃圾坑填式沼气发酵。

6.3.4.3　沼气发酵的工艺与设备

沼气工程的规模主要按发酵装置的容积大小和日产气量的多少来划分（见表 6-10）。

表 6-10　沼气工程规模的划分

规模	单位容积/m³	单位容积之和/m³	日产气量/m³
小型	<50	<50	<50
中型	50～500	50～1000	50～1000
大型	>500	>1000	>1000

本节主要介绍大中型沼气工程。

（1）大中型沼气工程的工艺流程

大中型沼气工程工艺流程可分为三个阶段，包括预处理阶段、中间阶段和后处理阶段。由于原料和运行工艺不同，每个阶段所需要的构筑物和选用的通用设备各有不同。

料液进入消化器之前为原料的预处理阶段，主要是除去原料中的杂物和砂粒，并调节料液的浓度。如果是中温发酵，还需要对料液升温。原料经过预处理使之满足发酵条件要求，减少消化器内的浮渣和沉砂。料液进入消化器进行厌氧发酵，消化掉有机物生产沼气为中间阶段。从消化器排出的消化液要经过沉淀或固液分离，以便对沼渣进行综合利用，此为后处理阶段。

① 前处理　预处理阶段需要选用适宜的格栅及除杂物的分离设施。杂物分离设施可选

用斜板振动筛或振动挤压分离机等。固液分离是把原料中的杂物或大颗粒的固体分离出来，以便使原料废水适应潜水污水泵和消化器的运行要求。例如，淀粉厂的废水前处理设施可选用真空过滤机、压力过滤机、离心脱水机和水力筛网等设施；酒精厂废水的前处理可选用真空吸滤机、板框压滤机、锥篮分离机和卧式螺旋离心分离机。

② 核心处理装置——消化器　微生物的生长繁殖、有机物的分解转化和沼气的生产都在消化器中进行，因此消化器的结构和运行情况是沼气工程设计的重点。消化器设计的注意事项包括：应最大限度地满足沼气微生物的生活条件，使消化器内能保留大量的微生物；应具有最小表面积以利于保温，使其散热损失量最少；要使用很少的搅拌动力，可使新进的料液与消化器内的污泥混合均匀；易于破除浮渣，方便去除器底沉积污泥；要实现标准化、系列化生产；能适应多种原料发酵，且滞留期短；应设有超正压和超负压的安全措施。

③ 后处理　后处理包括出料的后处理、沼气的净化和储存等。后处理的方式有多种，可直接作为肥料，也可将出料先进行固液分离，固体残渣用作肥料，清液经曝气池等氧化处理后排放。沼气发酵时会有水分蒸发进入沼气，水的冷凝会造成管路堵塞，沼气中还有一定量的 H_2S 气体，H_2S 的腐蚀性极强且对人体有害，必须除去沼气中的 H_2O 及 H_2S。

（2）厌氧消化器类型与性能

目前常见的厌氧消化器可分为常规型、污泥滞留型和附着膜型三类。常规消化器内由于没有足够的微生物，且固体物质得不到充分消化，因而效率较低；新型污泥滞留型和附着膜型消化器最大的特点是在消化器内滞留了大量的厌氧活性污泥，这些活性污泥在运转过程中会逐步形成颗粒状，使其具有极好的沉降性能和较高的生物活性，大大提高了消化器的负荷和产气率。这里主要加以介绍。

① 接触式厌氧消化器　通过微生物在惰性填料的巨大表面积上形成生物膜的方法来保证微生物的滞留时间。接触式厌氧过滤器如图 6-27 所示。接触式厌氧工艺（见图 6-28）可以增加微生物和废水之间的接触反应，从根本上解决控制污泥停留时间这一问题，再加上污泥沉淀和回流循环装置，在罐内保持较高的微生物浓度，从而提高发酵效率。

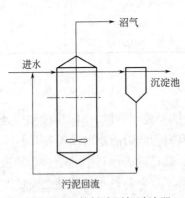

图 6-27　接触式厌氧过滤器

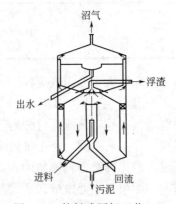

图 6-28　接触式厌氧工艺

填料一般采用卵石、炉渣、瓷环和塑料等。废水从过滤器底部进入，均匀上流与附着在填料上的微生物接触，达到净化废水的目的，负荷率高的可达 $15kg/(m^3 \cdot d)$。在处理屠宰、合脂酸、豆制品和酒精废液等废水方面已取得成功。厌氧过滤器广泛地被用来处理多种高浓度的有机污水，如用于处理 COD 高达 $7×10^4$mg/L 的糖蜜酒厂废水；处理 COD 浓度 2000mg/L 的屠宰废水，也用来处理城市下水道污水。

厌氧消化器属于上流式，其特点是料液从过滤器下部进入，由下向上升流经过生物床，料液被沼气微生物消化，微生物牢固地附着在填料表面形成生物膜，克服了一般厌氧消化器沼气微生物易流失的缺点。

厌氧过滤器有弱点，由于填料的存在，废水中悬浮物稍多，容易出现从进水到出水料液在消化器内的短路和堵塞现象。解决的办法是设计异形填料，其材料是特殊的塑料，以解决运转中短路和堵塞的问题。

② 纤维填料生物膜消化器　纤维填料固定床生物膜消化器如图 6-29 所示。

填料采用维纶。维纶是具有较好耐腐蚀性能的理想填料，在一般有机溶剂内均不溶解。维纶的特点是孔隙率大、理论比表面积大且不易堵塞。纤维填料生物膜的工艺原理是固定床中的纤维丝均匀地分布在液相空间，形成微生物的附着载体，微生物呈立体网状结构附着在纤维上。废水从生物膜处流过，被分解消化，同时实现自身的生长。生物膜的表面积大，有极强的消化能力。

③ 上流式厌氧污泥床消化器（UASB）　UASB 消化器能维持很高的生物量（污泥 VSS 浓度可达 50～100g/L，VSS 为挥发性悬浮物），一般污泥龄（微生物代谢更新间隔时间）在 30d 以上，处理废水的能力高。中温发酵进水容积 COD 负荷率可达 10～15kg/(m^3·d)。使用 UASB 在处理酒精废醪液、屠宰废水、啤酒废水和淀粉废水等方面都获得成功。 UASB 消化器结构如图 6-30 所示。

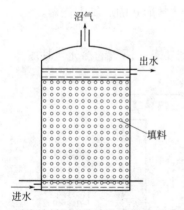

图 6-29　纤维填料固定床生物膜消化器示意图

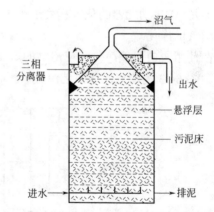

图 6-30　上流式厌氧污泥床消化器结构

④ UBF 型消化器　UBF 型消化器是 UASB 和 AF（升流式厌氧生物滤池）结合型消化器。消化器底部为 UASB，上端为 AF，装有软性填料，消化器的结构如图 6-31 所示。

在 UASB 消化器的基础上，在消化器内一定部位安装了有过滤器作用的填料，其目的是要最大限度地保留沼气微生物在消化器内的数量，使其充分发挥作用。当 UASB 消化器内的污泥还未结成粒状污泥时，污泥容易流失，特别是启动时更是这样，需要经常回流污泥。为了尽量减少污泥流失，可利用厌氧过滤器中填料阻隔污泥的流失。填料可装在三相分离器的下面或上面。

⑤ ABR 消化器　在消化器内设置垂直放置的折流板，料液在消化器内沿折流板上下折流运动，依次流过每个格腔内的污泥床直至出口，在此过程料液中有机物质与厌氧活性污泥充分接触从而被消化去除。ABR 消化器如图 6-32 所示。

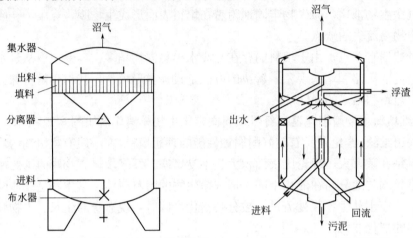

图 6-31　上流式污泥床与厌氧过滤器消化器　　　图 6-32　ABR 消化器

ABR 消化器有多种形式，这种消化器兼有厌氧接触、厌氧过滤和 UASB 3 种消化器的特点。ABR 消化器的结构已做了多种改进，最终目的是延长厌氧活性污泥的停留时间，促使进水分布均匀，使泥水混合良好。

料液流经 ABR 消化器需要经过多次上下折流，虽然在每一个转角处必然存在一定程度的死区，但是 ABR 消化器的死区程度远小于其他结构形式的厌氧消化器。

（3）沼气的净化

沼气在使用之前必须净化，使沼气的质量达到要求。沼气的净化包括脱水、脱硫及脱二氧化碳。图 6-33 为沼气净化工艺流程。

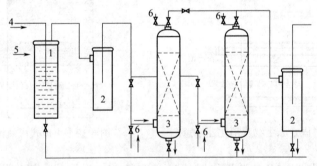

图 6-33　沼气净化工艺流程

1—水封；2—气水分离器；3—脱氧塔；4—沼气入口；5—自来水入口；6—再生通气放散阀

① 沼气的脱水　沼气的脱水主要采用两种方法：一是采用气水分离器将沼气中的部分水蒸气脱出；二是在输送沼气管路的最低点设置凝水器脱水。

② 沼气脱 SO_2 气体　沼气中含有一定量的 SO_2 气体。SO_2 有危害，例如沼气中有过量

空气存在时，燃烧时会生成 SO_3；在有水蒸气的环境中，SO_2 会生成硫酸 H_2SO_4，具有强烈腐蚀性；SO_2 接触到金属（特别是有色金属）就要发生腐蚀，例如沼气发动机的轴承被腐蚀，会加快发动机磨损。

③ 脱硫工艺　沼气中的 SO_2 气体处理结果需达到国家标准的要求，采用氧化铁法脱硫。

通常采用干法脱硫工艺，有氧化铁法和活性炭法。氧化铁法脱硫是以氧化铁为基本的脱硫剂，其反应式为：

脱硫　　　　　　　　　　$Fe_2O_3 + 3H_2S \longrightarrow Fe_2S_3 + 3H_2O$

再生　　　　　　　　　　$2Fe_2S_3 + 3O_2 \longrightarrow 2Fe_2O_3 + 6S$

氧化铁的 $\alpha\text{-}Fe_2O_3 \cdot H_2O$ 和 $\beta\text{-}Fe_2O_3 \cdot H_2O$ 这两种形态可作为脱硫剂。氧化铁吸收硫化氢的反应速率视其与氧化铁表面的接触程度而变化，要求脱硫剂的孔隙率应不小于 50%。

氧化铁法脱硫时，沼气中的 H_2S 在固体氧化铁 $Fe_2O_3 \cdot H_2O$ 的表面进行反应。沼气在脱硫器内的流速越小，接触时间越长，反应进行得越充分，脱硫效果也就越好。对于失去活性的脱硫剂要进行再生处理。氧化铁法脱硫剂装置多为塔式，如图 6-34 所示。

（4）沼气储存

对于大中型沼气工程，由于厌氧消化装置工作状态的波动及进料量和浓度的变化，沼气的产量波动较大。同时，沼气的生产是连续的而沼气的使用是间歇的，因而必须采用储气方法解决。沼气储存多采用低压湿式储气柜，少数用低压干式储气柜或橡胶储气袋。图 6-35 为沼气储存柜。

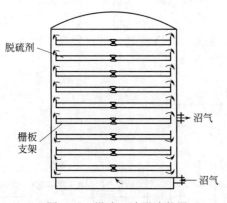

图 6-34　塔式干法脱硫装置

图 6-35　沼气储存柜

6.3.4.4　沼气发酵残留物的综合利用

沼气发酵残留物可用于发展绿色农业和无公害食品工业。沼气发酵的残留物可作为饲料，例如用于养猪和养鱼，既节约饲料又提高产品质量；沼液浸种平均可增产粮食 5%；沼液是一种良好的"广谱性生物农药"，防治作物病虫害，有利于农作物的增产增收，提高作物"三抗"能力；沼肥是一种缓速兼备的高效有机肥，不仅能提高粮食产量，还有利于改良土壤，增强农业生产后劲。

6.3.4.5　沼气的应用

沼气技术在污水、人畜粪便、农作物秸秆和食品废物的处理与堆肥制造等方面广泛应用。沼气产业链不断延伸，沼气能源的应用由生活用能、沼气发电拓宽到车载燃料和生物天然气等领域。沼气燃料电池是一种新型的清洁、高效的发电装置，具有效率高、能量利用率高、振动和噪声小的特性，同时氮氧化物和硫化物排放浓度很低。

6.4 生物质发电技术

生物质发电是利用生物质能进行发电。生物质发电分为农林生物质发电、垃圾焚烧发电和沼气发电。农林生物质发电根据发电技术又可分为直接燃烧发电和混合燃烧发电。本节主要介绍垃圾焚烧发电、沼气发电和生物质气化气发电。三种发电技术的结构分布见图 6-36，截至 2021 年，垃圾发电在结构中占 66.2%，处于领先地位.

图 6-36　三种发电技术的结构分布图

6.4.1 垃圾发电技术

在"碳达峰、碳中和"和垃圾分类的双重背景下，垃圾焚烧发电将成为垃圾处理最重要的方式。垃圾焚烧发电有三条优势：实现垃圾减量化；避免填埋产生填埋气而形成温室气体；通过焚烧生物质实现热-电联产。垃圾焚烧技术是利用垃圾中的可燃组分燃烧，进行垃圾减容的成熟技术。垃圾焚烧发电的工艺流程主要由垃圾储存、垃圾焚烧、余热发电、烟气处理、废水处理和飞灰处理六大部分组成。图 6-37 是垃圾焚烧处理工艺流程。

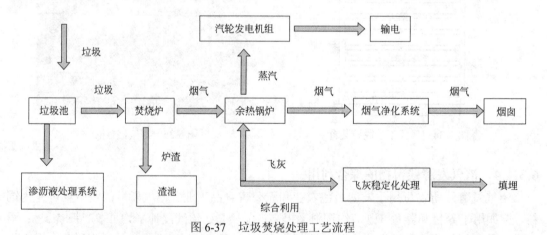

图 6-37　垃圾焚烧处理工艺流程

6.4.1.1 垃圾分类处理

垃圾是人类日常生活和生产中产生的固体废弃物。垃圾排出量大、成分复杂，具有污染性、资源性和社会性，需要进行无害化和减量化处理，也需要资源化利用。垃圾发电实现了上述目标。各种垃圾收集后需要进行分类处理。

① 对燃烧值较高的进行高温焚烧（可以消灭病原性生物和腐蚀性有机物），通过高温焚烧产生的热能转化为高温蒸气，推动涡轮机转动发电机发电。

② 对不能燃烧的有机物进行发酵→厌氧处理→干燥脱硫→生产沼气→燃烧沼气→产生蒸气→推动涡轮机转动→带动发电机发电。

6.4.1.2　垃圾焚烧

垃圾处理是循环经济的重要组成部分，垃圾焚烧是通过适当的热分解、燃烧和熔融等反应，使垃圾经过高温氧化反应得到减容和资源回收利用。垃圾焚烧系统包括：垃圾焚烧→余热利用→烟气净化和排放→灰渣处理或利用→污水处理或回用。

6.4.1.3　垃圾焚烧设备

目前，应用普遍的垃圾焚烧炉共有四类，包括循环流化床焚烧炉、机械炉排焚烧炉、热解焚烧炉和回转窑式焚烧炉。

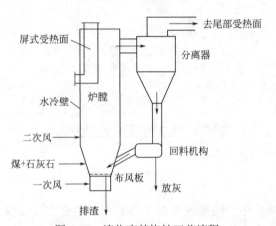

图 6-38　流化床焚烧炉工艺流程

（1）循环流化床焚烧炉

循环流化床燃烧继承了一般流化床燃烧固有的对燃料适应性强的优点，同时提高了流化速度、增加了物料循环回路。循环流化床燃烧过程中，物料被烟气带到炉膛上部燃烧，再经过内、外循环的多个途径返回炉膛下部，可以增强炉膛上下部之间的物料交换，实现整个炉膛处于均匀的高温燃烧状态。同时确保烟气在高温区的有效停留时间，保证垃圾各组分能够充分燃尽，有毒有害物质也实现彻底被分解和破坏。流化床焚烧炉工艺流程见图 6-38。

① 操作　在炉内铺设一定厚度和一定粒度范围的石英砂或炉渣，通过底部布风板鼓入空气，可将砂粒吹起、翻腾和浮动，实现流化床内气-固强烈混合。

② 特点　循环流化床具有传质速率高、单位面积处理能力大及着火条件好等优势。要求待处理固体燃料的性质是密度和尺寸均匀、含水率低、热值可较低、发电效率较高。

（2）机械炉排焚烧炉

机械炉排焚烧炉由两部分组成：核心设备是机械焚烧炉主体，辅助系统包括原料贮存系统、加料系统、送风系统、灰渣处理系统、废水处理系统、尾气处理系统和余热回收系统等。炉排的材质要求和加工精度要求高，要求炉排与炉排之间的接触面相当光滑、排与排之间的间隙相当小。图 6-39 是机械炉排焚烧炉工艺示意图。

① 操作　垃圾通过进料斗进入倾斜向下的炉排（炉排分为干燥区、燃烧区、燃尽区）。通过炉排之间的交错运动，将垃圾向下方推动并依次通过炉排上的各个区域，直至燃尽排出炉膛。燃烧空气从炉排下部进入后与垃圾混合，高温烟气通过锅炉的受热面产生热蒸汽，同时烟气也得到冷却，最后烟气经烟气处理装置处理后排出。

② 特点　垃圾被堆放在炉排上，焚烧火焰从垃圾堆表面层向内层传播，形成一层一层

的燃烧过程。机械炉排焚烧炉进料口宽，适合范围广，可全部焚烧生活垃圾；依靠炉排的机械运动，促进垃圾完全燃烧；单台炉处理量大，设备年运行时间可达 8000h 以上。但机械炉排焚烧炉的机械结构相对复杂，维护量较大。

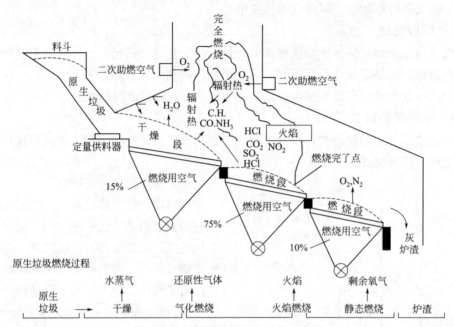

图 6-39　机械炉排焚烧炉工艺示意图

（3）热解焚烧炉

热解焚烧炉是分级燃烧方式。垃圾在热解炉中的还原性气氛中热解为可燃烧性气体和以碳为主的固体残渣；可燃性气体进入焚烧炉完全燃烧，残渣熔融后排出。通过控制空气量控制炉膛燃烧工况，可实现焚尽效果。热解焚烧炉可以处理医疗废物、固态垃圾和电子拆解垃圾，但对半固态的残渣不够理想。图 6-40 是热解焚烧炉的示意图。

① 操作　经发酵处理的垃圾经双辊加料装置送至一燃室进行热解气化，余热利用（发电或热利用）；经余热利用后的烟气经过脱酸塔除去酸性气体，再用活性炭吸附后排放；结焦状残渣经冷却、挤压及破碎成 100mm 以下的块状物排出至一燃室炉底的水封槽内，然后通过湿式出渣系统排出。

② 特点　热解焚烧炉具有技术先进、工艺可靠、操作简便安全（一次性进料和一次性除渣）、烟气含尘量低、运行及维护费用低、使用寿命长和入炉废物不需进行分拣等优点。其缺点是热解过程延长了燃烧时间，热效率较低。

（4）回转窑式焚烧炉

回转窑式焚烧炉是利用旋转对垃圾进行立体搅拌，以保证垃圾充分燃烧，适用于大中型垃圾焚烧厂，每台处理能力为 120～450t/d。回转窑式焚烧炉炉体向下方倾斜，分成干燥、燃烧及燃尽三段，前后两端靠滚轮支撑和电机链轮驱动装置驱动。回转窑式焚烧炉通常在窑尾配备一个二次燃烧室，垃圾在回转窑内分解气化产生可燃气体，其中未燃烧的可燃气体在二次燃烧室内达到完全燃烧。

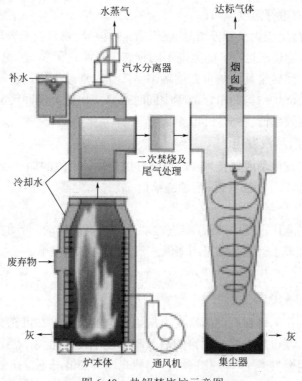

图 6-40　热解焚烧炉示意图

回转窑焚烧炉适用废油等高热值的废物的焚烧，也可将废油等与污泥、废液和固态废物等进行混合焚烧，常用于工业固体废物的焚烧，甚至可用来处理含玻璃、硅类的废物。图 6-41 是回转窑焚烧炉的流程示意图。

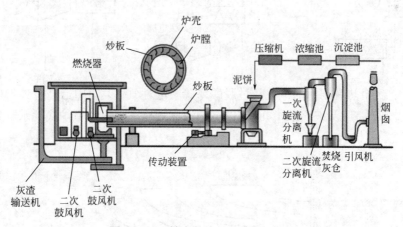

图 6-41　回转窑焚烧炉的流程示意图

① 操作　回转窑焚烧炉包括空气供给系统、回转窑、辅助燃烧系统、二燃室、余热锅炉、烟气净化系统和除渣装置等。回转窑体保持一定斜度与水平线，合理定位于支撑装置。受回转作用影响，各类废物能够均匀掺杂，逐步析出、燃尽。回转窑的适宜温度在 840～

910℃，主要由燃烧器进行温度调节。

② 特点 回转窑焚烧炉具有停留时间长、隔热好及废物料层充分翻动的特点，所以回转窑焚烧炉对固体废物适应性广，能焚烧不同物态（固体、液体、污泥）及形状（粉末、颗粒、块状）的废物；回转窑焚烧炉可在熔融态下工作，连续工作，可通过调节转速来控制停留时间；回转窑焚烧炉结构简单、故障少同时维修费用低。但回转窑焚烧炉占地面积较大、保养费用高和热效率低（35%～40%）。

6.4.1.4 垃圾焚烧后蒸汽发电

蒸汽推动汽轮机发电是成熟技术。垃圾充分燃烧后，产生的烟气经过"SNCR-SCR+半干法（旋转喷雾反应塔）+干法喷射+活性炭喷射+袋式除尘器"的工艺处理，排放指标优于国家标准。

焚烧释放出的热能让水变成蒸汽，蒸汽推动汽轮机高速转动，带动发电机发电后上网。污水经集中处理后排入水管网。多采用凝汽式汽轮发电机组发电。

6.4.2 沼气发电技术

沼气发电是沼气作为燃料驱动沼气发电机组发电的技术，并可充分将发电机组的余热用于沼气生产。沼气发电热电联产项目的热效率与发电设备相关，燃气内燃机发电热效率为 70%～75%，使用燃气透平和余热锅炉，在补充燃气的情况下，热效率可以达到 90%以上。图 6-42 是采用发动机（内燃机）、燃气轮机和锅炉（蒸汽轮机）发电的结构示意图。图 6-43 是采用不同种类动力发电装置的效率图。

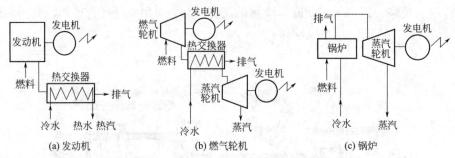

图 6-42 不同发动机发电的结构示意图

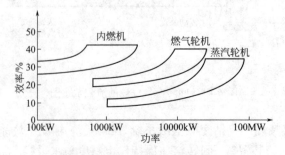

图 6-43 不同动力设备的效率

　　根据沼气发动机的工作特点，在组建沼气发动机发电机组系统时，要着重考虑以下几个方面。

　　（1）沼气进气管路上安装稳压装置

　　沼气作为燃气，应确保进入发动机时的压力稳定，需要在沼气进气管路上安装稳压装置。为了防止进气管回火引起沼气管路发生爆炸，应在沼气供应管路上安置防回火与防爆装置。

　　（2）进气系统

　　在进气总管上，需加装一套沼气-空气混合器，以调节空燃比和混合气进气量，混合器应调节精确和灵敏。

　　（3）发动机

　　沼气的燃烧速度很慢，若发动机内的燃烧过程组织不利，会影响发动机运行寿命，所以对沼气发动机有较高的要求。

　　（4）调速系统

　　沼气发动机的运行场合是和发电机一起以用电设备为负荷进行运转，用电设备的装载、卸载会使沼气发动机负荷产生波动，为了确保发电机正常发电，沼气发动机上的调速系统必不可少。从沼气发动机的经济性能出发，希望沼气发动机多工作在中、高负荷工况下，因为这样发动机的燃气能耗率较低，即发动机在高效率下工作。

　　为了提高沼气能量利用率，可采取余热利用装置，对发动机冷却水和排气中的热量进行利用。采取余热利用装置后，发动机的综合热效率会大幅度提高。

　　图 6-44 是沼气发电流程。

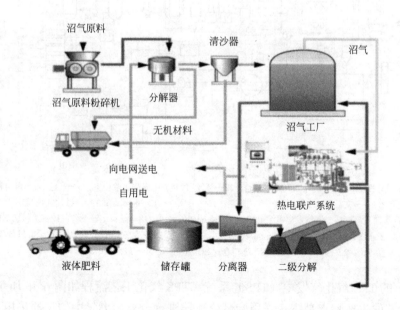

图 6-44　沼气发电流程

6.4.3 气化气发电技术

生物质气化转化为可燃气，经除焦油等净化处理后用来发电，即气化气发电。气化气体经过冷却及净化系统除去灰分、固体颗粒、焦油及冷凝物后，通常采用蒸汽轮机、燃气轮机及内燃机发电。

（1）生物质气化发电方式

生物质气化发电有三种途径：①生物质气化产生燃气作为燃料直接进入燃气锅炉生产蒸汽，再驱动蒸汽轮机发电；②将净化后的燃气送给燃气轮机燃烧发电；③将净化后的燃气送入内燃机直接发电。

在发电和投资规模上，以上三种途径分别对应于大规模、中等规模和小规模的发电企业。生物质气化内燃发电技术具有装机容量小、布置灵活、投资少、技术可靠和经济性好的优势。

（2）气化发电工艺

① 气化燃气-蒸汽整体联合循环发电工程　图 6-45 是中科院广州能源研究所的 4MW 级生物质气化燃气-蒸汽整体联合循环发电工艺流程。工艺采用流化床气化炉，运行中采用下列措施：采用旋风分离器、中温静电除尘以及水洗除尘去除燃气夹带的飞灰；采用木炭焦油裂解催化剂进行焦油裂解，即在裂解炉中加入适量的炭，再配入适量的空气，一方面通过炭与空气反应放热使燃气温度升高至 900℃以上，另一方面利用炭的催化作用，达到高温催化裂解的双重功效；采用燃气-蒸汽整体循环以回收系统的显热损失；通过水洗塔除掉燃气中的少量氮化合物、硫化物、碱金属化合物和少量未完全裂解的焦油。

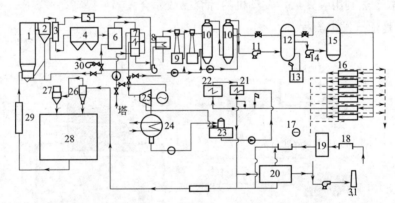

图 6-45　4MW 级生物质气化燃气-蒸汽整体联合循环发电工艺流程

1—流化床气化发生炉；2—旋风分离器；3，7，22—蒸发器；4—中温静电除尘器；5—汽包；6—焦油裂解炉；
8—空预器；9—文丘里除尘器；10—水洗除尘；11—引风机；12—储气罐；13—水封；14—加压风机；
15—加压储气罐；16—燃气发电机组；17—冷却水或加压水泵；18—燃料运输设备；19—燃料切割机；
20—燃料干燥设备；21—省煤器；23—除氧器；24—冷凝器；25—蒸汽发电机组；26—粉尘旋风分离器；
27—袋式除尘器；28—燃料仓；29—加料器；30—鼓风机；31—烟囱

② 瑞典的 TPS 气化气发电（TPS）系统　TPS 气化工艺流程如图 6-46 所示。

TPS 工艺的主要特点是飞灰采用旋风分离器进行分离，燃气中的焦油采用石灰石进行催化裂解，显热可以实现回收。

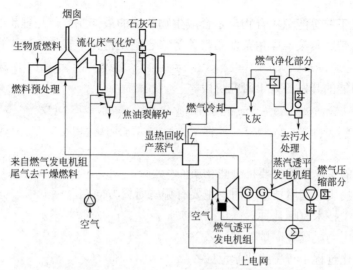

图 6-46 瑞典的 TPS 气化工艺流程

6.4.4 生物质发电技术的发展

我国生物质能资源丰富,发展生物质发电产业的前景非常广阔。

① 年产生物质约 7 亿吨 我国农作物播种面积保持 18 亿亩,每年产生物质约 7 亿吨,这相当于 3.5 亿吨标准煤。

② 农产品加工的废弃物资源 农产品加工的废弃物包括稻壳、玉米芯、花生壳、甘蔗渣和棉籽壳等。

③ 森林生物质资源 我国森林面积约 1.95 亿公顷,每年可获得生物质资源量约 8 亿~10 亿吨。

发展生物质发电,实施煤炭替代,可显著减少二氧化碳和二氧化硫排放,产生巨大的环境效益。据计算,运营 1 台 $2.5×10^4$kW 的生物质发电机组,与同类型火电机组相比,可减少二氧化碳排放约 $1×10^5$t/a。

国家能源局相关数据显示,自 2015 年到 2021 年,我国生物质发电的装机量逐年增加。2021 年我国生物质发电累计装机量为 3798 万千瓦,同比 2020 年增长 28.66%,2021 年我国生物质发电新增装机容量为 808 万千瓦,同比 2020 年增长 48.80%。预计未来,利用生物质再生能源发电已经成为解决能源短缺的重要途径之一。

6.5 海洋生物质能简介

海洋生物质能是海洋中的植物利用光合作用将太阳能转化为化学能贮存起来的能量。据估计,海洋中有机物平均单产为 $50\,gC/(m^2 \cdot a)$ [50 克碳/(平方米·年)],每年有 200 亿吨碳转化为植物。

海洋生物质能的主要来源是海洋藻类,主要有微藻和大型海藻。微藻热解制备的生物质燃油热值高,是木材或农作物秸秆的 1.4~2 倍。将微生物和微藻混合培养,生产高纯度的乙醇、甲醇、丁烷等能源化合物，是合成生物柴油的最佳原料，是理想的可再生能源。大型海藻包括海带、紫菜、鹿角菜及裙带菜等。它们是营养丰富的食物，也是海洋生物质能源的原料。

海洋生物质能的开发还处于研究阶段。

思考题

1. 作为能源的生物质能主要指哪些物质？
2. 目前在生物质能利用技术方面，主要有哪些研究方向？
3. 生物质成型技术有哪几种？
4. 如何提高生物质燃烧锅炉的燃烧效率？
5. 生物质气化过程中有哪些化学反应？
6. 秸秆气化的原理是什么？
7. 简要叙述生物质热解的工艺过程。
8. 生物质热解工艺分为哪几类？简要叙述几种工艺的特点。
9. 叙述生物质发电工艺和技术（包括沼气发电、垃圾发电和气化气发电）。
10. 介绍生物质生产乙醇的方法。
11. 介绍生物质生产柴油的方法。
12. 介绍生物质制氢技术。
13. 你了解海洋生物质吗？

参考文献

[1] 周善元. 21 世纪的新能源——生物质能[J]. 江西能源, 2001(4): 34-37.
[2] 张无敌, 宋洪川, 韦小岿, 等. 21 世纪发展生物质能前景广阔[J]. 中国能源, 2001(5): 35-38.
[3] 邓可蕴. 21 世纪我国生物质能发展战略[J]. 中国电力, 2000, 33(9): 82-84.
[4] 吴创之, 马隆龙. 生物质能现代化利用技术[M]. 北京: 化学工业出版社, 2003.
[5] 梁海. 德国可再生能源发电动向[J]. 国际电力, 1997(4): 6-10.
[6] 孔宪文, 李丽萍. 发展生物质能可获得多方面的效益[J]. 节能, 2003(2): 45-47.
[7] 曹福兴, 沈建忠. 高效半自动循环沼气池研制和应用[J]. 能源工程, 1995(4): 36-40.
[8] 宋永利, 杨丽华. 工业锅炉生物质燃烧技术[J]. 节能技术, 2003, 3(21): 44-45.
[9] 郭廷杰. 加速生物质能的利用和发展[J]. 能源技术, 2003, 24(4): 152-155.
[10] 蔡金国. 秸秆气化集中供气技术在农村地区的应用[J]. 能源工程, 2004(3): 17-18.
[11] 顾念祖, 嵇文娟. 秸秆气化炉的研究与探讨[J]. 工业锅炉, 2004(3): 21-23.
[12] Chittick D E. Fuel gas-producing pyrolysis reactors[P]. US Patent, No. 4584947, 1986.
[13] 黎左梅. 开发城市燃气气源——处理城市生活垃圾和污水[J]. 江西能源, 1994(3): 11-14.
[14] 祝彦杰, 祖庆喜. 开发生物质能源提高环境质量[J]. 应用能源技术, 2004(1): 4-5.
[15] 易维明, 柏雪源. 利用热等离子体进行生物质液化技术的研究[J]. 山东工程学院学报, 2000, 14(1): 9-12.
[16] 姚向君, 田宜水. 生物质能资源清洁转化利用技术[M]. 北京: 化学工业出版社, 2005.

[17] 张包钊, 郭凤. 面向 21 世纪的美国生物质能源[J]. 能源工程, 1999(2): 9-11.

[18] 祝学范, 杨克美. 木质能源的地位及开发利用前景[J]. Rura Lenergy, 2001(6): 30-32.

[19] 曹金珍, 张璧光. 木质生物质在能源方面的开发与利用[J]. 华北电力大学学报, 2003, 30(5): 102-105.

[20] 张包钊. 欧洲生物质发电技术掠影[J]. 可再生能源, 2004(11): 65-68.

[21] 姜克隽. 气候变化——全球和中国面临的挑战[J]. 世界环境, 2004(1): 20-22.

[22] 徐康富, 龙兴. 浅谈生物质型煤利用生物质能的意义及环保效益[J]. 能源研究与利用, 1996(3): 3-6.

[23] 骆仲泱, 周劲松, 王树荣. 中国生物质能利用技术评价[J]. 清洁电力行动, 2004, 26(9): 39-42.

[24] 大江宏. 日本的废弃物与环境商机[J]. 世界环境, 2004(3): 64-68.

[25] 郭廷杰. 日本加速燃料电池技术实用化[J]. 节能与环保, 2004(6): 44-46.

[26] 高进伟, 李海凤. 生物能利用技术探讨[J]. 能源研究与信息, 2003, 19(4): 236-240.

[27] 任南琪, 李建政. 生物制氢技术[J]. 太阳能, 2003(2): 4-6.

[28] 雒廷亮, 许庆利. 生物质(秸秆)气合成燃料甲醇的可行性研究[J]. 能源与环保, 2004(3): 12-13.

[29] 何鸿玉, 马孝琴. 生物质锅炉在火电厂的安装使用[J]. 农村能源, 2001(1): 21-22.

[30] 刘豪, 邱建荣. 生物质和煤混合燃烧实验[J]. 燃烧科学与技术, 2002, 8(4): 319-323.

[31] 武全萍, 王桂娟, 李业发. 生物质洁净能源利用技术[J]. 能源与环境, 2004(2): 41-43.

[32] 郭艳. 生物质快速裂解液化技术的研究进展[J]. 化工进展, 2001(8): 13-17.

[33] 潘丽娜. 生物质快速热裂解工艺及其影响因素[J]. 应用能源技术, 2004(2): 7-8.

[34] 张无敌, 宇尚斌. 生物质能——未来能源的希望[J]. 能源研究与利用, 1995(4): 3-6.

[35] 乔淑滨. 生物质能的利用及生物质型煤应用[J]. 能源技术, 2003(3): 10-11.

[36] 黄仲涛, 高孔荣. 生物质能的研究与开发[J]. 中国科学基金, 1994(3): 193-195.

[37] 雒廷亮, 许庆利. 生物质能的应用前景分析[J]. 能源研究与信息, 2003, 19(4): 194-197.

[38] 张纪庄. 生物质能利用方式的分析比较[J]. 新能源及工艺, 2003(2): 23-25.

[39] 樊京春, 王永刚, 秦世平. 生物质能利用技术的经济性分析[J]. 新能源及工艺, 2003(4): 19-23.

[40] 毛玉如, 方梦祥. 生物质能流化床转化利用技术实践[J]. 锅炉技术, 2003, 14(3): 72-75.

[41] 顾念祖. 生物质能生产煤气的探讨[J]. 煤气与热力, 1998, 18(4): 8-9.

[42] 宋晓锐, 黄仲涛. 生物质能通过热化学加工的开发利用[J]. 现代化工, 2000, 20(2): 7-10.

[43] 李炳焕. 生物质能源的开发利用与前景[J]. 唐山师范学院学报, 2002, 24(2): 36-38.

[44] 何方, 王华. 生物质液化制取液体燃料与化学品[J]. 新能源及工艺, 1999(5): 14-17.

[45] 陈泽智. 生物质沼气发电技术[J]. 环境保护, 2000(10): 41-42.

[46] 陈越月. 未来的绿色能源[J]. 知识就是力量, 2001(11): 44-45.

[47] 王革华. 我国生物质能利用技术展望[J]. 农业工程学报, 1995, 15(4): 19-22.

[48] 张无敌, 宋洪川. 我国生物质能源转换技术开发利用现状[J]. 能源研究与利用, 2000(2): 3-6.

[49] 史振业, 芦莉莉. 我省生物质能源利用及颗粒燃料研发现状与分析[J]. 甘肃科技, 2004, 20(4): 1-3.

[50] 吴国钧. 医院旱厕粪便无害化处理研究[J]. 环境科学进展, 1997, 5(3): 70-76.

[51] 张肇富. 用高粱生产乙醇的新工艺[J]. 江苏食品与发酵, 1996(4): 37-40.

[52] 王瑛, 李晓兵. 中国可再生能源 GIS 的设计与开发[J]. 自然资源学报, 2003, 18(6): 753-759.

[53] 李改莲, 王远红. 中国生物质能的利用状况及展望[J]. 河南农业大学学报, 2004, 38(1): 100-104.

[54] 华颂今. 综合利用工农业废弃物开发新能源和可再生能源[J]. 环境保护科学, 1999, 25(6): 42-44.

[55] Pan Y G, Enrique V, Luis P. Pyrolysis of blends of biomass with poor coals[J]. Fuel, 1996, 75(4): 412-418.

[56] 邢万里. 2030 年我国新能源发展优先序列研究[D]. 北京: 中国地质大学, 2015.

[57] Wang Anjian, Wang Gaoshang, et al. Scurve model of relationship between energy consumption and economic development[J]. Natural Resources Research, 2014, 24(1): 53-64.

[58] 杨艳华, 汤庆飞, 张立. 生物质能作为新能源的应用现状分析[J]. 重庆科技学院学报(自然科学版), 2015, 17(1): 102-105.

[59] 鲁梨. 生物质热解提质液体燃料综合评价研究[D]. 杭州: 浙江大学, 2015.

[60] 段奇武, 孔垂雪. 我国沼气产业化发展的新机遇[J]. 中国沼气, 2016, 34(1): 94-96.

[61] 孟祥海. 中国畜牧业环境污染防治问题研究[D]. 武汉: 华中农业大学, 2014.

[62] 徐传涛, 乔富兴. 浅谈畜牧沼气业发展[J]. 中国畜牧业, 2013(4): 74-75.

[63] 陈利洪, 贾敬敦, 雍新琴. 我国沼气产业化发展战略模式及其措施[J]. 中国沼气, 2016, 34(1): 86-89.

[64] Patterson T, Esteves S, Dinsdale R, et al. An evaluation of the policy and technoeconomic factors affecting the potential for biogas upgrading for transport fuel use inthe UK[J]. Energy Policy, 2011, 39(3): 1806-1816.

[65] ichard T L. Challenges in scaling up biofuels infrastructure[J]. Science, 2010, 329(5993): 793-796.

[66] 王彤. 城市固体垃圾气化发电燃气净化研究[D]. 秦皇岛: 燕山大学, 2015.

[67] 郭文刚. 关于垃圾焚烧发电行业现状分析及发展建议[J]. 民营科技, 2016(1): 257-258.

[68] 曾中华. 生物质气化技术在工业窑炉上的应用[D]. 广州: 华南理工大学, 2014.

[69] 孙培勤, 孙绍晖, 常春, 等. 我国生物质能源现代化应用前景展望[J]. 中外能源, 2014, 19(6): 21-28.

[70] 朱开伟, 刘贞, 吕指臣. 中国主要农作物生物质能生态潜力及时空分析[J]. 中国农业科学, 2015, 48(21): 4285-4301.

[71] 廖晓东. 我国生物质能产业与技术未来发展趋势与对策研究[J]. 决策咨询, 2015(1): 37-42.

[72] 李振宇, 黄格省, 黄晟. 推动我国能源消费革命的途径分析[J]. 化工进展, 2015, 35(1): 1-9.

[73] 刘洋, 姜通, 邹春. 纤维素、半纤维素和木质素对生物质燃烧行为影响研究[J]. 洁净煤技术, 2022, 28(4): 137-143.

[74] 刘荣, 罗海峰, 熊登宇. 生物质燃烧技术研究现状[J]. 农业工程与装备, 2022, 49(1): 8-14.

[75] 赵欣, 李慧, 胡乃涛, 等. 生物质固体成型燃料燃烧的 NO 和 CO 排放研究[J]. 环境工程, 2015, 33(10): 50-54.

[76] 马春令, 王昌, 张遵. 氯碱全系统副产氢气回收利用技术[J]. 氯碱工业, 2018, 54(1): 20-26.

[77] 王磊, 张红伟, 李希勤. 焦炉煤气提纯制 H_2 联产 LNG 技术[J]. 燃料与化工, 2022, 53(2): 42-44.

[78] 王亚阁, 王丽霞. 焦炉煤气制氢工艺现状[J]. 化工设计通讯, 2020, 46(8): 86-96.

[79] 蒋珊. 绿氢制取成本预测及与灰氢、蓝氢对比[J]. 石油石化绿色低碳, 2022, 7(2): 6-11.

[80] 王周. 天然气制氢、甲醇制氢与水电解制氢的经济性对比探讨[J]. 天然气技术与经济, 2016, 10(6): 47-49.

[81] 童家麟, 孙洁, 韩平. 美国和中国典型生物质能利用现状[J]. 精细与专用化学品, 2020, 28(5): 1-8.

[82] 李艾军. 我国生物柴油产业存在问题与发展建议[J]. 精细与专用化学品, 2019, 27(6): 1-5.

[83] 王剑利, 张金柱, 吉金芳, 等. 生物质燃煤耦合发电技术现状及建议[J]. 华电技术, 2019, 41(11): 32-35.

[84] 汪玉磊, 单英杰, 季卫英, 等. 浙江省主要畜禽排泄物和作物秸秆养分资源及分布[J]. 浙江农业科学, 2019, 60(2): 296-299.

第7章 风能

风能是空气流动产生的动能，它是太阳能的一种转化形式。太阳辐射导致地球表面各部分受热不均匀而产生温差，引起大气的对流运动，从而形成风。据估计，到达地球的太阳能中，有大约 2%转化为风能。

7.1 引言

风能是自然界提供给人类的一种可利用的能量，属于可再生能源。

（1）风能的特点

风能的优势：蕴量巨大；可再生；分布广泛；无污染。

风能的弱点：密度低，风能的能量密度大约只有水力的 1/800；风能不稳定，波动很大；地区差异大，风力的地区差异非常明显。

（2）风能的储量

风能资源的总储量巨大，全球的风能约为 $2.74 \times 10^9 MW$，其中可利用的风能为 $2 \times 10^7 MW$。这比地球上可开发利用的水能总量还要大 10 倍。据统计，一年中可开发的风能总量约 $5.3 \times 10^{13} kW/h$。

7.2 风能的分布

7.2.1 全球的风能分布

按平均风能密度和相应的年平均风速分类，世界气象组织将全世界风能资源分为 10 个等级。全球的风能分布大致如下。

① 8 级以上风能的高值区主要分布在：南半球中高纬度洋面和北半球的北大西洋、北太平洋以及北冰洋的中高纬度部分洋面上。

② 大陆上的风能一般不超过 7 级，其中以美国西部、西北欧沿海、乌拉尔山顶部和黑海地区等多风地带较大。

③ 风能资源受地形的影响较大，世界风能资源多集中在沿海和开阔大陆的收缩地带，西北欧西岸、非洲中部、阿留申群岛、美国西部沿海、南亚、东南亚和北欧一些国家。

④ 风能资源因纬度和地形地势的不同而分布差异很大，沿海地区、岛屿、高原地区风力较大，凹洼地、盆地内的风力小一些。

⑤ 中国的东南沿海、内蒙古、新疆和甘肃一带风能资源丰富。

7.2.2 我国的风能分布

我国的年平均风按功率密度分布有五类：＞200W/m²；150～200W/m²；100～150W/m²；50～100W/m²；＜50W/m²。

① 风能密度＞200W/m² 地区：包括黑龙江、吉林、辽宁、河北、内蒙古、甘肃、青海、西藏及新疆等省区近 200km 宽的地带，这些地方是风能丰富区域，地形平坦、交通方便且没有破坏性风速，是我国连成一片的最大风能资源区，适于大规模开发利用。

② 风能密度150～200W/m² 地区：东南沿海地区风能丰富区域，冬春季的冷空气和夏秋的台风，均可影响到沿海地区及其岛屿，同样是我国风能最佳且丰富带之一。风能丰富地区距海岸仅在 50km 之内。

③ 我国西南地区的云贵高原海拔在 3000m 以上的高山地区，风力资源也比较丰富。但这些地区面临的主要问题是地形复杂，受道路和运输条件限制，空气密度小，增加了风能开发的难度。

④ 我国海岸线长达 19 万千米，为全球海洋风能资源最充足的国家之一。据统计，我国沿海海域风能资源特别丰富，风能储量可达 7.5 亿千瓦，为陆地风能储量的 3 倍。我国海上风能丰富地区主要集中在浙江南部沿海、福建沿海和广东东部沿海地区。这些地区海上风力资源丰富且距离电力负荷中心很近，具有高发电量的特点。

7.3　风力发电系统

风力发电是把风的动能转变成机械能，再把机械能转化为电能，这就是风力发电。风力发电是利用风力带动风车叶片旋转，再通过增速机将旋转的速度提升，来促使发电机发电。

风力发电系统的发电能力由发电机功率所决定。一般分为 4 个档次：1kW 以下称为小型风力发电机；1～100kW 为中型风力发电机；100～1000kW 为大型风力发电机；1MW 以上是兆瓦级风力发电。

7.3.1 风力发电机

（1）风能的理论计算

风的功率可采用式（7-1）计算：

$$风的功率 = \frac{1}{2} \rho A V^3 \qquad (7\text{-}1)$$

式中　ρ——空气密度，kg/m³；

　　　A——截取区域面积，m²；

　　　V——风速，m/s。

空气密度ρ与空气压力及温度有关，而空气压力与温度由海拔高度决定。

$$\rho(z) = \frac{p_0}{RT} \exp\left(-\frac{gz}{RT}\right) \qquad (7\text{-}2)$$

式中　$\rho(z)$——空气密度，与海拔高度有关，kg/m³；

p_0——标准海平面气压，kg/m^3；

R——通用气体常数，$J/(K \cdot mol)$；

T——温度，K；

g——重力加速度，m/s^2；

z——海拔高度，m。

上述公式计算的结果是理想状态下所获得的能量，与实际体系差距很大。Betz 于 1926 年提出了下面的公式：

$$p_{Betz} = \frac{1}{2} \rho A V^3 C_{P_{Betz}} = \frac{1}{2} \rho A V^3 \times 0.59 \qquad (7-3)$$

即在没有任何能量损失的情况下，风机最多可利用 59%的风能。除此之外，风机还需考虑旋涡损失，旋涡损失与转子的周缘速率（X）密切相关。

$$X = \frac{v_{周缘}}{V_{风}} = \frac{\omega R}{v_0} \qquad (7-4)$$

式中 $v_{周缘}$——周围边缘速度；

ω——角速度；

R——通用气体常数；

$V_{风}$——风速；

v_0——初始速度。

若 $X > 3$ 且叶片设计合理，旋涡损失极低；若 $X \approx 1$，则 $C_{P,max} \approx 0.42$。

（2）风机的工作原理

风可产生三种力以驱动发电机工作，分别为轴向力（即空气牵引力，气流接触到物体并在流动方向上产生的力）、径向力（即空气提升力，使物体具有移动趋势的、垂直于气流方向的压力和剪切力的分量，狭长的叶片具有较大的提升力）和切向力。用于发电的主要是前两种力，水平轴风机使用轴向力，竖直轴风机使用径向力。

现代风机主要利用空气提升力，其方向与风向垂直，主要装置为风翼或叶片。当气流经过风翼型叶片表面时就开始了风能向电能的转化过程。气体在叶片迎风面的流动速度远高于背风面，相应地，迎风面压力小于背风面，并由此产生提升力，导致转子围绕中心轴旋转，如图 7-1 所示。

（3）风力发电机的组成

风力发电机（简称风机）一般由风轮、发电机（包括装置）、调向器（尾翼）、塔架、限速安全机构和储能装置等构件组成。图 7-2 是风力发电机的结构示意图。

① 机舱 机舱内包容齿轮箱和发电机，机舱左端是风力发电机转子，即转子叶片及轴。

② 发电机 通常被称为感应电机或异步发电机。

③ 偏航装置 偏航装置由电子控制器操作，电子控制器可以通过风向标来感觉风向。在风改变方向时，风力发电机一次只会偏转几度。

④ 电子控制器 包含不断监控风力发电机状态的计算机，并控制偏航装置。为防止任何故障（即齿轮箱或发电机的过热），控制器可以自动停止风力发电机的转动，并通过电话调制解调器来呼叫风力发电机操作员。

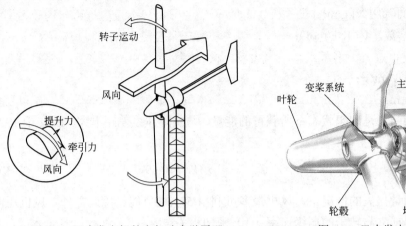

图 7-1　风力发电机的空气动力学原理　　　　图 7-2　风力发电机的结构示意图

⑤ 液压系统　用于重置风力发电机的空气动力闸。

⑥ 冷却元件　包含一个风扇，用于冷却发电机。

⑦ 塔架　发电机塔载有机舱及转子，高塔具有优势，离地面越高风速越大。

⑧ 风速计及风向标　用于测量风速及风向。

⑨ 尾舵　位于回转体后方，作用一是调节风机转向，使风机正对风向；作用二是在大风风况的情况下使风力机机头偏离风向，以达到降低转速、保护风机的作用。

（4）风机的类型

风力发电机的种类多种多样，但根据旋转轴方向的不同，归纳起来可分为两类（见图7-3），即水平轴风力发电机和垂直轴风力发电机。

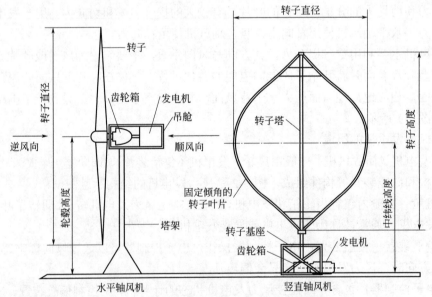

图 7-3　水平轴和竖直轴风机结构示意图

①　水平轴风力发电机　风轮的旋转轴与风向平行。水平轴风力发电机可分为升力型和阻力型两类。升力型风力发电机旋转速度快，阻力型旋转速度慢。对于风力发电，多采用升力型水平轴风力发电机。大多数水平轴风力发电机具有对风（迎风）装置，能随风向改变而转动，时刻保证桨叶旋转面与来风垂直。

小型风力发电机的对风装置采用尾舵，而大型风力发电机则利用风向传感元件以及伺服电机组成的传动机构来实现自动迎风。水平轴风力发电机的风轮在塔架前面的称为上风向风力机，风轮在塔架后面的则称为下风向风力机。

水平轴风力发电机的样式很多，有的具有反转叶片的风轮，有的在一个塔架上安装多个风轮，以便在输出功率一定的条件下减少塔架的成本，还有的水平轴风力发电机在风轮周围产生旋涡，集中气流，增加气流速度。

②　垂直轴风力发电机　风轮的旋转轴垂直于地面或者气流方向。垂直轴风力发电机在风向改变的时候无需对风，在这点上相对于水平轴风力发电机是一大优势，它不仅使结构设计简化，而且也减少了风轮对风时的陀螺力。利用阻力旋转的垂直轴风力发电机有几种类型，其中有利用平板做成的风轮，这是一种纯阻力装置。

7.3.2　风机系统

风机系统即风力发电机组，包括风轮（叶片）、传动系统、发电机、储能设备、塔架及电器系统等。

7.3.2.1　转子的控制技术

风机在达到设计风速条件下效率最高，即达到额定容量，风速一般为 12～16m/s。但由于不可能对风速实现人工控制，因此若风速过大，则必须对转子的动力输出加以控制，主要方法如下。

（1）失速调整

此类风机属于定桨距失速调节型风机。此技术需要恒定的转速，与风速无关。定桨距是指叶片被固定安装在轮毂上，其桨距角（叶片上某一点的弦线与转子平面间的夹角）固定不变。

失速效应是指由于叶片所具有的轮廓形状（叶片的扭曲度和厚度沿长度方向发生变化），当风速高于额定值、气流的攻角增大到失速条件时，转子叶片上的气流条件会发生变化，即风速高时叶片的背风面出现涡流，效率降低，以达到限制转速和输出功率的目的。

此类风机采用与电网直接连接的鼠笼式感应发电机，风机转子通过齿轮箱与发电机相连，如图 7-4 所示。

这种风机的优点是调节简单可靠，控制系统可以大大简化，当失速效应起作用时，无需使用控制系统。其缺点是叶片重量大（与变桨距风机叶片比较），轮毂、塔架等部件受力增大。

失速效应是复杂的动力学过程，在风速不稳的条件下很难准确计算，因而在很长一段时间内被认为不能用于大型风机。小型风机和中型风机积累的经验使设计者可以更可靠地计算失速现象，但兆瓦级风机仍避免使用失速效应。

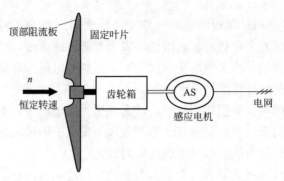

图 7-4　恒定转速的风力发电机

（2）倾角调整（变桨距调节型风机）

变桨距是指安装在轮毂上的叶片，可以借助控制技术改变其桨距角的大小。其调节方法分为以下 3 个阶段。

① 开机阶段　当风机达到运行条件时，计算机命令调节桨距角。将桨距角调至 45°，转速达到一定时，再调节到 0°，直到风机达到额定转速并网发电。

② 输出功率小于额定功率　当输出功率小于额定功率时，桨距角保持在 0°位置不变。

③ 发电机输出功率达到额定功率　当发电机输出功率达到额定时，调节系统即投入运行；当输出功率变化时，及时调桨距角的大小；风速高于额定风速时，使发电机的输出功率基本保持不变。

中型风机和大型风机的叶片偏转常使用液压系统和微机控制，也可使用电动机。控制系统必须能随着风速的变化实时调整倾角，以保持稳定的功率输出。

图 7-5 所示为变桨距调节型风力发电机系统。风机转子通过齿轮箱与发电机相连，发电机的转子绕线通过背靠背（ac-dc-ac）电压转换器供电。在高风速条件下，从风中所获取的动力通过调整转子叶片的倾角加以调整。

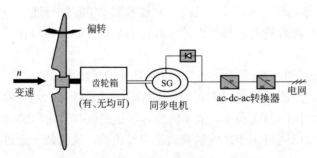

图 7-5　带有同步电机和 ac-dc-ac 转换器的变桨距调节型风机

风力发电机把风能通过旋转叶片及发电机变为交流电能，通过整流装置将交流电变为直流电，再通过逆变装置将直流电变为恒频（工频）交流电能，最后通过升压变压器送入电力系统。

变桨距调节型风力发电机系统的优点非常突出：a.风力机可以最大限度地捕获风能，因而发电量较恒速恒频风力发电机大；b.较宽的转速运行范围，以适应因风速变化引起的风力机转速的变化；c.采用一定的控制策略可以灵活调节系统的有功功率、无功功率；d.可抑制谐波，减少损耗，提高效率。其主要问题是由于增加了 ac-dc-ac 电压转换器，大大增加了设备费用。

对采用控制倾角的风机来说，转子对塔架和基底的推力小于采用失速效应的风机。从原理上说，所使用的材料与重量可以降低。在低风速地区，由于转子叶片可始终保持在最佳角度，使用控制倾角的风机的效果优于采用失速效应的风机。

失速控制的风机在风速达到临界风速时必须停止，而当达到最大倾角、转子无负载时，倾角风机变为自旋模式（空转）。风速大到出现失速效应时，失速风机的风速振荡转化为功率振荡的程度低于倾角风机。

（3）活性失速调整

活性失速调整方法介于倾角调整和失速调整之间。风速低时采用倾角控制，以获得较高的效率和较大的转矩；当风机达到额定功率后，活性失速调整起主要作用。此时，转子叶片的迎角增大以获得更深程度的失速效应。

活性失速调整可获得更为平稳的功率输出，其优点是保持了倾角风机使叶片保持低负载的水平旋转能力，作用于风机结构上的推力低于失速控制风机。若风速过大（20～30m/s），风机必须关闭，转子必须离开风作用区域。尽管所获得的能量减少，但与大风速时风机必需的保护措施所需成本相比，在风机工作时间内所损失的能量价值还是小的。

7.3.2.2　发电机

风力发电主要使用的设备是发电机，它将机械能转化为电能。所有的发电机均由转子和定子组成。对风力发电来说，主要使用三种发电机，即直流发电机、同步发电机和感应发电机(异步发电机)。目前多数风机制造商采用 6 极感应发电机,其余为直驱同步发电机。电力工业中，感应发电机并不常用于发电，但感应电动机普遍使用。电厂通常使用大型同步发电机，优点是可调整电压。

（1）直流发电机

直流发电机产生的电压与空气流量和速度成正比。常使用反向换流器实现 dc-ac 转换，反向换流器允许的输入比为 2/1，即 120V 的交流转换器允许输入电压为 50～100V。由于风速一直发生变化，因此必须使用调整装置，如调整转子倾角，整个系统如图 7-6 所示。

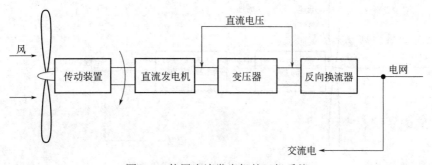

图 7-6　使用直流发电机的风机系统

（2）同步发电机

图 7-7 所示为使用同步发电机的风机系统。一般来说，500kW～2MW 同步发电机的价格比同规格的异步发电机高，同时直接并网的同步发电机转速受电网频率和发电机极对数目的限制。在某些情况下，如出现阵风，会产生很大的转矩，同时转子动力输出发生很大波动，必须采用其他措施加以消除，如柔性塔架。因此，直接并网同步发电机通常不用于并网风机，而是有时用于独立系统。

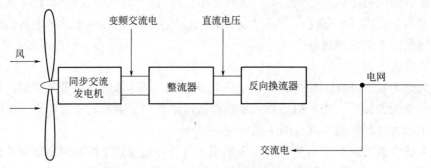

图 7-7　使用同步发电机的风机系统

工业上采用直驱变速同步电机——大直径同步环发电机，其优点是无需使用齿轮箱，而感应电机必须使用齿轮箱。要获得所需频率（50～60Hz）的交流电，必须获得较高的电机转速（转子转速 20～50r/min→电机 1200r/min，电机转速依赖于极对数目），而齿轮箱是用于提高转速的关键设备。

同步发电机产生交流电，电压频率与极对数目和转子速度相关。但即使调整转速，发电机所产生的电压与电网之间还是存在频率和相位差，因此不能直接相连，必须经过整流转化为直流电，而后再经过同步反向换流器变回交流电。此类设计的优点是无需使用传动装置——齿轮箱。

（3）感应发电机（异步发电机）

图 7-8 为使用感应发电机的风机系统。由于滑动速度是变化的，感应发电机比同步发电机更适于并网连接。

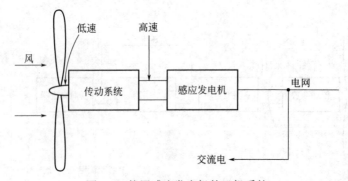

图 7-8　使用感应发电机的风机系统

由滑动速度导致的软连接可降低转子与发电机之间的转矩，但风速低时由于转速几乎固定，整体效率低。可以使用变极装置解决此问题，其原理是通过改变鼠笼型异步发电机定子绕组的接法，可以改变定子绕组的极对数，而异步发电机的转速与极对数的关系为：

$$n=60f/p \tag{7-5}$$

式中　p——磁极对数；

　　　f——电网频率，f=50Hz；

　　　n——发电机转速，r/min。

对于频率 f=50Hz 的系统，当 p=2 时，n=1500r/min；当 p=3 时，n=1000r/min。对于 1 台 600kW/125kW 的风电机来说：风速高时 n=2，功率为 600kW；风速低时 n=3，功率为 125kW。这样通过定子绕组连接方式的改变，不但提高了风电机效率，而且更有效地利用了低风速时段的风能。

为进一步降低风机负载及充分利用感应电机的变速发电功能，应进一步消除转子速度与电网频率之间的相互影响。目前，动态滑差控制 （滑差为 10%～100%）和双馈异步电机是工业上最常用的技术。

（4）交流励磁双馈发电机

转子交流励磁双馈发电机的结构与绕线式异步电机类似。当风速变化引起发电机转速 n 变化时，控制转子电流的频率 f_2，可使定子频率 f_1 恒定，即应满足：

$$f_1=pf_m\pm f_2 \tag{7-6}$$

式中　f_1——定子电流频率，与电网频率相同；

　　　f_m——转子机械频率，$f_m=n/60$；

　　　p——电机的极对数；

　　　f_2——转子电流频率。

当发电机的转速 n 小于定子旋转磁场的转速 n_1 时，即 $n<n_1$，处于亚同步状态，此时变频器向发电机转子提供交流励磁，发电机定子发出电能给电网，式（7-6）取正号。当 $n>n_1$ 时，处于超同步状态，此时发电机同时由定子和转子发出电能给电网，变频器的能量逆向，式（7-6）取负号。当 $n=n_1$ 时，处于同步状态，此时发电机作为同步电机运行，$f_2=0$，变频器向转子提供直流励磁。由上式可知，当发电机的转速 n 变化时，即 pf_m 变化时，若控制 f_2 相应变化，可使 f_1 保持恒定不变，即与电网频率保持一致，也就实现了变速恒频控制。

这种采用交流励磁双馈发电机的控制方案除了可实现变速恒频控制，减小变频器的容量外，还可实现有功、无功功率的灵活控制，对电网而言可起到无功补偿的作用。缺点是交流励磁发电机仍然有滑环和电刷。

7.3.2.3　风机

（1）风机分型

风机大致有以下七种分型。

① 是否变桨　定桨、不可变桨和被动偏航。

② 变桨　可变桨和主动偏航。

③ 叶片分型　两叶片、三叶片和多叶片。

④ 电机种类　永磁直驱风力发电机和异步双馈风力发电机。

⑤ 轴的方向　水平轴和垂直轴。

⑥ 功率大小　微型、小型、中型和大型。

⑦ 使用地点　海上型和陆上型。

（2）大型风机

自 20 世纪 80 年代以来，世界风机技术的发展趋势是大容量。表 7-1 列出了大型风力发电机的外形尺寸。

表 7-1　大型风力发电机的外形尺寸

风机容量/kW	1500	2500	3000
风轮直径/m	77、70、82、87	90	90
塔筒高度/m	65、70	100	100

（3）小型风机（≤10kW）

小型风机主要用于偏远地区的供电需求，例如船舶、通信系统及家庭，通常与电池或小型柴油发电系统联合使用。小型风机的优点是转速比大型风机要快，运行稳定且维护成本低。

（4）大型风机与小型风机的差别。

① 风机系统不同　二者的风机系统的设计、联网系统、梢速比和空气动力学过程不同。

② 传动-发电系统不同　多数小型风机使用直驱变速系统及永磁体发电机，需要动力转换器以保持频率稳定，此类设计无需齿轮箱。

③ 动力及转速调整系统不同　二者风机系统的动力及转速调整系统不同。小型风机经常使用机械控制倾角系统或偏转系统代替电控系统，常用垂直和水平卷紧设备。

7.3.2.4　风机的转子叶片

转子叶片产生的能量需要传输系统才能到达发电机，传输系统包括转子轴（带轴承）、闸、齿轮箱、发电机和离合器。

现代风机的转子叶片是最昂贵的零部件之一，而且叶片的强度是风力发电机组性能优劣的关键。目前的叶片所用材质已由木质、帆布等发展为复合材料（玻璃钢）、金属（铝合金等），其中纤维增强的新型复合材料叶片不仅抗疲劳强度高、寿命较长且具有防雷击破坏的能力。

通常二叶或三叶风机用于发电，20 叶或更多叶片的风机用作水泵。转子叶片数目与周缘速度间接相关。叶片数多的风机周缘速度低，但起始转矩高，当风速提高时完全可以实现水泵的自动启动。二叶或三叶风机周缘速度大，起始转矩小，即使风速合适也需要外部启动，但由于周缘速度大，使用更小、更轻便的齿轮箱即可达到发电机驱动轴所需的高转速。

目前，三叶风机占据着并网、水平轴风机的主要市场；双叶风机的塔顶重量更小，支撑结构更轻，因而成本更低。与双叶风机相比，三叶风机可以更容易地控制惯性转矩。此外，三叶风机更具美感且噪声更低，因而更适宜用在人口密集地区，如海岸。

水平轴风机使用螺旋桨式叶片，具有稳定的攻角，其优点是稳定性高、对振动和应力不敏感，但必须安装于塔架之上，增加了安装和维护费用，同时需要转向装置。竖直轴风机使用搅蛋器型转子，攻角变化稳定，但易产生共振导致结构破坏，其优点是无需塔架和转向装置，而且由于发电机、齿轮箱及其他设备均处于地面，安装和维护费用相对低廉。

7.4　风力发电场地

风电开发利用按地域划分主要有两大类，即海上风电和陆上风电。

7.4.1　海上风力发电

海上风电场与陆上风电场相比较，其优点主要包括不占用土地资源、不受地形地貌影响、风速更高、风能资源丰富且利用率高。海上风电的风电机组单机容量更大，可以达到 $3×10^6～5×10^6$GW。

但海上风电场的建设技术难度增加，建设成本通常是陆上风电场的 2～3 倍。

7.4.1.1　海上风力发电的优势

相比于陆地，风在大海上没有阻挡。海上风力发电具有如下优势。

① 海上的风更强更持续，空间也广阔。

② 由于海水表面粗糙度低，海平面摩擦力小，因而风切变（即风速随高度的变化）小。

③ 海上风力发电不需要很高的塔架，可降低风电机组成本。

④ 海上风的湍流强度低，海面与其上面的空气温度差比陆地表面与其上面的空气温差小，而且没有复杂地形对气流的影响。

⑤ 作用在风电机组上的疲劳载荷减少，可延长使用寿命。

7.4.1.2　海上风力发电的特点

海上的风力资源与陆地不同。海上没有建造风力发电机的地基，建筑难度加大。安装风力发电机不是在陆地上组装完再安装到海上，而是通过轮船上的吊车在海上一点点搭建组装而成，并根据实际情况及时调整。

（1）叶片要轻

设计海上风力发电机的关键技术是让叶片部分尽量轻一些，以便在海上保持相对平稳，并可提高发电能力。

（2）底盘要稳固

发电机的"底盘"要足够稳固，要经受住不时出现在海上的暴风骤雨和滔天巨浪。

（3）发电机机箱的位置

陆上发电机的机箱是在上部，海上风力发电机的机箱要下移，这在技术上增加了难度。例如，海上风力发电的功率为 2.3MW，其叶片直径需要 80m，相当于一个标准足球场的长度。发电机机舱高出海平面约 65m，浮置式的发电设备安装在浮标上。

（4）防腐措施严格

海上风机的表面保护和防腐措施更严格。石油钻塔的基础一般能够维持 50 年，这是钢结构基础设计的寿命。海上风电站可以使用海上的石油钻塔基础，包括混凝土、重力+钢筋、单桩及三脚架。

（5）输电技术

海上风电的并网技术主要是铺设海底电缆，若距离主电网很远，可考虑使用高压直流输电技术。

7.4.1.3 海上风力发电场的类型

海上风力发电场目前有固定式和漂浮式两种类型。

（1）固定式海上风力发电场

固定式海上风力发电场是将混凝土建筑从海底拉上来，然后安装风力发电设备。固定式海上风力发电是传统方式，技术比较成熟。但它只能建在 40m 以内海深的浅海，不能在深海建设。

（2）漂浮式海上风力发电场

漂浮式海上风力发电场是浮在海面上的风力发电设施。漂浮式风力发电场采用海底定锚，通过数根钢索固定海上漂浮平台，漂浮平台上方安装扇叶等设备，下方安装对应的发电设备。

① 漂浮式风力发电的优势　漂浮式风力发电场可以安装在海深 40~200m 的海域，可以有效增加海洋利用面积。风电场设立在离岸更远的地方，不影响近海居民的生活和工作，海上航道也不受影响。对于浅海资源有限的国家就更有意义。

② 漂浮式海上发电平台的类型　海上风力发电的漂浮式平台这里主要介绍三种，即单柱式、半潜式和张力腿式。

a.单柱式海上风力机平台。单柱式海上风力机平台的优点是整体结构重量轻、稳定性好、构造简单和制造方便。缺点是安装和修理麻烦，需要使用重型浮吊等特种装备进行海上装配作业。图 7-9 是单柱式海上风力机平台示意图。

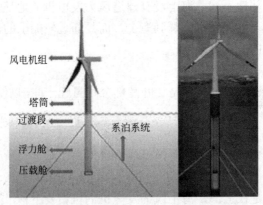

图 7-9　单柱式海上风力机平台示意图

b.半潜式海上风力机平台。半潜式海上风力机平台的优点是安装水深灵活，装配和维修可以在港口进行。缺点是重量大、结构复杂、连接部件多、设计和制造麻烦且需要配备昂贵的主动压载系统。图 7-10 是半潜式海上风力机平台示意图。

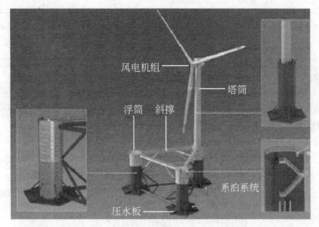

图 7-10　半潜式海上风力机平台示意图

c.张力腿式海上风力机平台。张力腿式海上风力机平台的优点是安装水深灵活、整体重量轻、稳定性好且可以在港口装配。缺点是锚泊系统的载荷大，同时需要使用特殊设备进行复杂的海上装配作业。图 7-11 是张力腿式海上风力机平台示意图。

近年来，还有一些特殊的漂浮式海上风力机出现，例如一个漂浮式平台上安装多台风力发电机，或在一个漂浮式平台上同时安装风力发电机和其他海洋能发电装备（如波浪能发电）。

漂浮式风力发电技术不仅是充分利用海上风力资源，更重要的是为日渐增多的海上活动提供能源，包括军事雷达、海上运输业、渔业、科学考察、深海远程潜艇和旅游业等，甚至开发海底资源也会从中获益。

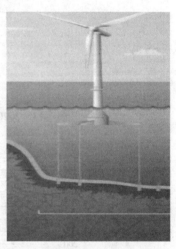

图 7-11　张力腿式海上风力机平台示意图

7.4.1.4　海上风力的现状

近年来，风电产业的发展趋势从陆地和沿海地区向海上转移，原因是海上风力资源更丰富。海洋风力资源具有平均风速稳定、湍流强度与垂直切变更小、风机寿命提高更高及风速较低的垂直高度仍有较高风速等优势。

通过计算分析，离海岸线越远，风资源分布越丰富；漂浮式风力发电机组离岸距离远，视觉污染小，极大地扩充了风能开发的可行区域。

根据全球风能理事会发布的 2021 年全球风能报告数据，截至 2020 年底，全球风力发电装机容量累计达到 743GW，新增容量 86.9GW，其中海上风电行业新增装机容量达到 6.1GW。图 7-12 显示了全球 2011 年到 2020 年海上风电新增装机与累计装机容量。图 7-13 为 2020 年全球海上风电新增装机容量国家占比。

图 7-14 为我国 2011 年至 2020 年海上风电装机容量统计情况。同时由图 7-14 可见我国海上风电新增装机容量 2020 年占世界新增装机容量的 50%。

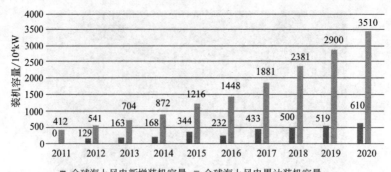

图 7-12　全球 2011 年到 2020 年海上风电新增装机与累计装机容量

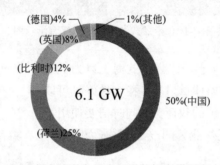

图 7-13　2020 年全球海上风电新增装机容量国家占比示意图

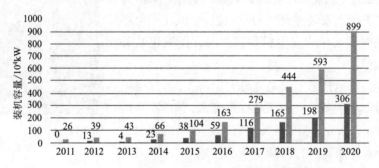

图 7-14　我国 2011～2020 年海上风电装机容量统计

7.4.2　陆上风力发电

本节介绍高空风力发电和低风速风力发电。

7.4.2.1　高空风力发电

科学研究数据估计，在距地面大约 500～12000m 的高空有丰富的风能。如果这些风能能够全部转变为电能，可以满足全球的电力需求。

在风能资源丰富的发电站区域，地面的风力密度低于 $1kW/m^2$，而在大城市的高空区域，风力密度可以达到 $16kW/m^2$。高空风力发电机不需要建设电网。但在高空进行风力发电面临着技术难题：成本投入高和建设难度大。

高空风力发电有以下两种模式。

（1）空中发电站

在高空发电，通过电缆输送到地面。

（2）高空传动设备

高空传动设备将风能转化为机械能后输送到地面，再由发电机将其转换为电能。

7.4.2.2 低风速风力发电

平原内陆地区的风速远低于山区和沿海，但面积广大，同样蕴含着巨大的风能资源。为实现风力发电的可持续发展，必须开发低风速风力发电技术。

所谓"低风速"，通常是海拔 10m 的地区，其年平均风速不超过 5.8m/s，相当于 4 级风。在此条件下使发电成本合乎要求，必须对风机进行必要的改进。主要措施包括以下几方面。

① 在不增加成本的前提下，尽量增大转子直径，以获取尽可能多的能量。

② 尽量增加塔架高度以提高风速。

③ 提高发电设备及动力装置的效率。

7.5 风力发电的发展

7.5.1 国际风电的发展

除了太阳能光伏产业之外，风力发电已经成为全球经济体能源转型的新方向。

深远海漂浮式风电已成为主流。海上风电带动附加产业发展；海洋资源一体化开发提速。包括我国在内，很多国家都开始将海上风电同海洋牧场、海上油气、海水淡化、储能等产业融合发展，利用海上风电稳定性高、规模大的特性，绿氢生产的商业价值被不断挖掘。

欧美发达国家普遍受到地域面积的影响，空间和资源有限，无法大规模发展陆上风电产业，海上风电是重要选择。

全球风能理事会（GWEC）统计，2021 年全球陆上风电累计装机容量为 782GW，同比 2020 年增长 10.22%；海上风电累计装机容量为 57GW，同比 2020 年增长 58.77%。2021 年全球海上风电新增装机容量 21.1GW，前三为中国、英国、越南。其中，中国海上风电新增装机占比 80%，英国海上风电新增装机占比 11%，越南海上风电新增装机占比 4%。

7.5.2 我国风电的发展

根据国家能源局数据，截至 2021 年底，我国大陆地区风电累计装机容量为 3.285 亿千瓦，同比增长了 16.6%，其中陆上风电累计装机容量为 3.02 亿千瓦，海上风电累计装机容量达到 2639 万千瓦，增速快于全球，风电累计装机容量占世界的 39.2%。与此同时，累计装机超过了 17 万台，容量超过了 3.4 亿千瓦，同比增长了 19.2%，其中陆上累计装机容量 3.2 亿千瓦，占全部累计装机容量的 92.7%，海上累计装机容量 2535 万千瓦，占全部累计装机容量的 7.3%。

随着国家能源局印发 《"十四五"新型储能发展实施方案》，大规模开发海上风电已经成为国策。按照规划，"十四五"期间我国海上风电总规划容量将超 100GW。

思考题

1.简述我国的风力分布。

2.叙述风力发电机的工作原理。

3.叙述风力发电机的系统。

4.目前风力发电机有几种类型？简述各自的特点。

5.海上风力发电有什么优势？说说海上发电场的类型。

6.分析制约风能产业发展的因素有哪些？

7.叙述风力发电的发展方向。

8.我国陆上发电主要分布在哪些省份？

参考文献

[1] 丁辑. 我国风能资源储量与分布[J]. 中国气象报, 2009, 15(3): 143-150.

[2] 李柯, 何凡能, 席建超, 等. 中国陆地风能资源开发潜力区域分析[J]. 资源科学, 2010, 32(9): 1672-1678.

[3] Dragan Komarov, Slobodan Stupar, Aleksandar Simonovic. Prospects of wind energy sector —— Development in serbia with relevant regulatory framework overview[J]. Renewable & Sustainable Energy Reviews, 2012, 16(5): 2618-2630.

[4] Furkan Dincer. The analysis on wind energy electricity generation status potential and policies in the world[J]. Renewable and Sustainable Energy Reviews, 2011, 15(9): 5135-5142.

[5] 李剑平. 我国新能源风力发电的发展思路探索[J]. 科技创新导报, 2015(25): 194-195.

[6] 全球风能理事会(GWEC). 2014 年全球风电装机容量统计[J]. Wind Energy, 2015(2): 51-53.

[7] 韩俊良. 风力发电设备的技术特点及发展前景[J]. 机械研究与应用, 2004, 17(5): 16-18.

[8] Thresher R W, Dodge D M. Trends in the evolution of wind turbine generator configurations and systems[J]. Wind Energy, 1998, 1(S1): 70-85.

[9] 郭雁, 易跃春. 海上风力发电[J]. 农业管理, 2004(7): 40-42.

[10] 李施. 风电企业投资决策风险评价研究[D]. 北京: 华北电力大学, 2015.

[11] 黄加明. 风力发电的发展现状及前景探讨[J]. 应用能源技术, 2015, 208(4): 47-50.

[12] 齐洪波. 风能与生物质能发电研究[J]. 应用能源技术, 2015, 208(4): 39-42.

[13] 孙红莺. 新型的全天候风力发电系统研究[J]. 绿色科技, 2015(3): 270-275.

[14] 张艳, 何伟军. 我国小型风力发电产业发展现状及前景研究[J]. 科技和产业, 2013(13).

[15] 刘明山. 风力发电的类型分析[J]. 设计与计算, 2009(4): 1-4.

[16] 赵蕾. 新型风力发电调速装置及其控制策略研究[D]. 天津: 河北工业大学, 2014.

[17] 刘细平, 林鹤云. 风力发电机及风力发电控制技术综述[J]. 大电机技术, 2007, 55(3): 17-20.

[18] 刘其辉. 变速恒频风力发电系统运行与控制研究[D]. 杭州: 浙江大学, 2005.

[19] Lalor G, Mullane A, Malley M. Frequency control and wind turbine technologies[J]. IEEE Transactions on Power Systems, 2005, 20(4): 1905-1913.

[20] Brasseld W R, Spee R, Habetler T G. Direct torque control for brushless doubly-fed machines[J]. IEEE

Transactions on Industrial Informatics, 1996, 32(5): 1908-1104.

[21]　佟昕, 董媛媛. 我国风能资源与风电产业发展[J]. 能源研究与利用, 2012(6): 24-27.

[22]　季欣臣. 风力发电机可靠性分析研究[D]. 上海: 上海交通大学, 2018.

[23]　刘培帅. 大容量笼型异步风力发电机多物理场分析[D]. 天津: 天津大学, 2017.

[24]　张磊. 海上漂浮式风力机结构减载及变桨系统容错控制研究[D]. 重庆: 重庆大学, 2021.

[25]　李修赫. 海上漂浮式风力发电机系统动态特性研究[D]. 重庆: 重庆大学, 2020.

[26]　何建军, 赵飞, 冯磊华. 基于 WMCS 的大型风电场群远程监控系统协调运行调试研究[J]. 风电场, 2016(10): 58-61.

[27]　杨平青. 风能资源开发中地基特殊土层的工程地质分析[J]. 西北水电, 2007(4): 17-18, 21.

[28]　陈亮亮, 王佳, 杨丽薇, 等. 风力发电机组的风沙危害及防风沙措施探讨[J]. 西北水电, 2021(1): 73-75.

[29]　祁林攀, 王佳, 王健. 沙漠边缘地带风力发电工程建设特征研究[J]. 工程项目管理, 2021(12): 237-240.

[30]　钱莉, 杨永龙, 杨晓玲. 河西走廊东部风能资源分布特征及开发利用[J]. 气象科技, 2009, 37(2): 198-204.

[31]　刘世增, 常兆丰, 朱淑娟. 沙漠戈壁光伏电厂的生态学意义[J]. 生态经济, 2016, 32(2): 176-181.

[32]　马敏杰. 全球风能资源时空分布特征及开发潜力评价[D]. 成都: 电子科技大学, 2018.

[33]　张怀全. 风资源与微观选址: 论基础与工程应用[M]. 北京: 机械工业出版社, 2013.

第8章 地热能

地热能系储存于地球内部的热量。地球相当于一个大热库，地热能蕴藏量总计约 14.5×10^{25} J，相当于 5000 万亿标准煤燃烧释放的热量。地热能是煤热能的 1.7 亿倍。

8.1 引言

（1）地热的来源

在地球形成过程中，产生热能的总量超过地球散逸的热能，形成巨大的热储量。经过测算，地核的温度达 6000℃；地壳底层的温度为 900～1000℃；地表常温层（距地面 15m 起下至 15km 的范围内，地热平均增温率约为 3℃/100m（地温随深度增加而增高）。地热的来源有以下几种。

① 地热主要来源于地球内部放射性元素蜕变的放热反应；

② 地球自转产生的旋转能和重力分异；

③ 各种化学反应产生的能量；

④ 岩矿结晶释放的热能等。

（2）地热能的类型

地热能按其属性可分为以下 4 种类型。

① 水热型，即地球浅处（地下 400～4500m）的热水或热蒸汽；

② 干热岩地热能，是特殊地质条件造成高温但少水甚至无水的干热岩体，需用人工注水的办法才能取出；

③ 地压地热能，即在某些大型沉积（或含油气）盆地深处存在的高温高压流体，其中含有大量甲烷气体；

④ 岩浆热能，储存在高温（700～1200℃）熔融岩浆体中的巨大热能，其开发利用目前尚处于探索阶段。

8.2 地热资源的分布

不同地区地热增温率有差异，接近平均增温率的称正常温区，高于平均增温率的地区称地热异常区。明显的地热异常区通常是地壳板块边沿、断裂带及火山分布带等处，是研究和开发地热资源的主要对象。

8.2.1　全球的地热能分布

地热能集中分布在构造板块边缘一带，通常是火山和地震多发区。地热能在世界很多地区应用相当广泛。全球地热资源主要分布于以下 5 个地热带。

（1）环太平洋地热带

环太平洋地热带范围包括阿留申群岛、堪察加半岛、千岛群岛、日本、中国沿海、菲律宾、印度尼西亚、新西兰、智利、墨西哥以及美国西部。

（2）地中海和喜马拉雅地热带

亚欧板块与非洲板块、印度洋板块的碰撞边界，从意大利直至中国的云南、西藏。我国西藏的羊八井和云南的腾冲地热田属这个地热带。

（3）大西洋中脊地热带

大西洋板块的开裂部位，包括冰岛和亚速尔群岛的一些地热田。

（4）红海、亚丁湾、东非大裂谷地热带

这个地热带包括肯尼亚、乌干达、扎伊尔、埃塞俄比亚、吉布提等国的地热田。

（5）其他地热区

在板块内部靠近边界的部位，在一定的地质条件下也有高热流区，如中亚、东欧以及我国的胶东半岛、辽东半岛和华北平原的地热田。

8.2.2　我国的地热能分布

我国地热资源分为传导型地热资源和对流型地热资源两种类型。传导型地热资源主要分布在山间盆地，主要分布于我国的东部地区，均为中低温地热资源；对流型地热资源主要分布于隆起山地，主要分布在我国的东南沿海、台湾、西藏南部、川西、滇西和胶辽半岛等地区。其中，高温地热资源主要分布于我国的西藏南部、滇西、川西和台湾地区，其余地区主要分布着中低温地热资源。

（1）沉积盆地传导型地热资源

沉积盆地传导型地热资源主要分布在松辽盆地、华北平原、淮河盆地、苏北盆地、江汉盆地和汾渭盆地等。

① 松辽盆地　松辽盆地位于我国东北部，遍及黑龙江、吉林、辽宁和内蒙古四省区，面积达到 $26 \times 10^4 km^2$，是中生代裂谷盆地。根据地质资料分析，盆地中心热流值高，四周热流值低。实测大地热流值 $40 \sim 90 mW/m^2$，平均为 $70 mW/m^2$。

② 华北平原　华北平原是一个典型的多旋回盆地，形成了新近系低温热水储层、古近系地压型地热储层和基岩裂隙岩溶中、低温热水储层，是我国热水资源最丰富的热水盆地之一。新近系砂岩、砂砾岩是华北平原普遍分布的热水储层。其砂岩孔隙率随埋深的增加而逐渐减少，渗透率为（$156 \sim 2500$）$\times 10^{-3} \mu m^2$。储集性按此可分为三级，实测大地热流值为 $41 \sim 83 mW/m^2$，平均为 $63 mW/m^2$；全平原古近系、新近系热水矿化度随埋深增大而增高。

③ 淮河盆地　淮河盆地遍及河南、山东和安徽三省，面积约 $10\times10^4km^2$，为大华北中新生代盆地的一部分，主要热水储层是新近系馆陶组和明化镇组。大地热流值 $50\sim70mW/m^2$，盖层地温梯度 $2.5\sim4.9℃/100m$。馆陶组的水温为 $40\sim65℃$，是该区的主要低温热水层。

④ 苏北盆地　苏北盆地位于江苏省东部，西连安徽省天长地区，面积 $3.6\times10^4km^2$，是苏北—南黄海盆地的陆上部分。大地热流值为 $55\sim83mW/m^2$，1000m 深处的温度为 $43\sim60℃$。其中凸起区较高，凹陷区较低，地温随埋深增大而增高。

⑤ 江汉盆地　江汉盆地位于湖北省中南部，面积 $28000km^2$。盆地实测大地热流值为 $57\sim69mW/m^2$，盖层地温梯度 $2.3\sim4.0℃/100m$，基底中古生代灰岩是重要的裂隙岩溶型热水储层，主要分布在枝江凹陷、云应凹陷、江陵凹陷的斜坡地带。

⑥ 汾渭盆地　位于山西、陕西交界地带，由关中盆地和运城盆地组成，面积 $24000km^2$。盆地实测大地热流值 $50\sim80mW/m^2$，盖层地温梯度 $2.8\sim3.7℃/100m$。

（2）隆起山地地热资源

隆起山地地热资源有四个水热活动密集带：①藏南-川西-滇西水热活动密集带；②台湾水热活动密集带；③东南沿海地区水热活动密集带；④胶辽半岛水热活动密集带。

（3）喜马拉雅碰撞带

喜马拉雅碰撞带仍处于加积、增厚和增温过程中。以北部的斑公湖-怒江一线和南部的雅鲁藏布江为界可以分为藏北、藏中及藏南三个水热区。每个活动区的地热显示情况反映出现代水热活动呈北弱南强的趋势。

8.3　地热能的利用

地热能的利用可分为地热发电和直接利用两大类。地热能的利用根据地热温度分为五种利用范围，见表 8-1。

表 8-1　地热能的利用

地热温度范围/℃	地热发电	工业应用	民用
200~400	直接发电		综合利用
150~200	双循环发电	制冷，工业干燥，工业热加工	
100~150	双循环发电	制冷，工业干燥、脱水、加工，回收盐类	供暖
50~100		工业干燥	供暖，温室，家庭用热水
20~50℃		脱水，加工	沐浴，水产养殖，饲养牲畜，土壤加温

由表 8-1 可见，地热能的利用按地热温度范围分为地热发电、工业应用和民用。工业应用可利用地热制冷、干燥及脱水等，民用主要是供暖、温室及水产养殖等。

图 8-1 是地热资源利用的占比统计。目前地热主要用于供暖、温泉洗浴和农业等，而发电和工业应用处于开发阶段。

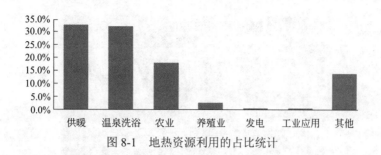

图 8-1　地热资源利用的占比统计

目前，各国为提高地热利用率，开始采用梯级开发和综合利用，包括热电联产联供、供热-发电-制冷三联产和先供暖后养殖等。

8.3.1　地热发电

由表 8-1 可见，地热温度在 200～400℃，可直接发电；地热温度在 100～200℃，采用双循环发电。地热发电的过程就是地下热能首先转变为机械能，然后再把机械能转变为电能的过程。

地热发电的原理与火力发电的原理相同，即利用蒸汽的热能在汽轮机中转变为机械能，然后带动发电机发电。地热发电不需要庞大的锅炉和燃料，它的能源就是地热能。

地热能需要有"载热体"把地下的热能带到地面上，这个载热体主要是地下的天然蒸汽和热水。按照载热体类型、温度、压力和特性，通常将地热发电划分为蒸汽型地热发电（即直接发电）和热水型地热发电（循环发电）两大类。

（1）蒸汽型地热发电（直接发电）

蒸汽型地热发电是把蒸汽田中的干蒸汽直接引入汽轮发电机组发电，这种发电方式简单，但存在如下问题。

① 干蒸汽地热资源十分有限。

② 干蒸汽多存于较深的地层。

③ 干蒸汽开采技术难度大。

④ 干蒸汽在引入发电机组前，需分离蒸汽中所含的岩屑和水滴。

直接发电主要有两种发电系统，即背压式发电系统和凝汽式发电系统。

（2）热水型地热发电（循环发电）

热水型地热发电是地热发电的主要方式。热水型地热电站有两种循环系统，即闪蒸系统和双循环系统。图 8-2 是热水型地热发电（循环发电）示意图。

① 闪蒸系统　当高压热水从热水井中抽至地面后，由于压力降低，部分热水会沸腾并"闪蒸"成蒸汽，蒸汽送至汽轮机做功发电。分离后的热水可继续利用后排出（最好是再回注入地层）。

② 双循环系统　从热水井中抽出热水，首先流经热交换器，将地热能传给另一种低沸点的工作流体，使之沸腾而产生蒸汽。蒸汽进入汽轮机做功后进入凝汽器，再通过热交换器完成发电循环，地热水则从热交换器回注入地层。

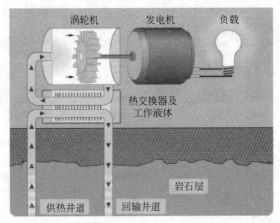

图 8-2　热水型地热发电（循环发电）示意图

8.3.2　地热能的直接利用

地热能温度在 90～150℃的中温热源和 90℃以下的低温热源主要是直接利用，包括采暖、干燥、工业、农业、医疗、旅游及日常生活。

（1）地热能采暖

地热能采暖被广泛采用。图 8-3 显示将注入生态防冻水溶液的管道埋入房屋的周围（管道由耐受性很强的聚乙烯材料制成，不易损坏且耐腐蚀性能好），地热泵通过地下管道吸入控温溶液，经聚乙烯输送管输送热水实现房间供暖。地热能转换器可以被水平或垂直放置。

图 8-3　地热采暖示意图

同样，供热和供热水也采用同样的装置。

（2）地热洗浴

地热水含有多种矿物质，可用于人体的保健和某些疾病的治疗。温泉的洗浴和游泳是人类早期开发与应用的地热资源。

（3）地热能用于工业生产

地热在工业生产中广泛使用，包括酿酒、制糖、纺织、印染、制革和造纸等行业。

（4）地热能用于农业生产

地热能用于农业生产主要包括地热温室、育种、花卉、养鱼、孵化和种植蔬菜等。

8.3.3　地源热泵技术

地源热泵可以实现采暖与制冷的双向功能，实现采暖、制冷及供生活热水。地源热泵是改善城市大气环境、节约能源的一种有效途径。

在浅层地下的土壤（砂石）和地下水中富集了约 47%的太阳辐射热能，约为人类每年消耗的能源的 500 多倍。利用地源热泵技术，可以开发浅层地下热源作为新能源。

地源热泵供热站的核心构件是水井、压缩机和换热器。水井的功能是通过抽水井吸取地下水，经地源热泵升温，给建筑物内的散热器供热后，由回水井返回地下。

（1）地源热泵工作原理

地源热泵是热泵的一种，是以大地或水为冷热源对建筑物进行冬暖夏凉的空调技术，地源热泵只是在大地和室内之间"转移"能量。图 8-4 是地源热泵工作原理示意图。

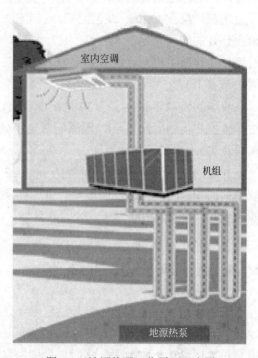

图 8-4　地源热泵工作原理示意图

（2）地源热泵系统

地源热泵系统主要分三部分，即室外地能换热系统、地源热泵机组和室内采暖空调末端系统，三个系统之间靠水或空气换热介质进行热量的传递，地源热泵与地能之间的换热介质为水，与建筑物采暖空调末端之间的换热介质可以是水或空气。图 8-5 是地源热泵系统图。

地源热泵机组主要由压缩机、冷凝器、蒸发器和膨胀阀等四部分组成。通过让液态工质（制冷剂或冷媒）不断完成蒸发（吸取环境中的热量）→压缩→冷凝（放出热量）→节流→再蒸发的热力循环过程，从而将环境里的热量转移到水中。

压缩机起着压缩和输送循环工质从低

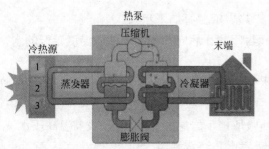

图 8-5　地源热泵系统图

温低压处到高温高压处的作用，是热泵（制冷）系统的心脏；蒸发器是输出冷量的设备，它的作用是使经节流阀流入的制冷剂液体蒸发，以吸收被冷却物体的热量，达到制冷的目的；冷凝器是输出热量的设备，从蒸发器中吸收的热量连同压缩机消耗功所转化的热量在冷凝器中被冷却介质带走，达到制热的目的；膨胀阀对循环工质起到节流降压作用，并调节进入蒸发器的循环工质流量。压缩机所消耗的功（电能）起到补偿作用，使循环工质不断地从低温环境中吸热，并向高温环境放热，周而往复地进行循环。

（3）地源热泵的发展

地源热泵技术始于 20 世纪初，近年来在德国、法国、美国及日本等发达国家推广使用。地源热泵的能源（地下水）温度比较稳定，供热和制冷系数较高。相比之下，制冷的运行费用仅为普通中央空调的 50%～60%；供热费用则比电锅炉节省 2/3 以上的电能，比燃煤锅炉节省 1/2 能量。

我国的地源热泵技术于 20 世纪 50 年代开始，陆续在上海、天津、黑龙江、福建和辽宁等地推广使用。2013 年，国家能源局和城乡建设部发布了《关于促进地热能开发利用的指导意见》，提出了具体目标。

2022 年，国管局的《国管局关于 2022 年公共机构能源资源节约和生态环境保护工作安排的通知》明确指出，因地制宜推广热泵、太阳能等可再生能源使用，2022 年达成新增热泵供热（制冷）200 万平方米的总目标。

8.4 干热岩地热资源

干热岩指埋在地底数千米处的致密不透水的高温岩体，一般温度大于 180℃。地球由地壳、地幔与地核组成，其中地核的温度最高，可以达到接近 7000℃。地核的热量向上传导穿过地幔会接近到地壳，这时地壳中不含水的岩石层就会获得高温能量，这种高温岩石层就是干热岩。

（1）干热岩资源的分布

全球陆区干热岩资源量相当于 4950 万亿吨标准煤，是全球所有石油、天然气和煤炭蕴藏能量的近 30 倍，占世界资源量的 1/6 左右。我国干热岩资源广泛分布于青藏高原、松辽盆地、渤海湾盆地和东南沿海等地。

（2）干热岩资源的开发技术

开发干热岩资源的示意图见图 8-6。开发干热岩资源有如下步骤。

① 从地表往干热岩中打一眼井（注入井），封闭井孔后向井中高压注入温度较低的水，产生了非常高的压力。

② 在岩体致密无裂隙的情况下，高压水会使岩体大致垂直最小地应力的方向产生许多裂缝。

③ 继续注入冷水使裂隙增大，水作为介质吸取地下岩层的热能后，形成高温高压水汽。

④ 利用地面循环装置，收集高温水汽用于发电与综合利用。

⑤ 降下温度的水通过注入井再注入地下岩层中，实现循环利用。

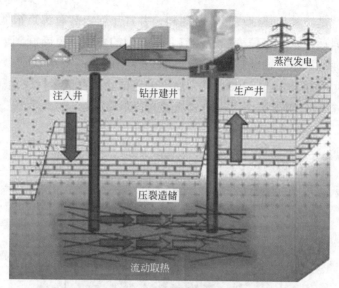

图 8-6　干热岩资源开发示意图

（3）干热岩的优势

① 利用率高　干热岩的发电效率可以达到 73%，是太阳能光伏发电的 5.2 倍，风力发电的 3.5 倍。

② 稳定性较好　干热岩是地热资源，不会受到季节、气候及昼夜等自然条件的影响。

③ 污染小　干热岩在利用过程中没有废气和其他固体废物排出，可以把对环境的影响降到最低。

④ 安全性好　利用干热岩发电比核能发电更安全。

⑤ 成本低　干热岩的发电不需要燃料，后期投入少，发电成本仅为太阳能的 1/10。

（4）干热岩的开发利用

① 美欧等国的开发　在 20 世纪 70 年代，美国率先开始对干热岩地热资源进行开发。英法等国也陆续开始着手开发干热岩资源。在 2015 年时，美国能源部地热技术办公室启动了地热能前沿观测研究计划，通过建设地下实验室来推进 EGS 的前沿研究。EGS 是增强型地热系统的简称，是干热岩开发的一个闭环系统。全球累计建设的 EGS 工程累计达到了 39 个。

② 我国的干热岩利用　我国的干热岩资源储量丰富，估计占到世界资源总量的 1/6。我国的干热岩资源主要分布在青藏高原、渤海湾盆地及松辽盆地等。

开发干热岩资源绝非易事。钻井机械的极限耐温是 240℃，而干热岩的底层温度能达到 350℃甚至更高，这就要求使用超高温的钻井技术；由于干热岩的致密不渗透性，水注入后会被岩体阻挡，不能加热到达生产井，这就需要在注水时给水不断施加压力；岩石的裂隙不受控制，增加了大量的不确定性；注入的水流会四散开来，可能导致生产井收集的水源不够，发电量就不能达到预期。

面对这些难题，我国发明了重力热管技术，其原理是将热管插入钻井口，到达干热岩岩层。热管的管壁是一种导热速度极快的材料，并且热管内装有沸点很低的氨水。热管接触到高温的干热岩后，氨水迅速变为氨蒸气，在重力的作用下重新回到地面。重力热管技术减少能源的消耗，革新了繁杂技术方式，同时安全节能。

2022年1月，我国研制的4200m重力热管采热试验装置试运行成功（图8-7是重力热管技术示意图），首次在国内实现了干热岩热能的长距离输运，也为我国干热岩的开采利用奠定了技术基础。

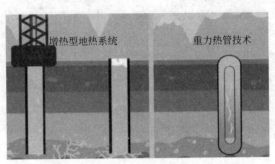

图8-7　重力热管技术示意图

（5）干热岩开采还处在探索阶段

干热岩开采要考虑如下因素。

① 在开采干热岩的过程中，要考虑破坏地壳中的其他岩层。如果破坏量足够大，会引起岩层移动、地基下沉，严重时可能会引发地震等灾害。韩国在2016年启动了开采干热岩的项目，一年后就发生了5.5级的地震。韩国经过研究分析后，项目终止。

② 干热岩存储量丰富的地区一般都位于火山地震带上，如造成板块运动活跃，引起地质活动弄断浅层地壳，引发的不仅是地震，还可能导致火山爆发。

③ 开采干热岩过程中的直接危害是耗水量大，影响生态环境。在干热岩资源丰富的青藏高原地区，水资源极其珍贵，生态环境也非常脆弱，一旦遭到破坏很难再修复。

④ 目前人类使用的能源基本都是来自表层地壳，干热岩的能量来源不属于这一范畴。如果大量开采对深层地下有什么危害，一切还是未知数。

干热岩的开采利用不能操之过急，要合理规划利用，所以目前世界各国都很谨慎。一切还在探索中。

8.5　地热能利用的发展

8.5.1　全球地热利用的发展

存在于地球内部岩土体、流体和岩浆体中的地热能，储量极其丰富。距离地球表面5km以内的地热能资源是目前已探明油气储量的5万倍以上。在当前能源危机的背景下，各国开始重视地热能的开发。专业机构预测，未来五年，全球地热发电装机容量将达到24GW。全球的地热能发电装机量大约有16GW，地热井大约250座。

2011 年，日本在福岛核事故爆发之后开始转向地热能。目前，日本的地热发电站数量增至原先的 4 倍。

美国是地热资源丰富的国家，但目前美国的能源结构中，地热能占比不到 1%，计划在 2050 年将地热能发电量提升至 8.5%。

8.5.2　我国地热利用的发展

（1）浅层地热资源

中国地质调查局资料统计了全国 336 个地级以上城市，其浅层地热能资源每年可开采量折合标准煤为 7 亿吨，可替代标准煤 11.7 亿吨/年，节煤量 4.1 亿吨/年。统计表明，适合采用地源热泵系统的地区主要分布在我国的东部地区，包括北京、天津、河北、山东、河南、辽宁、上海、湖北、湖南、江苏、浙江、江西和安徽等 13 个省（市）。

（2）水热型地热资源

来自自然资源部的公布，我国水热型地热资源非常丰富。水热型地热资源量折合标准煤为 12500 亿吨，以中温（90～150℃）地热资源和低温（＜90℃）地热资源为主，也有高温（≥150℃）地热资源。每年地热资源估计发电潜力 1000 万千瓦左右。

① 水热型中低温地热资源　水热型中低温地热资源主要分布于华北平原、淮河平原、苏北平原、松辽盆地、下辽河平原和汾渭盆地等大中型沉积盆地上，其中分布在盆地特别是大型沉积盆地的地热资源具有储集条件好、储层多、厚度大和分布广的特点。随着深度的增加，热储温度升高，成为地热资源开发潜力最大的地区。

② 水热型高温地热资源　高温地热资源主要分布在我国藏南-川西-滇西水热活动密集带，其发电潜力达到 712 万千瓦。充分开发利用高温地热资源，推进西南地区高温地热发电，是可再生能源利用的重要组成部分。

（3）干热岩地热资源

我国干热岩资源潜力巨大，开发前景广阔。中国地质调查局初步测算，我国境内地下 3～10km 范围内干热岩资源折合标准煤 860 万亿吨。其中位于 3.5～7.5km 深度、温度介于 150～250℃之间的干热岩资源，资源量巨大，折合标准煤 215 万亿吨。干热岩资源是最具潜力的战略接替能源，但开发难度较大。

（4）我国政府的决策

2022 年，国家发展改革委、国家能源局、财政部等 9 个部门在 2022 年联合印发《"十四五"可再生能源发展规划》（以下简称《规划》），"积极推进地热能规模化开发"成为《规划》中的重要内容。《规划》提出，探索新型管理技术和市场运营模式，鼓励采取地热区块整体开发方式，推广"地热能+"多能互补的供暖形式；推动中深层地热能供暖集中规划、统一开发，鼓励开展地热能与旅游业、种养殖业及工业等产业的综合利用；加强中深层地热能制冷研究，积极探索东南沿海中深层地热能制冷技术应用。

根据国家发展改革委等 8 个部门此前发布的《关于促进地热能开发利用的若干意见》，到 2025 年，地热能供暖（制冷）面积将比 2020 年增加 50%；在资源条件好的地区，建设一批地热能发电示范项目，全国地热能发电装机容量比 2020 年翻一番；到 2035 年，地热能供暖（制冷）面积及地热能发电装机容量力争比 2025 年翻一番。

思考题

1.地热能有哪几种类型？简单介绍。
2.叙述全球地热的分布。
3.叙述我国的地热分布。
4.叙述地热能的利用。
5.介绍地源热泵的工作原理。
6.叙述干热岩资源的开发技术优势与存在的问题。
7.叙述地热能利用的发展前景。

参考文献

[1] Warjield Hobbs G. 油页岩、煤层岩及地热资源开发前景评介[J]. 天然气地球科学, 1998, 9(2): 38-40.
[2] 汪集旸, 刘时彬, 未化周. 21 世纪中国地热能发展战略[J]. 中国电力, 2000, 3(9): 85-94.
[3] 胡弘, 朱永玲. 地热用水文地质特征及变化趋势[J]. 太阳能, 2003(4): 41-43.
[4] 赵力, 张启, 涂光备. 变温热源地热热泵系统的可用能分析[J]. 太阳能学报, 2002, 23(5): 595-598.
[5] John W, Lund Derek H, Freeston. World-wide direct uses of geothermal energy 2000[J]. Geothermics, 2001, 30: 29-68.
[6] 蒋秋戈. 地下能量利用的新技术——地热能系统与岩石工程[J]. 采矿工程, 2001(增刊): 19-23.
[7] 耿莉萍. 中国地热资源的地理分布与勘探[J]. 地质与勘探, 1998, 34(1): 50-54.
[8] Geng Rnilun. The methods and techniques drilling in some complicated conditions in China[J]. Collected works of the "international symposium on borehode prilling in complicated condition", Leningrad, USSR, 1989, 6.
[9] 王改娥. 开发地热新能源在通信中的应用[J]. 通信电源技术, 1996(2): 18-20.
[10] 张定源, 施华主, 田汉民. 地热绿色新能源与可持续性发展[J]. 火山地质与矿产, 2001(4): 237-243.
[11] 李文, 孔祥军, 袁利娟. 中国地热资源概况及开发利用建议[J]. 中国矿业, 2020, 29(增刊): 22-26.
[12] 刘爱华, 郑佳, 李娟. 浅层地温能和地热资源评价方法对比[J]. 城市地质, 2018, 13(2): 37-41.
[13] 周总瑛, 刘世良, 刘金侠. 中国地热资源特点与发展对策[J]. 自然资源学报, 2015, 30(7): 1210-1221.
[14] 郑人瑞, 周平, 唐金荣. 欧洲地热资源开发利用现状及启示[J]. 中国矿业, 2017, 26(5): 13-19.
[15] 王贵玲, 张薇, 梁继运. 中国地热资源潜力评价[J]. 地球学报, 2017, 38(4): 449-459.
[16] 刘康. AC 发泡剂对中温地热井自降解水泥性能的影响[D]. 北京: 中国地质大学, 2021.
[17] 邓嵩, 沈鑫, 刘璐. 地热井系统腐蚀与防护的研究进展[J]. 材料导报, 2021, 35(21): 21178-21184.
[18] 崔亮, 贾玲, 孙栋元. 地热水资源取水审批技术框架体系研究[J]. 水利规划与设计, 2022(4): 6-9.
[19] 王一鸣, 李凡荣, 钟自然. 中国地热能发展报告[M]. 北京: 中国石化出版社, 2018(8): 1-12.
[20] 秦祥熙, 张萌, 叶佳, 等. 河北沧县台拱带中、低温地热资源 ORC 发电与综合梯级利用[J]. 地球学报, 2019, 40(2): 307-313.
[21] 李文, 孔祥军, 袁利娟. 中国地热资源概况及开发利用建议[J]. 中国矿业, 2020, 29(增刊): 22-26.
[22] 郑人瑞, 周平, 唐金荣. 欧洲地热资源开发利用现状及启示[J]. 中国矿业, 2017, 26(5): 13-19.

[23]　何淼, 龚武镇, 许明标. 干热岩开发技术研究现状与展望分析[J]. 可再生能源, 2021, 39(11): 1447-1453.

[24]　蔺文静, 王贵玲, 邵景力. 我国干热岩资源分布及勘探: 进展与启示[J]. 地质学报, 2021, 95(5): 1366-1381.

[25]　王贵玲, 蔺文静. 我国主要水热型地热系统形成机制与成因模式[J]. 地质学报, 2020, 94(7): 1923-1937.

第**9**章 海洋能

海洋蕴藏着巨大的能源，其储量约占世界能源总量的 70%以上。地球表面积约为 $5.1\times10^8 km^2$，其中陆地表面积为 $1.49\times10^8 km^2$，占 29%，而海洋面积达 $3.61\times10^8 km^2$。以海平面计算，全部陆地的平均海拔约为 840m，海洋的平均深度却为 380m，整个海水的容积达到 $1.37\times10^9 km^3$。

海洋能是一种蕴藏在海洋中的可再生能源。海洋能包括潮汐能、波浪能、温差能、盐差能和海流能等。全世界海洋能的总储量相当巨大，据估算全球的潮汐能大约 2700GW、波浪能大约 2500GW、海流能大约 5000GW、温差能大约 2000GW 及盐差能大约 2600GW。

我国海洋能源的估算，潮汐能为 190GW，波浪能的开发潜力为 130GW，沿岸波浪能为 70 GW，海流能为 50GW，海洋温差能和盐差能分别为 150GW 和 110GW。

海洋能同时也涉及一个更广的范畴，包括海面上空的风能、海水表面的太阳能和海里的生物质能。本章重点介绍海洋能（包括潮汐能、波浪能、温差能、盐差能和海流能）发电和可燃冰的开发现状与发展。海上风能在第 7 章"风能"中论述，海水表面的太阳能在第 2 章"太阳能"中简介，海里的生物质能在第 6 章"生物质能"中简介。

9.1 海洋能的存在形式

海洋能包括潮汐能、潮流能、海流能、波浪能、温差能及盐差能。海洋能存在形式的不同，导致技术上转换的方式多种多样。理论上，海洋能可以转换成电能，也可转换成其他形式的能量。但实际上，海洋能的应用多数处于研发阶段。

海洋能的能量密度较小且不稳定，同时随时间变动大；海洋环境复杂，海洋能装置要有能抗风暴、抗海水腐蚀和抗海洋生物附着的能力。目前，海洋能试验性发电的成本不能与常规火电和水电竞争。但海洋能总量大，无污染，对生态环境影响小，是一种有开发潜力的可再生能源。

海洋能中潮汐能和潮流能来自月球与太阳的引力作用，而海流能、波浪能、温差能及盐差能来源于太阳的辐射能。

（1）潮汐能

潮汐能是海水在涨潮和落潮过程中产生的势能。月球、太阳等的引力作用引起地球表面海水周期性涨落，这种涨落现象伴随两种运动。一种是涨潮和退潮引起的海水垂直升降运动，这产生潮汐能；另一种是涨潮和退潮引起的海水水平运动，产生的是潮流能。潮汐能的强度取决于潮头数量和落差。

通常潮头落差大于 3m 的潮汐具有产能的利用价值，潮汐能主要用于发电。

（2）潮流能

潮流能是月球与太阳等星体的引力作用引起的地球表面海水周期性涨落所带来的能量，潮流能是潮水流动的动能。潮流的变化比较平稳，而且规律，潮流能随潮汐的涨落平均每天 2 次改变大小和方向

（3）波浪能

波浪能是海洋表面波浪所具有的动能和势能的总和。海洋中的波浪主要是风浪，而风的能量来自太阳。

波浪能的特点是能流密度偏低，但蕴藏量大；冬季可利用的波浪能达到峰值；分布面广。波浪能的大小与风速、风向、连续吹风的时间和流速等因素有关。

波浪能是在风的作用下产生的由短周期波储存的机械能。波浪能主要用于发电，同时也可用于输送和抽运水、供暖、海水脱盐和制造氢气。

（4）海流能

海流是海底水道和海峡中较为稳定的流动以及由潮汐导致的有规律的海水流动。其中一种是海水环流，这是大量的海水从一个海域长距离地流向另一个海域。海流能的主要利用方式是发电，其原理和风力发电相似。

海流能是指海水流动的动能，它是海底水道和海峡中较为稳定的流动以及由潮汐导致的有规律的海水流动时产生的能量。

（5）温差能

温差能是海洋表层海水和深层海水之间水温差的热能，能量与温差的大小和水量成正比。温差能的主要利用方式为发电，但温差能的能量密度较低。

位于北回归线以南的中国南海是典型的热带海洋，太阳辐射强烈。南海的表层水温常年维持在 25℃以上，而 500～800m 以下的深层水温则在 5℃以下，两者间的水温差在 20～24℃之间，温差能资源非常丰富。

（6）盐差能

盐差能是海水和淡水之间或两种含盐浓度不同的海水之间的化学电位差能，是一种化学能，它是海洋能中能量密度最大的一种能源。盐差能主要存在于河海交接处。世界各河口区的盐差能达 30TW，可能利用的有 2.6TW。我国的盐差能估计为 1.1×10^8 kW，主要集中在各大江河的出海处，同时，我国青海省等地还有不少内陆盐湖存在有利用价值的盐差能。目前，盐差能用于发电的研究还处于实验室阶段。

9.2　海洋能发电

本节重点介绍潮汐能、潮流能、波浪能、温差能、盐差能和海流能的发电技术。

9.2.1　潮汐能发电

潮汐是月球和太阳对地球万有引力共同作用的结果，是海水时进时退、海面时涨时落的自然现象。在月球和太阳两者中，由于月球离地球更近，所以月球引力占主要地位。主

要的潮汐循环有规律地与月球同步，但也随着地球-月球-太阳体系的复杂作用而不断变化和调整。

潮汐变化由于地球表面的不规则外形而复杂化。在深海中，巨大的潮汐波峰仅能超过1m，相对于整个海水深度的比率极小，所以由于摩擦力的作用而损失的能量非常小。在陆地边缘，尤其对于那些水深梯度大的区域，潮汐的能量变化剧烈。随着潮汐能传递区域相对于海水总容量的概率增大，相当大的能量也随之消失。

潮汐运动实质上如同一个巨大的制动器，潮汐作用引起的能量损失削弱了由地球-月球-太阳运行体系所形成的作用力。在地球的漫长变化过程中，白昼的变化以 1×10^{-5}s/a 的速度变长。由于白昼的变化可以测量，因此潮汐能的损失量亦可被估算出来，具体损失量为2.7TW/s。这些能量若全部转换成电能，每年发电量大约为 1200TW·h。

巨大的潮汐能是由许许多多邻近大陆的海洋边缘区域凝聚而形成的，这些区域显然是人类利用潮汐能的潜在场所。

（1）潮汐发电的基本原理

潮汐发电与水力发电的原理基本相似，它是利用涨潮和落潮所产生的水位产生的势能发电，也就是把海水涨、落潮的能量转变为机械能，再把机械能转变为电能的过程。图9-1是潮汐发电装置。

图 9-1　潮汐发电装置

潮汐发电通常是在海湾或有潮汐的河口建一道拦水堤坝，将海湾或河口与海洋隔开构成水库，然后在坝内或坝房安装水轮发电机组；利用潮涨潮落时海水位的升降，使海水通过轮机转动水轮发电机组实施发电。

（2）潮汐电站的类型

潮水的流动与河水的流动不同，它不断变换方向。潮汐发电有不同的形式，如单库潮汐电站、双库潮汐电站和水下潮汐电站。

① 单库潮汐电站　单库式潮汐电站是早期的产物。通常修一个大坝，其上建有发电厂及闸门。单库潮汐电站有两种主要运行方式，即双向运行和单向运行，其示意图如图9-2所示。

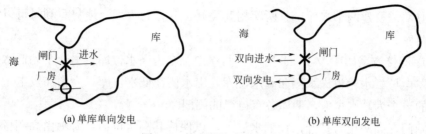

图 9-2　单库潮汐电站示意图

a.单向运行是指电站只沿一个水流方向进行发电，通常是单向退潮发电。这种电站的库水位接近最高潮位。当海潮退落，库水位高于海潮位达到一定值时，电站机组开始发电；当海潮上涨，库水位高出海潮位的值小于一定值时，发电机停机；潮位继续上涨至高于库水位时，开闸进水，使库水位接近最高潮位，以备下一次退潮发电。这种潮汐电站只需安装常规贯流式水轮机即可。

b.双向运行是指电站沿两个水流方向都发电。这种电站的库水位总在平均潮位附近摆动，当海潮退落，库水位高于海水位一定值时，机组进行退潮正向发电；当海潮上涨，海潮位高于库水位一定值时，机组进行涨潮反向发电。由于退潮和涨潮都发电，其电站必须安装双向式水轮发电机组。

两种运行方式的主要区别在于，单向运行方式只能提供间断电力，间断时间取决于潮位变化周期。这对电网的安全和运行不利。双向运行方式可提供较连续的电力，具有较强的电网适应性，可进行调峰运行。但它的安装成本高，需要双向式水轮发电机组同时运行，机组运行效率相对较低，其总发电量反而比单向式要少。

从发电量-价格比来看，单向运行方式优于双向式。但就电网而言，双向运行方式可能会提供更多的电力。因为双向运行方式电站有更大的灵活性，能更好地满足电网要求。

针对上述问题，采用泵水方法来解决。在海潮位达到最高而又未开始进行退潮正向发电之前，用泵从海侧向库侧泵水，使库位进一步提高，以增加退潮时的发电量。虽然泵水需要耗电，但由于泵水时的扬程低于发电时的落差，发电量比耗电量要多。将泵水功能换由水轮机来完成，即选用多工况水轮机，运行起来较方便。但泵水功能的引入一定会增加电站的复杂性和投资额。

② 双库潮汐电站　为了克服单库发电的问题，在有条件的地方可以采用双库方案。这里提出的双库方案有两种（图 9-3）：一是双库连接方案；二是双库配对方案。

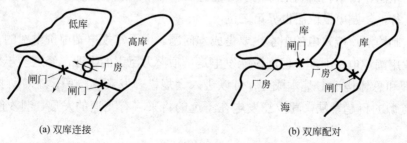

图 9-3　双库潮汐电站示意图

双库方案需要建两个水库，且两库相互隔开，各自有大坝。地势有利时可以利用天然条件分隔两库。

a. 双库连接方案如图 9-3（a）所示。两库中一个为高水位库，另一个为低水位库，两库之间建发电厂。水轮机进水侧在高水位库，出水侧在低水位库。为增加发电量，应选两库中较小的一个为高水位库，两库各有自己的闸门。

高库闸门在高潮位时打开，让潮水进入，以保持其高水位；当海潮由高潮位下落至一定值时，此闸门关上，防止库水流出。低库闸门在低潮位时打开，排出库中的水，然后关上闸门。电站依靠高、低库水位差发电。

由于高低库水位始终具有一定差值，因此电站可实现连续发电，且电站所需水力发电设备较简单。双库方案可完全摆脱潮汐电站发电时间由潮水规律决定的缺点，它可像河川电站一样运行。

在双库连接方案中，若在电站处增加一条通往大海的水道，使电站既可沿低库方向发电，又可沿大海方向发电，则可增加电站的发电量。当然这会增加电站的复杂性，同时还会降低电站的灵活性。

b. 双库配对方案如图 9-3（b）所示。双库配对方案的实质就是将两个单库电站配对使用，相互补充，克服单库电站的缺点。由于灵活性是这一方案的主要优点，因此参加配对的两个电站应设置为双向运行方式。根据电网需求的不同，配对的方式有多种。

③ 水下潮汐电站　潮汐电站需在海岸边建造人工大坝，进行人工潟湖蓄水，这样会导致河流及海岸附近的生态平衡破坏。建造水下潮汐电站可以解决这一问题。

世界上第一座商用水下潮汐发电站于 2004 年在挪威并网发电。这座潮汐能发电站使用涡轮发电机，发电机被固定在位于海底 20m 高的钢柱顶端。当海水流过时，直径 10m 的叶片就会随之转动，从而产生电能。它的功率为 300kW，这是全世界第一次将潮汐能产生的电力并入电网。

我国最大的潮汐发电站是国家能源集团龙源电力温岭江厦潮汐试验电站，目前是世界第四大潮汐能发电站。

（3）潮汐发电的发展

目前，全世界潮汐电站的总装机容量为 265GW。1912 年，德国首先建立了一座小型潮汐电站。以后，法国、加拿大等国相继建造了试验型潮汐电站。自 1958 年以来，我国陆续在广东顺德东湾、山东乳山和上海崇明等地建立了几十座潮汐能发电站。目前仍有 7 座潮汐电站在运行，年发电量位居世界第三位。

当前，制约潮汐能发电的因素主要是成本问题。由于常规电站廉价电费的竞争，建成投产的商业用潮汐电站不多。但潮汐能发电是一项潜力巨大的事业，经过多年来的实践，在工作原理和总体构造上基本成型，可以进入大规模开发利用阶段，随着科技的不断进步和能源资源的日趋紧缺，潮汐能发电在不远的将来将有飞速的发展，潮汐能发电的前景广阔。

9.2.2 潮流能发电

潮流能是月球和太阳的引力引发海水周期性地往复水平运动时形成的动能。潮流能集中在海岸边、岛屿之间的水道或海湾口。潮流主要有两种形式：往复式和旋转式。

① 往复式潮流主要出现在近海岸、海峡、港湾及江河入海口等处，潮流受地形及海岸线结构的限制，只能做往复运动。涨潮时，海水由外海向大陆方向流动，此时的潮流称为涨潮流；落潮时海水原路返回，称为落潮流。

② 旋转式潮流的产生是地形条件及科氏力（地转偏向力）综合作用的结果。在外海或广阔海域，潮水的流向不是直线式的往复运动，而是形成旋转流。

（1）潮流能的特点

① 规律性强　潮流能具有较强的规律性和可预测性，这基于潮汐的周期性。

② 环境友好　潮流能的开发不排放任何污染物。

③ 能量密度高　潮流能的能量密度约为风能的 4 倍，是太阳能的 30 倍。

④ 发电设备相对简约　潮流能发电装置一般安装在海底或漂浮在海面，无须建造大型水坝。

（2）潮流能发电的基本原理

潮流能发电的原理类似于风力发电。将海水的动能转换为机械能，再将机械能转换为电能。图 9-4 是潮流能发电装置。

图 9-4　潮流能发电装置

（3）潮流能发电的技术

① 轴流叶轮技术　类似于常规大型风力发电设备的运作方式。水流方向与旋转轴平行，利用水流推动叶轮桨叶旋转发电。

② 横流叶轮技术　横流叶轮技术的运行原理和轴流叶轮相似，不过叶轮桨叶与旋转轴平行，水流方向与叶轮旋转轴垂直。

③ 振荡水翼技术　振荡水翼技术的装置由水翼、振荡悬臂和液压发电装置组成。水翼受其两侧的潮汐流推动，带动振荡悬臂摆动做功。振荡水翼技术可以在相对较浅的海域布

置机组，因此应用领域更广。

④ 套管叶轮技术　套管叶轮技术相当于在横轴或纵轴叶轮的外部增加一个文丘里管，这样可提高转换效率。

（4）潮流能的发电系统

潮流能发电装置是一种开放式的海洋能捕获装置，该装置叶轮转速比较慢，最大流速在 2m/s 以上的流动能都具有利用价值。潮流能发电装置根据其透平机械的轴线与水流方向的空间关系可分为水平轴式和垂直轴式两种结构。图 9-5 是水平轴式和垂直轴式两种结构的发电装置。

 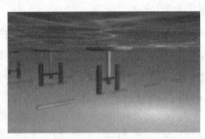

(a) 水平轴涡轮机　　　　　　　(b) 垂直轴涡轮机

图 9-5　两种结构的发电装置

（5）潮流能的发展

潮流能利用技术于 20 世纪 70 年代出现。美国在 1973 年首次在佛罗里达海域开展潮流发电实验。以后，英国、法国及爱尔兰等国相继开展潮流发电的研究，奠定了水平轴涡轮机、垂直轴涡轮机和振荡水翼装置的发电技术。

我国的潮流能利用同样于 20 世纪 70 年代开始，到 2010 年以后取得实质性突破。浙江大学、长江三峡集团及国电联合动力有限公司等单位发挥重要作用。我国自主研发的 LHD 潮流能发电站是世界首座海洋潮流能发电站。

LHD 潮流能发电站机组横卧在岱山县秀山岛南面的两座小岛之间。这里水流湍急，潮流能资源丰富。2016 年 1 月，LHD3.4MW 海洋潮流能发电机组总成平台在这里下海。半年后，首期 1MW 机组顺利下海发电，一个月后并入国家电网。

2022 年 2 月，世界单机容量最大的 LHD1.6MW 潮流能发电机组"奋进号"再次下海。经过两个多月试用后，正式并入国家电网，预计年发电量 200 万千瓦时，每年可以实现减排二氧化碳近 2000t。

9.2.3　波浪能发电

波浪能发电是以波浪的能量为动力生产电能。波浪蕴藏巨大的能量，正弦波浪每米波峰宽度的功率 $P \approx HT$kW/m。式中，H 为波高（m），T 为波周期（s）。通过某种装置可将波浪的能量转换为机械、气压或液压等形式的能量，然后通过传动机构、气轮机、水轮机或油压马达驱动发电机发电。全球有经济价值的波浪能开采量估计为 $(1 \sim 10) \times 10^8$kW。我国波浪能的理论储量为 7000 万千瓦左右。

波浪能的特点是：分布最广；可再生性，只要太阳能存在即会产生风能，从而会不断地产生波浪能；波能流密度大，最高处可达 100kW/m；洁净无污染；有周期性变化规律；利用方便。波浪能可为沿海地区、海洋平台和远海领域提供能源。

（1）波浪能发电原理

波浪能发电装置工作的基本原理为：通过捕能机构捕获波浪中的能量，再利用能量转换-传递系统对捕获的能量进行传递、存储、变换等处理，最终以电能形式输出。图 9-6 是波浪能发电装置原理示意图。

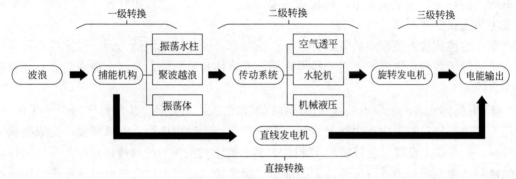

图 9-6　波浪能发电装置原理示意图

（2）波浪能发电装置

目前，波浪能发电装置种类繁多，但接近实用的主要有三种，即振荡水柱式、聚波越浪式和振荡体式 3 种。

① 振荡水柱式波浪能发电装置　振荡水柱波浪能发电装置基本工作原理如图 9-7 所示。装置的气室结构下部与海水相连通形成水柱体，水柱上部的空气通过气管可与外部大气连通。在波浪力的推动下，气室内的水柱产生振荡，并通过对水柱上部的空气增减压后，在气管内形成往复气流。结果是将波浪能转换为空气动能，完成能量一级转换；往复气流推动气管内的空气透平，将气流能量转换为透平旋转的机械能，完成能量二级转换；空气透平通过转轴驱动发电机发电，可将轴功转换为电能，这样就完成了能量的三级转换。振荡水柱波浪能发电装置整体获能效率接近30%。

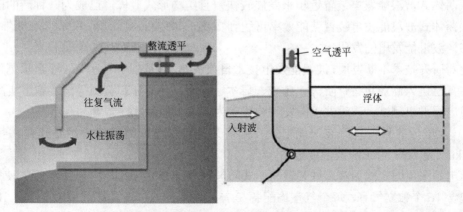

图 9-7　振荡水柱波浪能发电装置基本工作原理示意图

振荡水柱式装置的优点是抗恶劣气候的性能好、故障率低和使用寿命长；缺点是制造费用高。

② 聚波越浪式波浪能发电装置　聚波越浪式波浪能发电装置基本工作原理如图9-8所示。如图所示，波浪撞击海岸地形或聚波结构后聚集于斜坡道之上，波浪爬升翻越进入后方高位蓄水池（或库）中，形成内外水头差；将波浪能转换为水体势能，完成能量一级转换；当蓄水池内水头满足发电要求后，通过回流管道释放水体返回大海，并驱动管道内的低水头水轮机工作；水体势能转换为水轮机旋转的机械能，完成能量二级转换；低水头水轮机通过转轴驱动发电机发电，将轴功转换为电能，完成能量三级转换。聚波越浪式波浪能发电装置获能效率可达到17%。

聚波越浪式波浪能发电装置的特点是：活动部件少、抗风浪能力强、稳定性及可靠性高，可适应于各种极端海况。进一步提高系统兼容性和系统性，有利于提高装置整体获能效率。

③ 振荡体式波浪能发电装置　振荡体式波浪能发电装置基本工作原理如图 9-9 所示。利用振荡体结构在波浪中产生往复运动，将波浪能转化为物体运动的机械能，完成能量一级转换；振荡体上设置能量转换-传递机构，多为直驱式机械系统或液压系统，将振荡体运动的能量转换为机械能或液压能，完成能量二级转换；最终通过直线电机或液压马达连接发电机完成发电，将机械能或液压能转换为电能，完成能量三级转换。

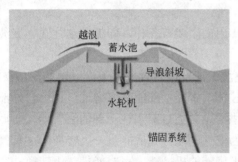

图9-8　聚波越浪式波浪能发电装置
基本工作原理示意图

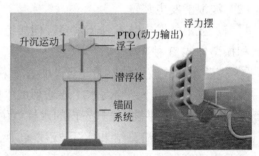

图9-9　振荡体式波浪能发电装置
基本工作原理示意图

振荡体式波浪能发电装置近年来发展较快，且结构形式多样，已成为一种新的研发趋势。振荡体式波浪能发电装置获能效率可达到20%～40%。

（3）波浪能发电的发展

随着研究技术不断发展，波浪能发电技术日益成熟，从基础研究逐渐发展至示范阶段，部分装置已进入商业化运行阶段。挪威、日本、印度、葡萄牙和英国等国实施了实海况波浪能发电原型机测试，同时波浪能发电装置多为固定式振荡水柱装置。

① 西班牙的穆特里库波浪能电站　西班牙的穆特里库波浪能电站是建在穆特里库（Mutriku）港口的300kW波浪能电站。

该电站采用固定式振荡水柱装置与岸式防波堤相结合的方式，于2011年投入使用。装置共包含16个独立气室，每个气室均配备 0.75m 直径的威尔斯式透平和额定功率18.5kW

的发电机组，截至 2018 年 6 月电站总发电量为 1.6GW·h。

② 我国波浪能电站　目前，我国波浪能发电技术处于研究阶段，在波浪能利用中也取得了成果。2020 年 6 月，山东威海浅海海上综合实验场和广东珠海万山波浪能实验场完成建设，首台装机功率达 500kW 的鹰式波浪能发电装置"舟山号"正式交付使用；2022 年 6 月兆瓦级波浪能发电平台在东莞正式开工建造，实现在远海岛礁的并网示范；2023 年 1 月，我国自主研发的兆瓦级漂浮式波浪能发电装置正式下水。

目前，各类波浪能发电装置研究目标主要在于优化装置整体发电性能，包括发电稳定性、效率、装置的可靠性和可维护性，进一步增强装置在极端海况下的生存能力。在波浪能商业化开发利用中，波浪能发电装置逐渐向大型化和阵列化方向发展。

9.2.4　温差能发电

由于太阳光照射，海洋表层水温可达 25～28℃，而水下 800～1000m 深层冷水则为 4～7℃，两者温差为发电提供了一个总量巨大且比较稳定的能源。据估计，全球可用于技术开发的海洋温差能有 $4×10^{13}$kW。我国南海水体所蕴藏的温差能储量达 $3.3×10^{8}$kW·h，技术可开发年发电量为 $2.3×10^{11}$kW·h。

（1）温差能发电的基本原理

温差能发电的基本原理是利用海洋表面的温海水加热低沸点工质并使之汽化以驱动透平发电，透平排除的乏汽与深层冷海水换热冷凝成液体，通过工质泵输送到蒸发器中，完成一次循环。

（2）温差能发电的方式

海洋温差能发电目前有两套系统：一是传统的海洋温差能发电系统；二是海洋温差能-太阳能联合热发电系统。

① 传统海洋温差能发电的三种方式　海洋温差能发电的三种方式包括闭式循环系统、开式循环系统和混合式循环系统。图 9-10～图 9-12 分别为这三种循环方式。

a.闭式循环系统（图 9-10）由于使用低沸点工质，使整个装置，特别是透平机组的尺寸大大缩小。海洋温差能发电用的透平与普通电厂用的透平不同，电厂透平的工质参数很高，而海洋温差能发电用透平的工质压力和温度都相当低，且焓降小。

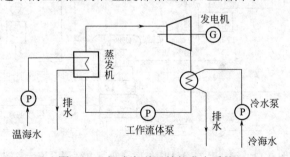

图 9-10　闭式海洋温差能发电系统

b.开式循环系统（图 9-11）中，海水被直接用作工质，闪蒸器和冷凝器之间的压差和焓降都非常小，所以必须把管道的压力损失降到最低，同时透平的径向尺寸很大。开式循环系统在发电的同时可以得到淡水。

c.混合式循环系统（图9-12）综合了开式和闭式循环系统的优点，它以闭式循环发电，同时生产淡水。

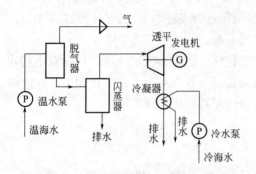

图9-11　开式海洋温差能发电系统

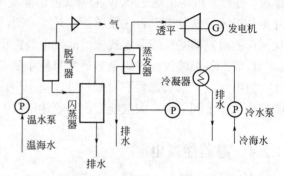

图9-12　混合式海洋温差能发电系统

在实际应用中发现，由于海洋温差小，海洋温差能发电系统的热效率一直都比较低。大型海洋温差能发电装置一般采用轴流式透平。

② 海洋温差能-太阳能联合热发电的三种方式　根据我国海洋温差能分布情况，近年来探索研究的"海洋温差能-太阳能联合热发电系统"具有实用价值。图 9-13～图 9-15 分别为闭式温差能-太阳能联合热发电循环系统、光照条件工作系统和无光照条件工作系统。

闭式温差能-太阳能联合热发电循环系统（图9-13）以氨-水非共沸混合液为循环工质，其中数字代表系统循环工质在所处热力设备位置点处的状态。利用太阳能进行再加热，同时加装回热器。

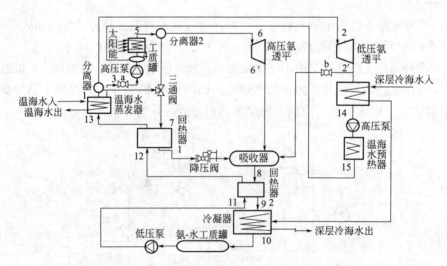

图9-13　闭式温差能-太阳能联合热发电循环系统示意图

有光照条件工作系统（图9-14）采用非共沸混合工质氨-水作为循环工质，其中数字代表系统循环工质在所处热力设备位置点处的状态。

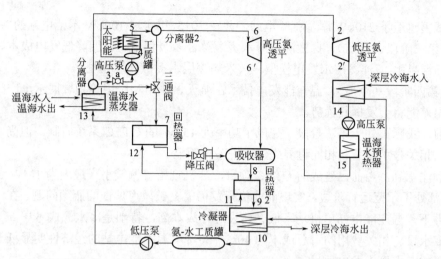

图 9-14　有光照条件的温差能-太阳能联合热发电循环示意图

无光照条件工作系统（图 9-15）采用非共沸混合工质氨-水作为循环工质，其中数字代表系统循环工质在所处热力设备位置点处的状态。利用非共沸混合工质的变温相变特性，与流体实现换热，并保持温度匹配，这样减少了工质吸热过程的不可逆性。再通过加装回热器的方式减少各种传热过程的温差，实现减少换热器熵增的方法。海洋温差能-太阳能联合热发电系统的热效率优于传统的循环方式。

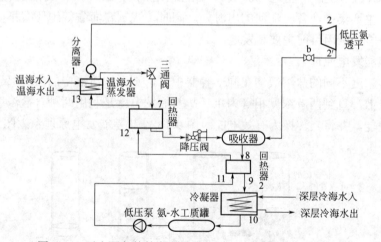

图 9-15　无光照条件的海洋温差能-太阳能联合热发电示意图

（3）温差能发电的发展

目前，海洋温差能开发利用技术取得了突破性及实质性进展。从世界各国发展历程来看，总体划分为如下四个阶段。

① 第一阶段（20 世纪 80 年代开始），完成了温差能发电技术验证，建立了千瓦级发电样机，为大型化电站发展积累经验，以美国 50kW Mini-OTEC、日本鹿儿岛 50kW 试验电站为代表。

② 第二阶段（20 世纪 90 年代开始），完成了百千瓦级样机制造和示范电站建设。美

国在夏威夷建造了 210kW 岸基试验电站，并在 2015 年实现 100kW 示范电站的并网发电。

③ 第三阶段（当前），探索深层海水资源综合多级利用，以期降低发电成本。日本建立了离岛温泉水-海洋深层水发电模型、久米岛深层水多级利用模型。

④ 第四阶段（今后），温差能发电技术在航天、军用和民用等领域展示出广阔的应用前景，温差能将会发挥其优势。

目前，我国正处于第二阶段，完成了功率为 15kW 的 OTEC 系统研制，但尚未建立示范电站，相关技术及装备相比世界先进水平差距明显。

必须注意到，当前已建成的 OTEC 项目，装机规模普遍较小（最大为 1MW 透平发电机组），都处于示范运行阶段，实现商业化开发仍需突破效率偏低的瓶颈问题。在当前技术水平条件下，温差能电站单机功率低、建设运行成本高，特别是冷水源成本居高不下（深层海水取水设施相关费用约占总成本的 40%～50%），温差能电站的经济性明显低于同级别装机容量的海上风力发电项目。

9.2.5　盐差能发电

盐差能是指海水和淡水之间或两种含盐浓度不同的海水之间的化学电位差能，是以化学能形态出现的海洋能。盐差能主要存在于河海交接处，也存在于淡水丰富地区的盐湖和地下盐矿。盐差能是海洋能中能量密度最大的一种。

世界各河口区的盐差能达 30TW，可能利用的有 2.6TW。我国的盐差能估计为 1.1×10^8 kW，主要集中在各大江河的出海处，同时，我国青海省等地还有不少内陆盐湖可以利用。盐差能的利用目前主要是发电。

（1）盐差能发电原理

当把两种浓度不同的盐溶液倒在同一容器中时，那么浓溶液中的盐类离子就会自发地向稀溶液中扩散，直到两者浓度相等为止。盐差能发电就是利用两种含盐浓度不同的海水的化学电位差能，并将其转换为有效电能。图 9-16 是盐差能发电原理示意图。

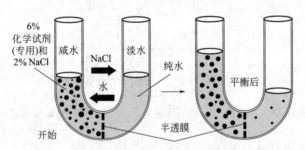

图 9-16　盐差能发电原理示意图

经过科学周密的计算发现，温度在 17℃时，如果有 1mol 的盐从浓溶液扩散到稀溶液中，会释放出 5500J 的能量。盐差能发电的过程就是将不同盐浓度的海水之间的化学电位差能转换成水的势能，再利用水轮机发电。

（2）盐差能的发电技术

目前，获取盐差能的技术包括压力延滞渗透法、反电渗析法、蒸气压法及电容混合法等。其中压力延滞渗透法和反电渗析法的研究较多。

① 压力延滞渗透法　半渗透膜放在不同盐度的两种海水之间，通过半渗透膜就会产生一个压力梯度，迫使水从盐浓度低的一侧向盐浓度高的一侧渗透；盐水一侧的势能逐渐增大，从而推动水轮机旋转，实现盐差能向电能的转换。

压力延滞渗透法工程通常建在海平面下（或地面下）100～130m 处。利用海水的高度压力，可提供膜组件正常工作所需的压力。此类盐差能发电装置不需要压力泵，提高了整体发电效率。

② 反电渗析法　反电渗析法是一种通过控制混合的两种不同盐浓度水体来发电的技术。利用阴、阳离子交换膜选择性透过 Cl^-、Na^+，在两电极间形成电势差，可在外部产生电流。反电渗析系统由阴、阳离子交换膜，阴、阳电极，隔板，外部负载，浓溶液和稀溶液等组成。将数张离子交换膜堆叠在一起，不同浓度的水溶液在离子交换膜侧面相互交错，积累起电势，成为发电的驱动力。

（3）盐差能发电技术的发展

总体而言，盐差能利用技术还处于实验室和中试规模的研究阶段。挪威 Statkraft 公司在 2003 年建成世界上第一个专门研究盐差能的实验室，并于 2009 年建成世界上第一座 4kW 的盐差能发电站，但 2014 年宣布搁置。2014 年，荷兰特文特大学纳米研究所的第一座盐差能试验电厂投入使用，但只做了探索性工作。

自 1979 年开始，我国开始研究盐差能发电技术。1985 年西安冶金建筑学院采用半渗透膜法研制了一套可利用干涸盐湖盐差能发电的试验装置；2015 年中国海洋大学、中国科学院大学和吉林大学也开展了研究。

压力延滞渗透法和反电渗析法的核心是渗透膜。目前，这两种方法发电面临如下问题：设备投资大、运行成本高、能量化效率低和能量密度小。从技术发展趋势上来说，压力延滞渗透法要研制透水率高的渗透膜，提高膜的工作性能；反电渗析法要研制高选择性的离子渗透膜，还要有效降低装置的内电阻。

9.3　海洋能的其他应用

目前，海洋能发电是主要研究方向，但探索海洋能的其他应用的研究已经展开。

（1）潮汐能

利用潮汐能发展水产养殖、围涂、旅游和交通运输等产业，产生了巨大的经济效益。潮汐能主要用于发电，同时也可用于输送和抽运水、供暖、海水脱盐和制造氢气。

（2）波浪能

波浪能的开发正朝集发电、网箱养殖、观光旅游和环境监测等为一体的新型智慧海洋可再生能源利用多功能综合平台发展。将来可将波浪能发电装置向深海和远海推进，扩大海洋开发范围，利用平台进行海水淡化，满足海岛居民生活用水。

（3）海洋温差能

积极开展海洋温差能开发利用研究，以温差能发电为主，涵盖海水淡化、海水制冷、食品开发、农业、养殖业和医疗保健等方面的开发，向着高技术含量和高附加值的综合开发模式演进。

（4）盐差能

盐差能的发电技术处于研发阶段，其他应用也是如此。目前的主要进展是用盐差能的原理制备占地小的盐差电池，并用于污水处理。

9.4 可燃冰

可燃冰（学名为"天然气水合物"）是一种气体分子和水分子在低温高压下形成的结晶物质，外貌极像冰雪，遇火可以燃烧，故被称为可燃冰。可燃冰分解为气体后，甲烷含量一般在 80%以上，最高可达 99.9%。可燃冰在自然界中呈多种形态，包括块状、层状、透镜状、结核状、脉状、浸染状和分散状。2007 年起，在我国海域陆续发现了多种形态的可燃冰。2009 年我国祁连山冻土区发现的可燃冰以裂隙充填型为主。

9.4.1 引言

9.4.1.1 可燃冰资源

可燃冰的形成需要大量的烃类气体，这些烃类气体主要有三种来源：微生物的分解，称为微生物气型；深部油气田的热降解，称为热解气型；两者混合形成的产物，称为混合气型。

在海域发现的可燃冰绝大多数为微生物气型，我国南海北部海域发现的主要属于这种类型；在陆域发现的可燃冰主要为混合气型和热解气型（我国祁连山冻土区发现有可燃冰存在）。

（1）可燃冰形成的条件

可燃冰的形成与分布需要满足 4 个条件：①温度低，低于 10℃；②压力高，大于 50atm（1atm=101325Pa）；③天然气供给充足；④储集空间大。

（2）可燃冰的分布

可燃冰在全球主要分布在两类地区：一是水深在 500m 以上的深海区；二是冻土区（主要是两极冻土区）。目前，全球发现多处可燃冰产地，并获取了可燃冰样品。

9.4.1.2 可燃冰的结构

可燃冰有以下三种结构类型（见图 9-17）。

① Ⅰ型结构的可燃冰　Ⅰ型结构的可燃冰由甲烷、乙烷、二氧化碳及硫化氢等较小直径的气体分子和水分子结合而成。

② Ⅱ型结构的可燃冰　Ⅱ型结构的可燃冰由甲烷、乙烷等小分子，丙烷及异丁烷等较大分子和水分子结合而成。

③ H型结构的可燃冰　H型结构的可燃冰由异戊烷等较大气体分子和水分子结合而成。

在三种结构类型的可燃冰中，Ⅰ型可燃冰常见，Ⅱ型次之，H 型较为罕见。我国南海北部的可燃冰以Ⅰ型为主，甲烷含量最高达 99.5%。祁连山冻土区的可燃冰以Ⅱ型为主，甲烷含量为 54%~76%，其余是乙烷、丙烷等其他烃类气体。

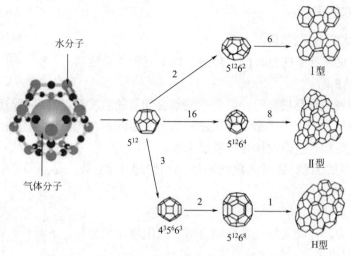

图 9-17　可燃冰结构类型示意图

9.4.2　可燃冰的研究

（1）可燃冰是天然气资源

可燃冰属于天然气资源，其储量巨大。据估算，世界上可燃冰中碳的总量是地球上煤、石油和天然气等化石燃料中碳总量的两倍（Kvenvolden 等，1988）。同时，可燃冰的能量密度高，$1m^3$ 可燃冰可以分解出 $150\sim164m^3$ 的天然气（Sloan，1998）。

（2）警惕可燃冰分解

可燃冰如果分解，可能会引发全球气候变化，并导致海底地质灾害。甲烷的温室效应为 CO_2 的 20 多倍。如果可燃冰中的甲烷大量释放到大气中，将对全球气候造成严重后果，同时可能会引发海底地质灾害。例如，如果发生海底滑坡，会对深海油气钻探、输油管道及海底电缆等海底工程设施构成危害；如果可燃冰分解，放出的大量甲烷气体进入海水造成缺氧环境，会引起海洋生物的大量死亡甚至灭绝。图 9-18 给出了几种后果。

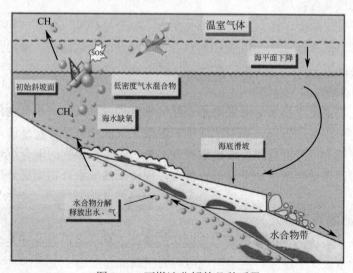

图 9-18　可燃冰分解的几种后果

9.4.3 可燃冰的开采

9.4.3.1 可燃冰的开采技术

可燃冰的开采还处于研究阶段，目前有以下五种开采技术。

（1）热激发开采法

直接对天然气水合物层加热，使天然气水合物层的温度超过其平衡温度，促使天然气水合物分解为水与天然气。热激发开采法经历了直接向水合物层中注入热流体加热、火驱法加热、井下电磁加热及微波加热等发展历程。

热激发开采法的优势是可实现循环注热和快速开采；缺点是热效率较低和只能局部加热。

（2）减压开采法

通过降低压力，促使天然气水合物分解。减压途径主要有以下两种。

① 低密度泥浆钻井；

② 当天然气水合物层下方存在游离气或其他流体时，通过泵出其下方的游离气，实现降低天然气水合物层的压力。

减压开采法的优点是成本较低和适合大面积开采。但是，减压开采法对天然气水合物层的性质有特殊的要求，只有当天然气水合物层位于温压平衡边界附近时，减压开采法才具有经济可行性。减压开采法是比较有前景的一种技术。

（3）化学试剂注入开采法

通过向天然气水合物层中注入某些化学试剂，破坏天然气水合物层的相平衡条件，促使天然气水合物分解。化学试剂包括盐水、甲醇、乙醇、乙二醇及丙三醇等。这种方法可降低初期能量输入，但缺点明显：所需的化学试剂费用昂贵、作用缓慢及带来环境问题。

（4）CO_2置换开采法

CO_2置换开采法的理论依据是：在一定的温度条件下，天然气水合物保持稳定，需要的压力比CO_2水合物更高，因此在某一特定的压力范围内，天然气水合物会分解，而CO_2水合物则易于形成并保持稳定。

CO_2置换开采法的操作是：向天然气水合物层内注入CO_2气体，CO_2气体就可能与天然气水合物分解出的水结合从而生成CO_2水合物。此过程释放出的热量可以使天然气水合物的分解反应持续下去。

（5）固体开采法

固体开采法初期是直接采集海底固态天然气水合物，将天然气水合物拖至浅水区进行控制性分解。进一步发展为混合开采法或称矿泥浆开采法。具体步骤是：首先促使天然气水合物在原地分解为气液混合相，采集混有气、液、固体水合物的混合泥浆，然后将这种混合泥浆导入海面作业船或生产平台进行处理，促使天然气水合物彻底分解，从而获取天然气。

9.4.3.2 可燃冰的开采研究

可燃冰的未来应该是在确保环境不受破坏的条件下早日实现商业开发。目前，中国、日本、美国和加拿大4个国家开展了可燃冰的开采研究。

2002 年，加拿大在北极冻土区开采 470m³（Hancock S H，2005）；2008 年采用降压法 6 天产气 1.3 万立方米。

2012 年，美国康菲公司和美国能源部在阿拉斯加北部陆坡首次开展了 CO_2 置换试验，30 天产气 2.8 万立方米。

2013 年，日本采用降压法 6 天产气 12 万立方米，因出砂停止。2017 年进行了海域可燃冰二次试采，采用降压法 36 天产气 23.5 万立方米（张炜，2017）。

2017 年，中国在南海神狐海域进行了可燃冰的试采，采用降压法 60 天持续产气 30 多万立方米，创多项世界纪录（中国地质调查成果快讯，2017）。产气过程平稳，井底状况良好，为下一步工作奠定了坚实基础。

2020 年 2 月，中国第二次开采，1 个月产气总量 86.14 万立方米，日均产气量 2.87 万立方米。试采攻克了深海浅软地层水平井钻采核心关键技术，实现产气规模大幅提升，为生产性试采、商业开采奠定了坚实的技术基础。我国也成为全球首个采用水平井钻采技术试采海域天然气水合物的国家。

我国可燃冰资源储量为 803.44 亿吨油当量，接近于我国常规石油资源量，约是我国常规天然气资源量的两倍。据自然资源部专家估计，我国陆域"可燃冰"远景资源量至少有 350 亿吨油当量，可供我国使用近 90 年。

9.5　海洋能的发展

2022 年 1～2 月，海洋能源系统（OES）、欧洲海洋能源组织（OEE）分别发布了《国际海洋能源技术评估和指导框架》、《2020 年度海洋能源报告》及《2020 年度海洋能发展趋势与统计》等报告，从全球视角按照能源类型和国别归纳了年度海洋能发展的成就、项目进展及获得的政策支持等。2020 年，全球新增潮汐能装机容量为 1125kW，新增波浪能装机容量为 900kW。

我国海洋能资源十分丰富，可开发利用量达 1000GW。我国海岸的潮汐能资源总装机容量为 2179kW；波浪能理论平均功率为 1285 万千瓦；潮流能 130 个水道的理论平均功率为 1394 万千瓦；近海及毗邻海域温差能资源可供开发的总装机容量约为 1.47～21865GW，盐差能资源理论功率约为 114GW；近海风能资源达到 750GW。

目前，世界上对潮汐能、潮流能和波浪能的开发在技术上相对成熟，一些国家建立了潮汐能电站和波浪能电站，而温差能和盐差能的开发利用处于试验阶段。

海洋能属于清洁能源，海洋能发电具有很好的发展前景。但由于技术和经济上还存在问题，近期大规模开展海洋能开发建设还不成熟。但未来，尤其在化石能源逐渐消耗殆尽的将来，海洋能将发挥重要作用。

我国拥有 18000 余公里的大陆海岸线和 1.4 万公里的岛屿海岸线。一些岛屿远离陆地，因而缺少能源供应。因此要实现我国海岸和海岛经济的可持续发展，必须大力发展我国的海洋能资源。

思考题

1.海洋能有几种存在形式？请简介。

2.简介潮汐电站的类型及工作方式。

3.简介潮汐能、潮流能、波浪能、温差能和盐差能发电原理。

4.介绍潮汐能、潮流能、波浪能、温差能和盐差能的发电设备。

5.介绍潮汐能、潮流能、波浪能、温差能和盐差能的发展现状。

6.你对海洋能的发展有什么想法？

7.介绍可燃冰，简述其形成条件。

8.可燃冰有哪些潜在的开采技术？

参考文献

[1] 杨敏林, 邹春荣. 潮汐电站建库及运行方案分析[J]. 海洋技术, 1997, 16(1): 52-56.

[2] 中国地质调查局油气资源调查中心. 不受气候影响不间断地发电首座水下潮汐电站在挪威问世[J]. 能源综述, 2004(3): 10-13.

[3] 邓隐北, 熊文. 海洋能的开发与利用[J]. 可再生能源, 2004(3): 70-72.

[4] 武全萍, 王桂娟. 世界海洋发电状况探析[J]. 浙江电力, 2002(5): 65-67.

[5] Prol R M, Ledesma. Evaluation of the reconnaissanll results in geothermal exploration using G/S[J]. Geothermics, 2000, 29: 83-103.

[6] 杜文朋, 包凤英, 戴哈莉. 浅议当今世界海洋发电的发展趋势[J]. 广东电力, 2001, 14(1): 16-18.

[7] 朱念. 波浪发电的转换机型机理及开发前景[J]. 新能源, 1996, 18(3): 33-36.

[8] 李伟, 赵镇南, 王迅, 等. 海洋温差能发电技术的现状与前景[J]. 海洋工程, 2004, 22(2): 105-108.

[9] 张佳艺, 何礼鹏, 马立红. 美国波浪能发电场建设对中国波浪能的启示[J]. 能源与节能, 2021, 186(3): 5-7.

[10] 杨家武, 辛玉超, 杨帆. 海浪发电的典型装置和发展趋势[J]. 科技创新导报, 2015(9): 71-73.

[11] 张国贤. 海蛇式波浪发电装置[J]. 流体传动与控制, 2015, 71(4): 61-63.

[12] 徐超, 石晶鑫, 李德堂. 自升式波浪能发电装置设计与试验研究[J]. 船舶电气与通信, 2015, 151(1): 79-84.

[13] 谭思明, 秦洪花, 赵霞, 等. 海洋波浪能领域国际专利竞争态势分析[J]. 现代情报, 2011(6): 14-17.

[14] 刘子铭, 李东辉. 国内海洋能发电技术发展研究及合理建议[J]. 化工自动化及仪表, 2015, 42(9): 961-966.

[15] 闾耀保. 海洋波浪能综合利用发电原理与装置[M]. 上海: 上海科学技术出版社, 2013.

[16] 高腾飞. 海洋平台与潮流能发电装置集成利用技术研究[D]. 青岛: 中国海洋大学, 2014.

[17] 梁泽德. 海洋温差能驱动的水下监测装置水动力学特性研究[J]. 海岸工程, 2015, 34(3): 64-76.

[18] 马哲, 王继业. 国外海洋能发电测试场发展情况分析及借鉴研究[J]. 海洋开发与管理, 2017, 34(1): 67-70.

[19] 许逸. 波浪能发电系统输出功率优化研究[D]. 上海: 上海海洋大学, 2018, 3.

[20] 张殷豪. 功能性钒基电极材料用于盐差发电性能研究[D]. 大连: 大连理工大学, 2021.

[21] 李大树, 刘强, 董芬. 海洋温差能开发利用技术进展及预见研究[J]. 工业加热, 2021, 50(11): 1-16.

[22] 李大树, 张理. 海洋温差发电系统蒸发压力及工质优选分析[J]. 可再生能源, 2017, 35(7) : 1101-1106.

[23] Faizal M, Bouazza A, Singhr. M. An overviewof ocean thermal and geothermal energy conversion technolo-

gies and systems[J]. International Journal of Air Conditioning and Refrigeration, 2016, 24(3): 16-30.

[24]　刘伟民, 刘蕾, 陈凤云. 中国海洋可再生能源技术进展[J]. 科技导报, 2020, 38(14): 27-39.

[25]　国家海洋技术中心. 中国海洋能技术进展 2014[M]. 北京: 海洋出版社, 2014, 12.

[26]　陈雪梦. 基于 BEM-CFD 模型的水平轴潮流能发电装置叶轮优化研究[D]. 杭州: 浙江大学, 2018.

[27]　顾煜炯, 谢典, 耿直. 波浪能发电技术研究进展[J]. 电网与清洁能源, 2016, 32(5): 83-87.

[28]　洪岳, 潘剑飞, 刘云, 等. 直驱波浪能发电系统综述[J]. 中国电机工程学报, 2019, 39(7): 1886-1899.

[29]　杨景. 漂浮摆波浪能开发装置关键技术的研究[D]. 杭州: 浙江大学, 2018.

[30]　葛云征, 彭景平, 吴浩宇, 等. 海洋温差能向心透平的气动设计及性能研究[J]. 可再生能源, 2019, 37(10): 1560-1566.

[31]　李晓超, 乔超亚, 王晓丽. 中国潮汐能概述[J]. 河南水利与南水北调, 2021(10): 81-83.

[32]　刘伟民, 刘蕾, 陈凤云, 等. 中国海洋可再生能源技术进展[J]. 科技导报, 2020, 38(14): 27-39.

[33]　张浩东. 浅谈中国潮汐能发电及其发展前景[J]. 能源与节能, 2019(5): 53-54.

[34]　路晴, 史宏达. 中国波浪能技术进展与未来趋势[J]. 海岸工程, 2022, 41(1): 1-10.

[35]　方红伟. 波浪发电系统设计与控制[M]. 北京: 科学出版社, 2020, 12.

[36]　史宏达, 刘臻. 海洋波浪能研究进展及发展趋势[J]. 海洋科技导报, 2021, 39(6): 22-28.

[37]　陈映彬, 黄技, 赖寿荣, 等. 波浪能发电现状及关键技术综述[J]. 水电与新能源, 2020, 34(1): 33-35.

[38]　麻常雷. 海洋可再生能源产业发展"十四五"战略研究[M]. 北京: 海洋出版社, 2020.

第 10 章 储能技术

10.1 引言

本章的储能技术主要是电力储能技术。发展电力储能技术是解决目前新能源并网问题的有效方法之一，是提高电力系统效率、安全性和可靠性的有效途径。电力储能技术与新能源相结合，实现充分利用新能源资源。

（1）储能技术类型

当前应用于电力系统中的电力储能技术主要有电池储能、飞轮储能、压缩空气储能和抽水蓄能等。表 10-1 是几种典型的能量存储技术的比较。

表 10-1 几种典型的能量存储技术的比较

储能技术	效率 / %	寿命/年	容量等级	优点	缺点
压缩空气储能	50～70	30～40	数百兆瓦时	寿命长、性能稳定	大型储气洞穴选址困难
抽水蓄能	70～75	40～60	数百兆瓦时	寿命长、性能稳定	选址困难、破坏生态
飞轮储能	86～94	10 万次	数十兆瓦时	高能量密度、长寿命	安全风险大
锂离子电池储能	85～98	5～10	数十兆瓦时	能量密度大	成本高
全钒液流电池储能	75～85	5～15	数十兆瓦时	安全性好	能量密度低
钠硫电池储能	75～90	10～15	数十兆瓦时	响应快	高温度运行、风险大
铅碳电池储能	70～90	3～8	百兆瓦时	性价比高、技术成熟	寿命短、污染环境

（2）储能技术的功率特性

按照储能技术的种类及功率特性划分，目前的储能技术主要分为以下三类。

① 功率密度大、充放电迅速但能量密度较小的储能类型　这类储能装置可用于调节风电出力的秒级的快速波动，包括超级电容器、飞轮储能及超导储能技术。

② 能量密度高的储能技术　用于调节风电出力的分钟级的波动，包括各种类型的电池储能。

③ 超大规模的储能装置　这类储能系统能量储存能力很高，可用于调节风电小时级的出力波动，包括抽水蓄能和压缩空气储能。

本章重点介绍抽水蓄能、压缩空气储能、飞轮储能、超导储能和几种类型的电池储能技术。

10.2 抽水蓄能技术

抽水蓄能是将低水位水库的水抽到高水位水库，实现水势能转换的能量储存形式。典型的抽水系统包括一个上水库和一个下水库（闭环系统），或一个上蓄水池和一条河流、海湖或其他水体作为下水库（开放系统）。抽水蓄能原本是水电站用于调峰的一种水力发电系统，目前抽水蓄能是重要的大规模电网储能技术。

（1）抽水蓄能电站的工作原理

抽水蓄能是利用电力负荷低谷时的电能，将低水库的水抽至上水库；在电力负荷高峰期，再放水至下水库实现发电的水电站。抽水蓄能过程就是将电网负荷低时的多余电能，转变为电网高峰时期的高价值电能。图 10-1 是抽水蓄能工作原理示意图。

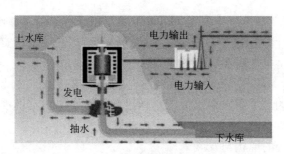

图 10-1　抽水蓄能的工作原理示意图

（2）抽水蓄能技术的功能

抽水蓄能电站被称为储能式水电站，它同时具有下列功能：

① 用于调频和调相；

② 稳定电力系统的周波和电压；

③ 为事故备用；

④ 有效提高系统中火电站和核电站的效率。

（3）抽水蓄能技术的特点

抽水蓄能电站是电力系统中有用的工具，也是电力系统中较为经济和成熟的大规模储能技术。抽水蓄能主要用于风电调节，可平滑风电出力波动，调节风电出力的峰谷特性。抽水蓄能对解决大规模风电并网消纳及解决电网弃风等问题起到显著作用。

① 开放体系的抽水蓄能系统可以利用传统水电技术建造水库、隧道、管道、发电站、机电设备、控制系统、开关站和输电设备，但需要采用新的配置。

② 离河抽水蓄能系统包括一对人工水库，间隔数公里，位于不同高度，通过渡槽、管道和隧道连接。水库可以是专门建造的，也可以利用老矿区或现有水库。它有助于能源时移，具有寿命长（50～100 年）、行程效率高（70%～87%）和维护成本低的优势。

（4）抽水蓄能技术的优势与劣势

① 抽水蓄能系统的优势　具有启动/停止灵活、响应速度快、跟踪负荷变化和适应剧烈负荷变化的能力；具有调节频率和保持电压稳定的优势；储能容量大并有在多个时间尺度下的调节能力。

② 抽水蓄能系统的劣势　资金成本和地理位置是决定性因素。几乎每一个抽水蓄能发电厂的设计都高度依赖于场地特点，地区的地形、地质条件和充足水源是抽水蓄能发展的重要条件。

（5）抽水蓄能技术的应用范围

抽水蓄能电站是用电把水从低处抽到高处，然后水再从高处流到低处发电的过程，其作用如下。

① 可实现电力系统的稳定供应　此过程电能有损耗，但通过抽水蓄能，可以实现将用电低谷期间的多余电力存储起来，等到用电高峰期，再通过水力发电系统转化电能。这实现了调节用电峰谷之间的电力需求，提高电力的利用效率。电高峰期和低谷期的电价差距很大。

② 是清洁能源的调节系统　大多数可再生能源和清洁能源，如风能、太阳能、海浪能和潮汐能等都是间歇性的能源，缺乏连续生产能力，稳定性较差。实现将这些新能源电力接入电网，保证优质供电，需要大型储能系统。

③ 实现抽水蓄能系统与传统河流水力发电系统共同开发　通过创建两个海拔不同的水库或建在一条河流的上下游，库水或河水通过此系统发电，实现水在两个水库之间循环以产生能量储存。

（6）抽水蓄能系统的现状与发展

抽水储能的应用起源于19世纪90年代的欧洲阿尔卑斯地区，到2005年，全球范围已经有数百个抽水蓄能系统运行。随着以风能和太阳能为代表的可再生能源越来越多地纳入能源组合，电能质量和稳定性方面的问题导致抽水蓄能等能源储存系统被高度重视。

从国际能源战略层面分析，我国必须改变以往的以化石能源发电为主的电力系统，发展以风电和光电为主的新能源系统，这是应对气候变化和加快能源转型的需要，也是占据国际能源制高点的长远目标。

目前我国共有103个抽水蓄能项目，包含投运的38个、在建的35个及推进中30个，容量规模超130GW（1.3亿千瓦）。

我国位于四川省甘孜藏族自治州的全球最大的水光互补电站雅砻江柯拉光伏电站开工建设。同时，柯拉光伏电站装机规模达100万千瓦，通过一条500kV的输电线路接入。

2022年3月装机规模300万千瓦的雅砻江两河口水电站并网发电，实现水光互补。这两个电站的结合将使我国拥有世界上最大的水力-太阳能混合发电项目，从而将此类技术推向迄今为止尚未达到的极限。图10-2是雅砻江两河口水电站和库区的示意图。

图 10-2　雅砻江两河口水电站和库区的示意图

1—上水库；2—水道系统；3—地下厂房系统；4—下水库

柯拉光伏电站的年利用小时数达到 1735h，年平均发电量为 20 亿千瓦时。该项目分布在川西高原海拔 4000m 至 4600m 间，其每年的发电量相当于节约超过 60 万吨标准煤。该电站计划 2023 年全容量并网发电。

与柯拉光伏电站相连的两河口水电站库容近 110 亿立方米，共有 6 台 50 万千瓦机组。抽水蓄能行业的发展还会带动配套产业的发展，例如，水电站基础设施建设需要的水泥、钢材及水轮机的制造，伴随而来的是推动新能源行业的发展。

2021 年，我国能源局发布了《抽水蓄能中长期发展规划（2021—2035 年）》。计划在 2025 年抽水蓄能投产总规模将上升到 62GW，在 2030 年进一步提高至 120GW。抽水蓄能对于新能源的发展来说不可或缺，我国政府将继续大力推进抽水蓄能发展，预计这种趋势将持续较长时期。

10.3　飞轮储能

飞轮储能是一种利用高速旋转的飞轮存储能量的技术。在储能阶段，通过电动机拖动飞轮，使飞轮加速到一定的转速后将电能转化为动能；在能量释放阶段，飞轮减速带动电动机作发电机运行，将动能转化为电能。

典型的飞轮储能装置一般包括高速旋转的飞轮、封闭壳体和轴承系统、电源转换和控制系统等。

储能飞轮是一种高科技机电一体化产品，它在航空航天（卫星储能电池、综合动力和姿态控制）、军事（大功率电磁炮）、电力（电力调峰）、通信（UPS）、汽车工业（电动汽车）等领域有广阔的应用前景。

（1）飞轮储能的工作原理

飞轮储能系统是一种机电能量转换的储能装置，飞轮储能是用物理方法实现储能。通过电动/发电互逆式双向电机，电能与高速运转飞轮的机械动能之间的相互转换和储存，通过调频、整流、恒压与不同类型的负载接口。

飞轮储能分为以下三个步骤。

① 储能阶段　在储能时，电能通过电力转换器变换后驱动电机运行，电机带动飞轮加速转动；飞轮以动能的形式把能量储存起来，完成电能到机械能转换的储存能量过程，能量将储存在高速旋转的飞轮体中。

② 储存阶段　电机维持一个恒定的转速，直到接收到一个能量释放的控制信号。

③ 释能阶段　高速旋转的飞轮拖动电机发电，经电力转换器输出适用于负载的电流与电压，完成机械能到电能转换的释放能量过程。

整个飞轮储能系统实现了电能的输入、储存和输出过程。

（2）飞轮储能的组成结构

飞轮储能器中没有任何化学活性物质，同时也没有任何化学反应发生。旋转时的飞轮是纯粹的机械运动，飞轮在转动时的动能为：

$$E=1/2J\omega^2$$

式中：J——飞轮的转动惯量；

　　　ω——飞轮旋转的角速度。

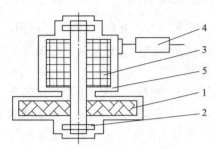

图 10-3　飞轮储能系统结构示意图

1—飞轮本体；2—轴承；3—电动机/发电机；
4—电力转换器；5—真空室

飞轮储能系统主要包括转子系统、轴承系统和转换能量系统三个主要部分，还有一些支持系统，如真空系统、深冷系统、外壳系统和控制系统。飞轮储能系统的基本结构如图 10-3 所示。

① 转子系统　飞轮转动时，动能与飞轮的转动惯量成正比，而飞轮的转动惯量又与飞轮直径的 2 次方和飞轮的质量成正比，即 $J=(0.5\sim1)MR^2$（飞轮质量分布均匀时取 0.5，质量完全集中在边缘时取 1）。

② 轴承系统　轴承用于支撑转子运动并降低摩擦阻力，使整个装置以最小损耗运行。

③ 转换能量系统　飞轮储能装置中有一个内置电机，它既是电动机也是发电机。在充电时，它作为电动机给飞轮加速；当放电时，它又作为发电机给外设备供电（此时飞轮的转速不断下降）；当飞轮空闲运转时，整个装置则以最小损耗运行。

（3）飞轮储能的特点

目前，飞轮储能技术主要有以下两个分支。

① 以接触式机械轴承为代表的大容量飞轮储能技术　主要特点是储存动能和释放功率大，通常用于短时大功率放电和电力调峰场合。

② 以磁悬浮轴承为代表的中小容量飞轮储能技术　主要特点是结构紧凑和效率更高，主要用于飞轮电池和不间断电源等场合。

（4）飞轮储能的优势与劣势

① 飞轮储能的优势是技术成熟度高，自身具有储能密度较高、充放电次数与充放电深度无关、能量转换效率高、可靠性高、易维护、使用环境条件要求低和无污染等优点。

② 飞轮储能的不足是能量密度不够高和自放电率高，如停止充电，能量在几到几十个小时内就会自行耗尽。

飞轮储能适用于电网调频和电能质量保障。目前大规模的飞轮储能系统的研制在高速低损耗轴承、发电机/电动机、散热和真空等技术上需要攻关。

（5）飞轮储能系统的应用

① 将飞轮储能系统引入风力发电系统，实现全程调峰。

② 在特殊情况下实现不间断电源，以确保在通信枢纽、国防指挥中心及工业生产控制中心等场合正常运行。

③ 在环保型汽车中，飞轮储能用于电动汽车电池具有储能密度大、充电时间短和价格适宜的优势。

④ 免蓄电池的磁悬浮飞轮储能 UPS，可向城市负载设备提供高品质的不间断的电力保障。

（6）飞轮储能的发展

飞轮储能思想在一百年前就被提出，但是由于当时技术条件的制约，在很长时间内都没有突破。直到 20 世纪 60~70 年代，美国宇航局（NASA）Glenn 研究中心开始把飞轮作为储能电池应用在卫星上，才有突破。20 世纪 90 年代以后，在以下 3 个方面取得进展。

① 高强度碳素纤维复合材料（抗拉强度高达 8.27GPa）的出现，增加了单位质量中的动能储量。

② 磁悬浮技术和高温超导技术的研究进展，磁悬浮和真空技术的利用，使飞轮转子的摩擦损耗和风损耗都降到了最低限度。

③ 电力电子技术的新进展，如电动机/发电机及电力转换技术的突破，为飞轮储存的动能与电能之间的交换提供了先进的手段。

飞轮储能技术的主要结构和运行方法已经基本明确，目前处于广泛的实验阶段。小型样机已经研制成功并被应用，大型机处于研发阶段。目前主要技术难点集中在以下几个方面。

① 转子的设计 转子动力学；轮毂/转缘边界连接；强度的优化；蠕变寿命。

② 磁轴承 低功耗；动力设计；高转速和长寿命。

③ 功率电子电路 高效率；高可靠性；低功耗电动机/发电机。

④ 安全及保护特性 不可预期动量传递；防止转子爆炸可能性；安全轻型保护壳设计。

10.4 压缩空气储能

压缩空气储能（compressed-air energy storage， CAES ）技术是在电网负荷处于低谷期时，用电能压缩空气，然后将高压空气密封在储气室中；当电网负荷高峰期时，再释放压缩的空气去推动汽轮机发电的储能方式。

（1）压缩空气储能的工作原理

传统的压缩空气储能技术是一种以燃气轮机技术为基础的大规模储能技术，由压缩机、储气室、燃烧室、膨胀机、发电机或电动机等组成。其工作原理（如图 10-4 所示）：在用电低谷期，利用电网中多余的电能驱动压缩机压缩空气并将高压空气通入储气室，将电能以空气内能的形式储存；在用电高峰期，高压空气进入燃烧室与燃料燃烧产生高温高压燃气，高温高压燃气驱动膨胀机做功发电。

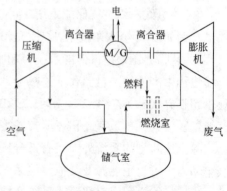

图 10-4 压缩空气储能的工作原理

（2）压缩空气储能的特点

压缩空气储能技术具有储能容量大、初始投资和运行成本低、效率较高和使用寿命长等优势，是具有发展前景的大规模储能系统之一。

① 传统的燃气轮机发电机组约 2/3 的电量用来压缩空气，而压缩空气储能用来压缩空气所需的能量来源于电网多余电量，所以燃气轮机系统可产生 2 倍以上的电力。

② 压缩空气储能技术的储气室是其实现大规模储能的重要因素，储气室包括新建的储气井、报废的矿井、沉降在海底的储气罐、山洞或过期油气井等。

（3）压缩空气储能的应用

目前压缩空气储能系统的主要应用领域包括电网调峰调频、可再生能源、分布式能源和汽车动力等。

根据储/释能的时间跨度不同，压缩空气储能系统为风电场提供旋转备用、调峰等服务。压缩空气储能系统与风力发电耦合，可以更大限度地利用风能资源、平稳风电场的输出功率并缓解风电的并网压力。

（4）压缩空气储能的发展

1949 年，德国首次提出了关于压缩空气储能系统的相关概念，1978 年 Huntorf 电站在德国正式投入运营。美国和欧洲多国相继建立了压缩空气储能电站。

我国 2012 年在安徽芜湖建立了 500kW 的压缩空气储能示范项目。到 2021 年 9 月，全国首座商业化压缩空气储能调峰电站在山东并网成功。

国内外的专家学者开展了大量关于压缩空气储能技术的研究，并取得了重要进展。针对传统压缩空气储能技术依靠化石燃料、污染物排放、效率较低等问题，国内外学者展开了大量的研究和实践工作，提出了对传统压缩空气储能技术进行改进的新技术，主要包括绝热压缩空气储能系统、蓄热式压缩空气储能系统、液态压缩空气储能系统、超临界压缩空气储能系统、等温压缩空气储能系统及水下压缩空气储能系统等。

① 绝热压缩空气储能系统　利用储热技术取代了燃烧室，将空气压缩过程中产生的热量储存在蓄热器中，在释能过程中利用储存的热量加热高压空气。相比传统技术，绝热压缩空气储能系统提高了系统的效率，系统效率理论上可达 70%以上，省去了燃烧室，避免了污染物排放。

② 蓄热式压缩空气储能系统　可以同时利用压缩热、工业余热和可再生能源转化来的热量。例如，风电-太阳能-压缩空气储能耦合系统，可利用储热子系统储存太阳能。

③ 超临界压缩空气储能系统　超临界压缩空气储能系统兼具了上述二者的优势：空气压缩过程中产生的热量储存于蓄热器，用于释能时加热高压空气；压缩机出口的高压空气处于超临界状态（$T>132K$，$p>3.79MPa$）；高压空气最终以液态空气的形式储存。系统具有能量密度大、热效率高和环境友好等优点。

除上述新型的系统外，还有部分压缩空气储能系统与燃气轮机、柴油机、制冷循环、汽车动力、可再生能源及其他储能系统（包括飞轮储能和超级电容器）等能量系统耦合，进一步提高能量利用率和改善系统性能。

压缩空气储能系统具有广阔的发展空间，但相关的研究领域需要解决的问题也随之增加。国家发展和改革委员会与国家能源局发布的《“十四五”新型储能发展实施方案》指出，要重点建设更大容量的液流电池、飞轮和压缩空气等储能技术的试点示范项目。到 2025 年，新型储能由商业化初期步入规模化发展阶段，具备大规模商业化应用条件。

10.5 超导储能技术

超导储能是将超导技术、电力电子技术、控制理论和能量管理技术相结合的一种新型储能形式。超导体的应用现在已经较为成熟，超导储能也因其能源利用率高、最大功率高而备受瞩目。

近几年来，高温超导技术和超导磁储能的关键技术都得到了充分的进步与发展，一部分超导磁储能也投入使用。随着科学的进步和发展，超导磁储能这个充满前景的新兴储能方式会越来越成熟和完善。

（1）高温超导技术的机理

超导储能是利用超导线圈将电能以电磁能的形式储存起来，需要时再将电能输出给负载。超导储能的核心器件是超导线圈，储存下来的电磁能在运行时无焦耳热损耗；超导线圈可产生很强的磁场，其储能密度可达到 $10^8 J/m^3$，而且储能时间长且无损耗。

（2）超导储能系统结构

超导储能系统的主要组成部分为超导线圈、冷却系统、保护系统、变流器和控制系统等。图 10-5 显示了超导储能系统装置组成。

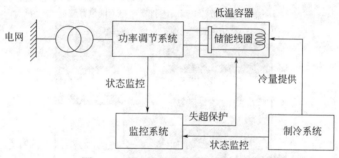

图 10-5 超导储能系统装置的构成

① 超导线圈 超导线圈通常有环形和螺管形。

② 冷却系统 低温冷却装置包括不锈钢制冷器、低温液体的分配系统和自动氦液化器等。

③ 变流器 超导储能所采用 AC/DC 变流器，需要独立控制超导与电力系统的有功和无功功率交换的要求，常用电压型变流器和电流型变流器。

④ 失超保护 如果超导磁体失超，可能出现过热、高压放电及应力过载等三种情况，需要保护。

⑤ 控制系统 控制系统是构成电力系统的重要组成部分，进一步提高系统的容量、质量、稳定性和经济性。

（3）超导储能的优势与劣势

超导储能的优势如下：

① 换热效率高 其通过变流器控制超导磁体与电网直接以电磁能的形式进行能量交换，转换效率稳定在 97%～98%。

② 响应速度快　通过变流器与电网连接，响应速度最快可达到毫秒级。

③ 大功率、大容量和低损耗　在超导状态下没有直流的焦耳损耗。

④ 条件容易满足　建造地点可以任意选择，维护成本低，对环境的污染小。

超导储能存在以下不足：

① 费用高　经济价值是超导储能发展面临的重大挑战。

② 技术的可行性　需要探索新的超导储能技术、提高线圈储能的稳定性和加强保护失超等。

（4）超导储能技术在新能源领域的应用

超导储能的应用包括负荷均衡、动态稳定、暂态稳定、电压稳定、频率调整、输电能力提高和电能质量提高等。

① 提高电网电能质量。

② 提高电力系统稳定性，抑制电网低频振荡。

③ 提供静止无功补偿，迅速降低电压波动，改善系统的暂态稳定性。

④ 用于分散不间断电源，功率平滑输出和电压稳定。

图 10-6 是超导储能技术与其他储能技术的性能比较。

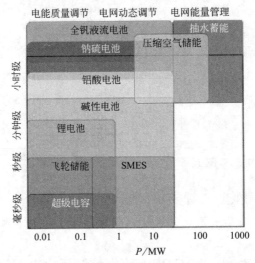

图 10-6　超导储能技术与其他储能技术的性能比较

（5）超导储能技术的发展

超导储能技术于 1969 年首次提出，各国科学家开展了研究工作，包括美国、日本、英国、德国和中国等。美国、日本和中国分别于 1983 年、2000 年和 2002 年实现了并网运行。超导储能系统的研发和利用包括以下几个研究方向。

① 开发超导新材料　高温超导材料的研发可以大幅度降低超导储能的成本，提高超导储能的实用性，同时扩大超导储能的应用范围。

② 增加超导系统的稳定性　电力储能技术正不断走向转换高效化、能量高密度化和应用低成本化。提高超导系统的稳定性，可以改善大电网的暂态稳定性，抑制低频振荡，提

高高压线路的输电能力。

③ 研究失超保护的技术　安全可靠的失超保护技术有利于超导体的稳定性和安全性，防止断流导致的电路故障。

④ 降低成本。

国家能源局能源节约和科技装备司提出：超导储能是一种无需经过能量转换而直接储存电能的方式。超导磁储能具有能量转换效率高（可达95%）、毫秒级响应速度、大功率和大容量系统以及寿命长等特点。目前，超导储能系统的超导材料及维持低温的费用较高，需要进一步研究降低投资运行成本、分布式超导磁储能技术、有效控制及保护等方面的工作。

10.6　超级电容器储能

超级电容器也被称为电化学电容器，它是一种新型的储能装置，是介于传统电容器和充电电池之间的一种新型储能装置。

超级电容器是一种高效、实用和环保的能量存储装置，其容量可达几百至上千法拉。与传统电容器相比，超级电容器具有较大的容量、较高的能量、较宽的工作温度范围和极长的使用寿命；与蓄电池相比，超级电容器又具有较高的比功率且对环境无污染。

（1）超级电容器的工作原理

依据电荷储存原理不同，超级电容器可分为三大类型，即双电层电容器、赝电容器和混合双电层电容器（混合型超级电容器）。

① 双电层电容器的工作原理　双电层电容器是通过电极表面与电解液界面形成了双电层。双电层电容器的充放电原理是：外加电场使负极带负电荷，正极带正电荷，如图10-7所示。

充电过程中，分布于电解液中的阴、阳离子分别快速移动到正、负电极并紧密吸附于电极表面，并与富集于电极的可自由迁移的电子中和，导致电解液界面和电极呈电中性，形成双电层后产生电容效应；放电过程中，吸附于电极界面的离子释放至电解液，实现能量的释放。

② 赝电容器的工作原理　赝电容器储能方式是通过电极材料表面或近表面发生可逆的法拉第反应，来实现能量的储存，其储能原理如图10-8所示。

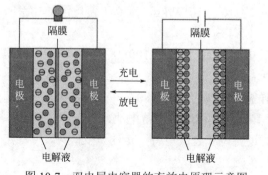

图 10-7　双电层电容器的充放电原理示意图

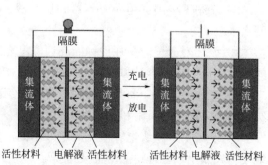

图 10-8　赝电容器的充放电原理示意图

赝电容器在充电过程中通过外电场的作用，使电解液中的离子移动至电解液/电极界面，并发生电化学反应，导致更深层次活性材料体相渗入电解液离子，周围的原子和电子与电解液离子发生氧化还原反应，产生的电荷存储于电极；放电过程则离子从活性材料体相重回电解液，电荷以电流形式经外电路释放，完成充电时存储能量的转换。赝电容器的氧化还原反应不限电极材料和电解液界面，故能量密度更高。

③ 混合型超级电容器　混合型超级电容器是新型的非对称储能装置，它是由双电层电极和赝电容器电极组成的混合系统。图10-9是混合型超级电容器示意图。混合型超级电容器既有双电层电容器的快速充放电特性，也兼备赝电容器的高比电容特性。混合型超级电容器的工作电位窗口更为宽泛，器件整体的环境适应性更强，综合性能更加优异。

（2）超级电容器的结构

超级电容器的电化学性能介于传统电容器与化学电池之间，超级电容器主要由电极、集流体、电解液和隔膜构成，如图10-10所示。

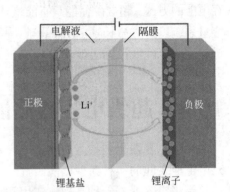

图10-9　混合型超级电容器示意图

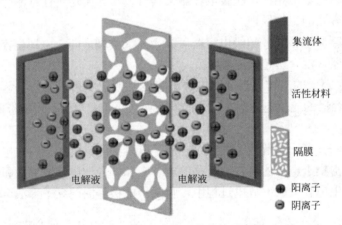

图10-10　超级电容器的结构示意图

（3）超级电容器的特点

① 功率密度高　超级电容器的功率密度可达 $10^2 \sim 10^4$W/kg，远高于蓄电池的功率密度水平。

② 循环寿命长　在几秒钟的高速深度充放电循环50万次至100万次后，超级电容器的特性变化很小，容量和内阻仅降低10%～20%。

③ 工作温限宽　商业化超级电容器的工作温度范围可达0～80℃。在低温状态下，超级电容器中离子的吸附和脱附速度变化不大，其容量变化远小于蓄电池。

④ 免维护　超级电容器充放电效率高，对过充电和过放电有一定的承受能力，可稳定地反复充放电，在理论上不需要维护。

⑤ 绿色环保　超级电容器在生产过程中不使用重金属和其他有害物质，且自身寿命较

长，因而是一种新型的绿色环保电源。

（4）超级电容器的材料

超级电容器性能的决定性因素是电极材料，不断涌现出新型电极材料推动了超级电容器的进步和发展。超级电容器的材料包括碳基材料、过渡金属氧化物、导电聚合物和复合材料。

① 碳基材料　超级电容器的碳基材料有活性炭、碳纳米管和石墨烯等，均是双电层电容器的主要电极材料。碳基材料具有价格低廉、比表面积大及导电性好等特点，在超级电容器的电极材料领域发挥重要作用。

② 过渡金属氧化物　作为超级电容器电极材料时，过渡金属氧化物比碳基材料有更高的能量密度。常见的过渡金属氧化物有 RuO_2、MnO_2、NiO 和 CoO 等。过渡金属氧化物电极材料的应用对于大功率应用场景（如新能源汽车、工业和航天等）具有重要的工程价值与意义。

③ 导电聚合物　导电聚合物具有聚合物的性质，同时具有类似金属材料的某些性能。通常导电聚合物具有较大的比电容，导电性和机械性能良好。缺点是循环性能和热稳定性较差。引起注意的导电聚合物有聚苯胺（PANI）、聚吡咯（PPy）和聚乙炔（PA）等。

④ 复合材料　复合材料兼具碳基材料、过渡金属、过渡金属氧化物和导电聚合物的复合特性，充分发挥各自的优势以实现其协同效应。超级电容器的复合材料有碳材料和过渡金属氧化物、碳材料和导电聚合物、过渡金属氧化物和导电聚合物及过渡金属氧化物和过渡金属氧化物等系列材料。

（5）超级电容器的应用

超级电容器在多个领域获得广泛应用，包括微电网、风力发电系统、配电自动化、通信和交通运输等领域。归纳后大致分为四大领域，即航空领域、工业领域、交通运输领域和日常生活领域。

① 超级电容器在航空领域的应用

a. 超级电容器用于航空电子设备的供电装置和紧急电源。

b. 超级电容器用于无线系统可提高射频的安全性。

c. 超级电容器具有瞬时大电流放电特性，可为某些便携式电子设备提供瞬时大功率。

d. 超级电容器轻便，能够大幅度减轻背负设备的质量。

e. 超级电容器可满足航空领域的更宽泛的工作温度、更长的使用寿命和更高的工作功率的要求。

② 超级电容器在工业领域的应用　随着工业现代化进程加快和生产体量增大，实现节能减排、提高经济效益和回收能量再利用势在必行。

a. 超级电容器应用于电力配电系统，能够提高供电质量和保障电力系统的动态稳定性。

b. 超级电容器作为储能装置的 UPS，在工业领域可保证设备在断电的几秒到几分钟内正常运行。

c. 超级电容器作为能量直流储能组件应用于动力 UPS 系统，具有成本低、维护方便和可靠性高的优势。

d. 超级电容器储能系统不需要运动部件、冷却系统、加热系统，无内部化学变化且使用寿命长和效率高,应用广泛。

③ 超级电容器在交通运输领域的应用

a. 超级电容器可作为混合动力汽车的动力源,在启动加速阶段可使车辆能够获得快速响应,制动期间可牵引电机充当发电机。

b. 超级电容器广泛应用于中型牵引车、叉车和挖掘机等。

c. 超级电容器应用于轨道交通和城市公交车,具有天然的快速充放电特性,故其非常适用于轨道交通。目前,超级电容器储能式有轨电车已运行于珠海、深圳、东莞、武汉和广州等城市。

④ 超级电容器在日常生活领域的应用　目前超级电容器已应用到日常生活中的方方面面。

a. 超级电容器光储一体照明灯、便携式电子设备短时断电后备储能装置、掉电预警和实时计数器等。

b. 柔性超级电容器可作为智能电子设备向柔性化、小型化和可穿戴电子设备向小型化、轻量化、多功能化、舒适化方向发展的储能装置。

c. 在通信应用方面,全球移动通信系统 (GSM)和通用分组无线业务 (GPRS)等无线通信便携设备、芯片等大功率脉冲应用场景,超级电容器作为储能装置具有一定的可行性。

10.7　储能电池

10.7.1　引言

电池总体上分为三类,即消费电池、动力电池和储能电池。消费类电池是应用在手机、笔记本电脑和数码相机等中的消费类产品,动力类电池应用于电动汽车,储能类电池应用于储能电站。应用场景和应用性能不同,三种电池会存在较大区别。

相对而言,储能用电池对能量密度的要求不是太高,但对安全性、循环寿命更为关注,对成本、价格更为敏感。

(1) 储能电池的应用范围

① 在电源侧　电池储能系统可作为风电、光电等新能源发电的配套储能电站,起到平滑功率输出、降低功率波动以及提高电网稳定性的作用,有利于可再生能源大规模接入电网。

② 在电网侧　电池储能应用于调峰调频电站、微电网储能系统等,为分布式电源和微电网电源的接入提供支撑,提高电源的灵活性、可靠性。

③ 在用户侧　电池储能系统能够满足特殊负荷的电能质量需求,例如,电动汽车充换电站的应用等。

(2) 储能电池与动力电池的区别

储能电池与动力电池在应用场合、性能要求、使用寿命和电池类型等方面都存在较大差异。

① 储能电池主要用于调峰、调频、电力辅助服务、可再生能源并网和微电网等领域;

动力电池主要用于电动汽车、电动自行车以及其他电动工具。

② 储能电池的绝大多数储能装置无需移动，对能量密度没有直接的要求，不同的储能场合有不同的功率密度要求，电池材料要求注意膨胀率、能量密度及材料性能均匀性，追求整个储能设备的长寿命和低成本；动力电池主要作为移动电源，对于能量密度和功率密度都有较高的要求。

③ 使用寿命方面，储能电池对循环次数、寿命有要求；动力电池要求循环次数目前在1000～2000 次左右。

（3）几种储能电池的比较

本章主要介绍铅酸电池、液流电池、钠硫电池、二次电池（镍氢电池、镍镉电池和锂离子电池）和各类正在研发中的储能电池等。五种主要储能电池（铅酸电池、全钒液流电池、钠硫电池、镍氢电池和磷酸铁锂电池的技术性能比较见表 10-2。

表 10-2　五种储能电池的技术性能比较

储能电池类型	主要特性	缺点	是否实现产业化
铅酸电池	① 价格低廉，原材料易获得； ② 可靠性高； ③ 适用的环境温度范围广	① 体积大； ② 不便安装、维护； ③ 存在漏液污染环境的风险	是
磷酸铁锂电池	① 体积小，重量轻，无污染； ② 充放电效率达 95%； ③ 安装方便	① 不适合大容量存储； ② 成本高	是
镍氢电池	① 功率大，重量轻，寿命长，无污染； ② 能量密度大； ③ 具有良好的过充电和过放电性能	自放电性能较差	是
全钒液流电池	① 容量大、适应性强； ② 充放电性能好，充放电次数极大； ③ 能量效率高、循环使用寿命长； ④ 环保、易维护	① 能量密度低； ② 成本高	预计 5 年以后
钠硫电池	① 能量是铅酸蓄电池的 3～4 倍； ② 大电流、高功率放电； ③ 充放电效率高； ④ 循环使用寿命长、安装方便	成本高	是

10.7.2　铅酸电池

铅酸电池（VRLA）已经经历了近 150 年的发展，目前广泛应用于交通、通信和电力等各个领域。铅酸电池在荷电状态下，正极的重要成分是二氧化铅，负极的重要成分是铅，电解液为硫酸溶液；在放电状态下，正负极的重要组成部分是硫酸铅。自铅酸电池问世以来，一直占据着化学电源的重要地位。

① 铅酸电池的优势：价格低廉；原材料易于获得；可靠性高；适合大电流放电和宽环境温度范围。

② 铅酸电池的劣势：充电结束时水会分解成氢气和氧气，需要频繁添加酸和水，维护工作繁重；酸雾逸出腐蚀周围设备，污染环境。

随着镍氢电池和锂离子电池的发展与应用，同时随着人类对环境保护的逐渐重视，所谓的铅酸电池还不能保证 100%的密封性，铅酸电池在各个领域都有被淘汰的趋势。

10.7.3 全钒液流电池

全钒液流电池，简称钒电池，是一种以钒离子为活性物质，电解液呈循环流动状态的氧化还原电池。液流电池有多种液流电池体系，如铈钒体系、全铬体系、溴体系、全铀体系和全钒体系液流电池等。全钒液流电池是这个家族中的一员。

全钒液流电池将电能以化学能的方式存储在不同价态钒离子的硫酸电解液中，通过外接泵把电解液压入电池堆体内；在机械动力作用下，使电解液在不同的储液罐和半电池的闭合回路中循环流动；采用质子交换膜作为电池组的隔膜，电解质溶液平行流过电极表面并发生电化学反应；通过双电极板收集和传导电流，使储存在溶液中的化学能转换成电能。这个可逆的反应过程使钒电池顺利完成充电、放电和再充电。

10.7.3.1 钒电池的工作原理

钒电池是液流电池技术发展的主流。

① 将具有不同价态的钒离子溶液作为正极和负极的活性物质，分别储存在各自的电解液储罐中；在对电池进行充、放电实验时，电解液通过泵由外部储液罐分别循环流经电池的正极室和负极室，并在电极表面发生氧化和还原反应，实现对电池的充放电。

充放电时正负极的化学反应方程式为：

正极 $\quad\quad\quad V^{4+}（蓝）\underset{放电}{\overset{充电}{\rightleftharpoons}}V^{5+}（黄）+e^-$

负极 $\quad\quad\quad V^{3+}（绿）+e^-\overset{充电}{\underset{放电}{\rightleftharpoons}}V^{2+}（紫）$

② 充电时，负极电解液 V^{3+} 在电极表面得到电子变为 V^{2+}；正极电解液 V^{4+} 失去电子变为 V^{5+}；若实现对一定负载的放电，在负极表面 V^{2+} 失去电子变为 V^{3+}，电子通过电极传递流向负载进而到达正极，并在正极表面 V^{5+} 得到电子，被还原为 V^{4+}。

③ 电解质作为只传导离子的非电子导体，其内部的电荷平衡是通过溶液中 H^+ 在离子交换膜两侧的迁移来完成的。

上述工作原理实现了电池在一个完整回路中的充放电过程。图 10-11 是全钒液流电池的工作原理。

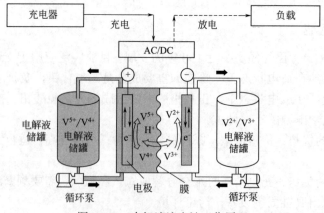

图 10-11 全钒液流电池工作原理

10.7.3.2　钒电池的特点

钒电池利用不同价态的钒离子的氧化还原反应来实现电能和化学能的转换，具有以下主要特点。

① 电池的功率和容量可以分开设计，增加容量方便。

② 自放电率低，长时间储存，钒电池的储能系统达到兆瓦级。

③ 过放电能力强，钒电池的电解液循环流动，消除了热失控和电化学极化的问题，实现大电流充放电。

④ 温度对钒电池的影响相对小。

⑤ 循环寿命长、电解液循环使用及减少环境污染。

⑥ 成本低和维护简单等。

10.7.3.3　钒电池的组成

钒电池主要由电堆、控制系统和电解液组成，如图 10-12 所示。

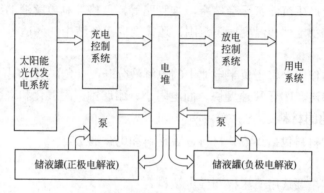

图 10-12　储能钒电池结构示意图

（1）电堆

电堆是钒电池系统的核心部分，它是电化学反应的场所，也是实现储能系统电能和化学能相互转换的场所。电堆对储能系统的成本、功率、循环寿命、效率和维护等性能均有至关重要的作用。

电堆由集流体、液流框、电极和隔膜组成。组装成电堆的排序为：单极性电极、隔膜、双极性电极、隔膜、双极性电极、隔膜……单极性电极。图 10-13 为钒电池电堆内部组件图。

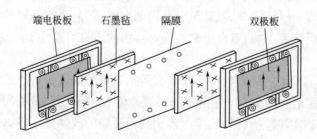

图 10-13　钒电池电堆内部组件示意图

　　将组装好的电堆通过管道、阀门和循环泵等组件与电解液储液罐相连接，形成充/放电回路；储液罐中的电解液通过循环泵流经管道和电堆再流回储液罐，循环泵的运行使电解液不断地循环流动，钒电池组实现了充放电运行。

　　（2）控制系统

　　控制系统主要包括充放电控制系统和泵循环系统。

　　① 充放电控制系统　　充电控制系统主要由直流变换模块和均流控制电路组成，实现太阳能光伏发电系统发出的电转换成钒电池系统的化学能，然后放电控制系统通过逆变器将钒电池输出的直流电转换成 220V/50Hz 的交流电，供用电系统使用。

　　② 泵循环系统　　泵循环系统为钒电池提供基本的运行条件，主要包括泵的选择和循环管路设计。泵选用直流泵（耐酸腐蚀），循环管路设计要求密封性好同时耐酸腐蚀。

　　（3）电解液

　　电解液是起电化学反应的活性物质，要求其具有较高的稳定性和电导率。电解液中不同杂质元素的含量对电解液的长期稳定性和充放电效率有影响，如某些杂质离子导致电解液对温度敏感，会产生沉淀甚至会堵塞电堆管路等，严格控制电解液的纯度非常重要。为提高电解液的长期稳定性和温度适应范围，还需要向电解液中加入适量的稳定剂。

　　（4）隔膜

　　钒电池隔膜的作用是将正负半电池中的电解液分开，只允许 H^+ 自由通过。理想的隔膜应具备钒离子不渗透、H^+ 迁移速度快、面电阻小、耐腐蚀、耐氧化和寿命长等性能。

10.7.3.4　钒电池的材料

　　钒电池所用的材料包括集流体材料、膜材料和电解液等。

　　（1）集流体材料

　　目前，集流体主要选用石墨板和导电塑料。

　　① 石墨板　　石墨板的优点是导电性好和大电流充放电。缺点是石墨板易刻蚀，尤其在过充的条件下容易被电化学腐蚀，如果石墨板正极表面被腐蚀并形成凹坑，严重时被电化学腐蚀穿透导致钒电池正、负极电解液串液，这将影响钒电池的使用寿命；石墨板价格贵且脆性大，严重影响石墨板在钒电池中的应用。

　　② 导电塑料　　导电塑料的特点是密度小、易加工成型、成本低和适合大规模连续生产等，是发展的热点。

　　（2）膜材料

　　钒电池所用隔膜必须具有亲水性，既允许 H^+ 自由通过但是又要求必须抑制正负极电解液中不同价态的钒离子相互混合，以避免电池内部短路，同时具有良好的导电性和选择性。离子交换膜一般选用交换 H^+ 的阳离子交换膜。常用的膜材料有 Daramic 膜、Nafion 膜和 Selemion AMV 等。

　　Nafion 是钒电池常用的隔膜材料，它具有阻止钒离子通过的特点，同时电阻低、离子导电性良好、化学稳定性好及有一定的机械强度。但 Nafion 材料价格昂贵，其成本占整个电堆的 60%～70%。实现隔膜材料的国产化和其他隔膜的改性处理是钒电池隔膜的发展方向与解决重点。

（3）电解液

钒电池的电解液由不同价态钒的离子溶液和支持电解质组成，其正极物质为 V（V）/V（Ⅳ）溶液，负极物质为 V（Ⅲ）/V（Ⅱ）溶液。钒电池的电解液要求长期稳定存在，同时化学活性高。

目前，增大钒电池电解液稳定性主要有两种方法：a.适度提高溶液的酸度，同时防止溶液酸度过高以免对电池外壳及隔膜造成腐蚀；b.加入添加剂，例如 EDTA、吡啶和明胶等。寻求适当的添加剂也是钒电池溶液的重要研究方向。

制备电解液的方法主要有两种，即混合加热制备法和电解法。混合加热法适合于制取 1mol/L 的电解液，电解法可制取 3～5mol/L 的电解液。

混合加热制备法是将 V_2O_3 在 H_2SO_4 中溶解活化，然后用还原剂使 V（V）还原为 V（Ⅳ）或 V（Ⅲ），还原剂选用亚硫酸，取得了较好的效果。电解法采取隔膜电解法。

10.7.3.5　钒电池的应用

钒电池的应用范围包括风力和光伏发电、风力发电、电网调峰、交通市政和通信基站等方面。

① 钒电池用于太阳能发电系统　钒电池作为储能电池可以根据光伏组件和天气因素等，调整电池的储存容量，同时监测电池的容量和荷电状态，灵活调整电池组的充放电电压。

② 钒电池用于风力发电系统　钒电池首先存储电能，再通过逆变器实现并网发电。钒电池储能的选址条件比较宽松，便于在风力发电站中分布式布置。钒电池可有效地减小负荷峰谷差，改善电网的负荷。

③ USP 电源　钒电池可作为不间断电源或应急电源系统，可用作办公大楼应急灯和计算机备用电源等。

④ 电网调峰　采用大功率的钒电池可以在夜间低电价时对电池充电，白天由钒电池对各类设备进行供电。

10.7.3.6　钒电池的发展

钒电池作为光伏发电的储能系统在太阳能光伏发电系统中具有广阔的市场前景，同时在可再生能源并网、提高电能质量和备用电源等方面也有不少应用。

我国的钒矿产资源十分丰富，资源储量居世界第三位。随着钒电池技术在我国的不断发展推广，钒电池已经成为这些钒矿企业新的发展方向。我国钒电池研究虽然起步较晚，但是在国家政策的大力支持下，在科研和实际应用方面发展迅猛。目前我国钒电池技术的研究取得杰出成果，主要表现在电储能系统的性能上，经过长期的发展与探索，在钒电池系统的稳定性和耐久性上取得了具有实质性的研究进展。

10.7.4　钠硫电池

钠硫电池是一种由液态钠（Na）和硫（S）构成的熔盐电池。钠硫电池由熔融电极和固体电解质组成，负极的活性物质为熔融金属钠，正极活性物质为液态硫和多硫化钠熔盐。

10.7.4.1　钠硫电池的工作原理

钠硫电池的电极反应过程如图 10-14 所示。电池放电时的电极过程是电子通过外电路从阳极（电池负极）到阴极（电池正极），而 Na^+ 则通过固体电解质β''-Al_2O_3 与 S^{2-} 结合形成多硫化钠产物。在充电时电极过程正好相反。钠硫电池的反应表达式可写为：

$$(-)\ 2Na \xrightarrow[\text{充电}]{\text{放电}} 2Na^+ + 2e^-$$

$$(+)\ 2Na^+ + xS + 2e^- \xrightarrow[\text{充电}]{\text{放电}} Na_2S_x$$

$$\text{总反应为：} 2Na + xS \xrightarrow[\text{充电}]{\text{放电}} Na_2S_x\ (3 < x < 5)$$

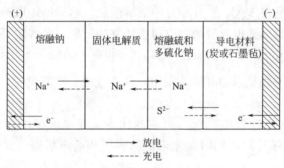

图 10-14　钠硫电池的电极反应过程

钠硫电池的能量密度理论值为 760W·h/kg。在 Na-S 体系中，钠与硫发生反应能生成多种反应产物，即从 Na_2S 到 Na_2S_5 的多硫化物。因为钠与硫之间的反应剧烈，因此两种反应物之间必须用固体电解质隔开，同时又必须是钠离子导体。

当这些物质均以固态形式存在时，电池电阻率就会增加。各种多硫化物的熔点均在 200～300℃，所以 Na-S 电池的正常运行温度应首选在 300～350℃。

为避免固体析出，放电反应通常在 Na_2S_5 成分出现时终止。多硫化物熔盐中含硫 78%～100%时，有两个不相溶的液体形成：一个是富硫相，实际上几乎是纯硫；另一个是离子导体熔盐 $Na_2S_{5.2}$。放电时 Na-S 体系的电动势反映了熔盐组分的变化，先是硫经过各种组成最后形成 Na_2S_5。当这两相共存时，电动势保持不变。但在 $Na_2S_{5.2}$ 与 $Na_2S_{2.7}$ 组成之间，电动势逐渐降低。除 $Na_2S_{2.7}$ 组成外，充电时还形成固体 Na_2S_2，说明液体中的组成总是 Na_2S_x。在此范围内，电动势仍保持不变。

10.7.4.2　钠硫电池的组成与结构

钠硫电池由熔融态的液态电极和固体电解质组成，一般工作温度为 300～350℃。

（1）液态电极

钠硫电池的负极活性物质是熔融金属钠，正极活性物质是液态硫和多硫化钠熔盐。由于硫是绝缘体（$10^7Ω·cm$），所以硫通常是填充在多孔的炭或石墨毡里，炭或石墨毡作为正极集流体。

（2）固体电解质

固体电解质兼隔膜是一种专门传导钠离子称为β''-Al_2O_3 的陶瓷材料，外壳则一般用不锈钢等金属材料。钠硫电池的结构示意图见图 10-15，其模块示意图见图 10-16。

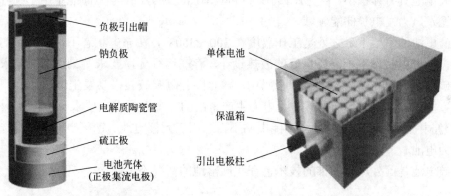

图 10-15　钠硫电池的结构示意图　　　　　图 10-16　钠硫电池模块示意图

10.7.4.3　钠硫电池的特点

钠硫电池是一种高比能量、大电流和高功率放电的电池。钠硫电池具有如下特点：

① 比能量高，理论比能量为 760W·h/kg，实际比能量已达 150W·h/kg，为铅酸电池的 3～4 倍；

② 开路电压高，350℃时开路电压为 2.076V；

③ 充放电电流密度高，放电一般可达 200～300mA/cm²，充电则减半；

④ 充放电时效率高，由于电池没有自放电及副反应，电流效率接近 100%。

10.7.4.4　钠硫电池的材料

钠硫电池的材料包括钠、硫及多硫化物材料，电解质材料和热绝缘材料。

（1）钠、硫及多硫化物材料

钠、硫及多硫化物材料在室温下均为固体。

（2）电解质材料

电解质材料为 Na-β-Al$_2$O$_3$，只有温度在 300℃以上时，Na-β-Al$_2$O$_3$ 才具有良好的导电性。Na-β-Al$_2$O$_3$ 固体电解质管是钠硫电池的关键部件，其质量的好坏将在很大程度上影响电池的性能和寿命，它必须具有高的离子电导率、长的钠离子迁移寿命、良好的显微结构和力学性能以及准确的尺寸偏差。这对陶瓷管的制备提出了较高的要求。电解质的形成与原材料、制备过程等有关。

（3）热绝缘材料

热绝缘材料需要满足的条件：a.抽真空后对大气压稳定；b.对加速稳定；c.密度低；d.温度高至 800℃时仍稳定。

目前主要采用的绝热材料为玻璃纤维板和多孔性绝缘材料。其中多孔性绝缘材料主要是高度分散的 SiO$_2$，粒度仅为 5～30nm。高分散的 SiO$_2$ 压制成板状，再经升温到 800℃的热处理，这样该板就能自立而无需支撑，并有微孔结构。高分散的 SiO$_2$ 原料加入遮光剂后可降低辐射造成的热量损失。

10.7.4.5 钠硫电池的发展

钠硫电池具有体积小、容量大、寿命长和效率高的优势，在电力储能中用于削峰填谷、应急电源及风力发电等储能领域。

钠硫电池的主要不足之处是工作温度在 300～350℃，在充电状态下需要一定的加热保温措施，在放电状态下则需要良好的散热设计，存在运行环境要求苛刻、散热要求高等问题。钠硫电池采用高温的熔融硫和金属钠，一旦陶瓷隔膜破裂极易发生爆炸。

国家能源局综合司发布的《防止电力生产事故的二十五项重点要求（2022 年版）（征求意见稿）》中提到：中大型电化学储能电站不得选用三元锂电池、钠硫电池，不宜选用梯次利用动力电池。

钠硫电池是国外厂家主推的技术，在我国落地的情况不多。

10.7.5 二次储能电池

二次储能电池主要介绍镍氢电池和锂离子电池，二者在"化学电源"中已有详细论述，这里主要介绍镍氢电池和锂离子电池作为储能电池的性质和特点。

10.7.5.1 磷酸铁锂电池

磷酸铁锂电池是一种以磷酸铁锂为正极材料的新型锂离子电池，与铅酸蓄电池相比，磷酸铁锂电池具有比能量高、重量轻、体积小、环保、无污染、免维护、寿命长、高低温适应性能好、无记忆效应和安全性高等优点。磷酸铁锂电池的标称电压为 3.2 V，具有良好的电化学性能，充电/放电性能均十分平稳，可高倍率放电，可接受大电流快速充电。表 10-3 是磷酸铁锂电池与铅酸蓄电池的性能比较。

表 10-3　磷酸铁锂电池与铅酸蓄电池的性能比较

项目	磷酸铁锂电池	铅酸蓄电池
循环使用寿命 （循环次数）	10C 充放电、80%电池放电深度（DOD） 下循环次数大于 2000 次	80%DOD 下循环次数 300 次，100%DOD 下循环次数 150 次；需要经常维护
温度耐受性	正常工作温度为-20～75℃	正常工作温度为 25℃，0℃以下循环次数锐减
自放电率	每 3 个月小于 2%	高
充放电性能	支持大倍率充放电，无记忆效应	大倍率充放电性能差，有记忆效应
安全性	不爆炸、不起火、不冒烟	高温会变形胀裂
体积	同容量下磷酸铁锂电池的体积是铅酸蓄电池体积的 65%	
质量	同容量下磷酸铁锂电池的质量是铅酸蓄电池质量的 1/3	
长期使用成本	免维护，经济性好	需维护，全寿命使用成本高于磷酸铁锂电池
环保	无污染、不含重金属和稀有金属	严重污染

磷酸铁锂电池储能系统由磷酸铁锂电池组、电池管理系统、变流器（整流器、逆变器）、中央监控系统、变压器等组成。磷酸铁锂电池具有工作电压高、能量密度大、循环寿命长、经济环保的特点，且支持无极扩展，应用于大规模储能系统进行电能储存具有明显的优势。

磷酸铁锂电池在 80% 放电深度条件下，循环使用寿命大于 2000 次 （能量型的磷酸铁锂电池循环使用寿命可以达到 6000 次），表明该类电池在深度放电状态下仍能提供高功率输出，完全符合现代动力电池和储能电池的发展需要。

磷酸铁锂电池作为储能电池主要用于智能微电网和新能源储能等领域。未来，随着磷酸铁锂电池技术的不断成熟，它的安全性能和成本优势会使其成为未来市场的主流产品。

尽管在制造成本上，磷酸铁锂电池高于铅酸蓄电池，但磷酸铁锂电池的性能优于铅酸蓄电池。磷酸铁锂电池的质量为同容量铅酸蓄电池质量的 1/3 左右，循环使用寿命是铅酸蓄电池的 5 倍以上，且安装方便、施工和维护成本低，长期使用的综合效益显著。

10.7.5.2　镍氢电池

镍氢电池的性能稳定、技术成熟且已实现产业化，是技术成熟的二次电池。镍氢电池作为动力电池和消费电池应用于许多场合。

镍氢电池的正极活性物质和负极活性物质均属于相对稳定的材料，水系电解液有良好的阻燃性能。电池单体能量密度最高可达 140W·h/kg，循环寿命可达 3000 次，在浅充/浅放状态下循环可达 10000 次以上，在 −40～60℃环境下保持高倍率充放电。镍氢电池的高安全性已经得到充分验证。

镍氢电池作为动力电池，在混合动力汽车、轨道交通和航空航天等领域被广泛应用。镍氢电池作为储能电池主要应用在太阳能储能、电信基站储备电源和风力发电储能电池等领域。

10.7.5.3　铅炭电池

铅炭电池是一种电容型铅酸电池，是从传统的铅酸电池演进出来的技术。普通铅酸电池的正极活性材料是氧化铅（PbO_2），负极活性材料是铅（Pb），见图 10-17 中的图（a）；若把负极活性材料 Pb 全部换成活性炭，则普通铅酸电池变成混合电容器，见图 10-17 中图（b）；若把活性炭混合到负极活性材料 Pb 中，则普通铅酸电池变成铅炭电池，见图 10-17 中图（c）。

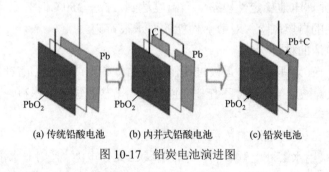

(a) 传统铅酸电池　　(b) 内并式铅酸电池　　(c) 铅炭电池

图 10-17　铅炭电池演进图

（1）铅炭电池的优势

铅炭电池同时具有铅酸电池和电容器的特点。加入活性炭有利于提升电池的功率密度和延长循环寿命，但由于活性炭占据了部分电极空间，导致能量密度降低。铅炭电池目前适合作为太阳能和风能储能的选项。

（2）铅炭电池的不足

炭材料和铅粉密度相差非常大，添加后负极板的孔隙率大幅度上升，负极易被氧化；炭材料的加入会加剧负极析氢问题，使蓄电池失水严重，免维护性能降低；炭材料的添加量还在探索；铅炭电池的推广也面临着成本问题。

（3）铅炭电池的发展

铅炭电池是一种新型的超级电池，是将铅酸电池和超级电容器两者合一。铅炭电池发挥了超级电容瞬间大容量充电的优点，也发挥了铅酸电池的比能量优势。

铅炭电池还有许多研究工作，稳定性和成本是首要问题。

10.7.5.4 三元锂电池

三元锂电池是采用镍钴锰酸锂 $Li(NiCoMn)O_2$ 或镍钴铝酸锂等三元材料作正极的锂电池。三元锂电池是一种集高能量密度和高电压为一体的储能装置，目前应用于移动和无线电子设备、电动工具、混合动力及电动交通工具等领域。

（1）三元锂电池的充放电机理

三元锂电池的正极材料多数使用镍钴锰（NCM），还有部分采用镍钴铝（NCA）材料。镍是主要的电化学活性元素，可提高材料的容量；钴可以降低电化学极化和提高电池倍率；锰能够提高电池的安全性和热稳定性。

① 电池充电时，锂离子从三元材料中脱离出来，穿过 SEI（固体电解质界面）隔膜进入石墨负极。

② 电池放电时，与充电相反，锂离子从石墨中脱出来，穿过隔膜回到正极中。

随着充放电的进行，锂离子不断地从正极和负极中嵌入与脱出。

（2）三元锂电池的特点

① 优势　三元锂电池放电平台（即单体电池电压）高，可达到3.7V；比能量高，一般在160～190W·h/kg；循环寿命长，循环2000次后其容量仍能保持初始容量的80%；低温性能好，在-30℃时仍能达到初始容量的70%左右；在同样的低温条件下，相比其他类型的电池，三元锂电池的冬季电量衰减更小，更适合寒冬的北方地区。

② 不足　三元锂电池稳定性较差，当温度达到250～350℃时容易热失控；在快速充电过程中存在较高的自燃风险；对散热性能的要求很苛刻。

（3）三元锂电池的材料

① 正极材料　三元锂电池的正极材料使用镍钴锰酸锂或镍钴铝酸锂的三元材料，包括钴酸锂、锰酸锂及镍酸锂等。具体工作中，以镍盐、钴盐及锰盐为原料，镍、钴、锰的比例根据实际需要调整。

② 负极材料　三元锂电池的负极材料是石墨。

③ 电解质　采用水溶液电解质的锂电池称为三元锂电池；采用非水溶液电解质的锂电池称为三元聚合物锂电池。非水溶液电解质包括有机物和无机物两种类型。有机物主要包括碳酸丙烯酯、二甲基丙酰胺、乙腈及γ-丁内酯等；非水无机溶剂有亚硫酰氯及液体二氧化硫等。

（4）三元锂电池与磷酸铁锂电池的比较（图10-18）

① 性质不同　磷酸铁锂电池是锂离子电池；三元锂电池是锂电池。

② 主要材料不同　磷酸铁锂电池（锂离子电池）的正极材料主要有锂钴酸、锂锰酸、锂镍酸及磷酸铁锂等，其中钴酸锂是大多数锂离子电池的正极材料；三元锂电池的三元复

合正极材料是以镍盐、钴盐、锰盐为原料，镍、钴、锰的比例可根据实际需要调整。

③ 应用不同　磷酸铁锂电池用于大型电动车辆（公交车、电动汽车及混合动力车等）、轻型电动车（电动自行车、小型平板电瓶车、铲车及清洁车等）、电动工具（电钻、电锯及割草机）等。三元锂电池广泛应用于移动和无线电子设备、电动工具、混合动力和电动交通工具等领域。

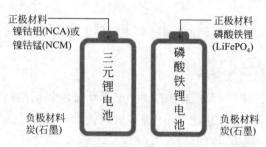

图 10-18　三元锂电池与磷酸铁锂电池的比较

10.8　虚拟电厂简介

虚拟电厂是智能电网技术，它将分布式电源、可控负荷和储能系统有机结合在一起，通过虚拟电厂控制中心，将各个部分联系在一起，合并作为一个电厂整体参与电网运行。虚拟电厂可以理解为一种先进的区域性电能集中管理模式。

虚拟电厂的概念在 1997 年被首次提出，2000 年以后在欧美开始流行。随着"双碳"目标的提出，我国的新能源产业发展迅速。由于风、光发电具有间歇性和不稳定性的特点，对电网的消纳和电力调度带来了巨大的挑战。同时随着新能源车的渗透率提升，充电需求给电网带来了大量的负荷。虚拟电厂应运而生。

虚拟电厂的产业链共分三部分（见图 10-19）。

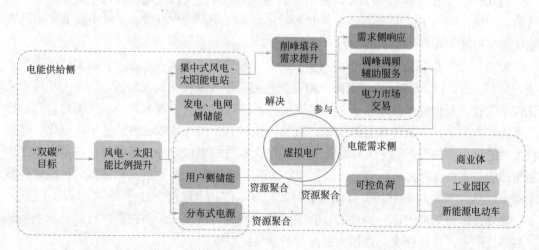

图 10-19　虚拟电厂的产业链

（1）产业链上游为基础资源

基础资源包括可控负荷、分布式能源和储能。

① 可控负荷主要领域是工业、建筑业和交通运输业，包括空调负荷、新能源电动车及公共交通等。

② 分布式能源包括小型燃机、分布式光伏、分散式风电、水电、生物质发电和燃料电池等。

③ 储能主要包括机械储能（抽水蓄能和飞轮储能等）、电化学储能（储能电池）和电磁储能。

（2）产业链中游为资源聚合商

资源聚合商也是虚拟电厂产业链中的一个重要环节，包括电网运营商、虚拟电厂和电力市场交易所。虚拟电厂通过信息化，利用大数据等技术对各类输入电源进行处理和调控，整合、优化和调度来自各方的数据信息，作出决策。

（3）产业链下游是电力需求方

电力需求方的参加者是电网公司、售电公司和大客户。电网公司和售电公司是电力市场的重要买方，大客户即电力大用户，他们可以直接参与电力批发市场交易。

10.9　储能技术的发展

中关村储能产业技术联盟（以下简称"CNESA"）发布的《储能产业研究白皮书2022》数据显示，截至2021年底，全球已投运的储能项目累计装机规模209.4GW。其中，抽水蓄能为180.5GW，占比86.2%；新型储能25.4GW，占比12.2%；熔融盐储能3.5GW，占比1.6%。

在25.4GW的新型储能中，锂离子电池占比为90.9%，包含钒电池在内的液流电池占比仅为0.6%。新型储能领域主要以锂电池为主，其中磷酸铁锂电池占国内电化学储能装机量的大部分；铅酸电池以及钒电池等电化学储能装机量占比相对较小。钒电池储能电站商业化正在提速，相关厂家收到的订单也在增多。

2022年2月国家发展和改革委员会、国家能源局印发的《"十四五"新型储能发展实施方案》提出，到2025年，新型储能由商业化初期步入规模化发展阶段，具备大规模商业化应用条件。新型储能技术创新能力显著提高，核心技术装备自主可控水平大幅提升，标准体系基本完善，产业体系日趋完善，市场环境和商业模式基本成熟。其中，电化学储能技术性能进一步提升，系统成本降低30%以上；火电与核电机组抽汽蓄能等依托常规电源的新型储能技术、百兆瓦级压缩空气储能技术实现工程化应用；兆瓦级飞轮储能等机械储能技术逐步成熟；氢储能、热（冷）储能等长时间尺度储能技术取得突破。

储能技术是新能源产业的核心。我国储能产业既可快速成长为在全球有重要影响的新兴战略性产业，也将极大促进国内新能源的规模化发展。

思考题

1.叙述典型的能量存储技术。

2.简介抽水蓄能电站的工作原理。

3.简介抽水蓄能技术的功能。

4.叙述飞轮储能的组成结构。

5.介绍飞轮储能系统的应用。

6.叙述压缩空气储能的工作原理。

7.简介压缩空气储能的应用。

8.介绍压缩空气储能的新技术。

9.介绍超导储能的结构系统。

10.简介超导储能技术的发展。

11.介绍超级电容器的工作原理。

12.简介超级电容器的应用。

13.叙述储能电池的应用范围。

14.简介储能电池与动力电池的区别。

15.介绍钒电池的工作原理。

16.介绍钒电池的组成。

17.国家能源局综合司为什么要求中大型电化学储能电站不得选用三元锂电池和钠硫电池？

18.介绍三种二次储能电池的特点。

参考文献

[1]　邹金. 大规模风电并网下的抽水蓄能电电抽运行及控制研究[D]. 武汉: 武汉大学, 2017.

[2]　郭东浦. 抽水蓄能电站效益计算方法和经济性研究[D]. 大连: 大连理工大学, 2001.

[3]　杨阳. 水电站和光伏电站弃能特性与储能-制氢系统研究[D]. 天津: 天津大学, 2020.

[4]　张维煜, 朱烷秋. 飞轮储能关键技术及其发展现状[J]. 电工技术学报, 2011, 26(7): 141-146.

[5]　张怡. 压缩空气储能系统与风力发电的耦合研究[D]. 北京: 中国科学院大学, 2018.

[6]　李诚. 压缩空气储能系统建模仿真与特性分析[D]. 武汉: 华中科技大学, 2020.

[7]　张建成. 飞轮储能系统及其运行控制技术研究[D]. 北京: 华北电力大学, 2000.

[8]　吴晋波. 飞轮储能技术及其在电力系统控制中的应用研究[D]. 武汉: 华中科技大学, 2011.

[9]　石文明, 刘意华, 吕湘连. 超级电容器材料及应用研究进展[J]. 微纳电子技术, 2022, 59(11): 1105-1118.

[10]　王凯, 侯朝霞, 李思瑶. 可拉伸全固态超级电容器的研究进展[J]. 储能科学与技术, 2021, 10(3): 887-895.

[11]　Shi W, Guo Y L, Liu Y Q. When flexible organic field-effecttransistors meet biomimetics: A prospective view of the internet ofthings[J]. Advanced Materials, 2020, 32(15): 1002-1006.

[12]　Root S E, Savagatrup S, Printz A D, et al. Mechanical properties of organicsemiconductors for stretchable, highlyflexible, and mechanically robust electronics[J]. Chemical Reviews, 2017, 117(9): 6467-6499.

[13]　苏荻, 邹黎, 韩冬冬. 风光电站储能电池研究综述[J]. 电测与仪表, 2017, 54(1): 84-88.

[14] 许崇伟, 贾明潇, 耿传玉. 超导磁储能研究[J]. 集成电路应用, 2018, 35(8): 25-29.

[15] 郭文勇, 张京业, 张志丰. 超导储能系统的研究现状及应用前景[J]. 科技导报, 2016, 34(23): 68-80.

[16] 郭文勇, 蔡富裕, 赵闯. 超导储能技术在可再生能源中的应用与展望[J]. 电力系统自动化, 2019, 43(8): 2-14.

[17] 李琼慧, 王彩霞, 张静, 等. 适用于电网的先进大容量储能技术发展路线图[J]. 储能科学与技术, 2017, 6(1): 141-146.

[18] 尹山. 基于电池储能的电网调频研究[D]. 西安: 西安建筑科技大学, 2021.

[19] 贺大为, 张辉, 王亚楠, 等. 基于钒流电池储能的虚拟同步发电机控制策略[J]. 电气传动, 2016, 46(9): 48-52.

[20] 朱微. 基于铅炭电池运行特性的储能电池组功率控制策略研究[D]. 吉林: 东北电力大学, 2020.

[21] 郭继鹏. 储能锂离子电池恒流与恒功率充放电特性研究[D]. 合肥: 合肥工业大学, 2018.

[22] 高翔. 光伏电站用储能电池的发展现状及应用前景综述[J]. 太阳能, 2022, 341(9): 16-20.

[23] 张军, 张伟, 曹凌捷, 等. 国内储能市场发展现状及趋势分析[J]. 电力与能源, 2020, 41(6): 739-743.

[24] 饶宇飞, 司学振, 谷青发, 等. 储能技术发展趋势及技术现状分析[J]. 电器与效能管理技术, 2020(10): 7-15.

[25] 祁锦成. 全钒液流储能电池简述及其电解液发展概况[J]. 盐科学与化工, 2018, 47(3): 6-10.